R STATISTICS BY EXAMPLE

예제로 배우는

R 통계학

민만식 • 손방용 • 정형철 지음

한티미디어

저자 소개

민만식 고려대학교 수학과 학사, 통계학과(수리통계) 석·박사
저서로는 〈SPSS을 활용한 통계학〉, 〈미분적분학〉, 〈선형대수학〉, 〈이산수학〉, 〈사례로 배우는 확률과 통계〉, 〈생활속의 수학〉, 〈통계수학〉, 〈확률론〉, 〈엑셀을 이용한 통계학〉 등이 있음
현재 수원대학교 데이터 과학부 Adjunct professor

손방용 고려대학교 통계학과 이학박사
저서로는 〈SPSS 통계학〉, 〈이산수학〉, 〈이산자료의 수학구조〉, 〈기초 미적분학〉, 〈정보화 사회를 위한 컴퓨터 활용〉, 〈선형대수학 이론 및 응용〉 등이 있음
현재 대진대학교 휴먼IT융합학부 professor

정형철 고려대학교 통계학과 이학박사
저서로는 〈붓스트랩의 이해〉, 〈SAS/AF와 SCL을 이용한 통계적 정보분석시스템 개발〉, 〈실험설계와 분석〉, 〈확률론〉 등이 있음
현재 수원대학교 데이터과학부 professor

예제로 배우는 R 통계학

발행일 2021년 8월 16일 초판 1쇄
지은이 민만식 · 손방용 · 정형철
펴낸이 김준호
펴낸곳 한티미디어 | **주 소** 서울시 마포구 동교로 23길 67 Y빌딩 3층
등 록 제15-571호 2006년 5월 15일
전 화 02)332-7993~4 | **팩 스** 02)332-7995
ISBN 978-89-6421-428-2 (93410)
가 격 27,000원

마케팅 노호근 박재인 최상욱 김원국 김택성 | **관 리** 김지영 문지희
편 집 김은수 유채원 | **본문** 이경은 | **표지** 유채원

이 책에 대한 의견이나 잘못된 내용에 대한 수정 정보는 한티미디어 홈페이지나 이메일로 알려주십시오.
독자님의 의견을 충분히 반영하도록 늘 노력하겠습니다.

홈페이지 www.hanteemedia.co.kr | **이메일** hantee@hanteemedia.co.kr

---

PREFACE

통계학은 다양한 분야에서 수집된 데이터를 알기 쉽게 정리·요약하고, 불확실한 미래를 예측하거나 관심 대상 집단의 특성을 추론하는 학문이다. 그리고 다양한 데이터를 분석하는 도구로 활용되면서 과학, 공학, 인문학, 사회과학의 학문 분야는 물론이고. 이들과 관련 산업에서 그 중요성이 날로 증대되고 있다. 4차 산업시대는 데이터 시대라고 해도 과언이 아니며 여기서 핵심 분야인 빅데이터와 인공지능에서도 통계학은 중요한 역할을 하고 있다. 이 책은 각 분야의 다양한 데이터를 분석하고자 하는 학생들에게 통계학의 이론을 학습하고 이를 응용할 수 있도록 그 개념과 풍부한 실습 예제를 담아 대학에서 통계학의 교과서 또는 참고서가 되도록 서술하였다.

본 교재는 데이터 분석의 주요 개념을 소개하고 데이터를 효율적으로 분석할 수 있도록 R프로그램을 수록했기 때문에 전공자의 기초 학습과정으로 적당하고, 데이터 분석을 배우기 원하는 비전공들도 쉽게 이해할 수 있도록 쓰였다. 또한 차후 빅데이터와 인공지능의 알고리즘을 이해하는 데 기초가 되게 하였다. R프로그램은 통계 데이터를 분석하는 데 특화되어 있을 뿐만 아니라 오픈소스로 쓰였으며, 무료 소프트웨어인 것이 장점이라고 할 수 있다. R프로그램은 데이터 분석, 시각화, 수치해법 기법 등을 지원한다.

각 절에는 예제와 이를 해결하는 R프로그램을 수록하여 데이터 분석과정을 설명하였고, 연습문제에 있는 객관식 문제, 주관식 문제, R프로그램 실습 문제를 해결하도록 하여 학습자 스스로가 자기 실력을 측정하는 데 도움이 되게 했다. 또한 연습문제의 자세한 풀이와 R프로그램을 부록에 첨부하였다.

이 책의 1장은 서론을 설명하고, 2장은 수집된 데이터를 정리하고 요약하는 기술통계를 설명했으며, 3장~5장은 통계학의 개념을 이해하는 데 필수적인 확률과 확률분포 이론 및 표본분포 이론을 다루었다. 6장과 7장에서는 추측통계학 분야인 추정과 통계적 가설검정을 다루었으며, 8장에서는 범주형 자료 분석, 9장에서는 두 개의 변수를 갖는 데이터 분석, 10장에서는 분산분석을 해설하였으며, 마지막으로 11장에서 비모수 통계학을 다루었다.

이 책은 데이터 분석의 기초개념을 이해하고 이를 R프로그램으로 해결하기를 원하는 독자들에게 조금이나마 도움이 되었으면 한다. 이 책이 출간되기까지 많은 도움을 주신 한티미디어 관계자 여러분께 감사드린다.

2021년 8월

저자

CONTENTS

CHAPTER 3 확률과 확률변수 59

CHAPTER 4 확률분포 113

CHAPTER

01

서론

구성

STATISTICS

1.1 개요

통계학(statistics)이란 어떤 결론을 도출해내기 위해 자료를 수집하고, 정리·요약하는 방법을 연구하는 학문이다. 통계학은 크게 두 가지 분야로 나뉜다. 하나는 기술통계학(descriptive statistics)이고, 다른 하나는 추측통계학(inferential statistics)이다.

기술통계학은 주어진 자료로부터 어떤 추측을 하지 않고 단지 수집된 자료의 정리 및 요약 방법만을 다룬다. 따라서, 기술통계학에서는 도수분포표와 시각화(graph)를 사용하여 수집된 자료를 시각화하고, 2장에서 다룰 대푯값과 산포도를 수치 자료의 요약에 기술한다. 일반 대중이 접하는 통계는 거의 기술통계학이다.

예를 들어, 실업률, 교통사고 건수, 농업 생산량의 통계, 어느 물품의 불량품의 수, 혈액형 등 여러 분야에 관한 수많은 자료의 분석이나 시각화를 다루는 것이다.

추측통계학은 미래의 현상을 예측하고 추론(inference)하기 위하여 수학적 방법 및 기법을 발전시키고, 이용하는 데 관련된 과학적인 학문 분야이다. 특히, 추측통계학에서는 확률론의 개념을 이용하여 관련된 이론을 발전시키고 있다.

통계학에서는 여러 학문 분야에 종사하는 모든 연구자의 욕구를 충족시키기 위하여 자료의 분석 방법을 개발하고 발전시키는 중대한 역할을 담당하고 있다.

이 책의 내용을 살펴보면, 2장에서는 기술통계학에 관해 집중적으로 논의하고, 그 이후부터는 추측통계학에 관련된 내용을 다룬다. 즉, 3장에서 4장까지는 확률이론과 추측통계학의 개념 및 이론을 다루고, 그 나머지는 추측통계학을 응용한 의사결정(decision making) 방법론을 다루고 있다.

1.2 모집단과 표본

표본조사의 목적은 적은 양의 자료를 기초로 하여 커다란 집단의 특성을 설명하고, 추론하는 것이다. 연구의 대상 전체를 모두 관찰하는 것은 시간과 비용이 많이 소요되는 단점이 있으며, 상황에 따라서는 연구 대상 전체를 모두 관찰할 수 없는 경우도 종종 있다.

따라서, 이와 같은 상황에서는 연구 대상의 일부분만을 관찰하여 전체 연구 대상의 특성을 파악할 수밖에 없다.

예를 들면, 어떤 공장에서 특정 품목의 불량률을 미리 알고 싶을 때, 모든 품목을 조사한다는 것은 시간적, 경제적 측면에서 아주 바람직하지 못하므로 품목 중의 일부를 뽑아 불량률을 파악하는 것이 바람직하다. 모든 품목 중 일부만을 뽑아 얻은 불량률은 물론 불확실성을 내포하고 있어서 정확한 정보는 되지 못하지만 불확실성의 정도를 확률적으로 파악할 수 있기 때문에 전체 품목의 불량률을 분석하는 데 커다란 도움을 준다.

모집단(population)은 연구 대상이 되는 집단의 모든 구성 원소들의 집합으로 볼 수 있으며, 관심 있는 연구 대상의 특성에 대한 모든 관측치(observation)들의 집합(set)으로 정의된다. 따라서, 연구 대상은 같다 하더라도 연구자의 관심에 따라 모집단이 서로 달라지는 수도 있다.

예를 들어, 우리나라의 전체 국민 학생을 연구 대상으로 하여, 한 연구자는 남자의 키를 관찰하고 싶고, 다른 연구자는 여자의 몸무게를 관찰하고 싶다면 두 연구자의 모집단은 달라지는 것이다.

모집단을 이루고 있는 원소(element)의 개수가 유한한 경우 유한모집단(finite population)이라 하고, 무한한 경우 무한모집단(infinite population)이라 한다.

표본(sample)은 모집단의 부분 집합으로 정의된다.

예를 들어, 하루 100,000개의 반도체를 생산하는 공장에서 품질 관리를 위해 매일 반도체의 수명을 검사하였다. 이 경우 검사한 반도체는 다시 시장에 팔 수 없기 때문에 생산된 반도체를 모두 검사할 수 없으므로 1,000개만 뽑아서 검사하였다면, 이때의 모집단은 하루에 생산된 100,000개의 반도체의 수명이며, 추출된 1,000개의 반도체의 수명은 표본이 된다. 모집단의 특성을 나타내는 양적인 측도를 모수(parameter)

라 한다. 모수는 주어진 모집단에 따르는 고유한 상수이다. 또한 표본의 특성을 나타내는 양적인 측도를 통계량(statistic)이라 한다.

예를 들면, 모든 반도체의 불량률이 하나의 모수이고, 모든 반도체 중에서 100,000개를 뽑아 조사를 했을 경우 10,000개에 있어서의 불량률은 하나의 통계량이 된다. 또 다른 예로서, 모 대학교 학생들의 몸무게에 대해 관심이 있는 경우 모든 학생 가운데 가장 몸무게가 큰 학생의 몸무게를 하나의 모수로 생각할 수 있으며, 이 모든 학생들 중에서 500명만 표본으로 뽑아서 조사한 경우 이 중 가장 몸무게가 큰 학생의 몸무게는 하나의 통계량이 된다.

표본조사의 가장 큰 목적은 모수가 모집단의 특성을 이해하는 데 커다란 도움을 주기 때문에 표본을 통해서 이러한 모수의 값을 추정(estimate)하려는 것이다. 즉, 표본을 추출할 때는 표본 자체에 관심이 있는 것이 아니라 모집단의 여러 가지 특성에 관심이 있는 것이다. 따라서, 표본을 추출할 때는 모집단의 특성을 잘 대표할 수 있도록 주의하여야 한다.

표본조사에서는 통계 자료나 정보를 조사 대상에게 질문하여 얻을 수도 있고, 측정기기로 측정하여 얻을 수도 있으며, 이외에도 여러 가지 방법에 의해서 얻을 수 있다. 연구나 조사 대상의 특성치를 변수(variable)라 한다. 혈액형, 어느 지점을 통과하는 자동차의 수, 1일 주식 거래량, 물가, 통근시간은 모두 변수이다. 변수는 질적 변수(qualitative variable)와 양적 변수(quantitative variable)로 분류된다.

질적 변수는 양을 나타내는 숫자가 아닌 범주나 문자로써 나타낼 수 있는 변수이며. 양적 변수는 수량, 즉 숫자의 크기로 나타낼 수 있는 변수를 말한다. 성별, 선호도(좋다, 싫다), 지역(서울, 부산, 대구, 광주 등) 등은 질적 변수에 속하며, 이러한 질적 변수도 숫자로 바꾸어 사용하면 편리할 때가 많다. 즉, 남자 1, 여자 0이라는 값을 대응시켜 주면 양적 변수로 바뀐다. 이 때의 변환은 보다 구체적인 지식과 연구가 필요하다. 그리고, 시험 성적을 점수로 나타내면 양적 변수가 되고, 등급 A, B, C, D로 나타내면 질적 변수가 된다.

양적 변수는 연속변수(continuous variable)와 이산 변수(discrete variable)로 나눌

수 있다. 변수가 어떤 실수 구간 내에 임의의 모든 수치를 나타낼 경우 연속 변수라 하며 무게, 높이, 시간 등이 이에 속한다. 즉, 어떤 실수 구간 내에 있는 모든 실수값을 취할 수 있을 때 연속변수라 한다.

이에 반하여 모든 변수가 주어진 구간 내의 특정한 수치만을 나타내고 있을 때 이산변수라 한다. 사람의 수, 불량품의 개수, 한 시간 동안 걸려오는 전화 통화 수 등을 나타내는 변수들은 이산 변수이다.

조사를 통해서 얻어진 상태 그대로 아직 정리되지 않은 자료를 원자료(raw data)라 하고, 이 자료들을 크기 순으로 정리하여 나열한 것을 배열(array)이라 한다.

연습문제

주관식

1. 관심 대상을 조사하기 위하여 그 대상 전체를 조사하지 못하고 일부만 조사하는 경우가 대부분인데 그 일부를 무엇이라 하는가? 그 관심의 대상 전체를 무엇이라 하는가?

2. 다음의 예들에서 모집단과 표본을 서술하여라.

   (1) 'D대학'에서는 군대를 다녀온 복학생과 다녀오지 않은 2학년 남학생의 평균 체중을 비교하기 위하여 각각 50명의 체중을 조사하였다.

   (2) 유가증권시장과 코스닥시장의 수익률을 비교하기 위하여 무작위로 20개 증권의 수익률을 조사하였다.

   (3) 'D대학'의 여학생과 남학생의 합격률에 차이가 있는지 알아보기 위하여 과거 십 년간의 합격률을 조사하였다.

   (4) 은행과 제2금융권의 주택 담보 대출 규모를 알아보려 한다. 은행은 그 숫자가 많지 않아 각 은행별로 대출 규모를 전부 조사하고, 제2금융권에서는 무작위로 50개를 추출하여 대출 규모를 조사하였다.

3. 다음 조사에서의 모집단과 표본은 무엇인가?

   (1) 지하철에서 스마트폰를 이용하는 사람들이 어떤 콘텐츠를 재생하는지 알아보았다. 무작위로 스마트폰 사용자 100명을 조사하여, 음악 듣기, 외국어 학습, 드라마 시청, 전자 책, 기타 등으로 분류하고, 나이대와 성별을 조사하였다.

   (2) 전국 지역별로 총 200개 품목에 대하여 30,000군데에서 소비자 물가를 조사하였다.

   (3) 동해, 서해, 남해에 소재한 각 10개 해수욕장에서 각각 5~10군데 민박집의 민박 가격을 조사하였다.

   (4) 학생 20명에게 세 가지 브랜드의 피자를 맛보게 한 후 순위를 매기도록 하였다.

4. 위 문제 자료를 양적 자료와 질적 자료로 구분하여라.

(1) 승용차의 엔진 기통 수

(2) 중국 음식점에서 점심시간 동안 팔린 음식

(3) 파운드로 잰 몸무게

(4) 화씨로 잰 정오의 온도

(5) 간단하게 데워 먹을 수 있는 단팥죽 네 개 제품에 대한 소비자들의 선호도

5. 다음 각 자료를 양적 자료와 질적 자료로 구분하여라.

(1) 각 시중은행의 가계대출의 부도율

(2) 소비자들이 고구마피자보다 감자피자를 더 좋아하는지 조사한 자료

(3) 피자 가게에서 주중에 팔린 피자 수에 대한 주말에 팔린 피자 수의 비율

(4) 나이

(5) 초등학교 졸업 이하, 중학교 졸업 이하, 고등학교 졸업 이하, 대학교 이상으로 구분하여 조사한 학력

6. 다음 각 자료를 양적 자료와 질적 자료로 구분하여라.

(1) 남녀별로 초능력을 믿는지 믿지 않는지 여부에 대하여 조사한 자료

(2) 나라별 동계올림픽에서의 금메달 수

(3) 역대 대통령의 임기 동안 임기 년 수를 고려한 강남 아파트값의 증가율

(4) 과거 십 년간 서해안에서의 적조 발생 수

(5) 지방자치단체별 일 년간 홈페이지 방문 수

연습문제

객관식

1. 표본 조사의 실제적인 측면에서 요구되지 않는 것은?

① 최소한의 인원　② 최소한의 비용
③ 최량의 추정값　④ 최소한의 시간

해설

최량의 추정값은 분석 단계에서 요구된다. ③

2. 다음 중 전수 조사의 장점에 해당하는 것은?

① 경비의 절감　② 시간의 절약
③ 실시상의 편의　④ 높은 신뢰도

해설

전수 조사는 통계 단위 전체에 대하여 조사하므로 신뢰도가 높다. ④

3. 표본 추출 시 종합적으로 고려되어야 할 사항이 아닌 것은?

① 모수의 추정 방법　② 표본 추출 방법
③ 추측에 대한 주관성　④ 표본 추출에 소요되는 인원, 비용, 시간

해설

③

4. 비표본 오차(non-sampling error)의 발생 원인이 아닌 것은 다음 중 어느 것인가?

① 조사원의 훈련 부족
② 조사 항목의 정의가 조사 목적과 일치하지 않을 때
③ 관찰·측정이 정확하지 않을 때
④ 표본을 이용하여 모집단을 추정할 때

해설

표본을 이용하여 모집단을 추정하는 것은 표본 오차이다. ④

5. 다음 중 유한 모집단인 통계 집단은?

① 주사위를 던지는 실험 ② 우리나라의 인구 조사
③ 실험을 반복하여 얻는 실험값의 집단 ④ 동전 던지는 실험

해설

②

6. 다음은 모집단과 표본에 관한 설명이다. 틀린 것은?

① 모집단에는 유한 모집단과 무한 모집단이 있다.
② 표본에는 유한 표본과 무한 표본이 있다.
③ 표본에 포함되는 추출 단위의 개수를 표본 크기라 한다.
④ 모집단의 특성값을 모수, 표본의 특성값을 통계량이라 한다.

해설

②

7. 다음 중에서 표본 조사가 아닌 것은?

① 학생들의 신체 검사 ② TV의 시청률 조사
③ 생산 제품의 품질 조사 ④ 앙케트 조사

해설

학생들의 신체 검사는 표본 조사가 아니다. ①

8. 다음 중 임의 추출법이 아닌 것은?

① 상자속에 큰 구슬과 작은 구슬들이 많이 있다. 이 속에서 큰 구슬을 추출할 때
② 화투 놀이에서 화투짝들 중 한 장을 뽑아낼 때
③ 난수표를 이용할 때
④ 당첨권이 들어 있는 제비뽑기

해설

큰 구슬을 추출하는 것은 임의로 선택하는 것이 아니라 특정한 것을 추출하는 것이다. ①

연습문제

9. 다음 각 표본 설계의 특징 중 틀린 것은?

① 단순 임의 추출법은 모평균 추정이 쉽다.

② 층화 추출법의 각 층은 동질성이 요구된다.

③ 계통 추출법은 모집단의 전 구간에서 표본이 추출된다.

④ 집락 추출법의 각 집락은 동질성이 요구된다.

해설

집락 추출법은 집락 내에서 이질성을, 집락 간에는 동질성을 요구한다. ④

10. 다음 중 층화 추출법의 모집단 동질성에 관한 것 중 맞는 것은?

	층내	층간		층내	층간
①	동질	동질	②	동질	이질
③	이질	동질	④	이질	이질

해설

층화 추출법은 층 내에서 동질성을, 층간에는 이질성을 요구한다. ②

11. 다음 중 임의 추출법이 아닌 것은?

① 여론 조사를 하기 위하여 전화 번호부를 이용한 무작위 추출

② 카드 놀이에서 카드들 중에서 한 장을 뽑아낼 때

③ 난수표를 이용할 때

④ 주택 복권 당첨권의 추첨 방법

해설

여론 조사의 대상은 해당 지역의 모든 사람이 되어야 하는데 전화에 가입한 대상자는 모집단이 될 수 없다. ①

12. 다음은 표본 추출법에 대한 설명이다. 틀린 것은?

① 단순 무작위 추출(simple random sampling)은 모든 원소들이 같은 확률로서 뽑혀지는 방법이다.

② 계통 추출법(systematic sampling)은 모집단에 어떤 주기성이 존재할 때 좋은 방법이 될 수 있다.

③ 층화 추출법(stratified sampling)은 모집단을 비슷한 성질의 층으로 구분한 다음 각 층으로부터 단순 무작위로 표본을 추출한다.

④ 집단 추출법(cluster sampling)은 통계적 품질 관리를 할 경우에 이용되며, 조사 비용이 절감되는 장점이 있다.

해설

계통 추출법은 모집단에 어떤 주기성이 있는 경우에는 좋은 방법이 될 수 없다. ②

13. 표본 추출법에 대한 설명으로 맞는 항목은?

① 계통 표본 추출법에서 모집단의 일련 번호는 규칙성이 없어야 한다.

② 단순 확률 추출법은 일정한 간격으로 표본을 추출해야 한다.

③ 계통 표본 추출법은 단순 확률 추출법의 결점을 보완한 방법으로써 표본이 아주 작을 때 사용된다.

④ 확률 추출법은 유의 추출법보다 주관성이 더 강한 표본 추출법이다.

해설

계통 추출법은 표본이 매우 클 때 이용되며 일정한 간격으로 추출하는 방법이다. ①

14. 표본 추출의 궁극적인 목적은 무엇인가?

① 모집단에 관한 올바른 추론을 도출하는 데 있다

② 표본 조사에 드는 비용을 절약하는 데 있다.

③ 신뢰도를 높이기 위해서 사용된다.

④ 모집단에 대한 주관적인 판단을 높이는 데 있다.

해설

①

연습문제

15. 모집단 분포의 수량적 특성값을 무엇이라 하는가?

① 표본 ② 모수

③ 통계량 ④ 비율

해설

②

CHAPTER

02

자료의 정리 및 시각화

구성

STATISTICS

자료를 구성하고 요약하는 방법은 아주 다양하다. 많은 정보들은 표로 나타낼 수 있지만, 사실 그대로의 표현은 의미가 없다. 시각화 표현은 모형이나 모양을 보고 자료 전체의 분포를 알 수 있다. 자료의 시각적 표현 방법들 중 가장 일반적인 것은 점도표, 막대그래프, 히스토그램, 그리고 줄기-잎 그림이다. 모든 시각화 표현에서 그래프가 나타내는 것이 무엇인가를 확실하게 해주는 변수를 정확히 표기하는 것이 중요하다.

원자료가 주어졌을 때, 전체 모형을 알 수가 없다. 그러나 어떤 값이 더 자주 나타나고, 몇 개의 이상치가 나타나고, 값들의 범위가 어떤지를 대충 알 수 있다. 요약과 설명, 그리고 평균값, 분포의 측정, 다양한 값들의 위치, 그리고 분포의 형태와 자료의 시각화 표현은 기술통계학이라는 넓은 주제에 속한다.

2.1 시각화를 이용한 자료 요약

2.1.1 도수분포표

데이터가 명목형이나 순서형인 경우에 하나의 변수에 대해서 도수분포표(frequency table)를 작성할 수 있다. 이때 각 범주에 해당하는 관측치의 개수를 세어 범주의 도수(빈도)로 놓는다. 도수분포표에는 흔히 상대도수나 누적상대도수가 같이 쓰인다. 상대도수는 각 구간의 도수를 자료의 총수로 나눈 값이고, 누적상대도수는 이의 누계이다. 장점으로 각 범주의 도수와 상대적인 비율을 쉽게 비교할 수 있다.

예제 2.1

어느 대학에서 통계학 수업을 수강하는 55명의 학생들을 대상으로 혈액형을 조사한 결과는 다음과 같다. 이 자료를 도수분포표로 작성하라.

B B B B B A AB O O B B B B B O A AB B B B A AB A B O B A A
A B O A O AB A A O A A A A AB A A AB A O AB B A O A B O A

풀이

〈표 2.1〉 혈액형에 대한 도수분포표

범주	도수	상대도수(%)
A	20	36
AB	7	13
B	18	33
O	10	18

2.1.2 막대그래프, 원그래프

범주 또는 그룹들의 크기를 비교하는 일반적인 시각적 표현이며 다음과 같이 나열할 수 있다.

- 원그래프 : 상대적인 빈도 또는 상대적인 비율을 원모양 파이의 분할 부분으로 나타낸 그림
- 막대그래프 : 각 범주에 대응하는 도수 또는 상대도수 등을 같은 폭의 수직막대로 나타낸 그림
- 파레토 그림(Pareto chart) : 각 범주의 도수가 감소하도록 범주를 재배열한 막대그래프

■ **장점**

각 범주에 대한 도수분포표에 비하여 각 범주의 도수 또는 상대도수를 시각적으로 쉽게 비교할 수 있다.

예제 2.2

다음 자료는 어느 신도시의 스마트폰의 종류(A, B, C) 표본 조사 결과이다. 문자 A, B, C는 세 가지 범주를 나타낸다.

```
A B B A C B C C C A
C B C A C C B C C A
A B C C B C B A C A
```

도수분포표와 막대그래프, 원그래프로 시각화하시오.

풀이

〈표 2.2〉 스마트폰의 종류(A, B, C)의 도수분포표

범주	빈도	상대도수	백분율
A	8	8/30 = .267	26.7
B	8	8/30 = .267	26.7
C	14	14/30 = .467	46.7

막대그래프(bar graph)를 그리려면 [그림 2.1]과 같이 수평축에 범주를 표시한다. 모든 범주는 같은 폭의 구간으로 나타낸다. 수직축에는 도수를 표시한다. 그런 다음에 막대의 높이가 해당 범주의 도수를 나타내도록 각 범주에 대하여 막대를 그린다. [그림 2.1]은 <표 2.2>의 도수분포표에 대한 막대그래프이다.

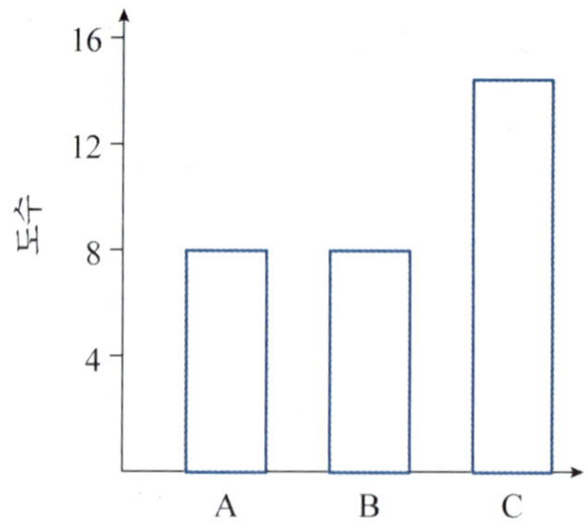

[그림 2.1] 스마트폰 종류에 대한 막대그래프

```
> #ex2.2
> data<-c( 'A', 'B', 'B', 'A', 'C', 'B', 'C', 'C', 'C', 'A',
+          'C', 'B', 'C', 'A', 'C', 'C', 'B', 'C', 'C', 'A',
+          'A', 'B', 'C', 'C', 'B', 'C', 'B', 'A', 'C', 'A')
> freq<-table(data)              #빈도
> prop<-prop.table(table(data))  #상대도수
> cbind(freq, prop, per=prop*100)#데이터병합
  freq      prop      per
A    8 0.2666667 26.66667
B    8 0.2666667 26.66667
C   14 0.4666667 46.66667
> barplot(table(data),main='Barplot')#barplot
> pie(table(data),main='Pie')  #원그래프
```

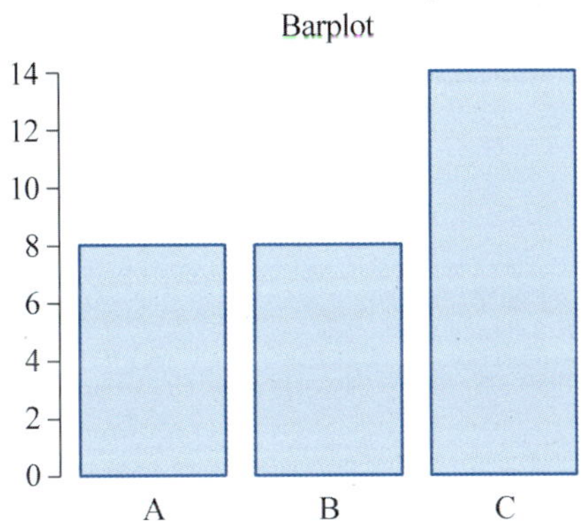

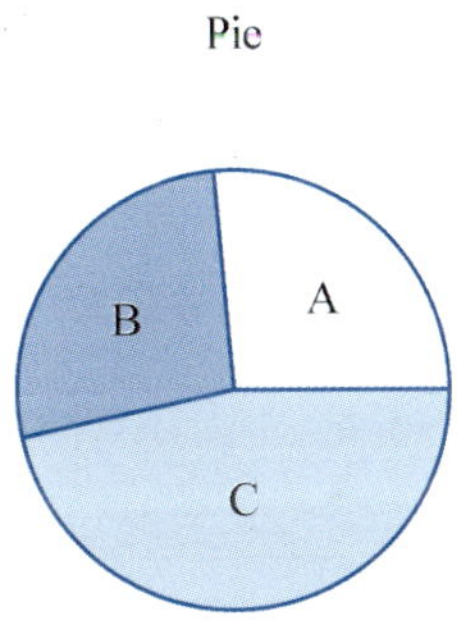

2.1.3 히스토그램

히스토그램은 계급구간과 막대의 높이가 주어짐으로써 그릴 수 있는데, 막대의 높이는 상대도수를 계급구간의 폭으로 나눔으로써 구할 수 있다. 이렇게 구한 히스토그램의 전체 면적은 1이 된다. 모든 계급구간의 폭이 같으면 도수 또는 상대도수를 막대의 높이로 사용하여 그린 그림과 히스토그램은 같은 모양이 된다. 따라서 도수나 상대도수를 막대의 높이로 사용하여 히스토그램의 모양을 얻기도 한다.

■ 장점

도수분포표에 비하여 보다 더 시각적으로 중심의 위치와 자료가 어떠한 모양으로 흩어져 있는가에 대하여 쉽게 파악할 수 있다.

■ 단점

각 계급 안에 놓이는 자료의 정확한 측정값을 알 수 없다.

예제 2.3

조그만 도시에 2,000가구들이 살고, 그들의 자녀의 분포는 다음과 같다. 300가구는 자녀가 없고, 400가구는 한 명, 700가구는 두 명, 300가구는 세 명, 100가구는 네 명, 100가구는 다섯 명, 그리고 100가구는 여섯 명이 있다고 가정하자. 이 자료들은 히스토그램으로 나타내어라.

풀이

〈표 2.3〉 자녀 수에 대한 도수분포표

자녀 수	도수	상대도수
0	300	300/2000 = .150
1	400	400/2000 = .200
2	700	700/2000 = .350
3	300	300/2000 = .150
4	100	100/2000 = .050
5	100	100/2000 = .050
6	100	100/2000 = .050

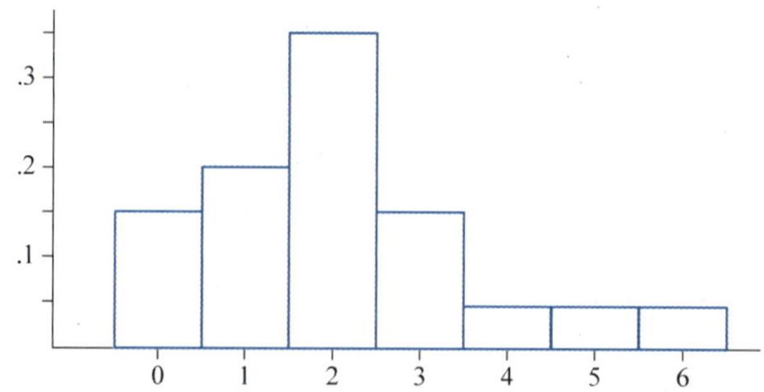

[그림 2.2] 자녀 수에 대한 히스토그램

히스토그램은 세로축에 빈도수가 표기되거나 상대 빈도수가 표기되거나 그 모양은 같다는 것을 유의하자.

2.1.4 집단화 자료의 도수분포표

양적자료를 적당한 크기로 집단화하여 좀 더 쉽게 이해하도록 적당한 간격으로 집단화하여 만든 도수분포표

■ **상섬**

누적상대도수 즉, 분포함수가 $F(x)=0.5$가 되는 대략적인 중심의 위치를 알 수 있다. 대략적인 자료의 흩어진 정도를 파악할 수 있다.

■ **단점**

원자료의 정확한 관찰값을 알 수 없다.

용어설명

- 계급(class) : 적당한 간격으로 집단화하여 나타낸 범주들
- 계급간격(class width) : 이웃하는 두 계급의 위쪽 경계에서 아래쪽 경계를 뺀 값
- 계급값(class mark) : 각 계급의 중앙에 위치한 값, $\dfrac{\text{위쪽 경계}+\text{아래쪽 경계}}{2}$

도수분포표의 작성

1. 표본자료의 최댓값과 최솟값을 찾아 (범위) = (최댓값) − (최솟값)을 구한다.
2. 자료의 크기에 따라 5~20정도의 계급의 개수를 정하고, 계급의 폭은

   (범위) ÷ (계급의 개수)

   를 계산하여 자료값의 최소 단위까지 끊어 올려 정한다.
3. 첫 번째 계급의 시작점은

   $$(\text{최소값}) - \frac{1}{2}(\text{자료값의 최소 단위})$$

   로 정하여, 2에서 구한 계급의 폭에 따라 그 다음 계급을 정한다.
4. 각 계급의 상대도수(또는 도수)를 구한다.

예제 2.4

어느 도시의 5월 1일부터 5월 31일까지의 낮 최고기온을 재보았더니 다음과 같았다. 단위는 ℃이다.

〈표 2.4〉 낮 최고온도

```
15.2 11.0 16.8 23.2 14.3 21.9 22.4 20.5 15.0 17.0 12.8 21.0 27.7 28.0 18.8 16.4
14.9 20.0 23.5 23.9 24.0 13.2 13.6 24.1 25.9 30.8 26.3 32.1 29.2 31.5 28.5
```

(1) 계급의 수를 5개로 하여 도수분포표를 작성하라.

(2) 도수분포표를 기초로 하여 막대그림표와 누적그림표 또는 꺾은선그래프를 작성하라.

풀이

(1) 최고측정치와 최저측정치는 각각 32.1과 11이다. 그러므로 계급 구간은 $\frac{32.1-11}{5}=4.22$이다. 따라서 가까운 정수 5를 구간으로 하면 된다.

〈표 2.5〉 온도에 대한 도수분포표

기온(X)	정확한계	빈도수(f)	상대빈도	누적상대빈도	누적백분율빈도(%)
10~14	9.5~14.5	5	0.16	0.16	16
15~19	14.5~19.5	7	0.23	0.39	39
20~24	19.5~24.5	10	0.32	0.71	71
25~29	24.5~29.5	6	0.19	0.90	90
30~34	29.5~34.5	3	0.10	1.00	100
$n=31$					

(2)

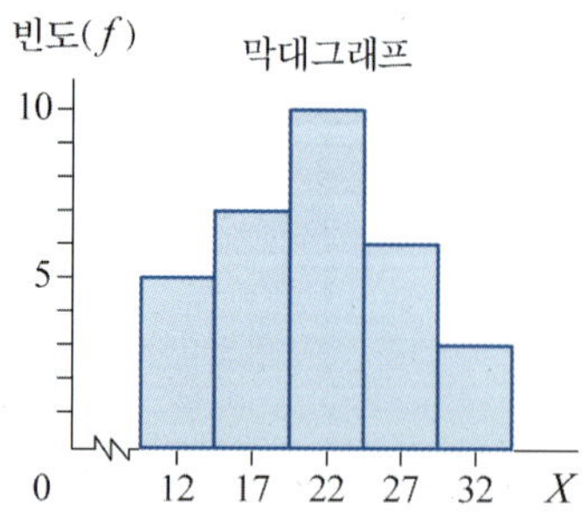

[그림 2.3] 기온에 대한 히스토그램

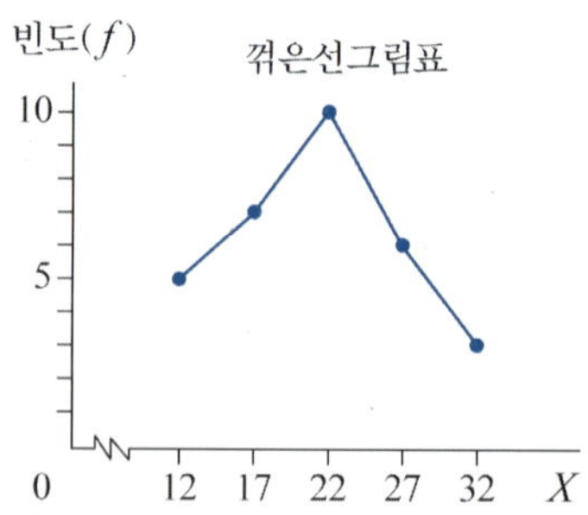

[그림 2.4] 기온에 대한 꺾은선그래프

```
> #ex2.4
> data<-c(15.2,11.0,16.8,23.2,14.3,21.9,22.4,20.5,15.0,17.0,
+         12.8,21.0,27.7,28.0,18.8,16.4,14.9,20.0,23.5,23.9,
+         24.0,13.2,13.6,24.1,25.9,30.8,26.3,32.1,29.2,31.5,
+         28.5)
>
> daea_cut<-cut(data,breaks=seq(9.5,34.5,5)) #데이터분할
> freq<-table(daea_cut) #빈도
> prop<-prop.table(freq)#상대도수
> accum<-cumsum(prop)   #누적상대도수
> cbind(freq,prop,accum,accum,accum_per=accum*100) #데이터병합
            freq       prop     accum accum_per
(9.5,14.5]    5 0.16129032 0.1612903  16.12903
(14.5,19.5]   7 0.22580645 0.3870968  38.70968
(19.5,24.5]  10 0.32258065 0.7096774  70.96774
(24.5,29.5]   6 0.19354839 0.9032258  90.32258
(29.5,34.5]   3 0.09677419 1.0000000 100.00000
>
> barplot(freq)        #barplot
> plot(freq,type='o',) #꺾은선그래프
> plot(cumsum(freq),type='o',) #누적빈도그래프
```

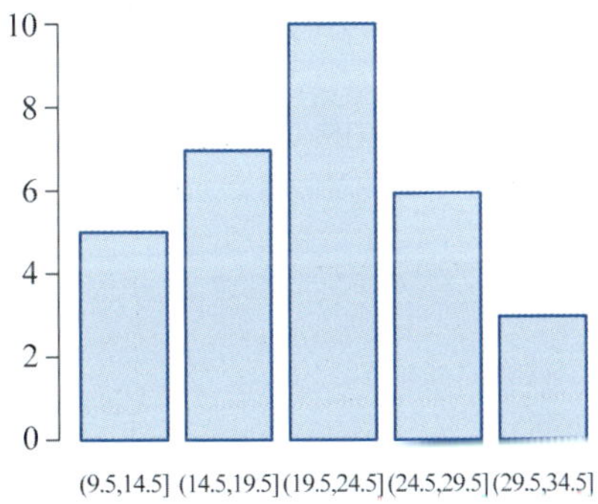

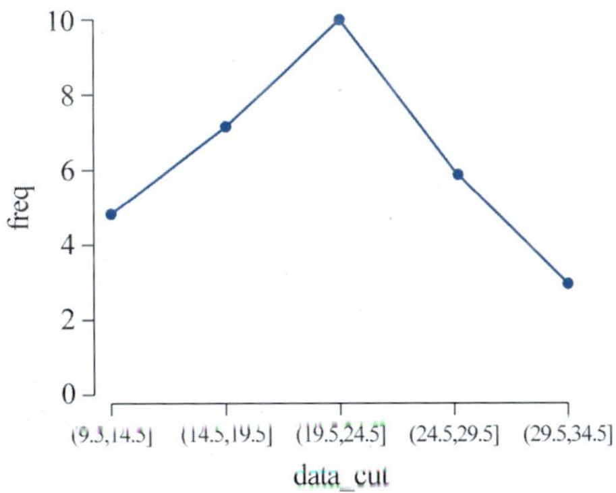

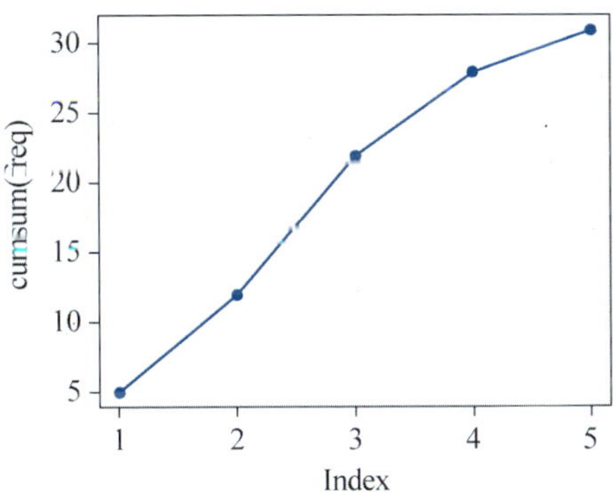

2.1.5 줄기-잎 그림

도수분포표나 히스토그램이 갖고 있는 성질을 그대로 보존하면서 각 계급 안에 들어 있는 개개의 측정값을 제공하는 그림이다.

줄기-잎 그림 작성 방법

1. 줄기와 잎을 구분한다. 변동이 작은 부분을 줄기, 변동이 많은 부분을 잎으로 지정한다.
2. 줄기 부분을 작은 수부터 순차적으로 나열하고, 잎 부분을 원자료의 관찰 순서대로 나열한다.
3. 잎 부분의 관찰값을 순서대로 나열한다.

예제 2.5

농구선수의 13년 경력 동안 3점 슛의 퍼센트를 나타낸 집합인 {17, 17, 18, 13, 28, 38, 31, 27, 35, 50, 43, 37, 24}를 보자. 1, 2, 3, 4, 5를 10, 20, 30, 40, 50로 대체해보자. 그 결과는 이 자료들의 줄기 도표로 나타내어라.

풀이

줄기	잎
1	7 7 8 3
2	8 7 4
3	8 1 5 7
4	3
5	0

[그림 2.5] 3점 슛의 퍼센트에 대한 줄기-잎 그림

```
> #ex2.5
> data<- c (17,17,18,13,28,38,31,27,35,50,43,37,24)
> stem(data) #줄기잎그림

  The decimal point is 1 digit(s) to the right of the |

  1 | 3778
  2 | 478
  3 | 1578
  4 | 3
  5 | 0
```

더 상세한 형태는 각 열에 있는 숫자들을 오름차 순서로 재정렬하여 나타낼 수 있다. 이 정렬된 표현은 본래의 도수도표에서 더 자세한 정보를 나타낸다. 예제 2.5 자료의 개선된 표현은 다음과 같다.

```
1|3  7  7  8
2|4  7  8
3|1  5  7  8
4|3
5|0
```

[그림 2.6] [그림 2.5]의 재배열

예제 2.6

어느 집단에서 광고된 25채의 집의 가격의 집단은 {56, 89, 165, 73, 83, 145, 90, 189, 127, 77, 110, 112, 132, 120, 94, 130, 84, 65, 99, 154, 86, 120, 122, 103, 130}이라 주어졌다고 가정하자. 이 자료들로 가능한 줄기 도표를 나타내어라.

풀이

```
  50-74|56  65  73
  75-99|77  83  84  86  89  90  94  99
100-124|03  10  12  20  20  22
125-149|27  30  30  32  45
175-200|89
```

[그림 2.7] 집 가격에 대한 줄기-잎 그림

```
> #ex2.6
> data<-c(56, 89, 165, 73, 83, 145, 90, 189, 127, 77, 110, 112,
+         132, 120, 94, 130, 84, 65, 99, 154, 86, 120, 122, 103, 130)
> stem(data,scale=2)

  The decimal point is 1 digit(s) to the right of the |

   4 | 6
   6 | 537
   8 | 3469049
  10 | 302
  12 | 0027002
  14 | 54
  16 | 5
  18 | 9
```

2.2 수치를 통한 자료 요약

2.2.1 평균값과 중앙값

(1) 평균값

평균이라는 단어는 일상에서 자주 쓰인다. 사람들은 볼링과 배팅 평균 또는 배터리나 사람의 평균수명을 말한다. 즉, 집합의 모든 항목들의 합계를 항목들의 수로 나눈 값을 평균값이라고 한다. 전체 모집합의 평균값은 자주 그리스 문자 μ(mu)로 표기되고, 표본의 평균값은 $\bar{x}$로 자주 표기된다.

(2) 모평균(population mean)

$$\text{모집단의 평균} : \mu = \frac{1}{N}\sum_{i=1}^{N} x_i$$

(3) 표본평균(sample mean)

$$\text{표본의 평균} : \bar{x} = \frac{1}{n}\sum_{i=1}^{n} x_i$$

이다.

표본평균의 특성은 다음과 같다.

■ **장점**

계산하기 쉽다.
모든 측정값을 반영한 정보를 제공한다.
각 자료와 평균과의 편차의 제곱을 모두 더한 잔차제곱합(residual sum of squares, RSS)이 다른 유형의 위치척도에 비하여 작다.

■ **단점**

이상점에 큰 영향을 받는다.

예제 2.7

13개의 야구장에서 필드의 중심까지의 홈런 거리의 집합을 살펴보자.

{387, 400, 400, 410, 410, 410, 414, 415, 420, 420, 421, 457, 461} 평균값은 얼마인가?

풀이

평균값은

$$\frac{387+400+400+410+410+\dots+457+461}{13}=417.3$$

이다.

(4) 중앙값(Mediam)

표본평균이 갖는 이상점에 대한 영향을 제거할 수 있는 중심위치의 척도이며 자료의 측정값을 크기 순서로 나열하여 가장 가운데 순위에 놓이는 값이다. 즉, 중앙값 M_e는

$$M_e = \begin{cases} x_{\left[\frac{n+1}{2}\right]} & , n\text{이 홀수인 경우} \\ \left(x_{\left[\frac{n}{2}\right]} + x_{\left[\frac{n}{2}\right]+1}\right)/2 & , n\text{이 짝수인 경우} \end{cases}$$

이다. 단, $x_{[i]}$는 순서통계량이다.

■ **장점**

어느 한 쪽으로 치우친 분포를 갖는 자료에 대하여 평균보다 좋은 중심의 위치를 나타낸다.

■ **단점**

전체 자료를 크기 순으로 나열하여 중앙에 놓이는 자료를 찾아야 한다는 점에서 자료의 수가 많은 경우에 부적절하다.

수리적으로 다루기 매우 힘들다는 이유로 추측통계학에서 별로 사용하지 않는다.

예제 2.8

한달 동안 다섯 명의 의사가 불필요한 수술을 제안한 수의 집합이 {2, 2, 8, 20, 33}으로 주어졌다고 가정해보자. 중앙값과 평균을 구하여라.

풀이

중앙값은 8이고, 평균값은 $\frac{2+2+8+20+33}{5} = 13$이다. 다섯 번째 의사가 불필요한 수술을 추가적으로 25번 제안했다면, 중앙값과 평균값은 어떻게 영향을 받을 것인가?

집합은 이제 {2, 2, 8, 20, 58}이다. 중앙값은 여전히 8이다. 평균값은

$\frac{2+2+8+20+58}{5} = 18$로 바뀐다.

```
> #ex2.8
> data<- c(2,2,8,20,33)
> mean(data) #평균
[1] 13
>
> data[5]<-58#데이터변경
> mean(data) #평균
[1] 18
```

2.2.2 범위, 백분위수, 사분위수범위

(1) 범위

가장 간단하고 쉽게 변이성을 계산하는 척도는 범위이다. 가장 큰 값과 가장 작은 값의 차이를 범위라 한다. 범위의 한 용도로는 아주 적은 항목들을 가진 표본에서 분포로 계산할 때 유용하다.

예제 2.9

집단 A : 최댓값 = 95, 최솟값 = 20

집단 B : 최댓값 = 81, 최솟값 = 55

이라 가정하자. 각 집단의 범위를 구하고 설명하여라.

풀이

$R_A = 95 - 20 = 75$

$R_B = 81 - 55 = 26$

집단 B에 비하여 집단 A가 폭넓게 분포되어 있음을 알 수 있다.

(2) 백분위수

자료 안에서 어떤 특정한 값의 상대적인 위치에 관심이 있는 경우, 위의 두 척도는 크게 도움을 주지 못한다. 예를 들어, 한 정유회사는 그들의 연간 매출액이 모두 정유산업체에서 어느 정도 위치에 해당하는지를 알고 싶은 경우 평균이나 분산으로는 그 정확한 위치를 볼 수가 없다. 이를 위해서는 백분위수(percentile)나 z-점수(z-score)와 같은 상대적 위치의 측도(measure of relative standing)가 필요하다.

제 100×p 백분위수를 구하는 방법

1. 관측값을 큰 순으로 배열한다.
2. 관측값의 개수(n)에 p를 곱한다.
   a. 만약 n×p가 정수이면, n×p번째 관측값과 n×p+1번째 관측값의 평균을 제 100×p 백분위수로 한다.
   b. 만약 n×p가 정수가 아니면, n×p에서 정수부분에서 1을 더한 값 m을 구한 후, m번째 큰 관측값을 제 n×p 백분위수로 한다.

예제 2.9

서울의 한 전철역에서 수원의 한 전철역까지 소요되는 시간을 기록한 자료가 다음과 같다. (단위: 분)

42 40 38 37 43 39 78 38 45 44 40 38 41 35 31 44

제 50 백분위수인 중앙값과 제 30 백분위수를 구하여라.

풀이

위의 자료를 크기 순서로 재배열하면 다음과 같다.

31 35 37 38 38 38 39 40 40 41 42 43 44 44 45 78

관측값의 개수가 16이고 16×0.5=8이므로 제 50 백분위수는 8번째 값과 9번째 값의 평균이 40이므로 제 50 백분위수인 중앙값은 40이다. 제 30 백분위수의 경우는 16×0.3 = 4.8이므로 제 30 백분위수의 값은 5번째 값인 38이다.

(3) 사분위수 범위

자료를 크기 순으로 나열했을 때 전체 자료가 4등분되는 위치의 관측값을 사분위수(quartile)라고 한다. 사분위수는 제일 작은 사분위수를 제1사분위수(Q_1), 두 번째로 작은 사분위수를 제2사분위수(Q_2), 다음 사분위수를 제3사분위수(Q_3)라 하며, 제2

사분위수는 중앙값이 된다.

사분위수 범위를 찾는 것은 범위에서 극값들의 영향을 받지 않기 위한 하나의 방법이다. 그것은 중간 50% 값들의 범위이다. 즉 $IQR = Q_3 - Q_1$으로 계산한다.

이상치를 구하는 데 사용되는 수적 규칙으로, 만약 이상치가 $Q_1 - IQR \times 1.5$보다 작거나 $Q_3 + IQR \times 1.5$보다 클 때 이상치라 부른다.

예제 2.10

한 작은 마을의 농장 크기가 다음과 같은 성질을 가지고 있다고 가정해보자. 가장 작은 값은 16.6에이커이고, 값의 25%는 41.1에이커, 75%는 101.9에이커, 90%는 124.0에이커, 가장 위의 값은 201.7에이커이다.

(1) 범위는 무엇인가?

(2) 사분위수 범위는 얼마인가?

(3) 수적 규칙이 이상치로 쓰였을 때, 가장 작은 또는 가장 큰 값을 이상치라 불러야 하는가?

풀이

(1) 범위는 $201.7 - 16.6 = 185.1$ 에이커

(2) 사분위수 범위는 $Q_3 - Q_1 = 101.9 - 41.1 = 60.8$ 에이커이다.

(3) $1.5 \times IQR = 1.5 \times 60.8 = 91.2$

가장 큰 값인 201.7은 $Q_3 + 1.5 \times IQR = 101.9 + 91.2 = 193.1$ 보다 크기 때문에, 이는 이상치라고 할 수 있다.

2.2.3 상자그림

상자그림(box plot)은 표본 사분위수 범위를 이용하고 이런 단점은 보완하면서 자료의 흩어진 모양을 쉽게 알 수 있도록 자료를 요약한 그림을 말한다. 상자그림을 작성하는 자세한 과정은 다음과 같다. [그림 2.8]은 이해를 돕기 위하여 구성요소를 표시한 상자그림이다.

이제 다음 순서에 따라 상자그림을 그린다.

1. 자료를 크기 순으로 나열하여 사분위수(Q_1, Q_2, Q_3)를 결정한다.

2. Q_1과 Q_3을 네모난 상자로 연결하고, 중앙값(Q_2)의 위치에 수직선을 긋는다.

3. 사분위수범위= $Q_3 - Q_1$을 계산한다.

4. 상자 양끝에서 $1.5 \times IQR$ 크기의 범위를 경계로 하여, 이 범위에 포함되는 최솟값과 최댓값을 Q_1과 Q_3으로부터 각각 선으로 연결한다.

5. 양 경계를 벗어나는 자료값들을 *로 표시하고, 이 점들을 이상점이라고 한다.

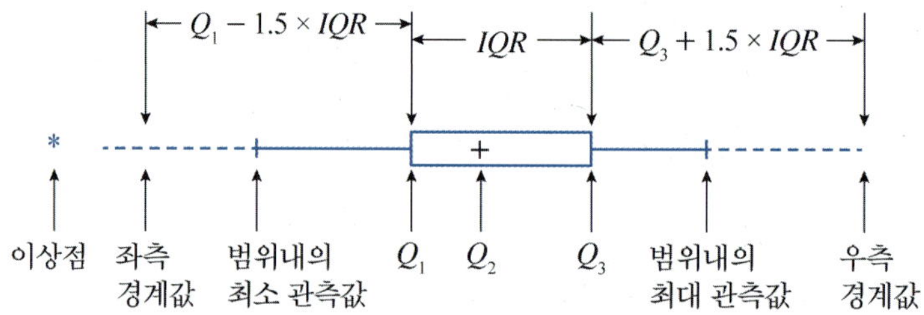

[그림 2.8] 상자그림

예제 2.11

다음 자료는 표본 12 가구의 수입액(단위: 천 달러)을 나타낸다.

35	29	44	72	34	64	41	50	54	104	39	58

상자그림으로 시각화하시오.

풀이

상자그림을 그리기 위하여 다음을 수행한다.

자료를 크기 순으로 정렬하여 중앙값과 사분위수, 사분위수 범위를 구한다. 자료를 정렬하면

29 34 35 39 41 44 50 54 58 64 72 104

이다. 따라서 Q_1은 $12 \times 0.25 = 3$이므로 3번째와 4번째의 평균이고, Q_2은 $12 \times 0.5 = 6$이므로 6번째와 7번째의 평균이고, Q_3은 $12 \times 0.75 = 9$이므로 9번째와 10번째의 평균이므로 다음과 같이 계산한다.

Q_1 = (35+39)/2 = 37, Q_2 = (44+55)/2 = 47, Q_3 = (58+64)/2 = 61

IQR = $Q_3 - Q_1 = 61 - 37 = 24$

Q_1 아래쪽 1.5 × IQR인 점과 Q_3 위쪽 1.5 × IQR인 점을 찾는다. 이 두 점을 아래쪽과 위쪽 경계값이라 부른다.

1.5 × IQR = 1.5 × 24 = 36

아래쪽 경계값 = Q_1 - 36=37-36=1, 위쪽 경계값 = Q_3 + 36=61+36=97

두 경계값 사이에 있는 자료값 중에서 최댓값과 최솟값을 찾는다.

최솟값 = 29, 최댓값 = 72

수평선을 그리고 눈금을 표시한다. 수평선 위에 상자의 왼쪽 면이 제 1사분위수가 되고 오른쪽 면이 제 3사분위수가 되도록 상자를 그린다. 상자 안쪽에 중앙값 위치에 수직선을 그린다. 최댓값과 최솟값을 상자와 연결한다. 이 두 직선을 수염(whisker)이라 한다. 두 안 울타리 바깥에 놓이는 자료를 별표로 표시하고 이상점이라 부른다. [그림 2.9]가 그 결과이다.

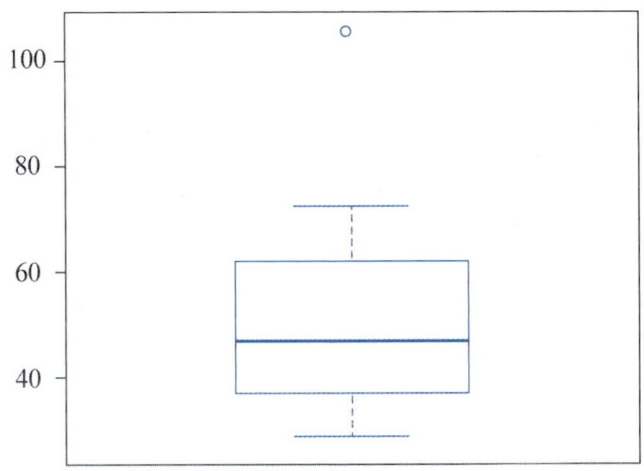

[그림 2.9] 수입액에 대한 상자그림

```
> #ex2.11
> data<-c(35,29,44,72,34,64,41,50,54,104,39,58)
> boxplot(data)#박스플롯
```

2.2.4 분산과 표준편차

자료의 평균값으로부터 자료들의 퍼짐정도를 나타내는 대표적인 측도는 분산이다. 이는 편차의 제곱들의 평균이다. 모집단에서 분산은 σ^2로 표기된다.

$$\sigma^2 = \frac{\Sigma(x_i - \mu)^2}{n}$$

s^2로 표기되는 표본분산은

$$s^2 = \frac{\Sigma(x_i - \bar{x})^2}{n-1}$$

이다.

(1) 표준편차

특정 모집단의 변의성을 대표하는 값을 구하려고 한다. 따라서 평방편차의 제곱근을 고려해야 한다. 이 값은 표준편차라고 하며, 다음과 같이 표기한다.

$$\sigma = \sqrt{\frac{\Sigma(x_i - \mu)^2}{n}} = \sqrt{\frac{\sum x_i^2}{n} - \mu^2}$$

표본의 표준편차는 s로 표기되고 계산기로 계산하거나 다음과 같이 계산할 수 있다.

$$s = \sqrt{\frac{\Sigma(x_i - \bar{x})^2}{n-1}}$$

분산이 제곱 단위로 측정되는 반면, 표준편차는 자료와 같은 단위로 측정된다.

예제 2.12

다음 자료는 어느 농장에서 지난 8주 동안 특정 품목의 수이다.

```
7   10   8   3   15   12   6   11
```

(1) 평균을 구하시오.

(2) 편차를 구하여 편차의 합을 구하시오.

(3) 범위, 분산, 표준편차를 구하시오.

풀이

자료가 표본이므로

(1) $\mu = (7+10+\cdots+11)/8 = 9$

(2) $(7-9)+(10-9)+\cdots(11-9)=0$

(3) 범위 =15-3=12, 분산 $= ((7-9)^2+(10-9)^2+\cdots+(11-9)^2)/7 = 14.29$
표준편차 = 3.78

```
> #ex2.12
> data<-c(7,10,8,3,15,12,6,11)
> mean(data) #평균
[1] 9
> sum((data-mean(data))) #편차합
[1] 0
>
> range(data)[2]-range(data)[1] #범위
[1] 12
> var(data) #분산
[1] 14.28571
> sd(data) #표준편차
[1] 3.779645
```

연습문제

주관식

1. 다음 자료는 헌혈자 40명의 혈액형을 나타낸 것이다.

```
O O A B A O A A A O B O B O O A O O A A A A AB A B A A O O A O O A A A O A O O AB
```

위의 자료에 대한 도수분포표와 막대그래프, 원그래프를 만들어라.

2. 한 사람이 자동차를 운전하여 집 앞에 있는 신호등을 통과하는 데까지 걸린 시간을 42일 동안 측정한 결과가 다음과 같다. (단위: 분)

```
5.9 5.3 1.6 7.4 9.8 1.7 8.9 1.2 2.1 4.0 6.5 7.2 7.3 8.4 8.9 6.7 9.2 2.8 4.5 6.3
7.6 9.7 9.4 8.8 3.5 1.1 4.3 3.3 3.1 1.3 8.4 1.6 8.2 6.5 4.1 3.1 1.1 5.0 9.4 6.4
7.7 2.7
```

(1) 도수분포표를 구하여라.

(2) (1)의 도수분포표를 이용하여 막대그림표를 그려라.

(3) 신호등을 통과하는 데 5분 이상 소요된 경우는 몇 %인가?

3. 자료는 문이 닫혀있을 때 방출되는 전자파의 양을 25개의 표본에서 측정한 결과이다. (단위: mw/cm^2)

```
15 3 18 10 5 12 8 5 8 10 7 2 1 5 3 5 15 10 15 9 8 18 1 2 11
```

위의 자료에 대한 점도표를 그려라.

4. 중년 여성의 칼슘 부족에 대한 연구를 위하여 7명의 중년 여성 손뼈의 무기물 양을 잰 결과가 다음과 같다.

```
0.90 1.06 1.06 0.79 0.85 0.91 0.96
```

위의 자료에 대한 점도표를 그려라.

5. 다음은 미국에 사는 도마뱀들의 속도를 측정한 결과이다. (단위: m/초)

```
1.28 1.36 1.24 2.47 1.94 2.52 2.67 1.29 1.56 2.66 2.17 1.57 2.10 2.54 1.63 2.11
2.57 1.72 0.76 1.02 1.78 0.50 1.49 1.57 1.04 1.92 1.55 1.78 1.70 1.20
```

(1) 0.45~0.90, 0.90~1.35, ...의 구간을 이용하여 도수분포표를 작성하라.

(2) 히스토그램을 그려라.

6. 다음은 오일 안에 있는 철의 양에 대하여 측정한 결과이다.

```
20 18 25 26 17 14 20 14 18 15 22 15 17 25 22 12 52 27 24 41 34 20 17 20 19 20
16 20 15 34 22 29 29 34 27 13  6 24 47 32 12 17 36 35 41 36 32 46 30 51
```

줄기-잎 그림을 그려라.

7. 혈중 콜레스테롤 농도를 43명으로부터 조사하였다.

```
239 212 249 227 218 310 281 330 226 233 223 161 195 233 279 284 245 174 154 256
196 299 210 301 199 258 208 195 227 244 355 234 195 179 357 282 265 286 286 176
195 163 297
```

(1) 도수분포표를 작성하라.

(2) 히스토그램을 그리고 분포에 대해 설명하라.

8. 소음공해에 관한 규정을 새로 제정하기 위해 18개의 동력분무기의 소음을 데시벨 단위로 측정해서 다음과 같은 자료를 얻었다.

```
95 120 117 99 110 107 125 98 85 127 105 114 103 112 92 101 122 120
```

위의 자료를 분석하기 위하여 점도표를 그려서 분석하라.

연습문제

9. 다음의 자료는 미국 대통령 취임 나이를 기록한 것이다.

미국 대통령 취임 나이

대통령	나이	대통령	나이	대통령	나이
Washington	57	Lincoln	52	Hoover	54
J. Adams	61	A.Johnson	56	F.D.Roosevelt	51
Jefferson	57	Grant	46	Truman	60
Madison	57	Hayes	54	Eisenhower	61
Monroe	58	Garfield	49	Kennedy	43
J.Q.Adams	57	Arthur	51	L.B.Johnson	55
Jackson	61	Cleveland	47	Nixon	56
Van Buren	54	B.Harrison	55	Ford	61
W.H.Harrison	68	Cleveland	55	Carter	52
Tyler	51	McKinley	54	Reagan	69
Polk	49	T.Roosevelt	42	G.H.W.Bush	64
Taylor	64	Traft	51	Clinton	46
Fillmore	50	Wilson	56	G.W.Bush	54
Pierce	48	Harding	55		
Buchanan	65	Coolidge	51		

(1) 대통령 취임 나이에 대한 도수분포표와 히스토그램을 그려라.

(2) 분포의 형태와 대푯값, 범위를 써라.

(3) 나이가 가장 젊은 대통령과 나이가 가장 많은 대통령은 누구인가?

10. 싸이클 경기에 참가한 8명의 선수들은 다음과 같은 기록으로 경기를 마쳤다. (단위: 분)

28 22 26 33 21 23 37 24

경기를 마친 기록의 평균과 중앙값을 구하여라.

11. 다음은 남부 위스콘신 주에서 수집된 인디언들의 고분의 직경 측정치이다. (단위: 미터)

6.71 7.32 9.14 6.71 6.10 8.53 9.14 7.32 10.36 10.96 4.57 11.28

(1) 점도표를 그려라.

(2) 평균과 중앙값을 구하고 점도표 위에 그것을 표시하여라.

(3) 사분위수를 구하라.

12. 다음 자료를 가지고 문제에 답하여라.

10, 8, 16, 6

(1) 편차$(x_i - \overline{x})$를 계산하고, 합이 0이 됨을 보여라.

(2) 분산과 표준편차를 계산하라.

연습문제

13. 어느 학과의 학생 40명의 시험 총점이 다음과 같다.

```
162 171 138 145 144 126 145 162
174 178 167 98 161 152 182 136 165 137 133 143 184 166 115 115
95 190 119 144 176 135 194 147 160 158 178 162 131 106 157 154
```

(1) 중앙값을 구하라.

(2) 사분위수 Q_1과 Q_3를 구하라.

14. 다음은 한 음반매장에서 베토벤 교향곡 9번 콤팩트 디스크 7장을 표본으로 하여 연주시간을 재어 본 결과이다. (단위: 분)

```
66.9 66.2 71.0 68.6 65.4 68.4 71.9
```

(1) 표본중앙값을 구하라.

(2) 표본평균을 구하라.

(3) 표본표준편차를 구하라.

15. 다음 자료는 30개의 동종의 연료펌프에 대한 수명 년 수를 소수 첫째 자리까지 측정한 것이다.

```
2.0 3.0 0.3 3.3 1.3 0.4 0.2 6.0 5.5 6.5 0.2 2.3 1.5 4.0 5.9 1.8 4.7 0.7 4.5 0.3
1.5 0.5 2.5 5.0 1.0 6.0 5.6 6.0 1.2 0.2
```

(1) 각각의 측정값에 대해 소수점의 왼쪽 숫자만 줄기로 사용하여 연료펌프의 수명에 대한 줄기-잎 그림을 작성하라.

(2) 상대도수분포표를 구하라.

(3) 표본평균, 표본범위, 표본표준편차를 구하라.

16. 다음 자료는 한 대학교 1학년 학생 30명의 평균 평점이다.

```
2.6 1.8 2.6 3.7 1.9 4.2 3.8 2.1 2.7 3.0 4.0 2.4 2.3 4.3 3.1 2.6 2.6 2.5 2.7 2.7
2.9 3.4 1.9 2.3 3.3 2.2 3.5 3.0 2.5 3.4
```

(1) 도수분포표를 구하여라.

(2) 막대그림표를 그려라.

(3) 평균, 중위수를 구하여라.

(4) 아래사분위수와 위사분위수를 구하여라.

(5) 상자그림을 그려라.

17. 연습문제 2에 주어진 자료를 이용하여 다음 질문에 답하여라.

(1) 줄기-잎 그림을 그려라.

(2) 평균, 중위수, 최빈값을 구하여라.

(3) 범위, 표준편차를 구하여라.

(4) 상자그림을 그려라.

연습문제

18. 어느 대학에서 통계학 과목을 수강하는 학생 중 20명을 뽑아서 다음의 설문조사를 하였다.

1. 성별 : ① 남자 ② 여자
2. 학년 : ① 1학년 ② 2학년 ③ 3학년 ④ 4학년
3. 졸업 후 진로에 대한 희망 : ① 취직 ② 대학원 ③ 군입대 ④ 해외유학
4. 중간고사 시험성적 : (   )점
5. 이 과목을 수강한 후 기대하는 학점 : ① A ② B ③ C ④ D ⑤ F
6. 한달 평균 용돈 : (   )점

그 결과 다음의 자료를 얻었다.

번호	성별	학년	진로	시험성적	기대 학점	용돈
1	1	4	1	52	2	35
2	1	1	2	95	1	33
3	2	2	4	95	1	28
4	1	1	3	88.5	1	30
5	2	1	1	80	1	40
6	2	1	1	90	1	50
7	2	3	4	68	3	45
8	1	1	2	88	1	40
9	1	1	2	87	1	38
10	1	1	3	76	2	20
11	1	1	2	92.5	1	35
12	1	1	2	44	4	46
13	1	1	1	68	2	36
14	1	1	3	88	1	55
15	1	2	4	91	1	65
16	1	1	1	84.5	1	50
17	1	1	3	68	3	45
18	1	2	2	83	1	52
19	2	1	1	74	2	40
20	1	3	1	68	3	18

(1) 졸업 후 진로에 대한 빈도분석과 막대그래프, 원그래프를 그려라.

(2) 시험성적에 대한 줄기-잎 그림과 히스토그램을 작성하여라.

(3) 시험성적과 용돈에 대한 기술 통계량을 구하고 성별에 따라 기술 통계량을 구하여라.

(4) 중간고사 점수는 마지막 학점을 평가하는 데 40%만큼 기여한다. 새로 변수를 생성하여라.

연습문제

객관식

1. 산술 평균을 구하는 다음 식 중 틀린 것은?

① $\bar{x}=\frac{1}{n}\sum x_i$ ② $\bar{x}=\frac{1}{n}\sum p_i x_i$

③ $\bar{x}=\frac{1}{n}\sum f_i x_i$ ④ $\bar{x}=\sum p_i x_i$

해설

x_i가 관측값, f_i 가 도수, $p_i=\frac{f_i}{n}$로 상대도수일 때 산술 평균은 $\bar{x}=\frac{1}{n}\sum x_i$ 또는 $\frac{1}{n}\sum f_i x_i$ 또는 $\sum p_i x_i$이다.

②

2. 오른쪽 그림은 A, B 두 반의 도수분포 곡선이다. A, B 두 반의 평균을 각각 M, M'라 하고, 표준편차를 σ, σ'라 할 때 다음 중 옳은 것은 어느 것인가?

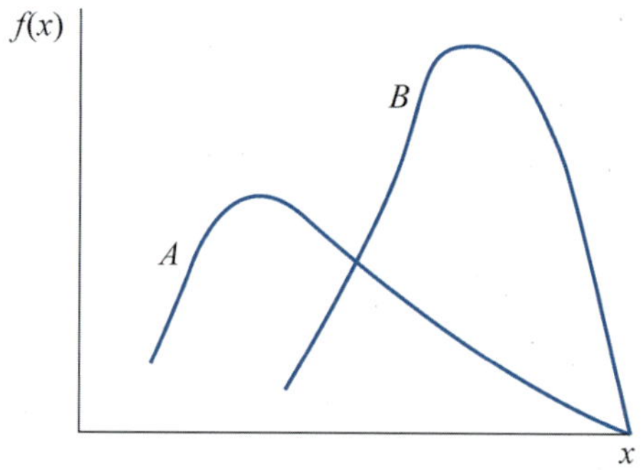

① $M > M'$, $\sigma > \sigma'$

② $M < M'$, $\sigma > \sigma'$

③ $M > M'$, $\sigma < \sigma'$

④ $M < M'$, $\sigma < \sigma'$

해설

②

3. n개의 수 x_1, x_2, $\cdots$, x_n의 평균값이 8, 표준편차가 5일 때 $2x_1^2, 2x_2^2, \cdots, 2x_n^2$의 평균값은 얼마인가?

① 89 ② 138

③ 156 ④ 178

해설

$m=8,\ \sigma=5$를 $\sigma^2=\frac{1}{n}\sum x_i^2-m^2$에 대입하면 ④

$5^2=\frac{1}{n}\sum x_i^2-8^2$

$\therefore \frac{1}{n}\sum x_i^2=5^2+8^2=89$

$\therefore 2\cdot\frac{1}{n}\sum x_i^2=2\times 89=178$

4. 다음 측정값 8개의 산술 평균, 중위수, 최빈수를 구하어라.

10, 16, 22, 22, 23, 29, 30, 32

① 23, 22.5, 22 ② 22, 22, 22

③ 23, 23, 23 ④ 22.5, 22.5, 22.5

해설

$m=\frac{1}{8}(10+16+22+22+23+29+30+32)$ ①

$M_e=\frac{22+23}{2}=22.5$

$M_0=22$

5. 같은 종류의 두 통계에서 그 자료의 총수가 $m,\ n$이고 그 평균값이 $M_1,\ M_2$일 때 전체의 산술 평균은 얼마인가?

① $\frac{M_1m+M_2n}{m+n}$ ② $\frac{M_1n+M_2m}{m+n}$

③ $\frac{M_1+M_2}{m+n}$ ④ $\frac{mn(M_1+M_2)}{m+n}$

해설

평균이 M_1인 변량의 총합은 M_1m ①

평균이 M_2인 변량의 총합은 M_2n

∴ 변량의 총합은 M_1m+M_2n

도수의 총합은 $m+n$

∴ 전체의 산술 평균은 $\frac{M_1m+M_2n}{m+n}$

연습문제

6. 어떤 반에서 영어와 수학 성적을 조사하니 오른 편 표와 같았다. 영어 76점, 수학 70점을 받은 학생은 어느 과목이 그 반에서 더 잘하는 편에 든다고 볼 수 있느냐?

과목	영어	수학
평균	69	56
표준편차	8.4	12.4

① 영어 ② 수학
③ 같다. ④ 판단할 수 없다.

해설

영어의 표준 척도 : $z=\frac{76-69}{8.2}=0.85$ ②

수학의 표준 척도 : $z=\frac{70-56}{12.4}=1.13$

∴ 수학 과목이 더 잘하는 편에 든다고 볼 수 있다.

7. 다음 중 사분 편차는 어느 것인가?

① $Q=\frac{Q_1-Q_3}{2}$ ② $Q=\frac{Q_3-Q_1}{2}$
③ $Q=Q_1-Q_3$ ④ $Q=|Q_1-Q_3|$

해설

$Q=\frac{Q_3-Q_1}{2}$ ②

8. 1이 기입된 카드가 1매, 2가 기입된 카드가 2매, 3이 기입된 카드가 3매, $\cdots$, n이 기입된 카드가 n매일 때 이들 숫자의 평균은 다음 중 어느 것인가?

① $\frac{n(n+1)}{2}$ ② $\frac{n(n+1)(2n+1)}{6}$
③ $\frac{2n+1}{3}$ ④ $\frac{3n^2+2}{6}$

해설

수의 합은 $\sum_{i=1}^{n} i^2=\frac{n(n+1)(2n+1)}{6}$, 카드의 합은 $\sum_{k=1}^{n} k=\frac{n(n+1)}{2}$ ③

$\therefore \bar{x}=\frac{n(n+1)(2n+1)}{6} / \frac{n(n+1)}{2}=\frac{2n+1}{3}$

9. 오른편의 도수분포표에서 산술 평균은 얼마인가?

계급	도수
0~20	4
20~40	12
40~60	26
60~80	15
80~100	3
계	60

① 50

② 50.33

③ 51.66

④ 52.33

해설

$\bar{x}=\frac{10\times4+30\times12+50\times26+70\times15+90\times3}{4+12+26+15+3}=50.33$ ②

10. 다음은 A, B 두 반의 학생수와 신장의 산술 평균이다. A, B 두 반 전체의 신장의 산술 평균은 얼마인가?

반	학생 수	평균
A	50	160
B	60	150

① $\frac{160+150}{2}$ ② $\frac{50\times160+60\times150}{50+60}$

③ $\frac{160\times150}{2}$ ④ $\frac{50\times60+160\times150}{50+60}$

해설

$\bar{x}=\frac{50\times160+60\times150}{50+60}$ ②

11. X의 평균이 30일 때 $Y=3X+1$의 관계가 있는 Y의 평균은 얼마인가?

① 30 ② 90

③ 31 ④ 91

해설

$E(aX+b)=aE(X)+b$이므로, ④

$E(Y)=E(3X+1)=3E(X)+1=3\times30+1=91$

연습문제

12. $1^2, 2^2, 3^2, \cdots\cdots, n^2$의 산술 평균은 얼마인가?

① $\frac{n+1}{2}$　　② $\frac{(n+1)(2n-1)}{4}$

③ $\frac{(n+1)(2n+1)}{3}$　　④ $\frac{(n+1)(2n+1)}{6}$

해설

$\bar{x}=\frac{1}{n}\sum n^2=\frac{1}{n}\cdot\frac{n(n+1)(2n+1)}{6}=\frac{(n+1)(2n+1)}{6}$ ④

13. 다음 중위수의 성질 중 틀린 것은?

① 중위수는 도수 곡선의 면적을 이등분한 값이다.

② 중위수를 기준으로 한 편차의 절댓값 총합은 다른 어떠한 값을 기준으로 한 편차의 절댓값 총합보다 작다.

③ 중위수는 최대 빈도의 변량값이므로 현실적이고 구체적인 대푯값이다.

④ 중위수는 극단적인 수치에 영향을 받지 않는다.

해설

최대 빈도의 변량값은 최빈수이다. ③

14. 6개의 자료 1.40, 2.15, 2.50, 2.70, 2.73, 4.02의 중위수(median)는 얼마인가?

① 2.50　　② 2.60

③ 2.70　　④ 2.80

해설

$\frac{2.50+2.70}{2}=2.60$ ②

15. 변량 $x_1, x_2, \cdots, x_n$에 대한 산술 평균이 $\bar{x}$ 일 때 $\sum_{i=1}^{n}(x_i-\bar{x})$의 값은?

① 1　　② 0

③ -1　　④ n

해설

②

16. X의 분산이 2일 때 $Y=3X+1$의 관계가 있는 Y의 분산은 얼마인가?

① 2　　② 3
③ 9　　④ 18

해설

$\sigma^2(aX+b)=a^2\sigma^2(X)$이므로

$\sigma^2(Y)=\sigma^2(3X+1)=3^2\cdot\sigma^2(X)=9\times2=18$　　④

17. 어느 학급의 성적의 표준편차가 작다는 것은 다음 중 어느 것을 의미하는가?

① 성적이 나쁘다.　　② 성적이 고르다.
③ 성적이 우수하다.　　④ 성적이 고르지 않다.

해설

성적이 고르다는 것을 의미한다.　　②

18. n개의 수 $x_1, x_2, \cdots, x_n$의 평균값이 8, 표준편차가 5일 때 $2x_1^2, 2x_2^2, \cdots, 2x_n^2$의 평균값은 얼마인가?

① 89　　② 138
③ 156　　④ 178

해설

$M=8,\ \sigma=5$를 $\sigma=\frac{\sum x_i^2}{n}-M^2$에 대입하면　　④

$5^2=\frac{\sum x_i^2}{n}-8^2$

$\therefore \frac{\sum x_i^2}{n}=8^2+5^2=89\quad \therefore \frac{2\sum x_i^2}{n}=178$

연습문제

19. 4, 5, 9, 10, 12, 14에서 산술 평균과 표준편차는 얼마인가?

① $9, \sqrt{\frac{38}{3}}$　　② $10, \sqrt{\frac{38}{3}}$

③ $9, 3$　　④ $10, 3$

해설

$\bar{x}=\frac{\sum x_i}{N}=\frac{4+5+9+10+12+14}{6}=9$ ①

$\sigma=\sqrt{\frac{\sum(x_i-\bar{x})^2}{N}}=\sqrt{\frac{5^2+4^2+0^2+1^2+3^2+5^2}{6}}=\sqrt{\frac{38}{3}}$

20. n개 변량의 측정값 $x_1, x_2, x_3, \cdots, x_n$에서 평균이 $\bar{x}$, 표준편차가 σ_x일 때 표준 변량 $y_i=\frac{x_i-\bar{x}}{\sigma_x}(i=1, 2, 3, \cdots, n)$이 갖는 평균과 표준편차는 얼마인가?

① $\bar{y}=1,\ \sigma_y=0$　　② $\bar{y}=0,\ \sigma_y=1$

③ $\bar{y}=1,\ \sigma_y=1$　　④ $\bar{y}=0,\ \sigma_y=0$

해설

표준 변환의 성질에 의하여 $\bar{y}=0,\ \sigma_y=1$ ②

21. 오른쪽 표는 A 학생의 수학, 영어, 국어의 성적과 A 학생의 반 전체 평균 및 표준편차 표를 만든 것이다. 3 과목 중 성적이 가장 좋은 과목은 어느 과목인가?

학과	수학	영어	국어
A 학생	71	80	79
반 평균	51	63	65
반 표준편차	17	15	13

① 수학　　② 국어

③ 영어　　④ 알 수 없다.

해설

표준 측도 $\frac{x-M}{\sigma}$을 계산하면 ①

수학 : $\frac{71-51}{17}=\frac{20}{17}$, 영어 : $\frac{80-63}{15}=\frac{17}{15}$, 국어 : $\frac{79-65}{13}=\frac{14}{13}$

$\therefore \frac{14}{13}<\frac{17}{15}<\frac{20}{17}$ 이므로 수학 성적이 가장 좋다.

CHAPTER

03

확률과 확률변수

구성

STATISTICS

3.1 순열조합

3.1.1 경우의 수

어떤 사건이 일어날 수 있는 방법 하나하나를 경우라 하고 그 개수를 경우의 수라 한다. 유한집합 A에 속하는 원소의 개수를 $n(A)$로 나타내며 경우의 수 계산은 원소의 개수를 세는 것과 동일하다. 경우의 수를 계산할 때에는 중복하지 않고, 빠짐없이, 가능한 한 모든 경우를 세는 것이 중요하다.

(1) 합사건

사건 A와 B가 일어나는 경우의 수를 각각 m, n, 두 사건 A와 B가 동시에 일어나는 경우의 수가 l가지이면 사건 A 또는 사건 B가 일어나는 경우의 수는

$$n(A \cup B) = n(A) + n(B) - n(A \cap B) = m + n - l(\text{가지})$$

이다. 합의 법칙은 3개 이상의 사건에 대해

$$n(A \cup B \cap C) = n(A) + n(B) + n(C) - n(A \cap B) - n(A \cap C) - n(B \cap C) + n(A \cap B \cap C)$$

가 성립한다.

(2) 곱사건

두 개의 사건 A, B에 있어서 A는 m가지이고 A의 각각에 대하여 B가 n가지로 일어날 수 있다고 할 때, A가 일어나는 동시에 B가 일어나는 경우의 수는 mn이다. 두 사건 A, B가 일어나는 경우의 수를 각각 m, n이라 할 때, A B가 동시에 일어나는 경우의 수는

$$m \times n \ (\text{가지})$$

이다.

예제 3.1

갑, 을 두 개의 주사위를 동시에 던질 때, 나오는 눈의 수의 합이 3 또는 8이 되는 경우의 수를 구하여라.

풀이

눈의 합이 3인 경우의 집합을 A라 하고 눈의 합이 8인 경우의 집합을 B라고 하면

$A=\{(1,\ 2),\ (2,\ 1)\},\quad B=\{(2,\ 6),\ (3,\ 5),\ (4,\ 4),\ (5,\ 3),\ (6,\ 2)\}$

여기서 A, B가 동시에 일어날 수 없으므로 구하는 경우의 수는 $n(A)+n(B)=2+5=7$ (가지)

예제 3.2

새로운 지역의 개발자가 주택구매자에게 4가지 종류의 수택디자인, 3가지의 난방시스템, 차고 또는 간이차고, 옥외테라스 또는 스크린이 설치된 현관 등의 선택사항을 제시했다. 이 구매자가 선택할 수 있는 서로 다른 계획이 얼마나 되겠는가?

풀이

$4\times3\times2\times2=48$

예제 3.3

경제적 연료연구에서, 3대의 경주용 자동차가 각기 다른 장소에 위치하고 있는 7군데 시험장에서 5가지 다른 상표의 가솔린을 사용해서 시험이 이루어진다. 2명의 운전자가 각기 다른 결합조건하에서 주행시험이 이루어진다면 몇 번의 주행시험이 필요한가?

풀이

$3\times5\times7\times2=210$

3.1.2 순열(Permutation)

서로 다른 n개의 물건 중에서 서로 다른 r개를 택하여 한 줄로 늘어놓는 것을 n개에서 r개를 택한 순열이라 하고, 이 순열의 수를

$$_nP_r = \frac{n!}{(n-r)!}$$

로 나타낸다. 즉, $_nP_r = n(n-1)(n-2)\cdots(n-r+1)$ (단, $r \le n$)

예제 3.4

다음 문제를 구하여라.

(1) 네 개의 숫자 1, 2, 3, 4에서 서로 다른 숫자로 만들 수 있는 세 자리의 자연수의 개수는?

(2) 43명으로 구성된 학급에서 실장 1명, 부실장 1명, 총무 1명을 선출하는 방법의 수?

(3) 어떤 농구팀에서 어떠한 수비위치라도 맡을 수 있는 8명의 선수들 중 5명이 경기시작에 배치될 수 있는 가짓수는 얼마인가?

(4) 한 명의 교사가 심리학개론 강좌를 한 번만 담당할 수 있을 때, 6명의 교사가 4개의 강좌에 배정될 수 있는 가짓수를 찾아라.

풀이

(1) $_4P_3 = 24$

(2) $_{43}P_3 = 43 \times 42 \times 41 = 74046$

(3) $_8P_5$

(4) $_6P_4$

3.1.3 중복순열(Repeated Permutation)

서로 다른 n개의 물건에서 중복을 허락하여 r개를 뽑아 일렬로 나열해 놓은 것을 서로 다른 n개에서 r개를 취하는 중복순열이라 하고 이 순열의 수를

$$_n\Pi_r = n^r$$

로 나타낸다.

(1) 중복순열의 대표적인 예

- 보통 자릿수 : 1, 2, 3을 사용하여 만들 수 있는 두 자릿수; $_3\Pi_2$(개)
- 모르스 부호 : • (돈)과 −(쓰)에서 3개를 뽑아 만들 수 있는 전신부호의 개수; $_2\Pi_3$(개)
- 기명투표 : 두 후보자에게 5명의 유권자가 기명투표하는 방법의 수; $_2\Pi_5$(개)
- 우체통에 편지 넣기 : 5통의 편지를 3개의 우체통에 넣는 방법; $_3\Pi_5$(개)
- 함수의 개수 : $A = \{1, 2\}$, $B = \{a, b, c\}$에서 A에서 B로의 함수의 개수; $_3\Pi_2$(개)

예제 3.5

다음 문제를 구하여라.

(1) 후보자가 세 사람, 선거인이 10사람이 있다. 기명투표로 한 사람이 한 표씩 투표를 할 때 그 결과 나타나는 방법의 수는? (단, 후보자는 투표하지 않고 무효표는 없다.)

(2) 기호 • (돈)과 − (쓰)를 배열하여 전신부호를 만들 때, 세 개를 택하여 만들 수 있는 부호의 개수는 몇 개인가?

(3) 세 통의 편지를 다섯 개의 우체통에 넣는 방법의 수는? (단, 한통의 편지도 넣지 않는 우체통이 있어도 된다고 한다.)

풀이

(1) $_3\Pi_{10} = 3^{10}$

(2) $_2\Pi_3 = 2^3 = 8$

(3) $_5\Pi_3 = 125$(가지)

3.1.4 같은 것을 포함하는 순열(복수순열)

같은 것을 포함하고 있는 것을 한 줄로 늘어놓는 방법의 수를 복수순열이라 한다.

n개의 물건 중에서 같은 것이 각각 $p, q, \cdots, s$개가 있을 때, 이들 n개 모두를 일렬로 늘어놓는 방법의 수는

$$\frac{n!}{p!q!\cdots s!}(\text{단}, p+q+\cdots+s=n)$$

이다.

예제 3.6

(1) infinity라는 단어를 구성하는 글자들로 만들어질 수 있는 서로 다른 순열의 수는 얼마인가?

(2) 같은 종류의 나무는 구별하지 않을 때 3그루의 오크나무, 4그루의 소나무, 그리고 2그루의 단풍나무가 경계선을 따라 식수될 수 있는 가짓수는 얼마인가?

(3) 어떤 대학의 축구팀이 시즌 중에 12번의 축구경기를 한다. 이 팀이 7번을 이기고, 3번을 지고, 그리고 2번을 비기면서 시즌을 마칠 수 있는 가짓수는 얼마인가?

풀이

(1) $\frac{8!}{3!2!}$

(2) $\frac{9!}{3!4!2!}$

(3) $\frac{12!}{7!3!2!}$

예제 3.7

success의 7개의 문자를 모두 일렬로 배열한다.

(1) 양 끝에 s가 오도록 배열하는 방법의 수는 몇 가지인가?

(2) 세 개의 s가 모두 인접하도록 배열하는 방법의 수는 몇 가지인가?

풀이

(1) $\frac{5!}{2!}=60$가지

(2) $\frac{5!}{2!}=60$가지

3.1.5 원순열(Circular Permutation)

서로 다른 n개의 물건을 원형으로 나열하는 것을 원순열이라 한다. 서로 다른 n개를 원형으로 늘어놓는 방법의 수

$$(n-1)!$$

이다.

예제 3.8

부모를 포함한 6명의 가족이 원형의 식탁에 다음과 같이 둘러앉는 방법의 수를 구하여라.

(1) 부모가 이웃하게 앉는다.

(2) 부모가 마주보고 앉는다.

풀이

(1) 부모를 한 사람으로 생각하여 모두 5명이 식탁에 둘러앉는 방법의 수는 $(5-1)!=24$이고, 그 각각에 대하여 부모가 서로 바꿔 앉는 방법의 수는 2가지이다. 따라서 $24\times2=48$

(2) 부모가 마주보고 앉으면 다른 4자리의 위치는 확정된다. 따라서 구하는 방법의 수는 $4!=24$(가지)

예제 3.9

다음 문제를 푸시오.

(1) 남학생 3명과 여학생 3명이 원형의 탁자에 둘러앉을 때, 남녀가 교대로 앉는 방법의 수를 구하여라.

(2) 다섯가지 서로 다른 나무들이 원형으로 식수될 수 있는 가짓수는 얼마인가?

(3) 애리조나로부터 온 8개의 포장마차들로 이루어진 무리가 원형으로 마차를 배열할 수 있는 가짓수는 얼마인가?

풀이

(1) $(3-1)! \times 2! = 12$(가지)

(2) $4!$

(3) $7!$

3.1.6 조합

서로 다른 n개의 물건(원소) 중에서 순서를 생각하지 않고 r개를 뽑을 때 이 r개로 이루어진 각각의 집합을 n개에서 r개를 취하는 조합이라 하고 이 조합의 수를

$${}_nC_r \text{ 또는 } \binom{n}{r}$$

로 표시한다. 즉, ${}_nC_r = \frac{{}_nP_r}{r!} = \frac{n!}{r!(n-r)!}$이다.

예제 3.10

어떤 학급의 학생 수 45명에서 학급 대표 2명을 뽑는 방법의 수는?

풀이

${}_{45}C_2 = \frac{45!}{2!(45-2)!} = 45 \times 22 = 990$

예제 3.11

야구선수 9명, 농구선수 5명이 있다. 물음에 답하여라.

(1) 이 중에서 3명의 야구선수와 2명의 농구선수를 뽑는 방법은 몇 가지인가?

(2) 5명을 뽑을 때, 야구 대표 1명, 농구 대표 1명이 포함되는 경우의 수?

(3) 3명을 뽑을 때, 적어도 농구선수 1명이 포함되는 경우의 수?

(4) 3명을 뽑을 때, 야구, 농구선수가 적어도 각각 1명의 선수가 포함되는 경우의 수?

풀이

(1) ${}_9C_3 \times {}_5C_2 = 840$

(2) ${}_{12}C_3 = \dfrac{12 \cdot 11 \cdot 10}{3 \cdot 2 \cdot 1} = 220$

(3) ${}_{14}C_3 - {}_9C_3 = 280$

(4) ${}_{14}C_3 - ({}_9C_3 + {}_5C_3) = 364 - (84 + 10) = 270$

3.1.7 이항정리

조합을 이용한 $(a+b)^n$의 정리이다.

n이 양의 정수일 때,

$$(a+b)^n = {}_nC_0\, a^n + {}_nC_1\, a^{n-1}b^1 + {}_nC_2\, a^{n-2}b^2 + \cdots + {}_nC_r\, a^{n-r}b^r + \cdots + {}_nC_n\, b^n$$
$$= \sum_{r=0}^{n} {}_nC_r\, a^{n-r}b^r$$

을 이항정리라 한다.

- 일반항 : ${}_nC_r\, a^{n-r}b^r$
- 이항계수 : ${}_nC_0,\ {}_nC_1,\ {}_nC_2,\ \cdots,\ {}_nC_r,\ \cdots,\ {}_nC_n$

■ **해설**

$(a+b)^n = (a+b)(a+b)\cdots(a+b)$

n개의 인수 $(a+b)$의 각각에서 a 또는 b를 하나씩 뽑아서 곱한 단항식의 곱이다. 이때, n개의 인수 중에서 r개의 b를 뽑고 나머지 $n-r$개는 a를 뽑아서 곱한 것이 $a^{n-r}b^r$이고 이것은 n개에서 r개를 뽑는 조합의 수만큼 나타난다. 따라서 $(a+b)^n$의 전개식에서 $a^{n-r}b^r$의 계수는 ${}_nC_r$이다.

$$\begin{aligned}(a+b)^n &= (a+b_1)(a+b_2)(a+b_3)\cdots(a+b_n)\\ &= a^n + a^{n-1}B_1 + a^{n-2}B_2 + \cdots + aB_{n-1} + B_n\end{aligned}$$

이라면

$B_1 = b_1 + b_2 + \cdots b_n$: $b_1,\ b_2,\ \cdots,\ b_n$에서 하나씩 항수 : ${}_nC_1$

$B_2 = b_1b_2 + b_1b_3 + \cdots + b_{n-1}b_n$: $b_1,\ b_2,\ \cdots,\ b_n$에서 두 개씩 항수 : ${}_nC_2$

$\vdots$

$B_n = b_1b_2\cdots b_n$: $b_1,\ b_2,\ \cdots,\ b_n$에서 n개. 항수 : ${}_nC_n$

이를 정리하면

$$\begin{aligned}(a+b)^n &= {}_nC_0a^n + {}_nC_1a^{n-1}b^1 + {}_nC_2a^{n-2}b^2 + \cdots + {}_nC_ra^{n-r}b^r + \cdots + {}_nC_nb^n\\ &= \sum_{r=0}^{n} {}_nC_ra^{n-r}b^r\end{aligned}$$

이다.

예제 3.12

$\left(2x^2-\frac{1}{x}\right)^6$ 의 전개식에서 x^3 의 계수는?

풀이

전개식에서 일반항은 ${}_6C_r(2x^2)^{6-r}\left(-\frac{1}{x}\right)^r=(-1)^r{}_6C_r2^{6-r}x^{12-3r}$

$12-3r=3$ 에서 $r=3$

x^3 의 계수는 $(-1)^3_6C_3(2)^3=-160$

예제 3.13

$(2x+1)^4(x-3)^5$ 의 전개식에서 x^3 의 계수를 구하면?

풀이

일반항 $\sum_{r=0}^{n}{}_nC_ra^{n-r}b^r$ 에서

$(1+2x)^4(-3+x)^5={}_4C_r(2x)^r{}_5C_s(-3)^{5-s}x^s={}_4C_r2^r{}_5C_s(-3)^{5-s}x^{r+s}$

$r+s=3$ 인 경우 $(r,\ s)$ 는 $(0,\ 3),\ (1,\ 2),\ (2,\ 1),\ (3,\ 0)$ 이므로 이 4가지 경우를 모두 계산하면 -126

예제 3.14

$p+q=1,\ \ p\geq 0,\ \ q\geq 0$ 일 때, 다음을 승녕하여라.

(1) $\sum_{r=0}^{n}{}_nC_rp^rq^{n-r}=1$

(2) $\sum_{r=0}^{n}r{}_nC_rp^rq^{n-r}=np$

풀이

(1) $\sum_{r=0}^{n}{}_nC_rp^rq^{n-r}=(p+q)^n=1$

(2) $r=0$ 이면 준식은 0

$$\sum_{r=0}^{n} r\,{}_nC_r p^r q^{n-r} = \sum_{r=1}^{n} n\,{}_{n-1}C_{r-1} p^r q^{n-r} \qquad \Rightarrow \quad r\,{}_nC_r = n\,{}_{n-1}C_{r-1}$$

$$= np\sum_{r=1}^{n} {}_{n-1}C_{r-1} p^{r-1} q^{(n-1)-(r-1)}$$

$$= np\sum_{rr=0}^{n-1} {}_{n-1}C_{rr} p^{rr} q^{(n-1)-(rr)}$$

$$= np(p+q)^{n-1} = np$$

예제 3.15

다음 값을 구하여라.

(1) $\sum_{k=0}^{n} {}_nC_k\, 4^k$

(2) $\sum_{k=1}^{n} 2^k\, {}_nC_k\, p^k q^{n-k}$

(3) $\sum_{r=1}^{n} {}_nC_r\, 3^{n-r} 8^r$

풀이

(1) $\sum_{k=1}^{n} {}_nC_k\, 4^k = {}_nC_0 + {}_nC_1 4^1 + {}_nC_2 4^2 + \cdots + {}_nC_n 4^n = (1+4)^n = 5^n$

(2) $\sum_{k=1}^{n} 2^k\, {}_nC_k\, p^k q^{n-k} = \sum_{k=1}^{n} {}_nC_k\, q^{n-k}(2p)^k = \sum_{k=0}^{n} {}_nC_k\, q^{n-k}(2p)^k - {}_nC_0\, q^{n-0}(2p)^0$

$= (q+2p)^n - q^n = (2p+q)^n - q^n$

(3) $\sum_{r=1}^{n} {}_nC_r\, 3^{n-r} 8^r = \sum_{r=0}^{n} {}_nC_r\, 3^{n-r} 8^r - {}_nC_0\, 3^n\, 8^0 = (3+8)^n - 3^n = 11^n - 3^n$

3.1.8 다항정리

조합을 이용한 $(p_1 + p_2 + \ \cdots + p_k)^n$ 의 정리이다.

일반적으로 $\{(a+b)+c\}^n$ 을 전개하면 c^r 의 항은 ${}_nC_r(a+b)^{n-r}c^r$

또, $(a+b)^{n-r}$ 의 전개식에서 b^q 의 항은 ${}_{n-r}C_q\, a^{n-r-q} b^q = {}_{n-r}C_q\, a^p\, b^q$, $(p+q+r=n)$

따라서 $(a+b+c)^n$의 전개식에서의 $a^p b^p c^r$의 계수는

$$ {}_nC_r \, {}_{n-r}C_q = \frac{n!}{r!(n-r)!} \times \frac{(n-r)!}{q!(n-r-q)!} = \frac{n!}{p!q!r!} $$

따라서 $(a+b+c)^n = \sum \frac{n!}{p!\,q!\,r!} a^p b^q c^r$ (단, $p \ge 0,\ q \ge 0,\ r \ge 0$이고 $p+q+r=n$)

이다.

이항을 k개로 확장하면 다음과 같다.

$$ (p_1 + p_2 + \cdots + p_k)^n = \sum \frac{n!}{x_1!\,x_2! \cdots x_k!} p_1^{x_1} \cdots p_k^{x_k} \qquad (1) $$

(단, $x_1 \ge 0,\ x_2 \ge 0,\ x_3 \ge 0,\ \cdots\cdots$이고 $x_1 + x_2 + x_3 \cdots\cdots + x_k = n$)

식 (1)으로부터 $p_1^{x_1}, p_2^{x_2} \cdots p_k^{x_k}$을 얻을 수 있는 방법의 수는 다음과 같다.

$$ \frac{n!}{x_1!\,x_2! \cdots x_k!} \qquad (2) $$

위의 수 (2)를 다항계수(Multinomial Theorem)라 하며, 이항계수는 다항계수에서 $k=2$인 특수한 경우이다. 따라서 $k=2$라 하면 다항정리는 이항정리가 된다.

예제 3.16

다음 물음에 답하여라.

(1) $(a+b+c)^9$의 전개식에서 $a^2 b^3 c^4$의 계수를 구하여라

(2) $(a+b+c)^5$의 전개식에서 계수가 5인 항은 몇 개인가?

풀이

(1) 전개식의 일반항은 $\frac{9!}{p!\,q!\,r!} a^p b^q c^r$ (단, $p+q+r=9$)이므로,

$a^2b^3c^4$항은 $p=2$, $q=3$, $r=4$일 때이다. 따라서 $a^2b^3c^4$의 계수는 $\frac{9!}{2!3!4!}=1260$

(2) $a^pa^qc^r$의 계수가 5라 하면 $\frac{5!}{p!q!r!}=5$ (단, $p+q+r=5$). 곧 $p!q!r!=4!$, $p+q+r=5$

이 두 식을 동시에 만족시키는 p, q, r의 쌍의 수는 4, 1, 0의 순열의 수와 같으므로 $3!=6$개

예제 3.17

$\left(x^2+\frac{1}{x}+1\right)^6$의 전개식에서 x^3의 계수를 구하여라.

풀이

전개식의 일반항은 $\frac{6!}{p!q!r!}(x^2)^p\left(\frac{1}{x}\right)^q 1^r=\frac{6!}{p!q!r!}x^{2p-q}$ (단, $p+q+r=6$)

$2p-q=3$, $p+q+r=6$

p,q,r은 음이 아닌 정수이므로 $(p,\ q,\ r)=(2,\ 1,\ 3),\ (3,\ 3,\ 0)$

따라서 x^3의 계수는 $\frac{6!}{2!1!3!}+\frac{6!}{3!3!0!}=80$

예제 3.18

다음 문제에서 경우의 수를 구하여라.

(1) 공정한 주사위를 10번 던지는 통계적 실험을 할 때, 1이 한번, 3이 2번, 5가 5번이 나올 경우의 수를 구하여라.

(2) 어느 생물학 실험의 대상이 될 10명의 그룹이 있다. 이 중 3명의 혈액형이 O형, 4명은 A형이고 나머지 3명은 B형일 경우의 수는 얼마인가?

풀이

(1) 1이 한번, 3이 2번, 5가 5번 나온다면 2, 4, 6 중에서 두 번 나온 결과이므로, 구하고자 하는 경우의 수는 $\frac{10!}{1!2!5!2!}$ 이다.

(2) $\frac{10!}{3!4!3!}$

3.2 확률

3.2.1 시행과 사건

확률에 대해 설명함에 있어서, 이 확률들이 어떤 상황에서 어떻게 계산될 수 있는지를 보여준다. 준비단계로 확률실험의 표본공간과 사건의 개념이 필요하다. 이를 위해 사용되는 용어들을 소개하면 다음과 같다.

(1) 시행

동일한 조건하에서 반복할 수 있고 그 결과가 우연에 의하여 지배되는 가능한 모든 결과의 집합을 알 수 있는 관찰이나 실험이나 관찰 등의 행위를 시행이라 하고 그 결과로 일어나는 사실을 그 시행의 사건이라고 한다.

예 한 개의 주사위를 던지는 것은 시행이고 '짝수의 눈이 나온다' 등은 이 시행의 사건이다.

(2) 표본공간과 사건

어떤 시행에서 일어날 수 있는 모든 가능한 결과의 집합을 표본공간이라 하고 표본공간의 부분집합을 사건이라 한다. 표본공간은 전체집합으로 표시된다. 하나의 시행에서 가능한 결과가 $e_1, e_2, e_3, \dots, e_n$뿐이라 할 때, 전체집합 $S=\{e_1, e_2, e_3, \dots, e_n\}$을 시행의 표본공간 또는 표본집단이라 한다. 또, 표본공간 S의 부분집합을 사건이라 한다. 특히 전체집합인 표본공간 S를 전사건(반드시 일어나는 사건), S의 단 하나의 원소로 된 부분집합 $\{e_1\}, \{e_2\}, \dots$를 근원사건, S의 부분집합인 공집합 $\varnothing$을 공사건(결코 일어나지 않는 사건)이라 한다.

(3) 합사건, 곱사건, 여사건

표본공간 S의 부분집합을 사건 A, B라 할 때,

$A \cup B$를 사건 A, B의 합사건, $A \cap B$를 사건 A, B의 곱사건, A^c를 사건 A의 여사건이라 한다.

(4) 배반사건

두 사건 A, B가 동시에는 일어나지 않을 때, 곧 $A \cap B = \varnothing$ 일 때 A와 B는 서로 배반한다고 하고, 이 두 사건을 배반사건이라고 한다. 또, 세 개 이상의 사건에 대해서 어떠한 두 사건도 서로 배반하면 이들 사건은 서로 배반한다고 말한다.

예제 3.19

집합 $S = \{1, 2, 3, 4, 5, 6\}$ 에서 $A = \{2, 4, 6\}$, $B = \{1, 3, 5\}$ 일 때, A 와 B는 배반사건인가?

풀이

$A \cap B = \varnothing$ 이므로 배반사건이다.

예제 3.20

하나의 주사위를 한 번 던지는 시행에서 i 의 눈이 나오는 것을 e_i로 나타내기로 할 때, 다음에 답하여라. 또한 3 이하의 눈이 나오는 사건을 E, 짝수의 눈이 나오는 사건을 F, 5의 눈이 나오는 사건을 G라 하자.

(1) 표본공간 S를 만들어라.

(2) 사건 E, F, G를 나타내어라.

(3) E와 F의 합사건은 G의 여사건과 같음을 보여라.

(4) E와 F는 서로 배반하지 않음을 보여라.

(5) E와 서로 배반하는 사건은 몇 가지인가?

풀이

(1) $S=\{e_1, e_2, e_3, e_4, e_5, e_6\}$

(2) $E=\{e_1, e_2, e_3\}, F=\{e_2, e_4, e_6\}, G=\{e_5\}$

(3) $E\cup F=\{e_1, e_2, e_3, e_4, e_6\}$, $G^c=\{e_1, e_2, e_3, e_4, e_6\}$이므로 $E\cup F=G^c$

(4) $E\cap F=\{e_2\}\neq \varnothing$

(5) $\{e_4, e_5, e_6\}$의 부분집합의 개수와 같으므로 $2^3=8$가지

3.2.2 확률의 정의

확률이란 임의성과 불확실성에 의해 일어날 수 있는 여러 결과에 대한 연구 분야이다.

(1) 수학적 확률

어떤 시행에서 표본공간의 원소의 개수를 $n(S)$라 하고, 개개의 근원사건이 일어나는 것이 같은 정도로 확실할 때, 사건 A의 원소의 개수가 $n(A)$라 하면 A가 일어날 수학적 확률은

$$P(A)=\frac{(A\text{에 속하는 근원사건의 개수})}{(\text{근원사건의 총 개수})}=\frac{n(A)}{n(S)}$$

이다.

(2) 통계적 확률

상대도수 $\frac{a}{N}$에 있어서 $\lim_{N\to\infty}\frac{a}{N}=p$일 때, 이 p의 값을 사건 A가 일어날 통계적 확률 또는 경험적 확률이라 한다. 그런데 실제로 N을 무한히 크게 할 수 없으므로 N이 어느 정도 클 때의 $\frac{a}{N}$를 통계적 확률로 보는 것이 보통이다.

(3) 확률의 기본 성질

임의의 사건 A, 전사건 S, 공사건 $\varnothing$ 에 대하여

$$0 \le P(A) \le 1,\ P(S) = 1,\ P(\varnothing) = 0$$

이다.

예제 3.21

어떤 통계의 결과 출생아 1,000명 중에서 출생 후 1년까지 산 아이가 950명이라면 어떤 출생아가 1년 후까지 살 확률은 얼마인가?

풀이

$$\text{확률} = \frac{\text{기대하는 것이 일어난 횟수}}{\text{실험한 모든 횟수}} = \frac{950}{1000} = 0.95$$

예제 3.22

5권의 소설, 3권의 시집, 그리고 한 권의 사전이 있는 서재로부터 임의로 3권의 책이 선택될 때 다음 확률은 얼마인가?

(1) 사전이 선택될 확률

(2) 소설 2권과 시집 1권이 선택될 확률

풀이

(1) $\dfrac{{}_1C_1\,{}_8C_2}{{}_9C_3}$

(2) $\dfrac{{}_5C_2\,{}_3C_1}{{}_9C_3}$

예제 3.23

흰 공 3개와 검은 공 4개가 들어 있는 주머니에서 2개의 공을 꺼낼 때, 같은 색 공이 나올 확률은?

풀이

$$P(A)=\frac{n(A)}{n(S)}=\frac{{}_3C_2+{}_4C_2}{{}_7C_2}=\frac{1}{7}+\frac{2}{7}=\frac{3}{7}$$

3.2.3 확률의 가법정리

이 절에서는 사건들의 기본 연산인 여사건, 합사건 등과 확률계산에 유용한 확률법을 알아보자.

(1) 일반적인 덧셈정리

두 사건 A, B 중 적어도 어느 한 쪽이 일어나는 사건을 A와 B의 합사건 $A\cup B$라 하고 A와 B가 동시에 일어나는 사건을 A와 B의 곱사건 $A\cap B$라 한다.

두 사건 A, B에 대하여

$$P(A\cup B)=P(A)+P(B)-P(A\cap B)$$

이다.

(2) 배반사건의 덧셈정리

일반적으로 어떤 시행에서 두 사건 A, B 중 어느 한 쪽이 일어나면 다른 쪽은 일어나지 않을 때, A와 B는 서로 배반이라 하고 A, B를 배반사건이라 한다. 이것은 $A\cap B=\varnothing$ 인 경우이다. 두 사건 A, B가 배반사건일 때,

$$P(A\cup B)=P(A)+P(B)$$

이다.

(3) 여사건의 확률

사건 A의 확률과 여사건 A^c의 확률 사이의 관계는

$$P(A)+P(A^c)=1,\ P(A)=1-P(A^c)$$

이다.

예제 3.24

두 사건 A, B에 대해 $P(A)=0.3$, $P(B)=0.5$, $P(A^c\cap B^c)=0.4$일 때, $P(A\cap B)$의 값은?

풀이

$P(A^c\cap B^c)=P\{(A\cup B)^c\}=0.4$

$P(A\cup B)=1-P\{(A\cup B)^c\}=0.6$

$P(A\cup B)=P(A)+P(B)-P(A\cap B)$

$0.6=0.3+0.5-P(A\cap B)$

$P(A\cap B)=0.2$

예제 3.25

불량품이 2개 들어 있는 10개의 제품 두 개의 제품을 임의로 선택할 때, 적어도 한 개가 불량품일 확률은?

풀이

10개 중 2개 뽑는 경우의 수: ${}_{10}C_2=45$

뽑은 2개가 정품일 경우의 수: ${}_{8}C_2=28$

여사건의 확률에서 $1-\dfrac{{}_{8}C_2}{{}_{10}C_2}=1-\dfrac{28}{45}=\dfrac{17}{45}$

예제 3.26

어느 자동차 업체가 리콜을 고려하고 있다. 리콜을 할 경우 브레이크 결함, 변속기 결함, 연료계통 결함, 기타 결함일 확률이 각각 0.25, 0.18, 0.17, 0.40이라고 한다.

(1) 브레이크와 연료계통이 동시에 결함일 확률이 0.15라고 할 때, 리콜된 차가 브레이크나 연료계통의 결함이 있을 확률은 얼마인가?

(2) 브레이크나 연료계통에 결함이 없을 확률은 얼마인가?

풀이

(1) $P(A)+P(B)-P(A\cap B)=0.25+0.17-0.15=0.27$

(2) $1-P(A\cup B)=1-0.27=0.73$

3.2.4 확률의 곱셈정리

표본공간을 S라 하고 임의의 사건 E를 $P(E)>0$인 사건이라 하자. 사건 E가 일어났을 때 어떤 사건 A가 일어날 확률을 생각하여 보자.

(1) 조건부 확률

실험결과에 관한 어떤 일부분의 정보를 알고 있을 때 확률들을 계산하고자 하는 경우가 종종 있다. 이러한 경우에 구하는 확률이 조건부 확률이다.

확률이 0이 아닌 두 사건 A, B에 대하여 A가 일어났다는 조건하에서 B가 일어날 확률을 사건 A가 일어났을 때의 사건 B의 조건부 확률이라 하고, $P(B|A)$ 또는 $P_A(B)$로 나타낸다. 사건 A가 일어났을 때의 사건 B의 조건부 확률(A가 일어났을 때의 B의 조건부 확률)은 위의 정의에 의해

$$P(B|A)=\frac{P(A\cap B)}{P(A)},\ \text{단, } P(A)>0$$

가 성립하며 이로부터 곱셈정리 $P(A)>0$, $P(B)>0$일 때,

$$P(A \cap B) = P(A)P(B|A) = P(B)P(A|B)$$

를 얻는다.

(2) 독립사건과 종속사건

1. 두 사건 A, B에 대하여 사건 A가 일어날 경우와 사건 A가 일어나지 않을 경우에 따라 사건 B가 일어날 확률이 달라질 때, 곧 $P(B|A) \neq P(B|A^c)$일 때, 사건 A와 B는 종속이라고 하고, 종속인 두 사건을 종속사건이라 한다.

2. 두 사건 A, B에 대하여 사건 A가 일어날 경우와 사건 A가 일어나지 않을 경우에 따라 사건 B가 일어날 확률이 달라지지 않을 때, 곧 $P(B|A) = P(B|A^c) = P(B)$일 때, A와 B는 독립이라고 하고, 종속인 두 사건을 독립사건이라 한다.

3. 특히 사건 A와 사건 B가 서로 독립일 때는 다음 곱셈정리가

$$\text{사건 } A, B\text{가 독립} \Leftrightarrow P(A \cap B) = P(A)P(B)$$

이다.

(3) Bayes 정리

서로 배반인 사건 $E_1, E_2, \ldots E_n$이 전체사건이고, 이들을 원인으로 하여 사건 A가 일어났을 때 사건 A가 일어난 원인이 E_i일 확률은

$$P(E_i|A) = \frac{P(E_i)P(A|E_i)}{P(E_1)P(A|E_1) + P(E_2)P(A|E_2) + \ldots + P(E_n)P(A|E_n)}$$

두 배반사건 E_1, E_2에서 사건 A가 일어날 원인이 E_1일 확률은

$$P(E_1|A) = \frac{P(E_1)P(A|E_1)}{P(E_1)P(A|E_1) + P(E_2)P(A|E_2)}$$

이다.

예제 3.27

아래의 테이블은 1,200명의 대학생들의 음주와 흡연 습관을 조사한 결과를 나타낸다.

〈표 3.1〉 음주와 흡연 습관 조사결과

	음주	불음주	합계
흡연	315	165	480
비흡연자	585	135	720
합계	900	300	1,200

(1) 이 그룹에서 흡연을 하는 사람의 확률은 얼마인가?

(2) 음주를 하는 학생 중 흡연자의 확률은 얼마인가?

(3) 음주자의 확률은 얼마인가?

(4) 흡연자 중 음주를 하는 학생의 확률은 얼마인가?

풀이

(1) $P(\text{흡연}) = \frac{480}{1200} = 0.4$

(2) $P(\text{흡연}|\text{음주}) = \frac{315}{900} = 0.35$

(3) $P(\text{음주}) = \frac{900}{1200} = 0.75$

(4) $P(\text{음주}|\text{흡연}) = \frac{315}{480} = 0.65625$

예제 3.28

오른손잡이와 왼손잡이의 IQ 점수에 관심이 있던 심리학자는 간단히 2,000명의 고등학교 학생들의 무작위 표본을 대상으로 다음과 같은 자료를 수집하였다.

〈표 3.2〉 IQ와 손잡이 습관과의 관계

	오른손잡이	왼손잡이	합계
높은 IQ	190	10	200
낮은 IQ	1,710	90	1,800
합계	1,900	100	2,000

(1) 이 그룹의 학생이 높은 IQ를 가질 확률은 얼마인가?

(2) 왼손잡이인 학생들이 높은 IQ를 가질 확률은 얼마인가?

풀이

(1) $P(\text{높은 } IQ)=\frac{200}{2000}=0.1$

(2) $P(\text{높은 } IQ|\text{왼손잡이})=\frac{10}{100}=0.1$

높은 IQ를 가질 확률은 학생이 왼손잡이라는 사실에 영향을 받지 않는다. 따라서 두 사건은 독립적이다.

예제 3.29

한 도시에 독립적으로 운행되는 두 대의 소방차가 있다. 소방차가 필요할 때 특정한 한 대의 소방차를 이용할 수 있는 확률은 0.96이다.

(1) 소방차가 필요할 때 어느 소방차도 이용할 수 없는 확률은?

(2) 소방차가 필요할 때 어느 한 대의 소방차를 이용할 수 있을 확률은?

풀이

(1) $P(A^c \cap B^c)=0.04\times 0.04=0.0016$

(2) $P(A\cup B)=1-P(A^c\cap B^c)=1-0.0016=0.9984$

예제 3.30

3개의 기계 A, B, C가 각각 이 공장의 생산품 전체의 50, 30, 20%를 생산한다. 이들 기계가 불량품을 생산할 비율은 3, 4, 5%이다. 한 제품이 임의로 선정된다고 하고 그 제품이 불량일 때 그것이 A 기계에서 생산될 확률을 구하여라.

풀이

제품이 불량인 사건을 E라 하면

$$\begin{aligned} P(E) &= P(A)P(E|A) + P(B)P(E|B) + P(C)P(E|C) \\ &= (0.5)(0.03) + (0.3)(0.04) + (0.2)(0.05) = 0.037 \end{aligned}$$

Bayes 정리에 의하여

$$\begin{aligned} P(A|E) &= \frac{P(A)P(E|A)}{P(A)P(E|A) + P(B)P(E|B) + P(C)P(E|C)} \\ &= \frac{(0.5)(0.03)}{(0.5)(0.03) + (0.3)(0.04) + (0.2)(0.05)} = \frac{15}{37} \end{aligned}$$

예제 3.31

볼트를 만드는 어느 공장에서 세 대의 기계 A, B, C가 각각 전체의 25, 35, 40%를 만들며, 또 각각의 제품의 5, 4, 2%가 불량품이라 한다. 제품 가운데 임의로 꺼낸 하나의 볼트가 불량품이었다고 할 때, 그것이 기계 A 에서 만들어졌을 확률을 구하여라.

풀이

제품이 불량일 사건을 E라 하면,

$$\begin{aligned} P(E) &= P(A \cap E) + P(B \cap E) + P(C \cap E) \\ &= P(A)P(E|A) + P(B)P(E|B) + P(C)P(E|C) \\ &= 0.25 \times 0.05 + 0.35 \times 0.04 + 0.4 \times 0.02 = 0.0345 \end{aligned}$$

$$P(A|E) = \frac{P(A \cap E)}{P(E)} = \frac{0.0125}{0.0345} = \frac{25}{69}$$

3.3 확률변수

표본공간에서 어떤 사건의 확률은 구하는 것이 매우 복잡하거나 어려울 때가 있다. 때때로 실험결과를 수치로 나타내는 것이 아주 중요한 의미를 가지게 된다. 예를 들어, 3개의 동전을 던졌을 때 출현 가능한 모든 결과들을 자세하게 보여주는 표본공간은 다음과 같다.

$$S = \{HHH, HHT, HTH, THH, HTT, THT, TTH, TTT\}$$

H은 앞면을 의미하고, T는 뒷면을 의미한다. 당연히 앞면의 수에 관심을 가지게 될 것이다. 따라서, 각 표본점에 0, 1, 2, 3의 숫자들을 대응시킬 수 있다. 이 값들은 3개의 동전을 던졌을 때 앞면의 수를 의미하는 확률변수(random variable) X라고 생각할 수 있다.

그러므로 확률변수는 표본공간 내에 있는 각 원소에 하나의 실수값을 대응시키는 함수로 정의된다. 표본공간이 유한개 혹은 셀 수 있는 무한개의 원소로 이루어졌을 때 이산표본공간(discrete sample space)이라 한다. 어떤 통계적 실험에서는 출현 가능한 결과들이 유한하지도 않고 셀 수 없는 경우가 있다. 예를 들어, 어떤 자동차가 5리터의 휘발유로 규정된 시험코스를 주행한 거리를 측정하는 것은 그런 경우에 해당된다. 주행거리를 어느 정도의 정확성을 가지고 측정되는 변수라고 생각한다면 표본공간 내의 가능한 거리들은 무한개가 된다. 표본공간이 실선의 어떤 구간 내의 모든 수를 포함할 때 연속표본공간(continuous sample space)이라 한다.

3.3.1 이산확률분포

이산확률분포에서는 각 확률변수에 확률이 할당된다.

확률변수 X의 확률함수 $f(x_i) = P(X = x_i)$는 다음 조건을 만족하면 이를 이산형 확률변수 X의 확률함수, 확률질량함수(probability mass function), 혹은 확률분포라고 한다.

1. $f(x) \geq 0$

2. $\sum_{x} f(x) = 1$

3. $P(X = x) = f(x)$

예제 3.32

하나의 동전을 세 번 던지는 실험에서 앞면이 나온 횟수의 확률분포를 구하여라.

풀이

앞면이 나온 횟수와 그에 대한 확률은 다음과 같다.

〈표 3.3〉 확률분포

x	0	1	2	3
$P(X=x)$	1/8	3/8	3/8	1/8

실제로는 확률변수 X의 관측값이 어떤 실수 x보다 작거나 같을 확률을 계산해야 될 경우가 많이 있다. 모든 실수 x에 대한 $F(x) = P(X \leq x)$를 확률변수 X의 누적분포함수(cumulative distribution function)라고 한다.

확률분포 $f(x)$를 가지는 이산형 확률변수 X의 누적분포함수 $F(x)$는

$$F(x) = P(X \leq x) = \sum_{t \leq x} f(t), \qquad \infty < x < \infty$$

로 주어진다. 누적분포는 주어진 확률변수가 취할 수 있는 값에서뿐만 아니라 모든 실수에서 정의되어진다는 사실에 유의하여야 한다.

예제 3.33

1개의 동전을 계속하여 3회 던져서 앞면의 수의 횟수 X의 분포함수를 구하고 분포함수의 그래프를 그려라.

풀이

예제 3.32에서 $F(x)$ 를 구하면

$$F(0)=P(X\le 0)=P(X=0)=P(0)=\frac{1}{8},$$

$$F(1)=P(X\le 1)=P(X=0)+P(X=1)=P(0)+P(1)=\frac{1}{8}+\frac{3}{8}=\frac{4}{8},$$

$$F(2)=P(X\le 2)=P(X=0)+P(X=1)+P(X=2)=P(0)+P(1)+P(2)=\frac{1}{8}+\frac{3}{8}+\frac{3}{8}=\frac{7}{8},$$

$$\begin{aligned}F(3)&=P(X\le 3)=P(X=0)+P(X=1)+P(X=2)+P(X=3)\\&=P(0)+P(1)+P(2)+P(3)=\frac{1}{8}+\frac{3}{8}+\frac{3}{8}+\frac{1}{8}=1\end{aligned}$$

이다. 이때 X의 분포함수는

$$F(x)=\begin{cases}0, & x<0\\ \frac{1}{8}, & 0\le x<1\\ \frac{4}{8}, & 1\le x<2\\ \frac{7}{8}, & 2\le x<3\\ 1, & 3\le x\end{cases}$$ 이고,

이를 그래프로 나타내면 [그림 3.1]과 같다.

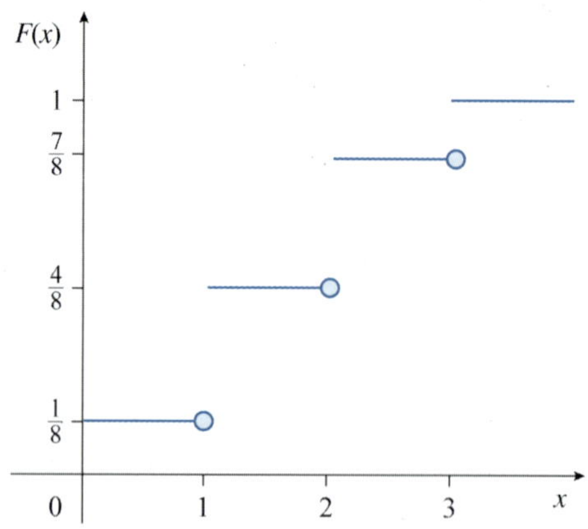

[그림 3.1] 분포함수

3.3.2 연속형 확률분포

연속형 확률분포에서는 확률변수값의 어느 한 점보다는 어떤 구간에 더 관심을 가지게 된다. 즉, $P(a < X < b)$ 혹은 $P(X \geq c)$와 같이 연속형 확률변수의 여러 구간에 대한 확률을 계산하는 데 관심을 가진다. X가 연속확률변수이면

$$P(a < X \leq b) = P(a < X < b) + P(X = b) = P(a < X < b)$$

이다. 즉, 연속형 확률분포에서는 어떤 구간의 끝점이 포함이 되든 안 되든 그것은 문제가 되지 않는다. 연속형 확률변수의 확률분포가 표 형태로 표시될 수는 없지만 어떤 식으로 표시될 수는 있다. 그러한 식은 필수적으로 연속형 확률변수 X의 수치함수여야 하고, 함수기호 $f(x)$로 표시된다. 연속형 확률변수를 취급할 때 $f(x)$를 x의 확률밀도함수(probability density function) 혹은 간단히 밀도함수(density function)라고 한다. 다음 확률변수 X가 구간 $[\alpha, \beta]$에서 모든 값을 취하고 이 구간에서 정의된 함수 $f(x)$가

1. $f(x) \geq 0$

2. $\int_{\alpha}^{\beta} f(x)dx = 1$

3. $P(a < X < b) = \int_{a}^{b} f(x)dx$ (단, $\alpha \leq a < b \leq \beta$)

를 만족할 때, 변수 X를 확률변수, 함수 $f(x)$를 X의 확률밀도함수라 한다.

예제 3.34

제어실험에서 반응온도의 변화에 따른 오차는 다음과 같은 확률분포를 가지는 연속확률변수 x 라고 가정하자.

$$f(x) = \begin{cases} \frac{x^2}{3}, & -1 < x < 2 \\ 0, & \text{다른곳에서} \end{cases}$$

(1) $\int_{-1}^{2} \frac{x^2}{3} dx = 1$을 보여라.

(2) $P(1 < X \leq 2)$를 구하라.

풀이

(1) $\int_{-\infty}^{\infty} f(x)dx = \int_{-1}^{2} \frac{x^3}{3} dx = 1$

(2) $P(1 < X \leq 2) = \int_{1}^{2} \frac{x^2}{3} dx = \frac{7}{9}$

확률밀도함수가 $f(x)$인 연속형 확률변수 X의 누적분포함수 $F(x)$는 다음과 같다.

$$F(x) = P(X \leq x) = \int_{-\infty}^{x} f(t)dt, \ -\infty < x < \infty$$

다음의 두 가지 사실을 알 수 있다.

1. $P(a < X < b) = F(b) - F(a)$

2. 미분이 가능하면 $f(x) = \frac{dF(x)}{dx}$

예제 3.35

예제 3.34의 확률밀도함수에 대하여 $F(x)$를 구하고, 그것을 이용하여 $P(1 < X \leq 2)$를 구하라.

풀이

$-1 < x < 2$에 대하여

$$F(x) = \int_{-\infty}^{x} f(t)dt = \int_{-1}^{x} \frac{t^2}{3}dt = \frac{x^3+1}{9}$$

따라서, $F(x) = \begin{cases} 0, & x < -1 \\ \frac{x^3+1}{9}, & -1 \leq x < 2 \\ 1, & x \geq 2 \end{cases}$

$$P(1 < X \leq 2) = F(2) - F(1) = \frac{7}{9}$$

3.3.3 확률변수와 평균

X가 확률분포 $f(x)$를 가지는 확률변수라고 할 때 X가 이산형인 경우에 X의 평균 혹은 기댓값은

$$\mu = E(X) = \sum_x xf(x)$$

가 되고, X가 연속형인 경우에는

$$\mu = E(X) = \int_{-\infty}^{\infty} xf(x)dx$$

가 된다.

예제 3.36

품질검사원이 7개의 부품으로 구성되어 있는 불량품을 검사하려고 한다. 만일 이 부품에 4개의 양호한 부품과 3개의 결함이 있는 부품이 들어있다고 하면, 검사원이 3개의 부품을 추출하였을 때 나타나는 양호한 부품의 평균 개수를 구하라.

풀이

x를 양호한 부품의 수라고 하자. 그러면 x의 확률분포는

$$f(x) = \frac{\binom{4}{3}\binom{3}{3-x}}{\binom{7}{3}}, x = 0, 1, 2, 3$$

으로 주어진다. 따라서 $f(0)$=1/35, $f(1)$=12/35, $f(2)$=18/35, $f(3)$=4/35이다. 그러므로

$$\mu = E(X) = (0)\left(\frac{1}{35}\right) + (1)\left(\frac{12}{35}\right) + (2)\left(\frac{18}{35}\right) + (3)\left(\frac{4}{35}\right) = \frac{12}{7} = 1.7$$

이다.

예제 3.37

어떤 종류의 기계부품의 수명(단위: 시간)을 확률변수 X라고 하자. 확률밀도함수가

$$f(x) = \begin{cases} \frac{20000}{x^3}, & x > 100 \\ 0, & \text{다른곳에서} \end{cases}$$

로 주어졌을 때 이 기계부품의 기대수명을 구하라.

풀이

$$\mu = E(X) = \int_{100}^{\infty} x \frac{20000}{x^3} dx = 200$$

그러므로, 이 기계 부품의 수명은 평균적으로 200시간이라고 할 수 있다.

X가 확률분포 $f(x)$를 가지는 확률변수라고 하면 확률변수 $g(x)$의 평균 혹은 기댓값은 X가 이산형인 경우에는

$$\mu_{g(X)} = E[g(X)] = \sum_x g(x)f(x)$$

가 되고, X가 연속형인 경우에는

$$\mu_{g(X)} = E[g(X)] = \int_{-\infty}^{\infty} g(x)f(x)dx$$

가 된다.

예제 3.38

월요일 오후 3시에서 4시 사이에 세차장에서 서비스를 받는 차의 수를 X라고 할 때 X의 확률분포가 다음과 같다고 하자.

〈표 3.4〉 차에 대한 확률분포

x	3	4	5	6	7	8
$P(X=x)$	1/12	1/12	1/4	1/4	1/6	1/6

$g(X)=3X-2$를 종업원이 받는 수당(단위: 달러)이라고 할 때, 이 시간대의 종업원의 기대수익을 구하라.

풀이

종업원의 기대수익은 다음과 같이 표시된다.

$$E[g(X)] = E(3X-2) = \sum_{x=3}^{8}(3x-2)f(x) = \frac{31}{2}$$

예제 3.39

확률변수 x의 확률밀도함수가

$$f(x) = \begin{cases} \dfrac{x^2}{3}, & -1 < x < 2 \\ 0, & \text{다른곳에서} \end{cases}$$

일 때 $g(X) = 5X + 4$의 기댓값을 구하라.

풀이

$$E(5X+4) = \int_{-1}^{2} \frac{(5x+4)x^2}{3} dx = \frac{1}{3}\int_{-1}^{2} (5x^3 + 4x^2) dx = \frac{123}{12}$$

3.3.4 분산

확률변수 x의 평균 혹은 기댓값은 확률분포의 중심위치를 설명해 주는 값으로 통계학에서 매우 중요하다. 그러나 평균값만으로 분포의 형태를 설명할 수는 없다. 즉, 확률분포의 퍼진 정도를 나타내는 수치로는 표준편차를 고려해야 할 필요가 있다. X를 확률분포 $f(x)$와 평균 μ를 가지는 확률변수라고 할 때 X의 분산은 X가 이산형일 때에는

$$\sigma^2 = E[(X-\mu)^2] = \sum_x (x-\mu)^2 f(x) = \sum x^2 f(x) - \mu^2$$

가 되고, x가 연속형일 때는

$$\sigma^2 = E[(X-\mu)^2] = \int_{-\infty}^{\infty} (x-\mu)^2 f(x)\, dx = \int x^2 f(x) dx - \mu^2$$

가 된다. 분산의 양의 제곱근 σ를 x의 표준편차(standard deviation)라고 한다.

예제 3.40

A, B 두 트랙터 회사에서 어느 날 농사 목적으로 사용된 트랙터의 수를 확률변수 X라고 하자. A 회사에 대한 확률분포 〈표 3.5〉와 〈B 회사〉에 대한 확률분포 〈표 3.6〉이 각각 다음과 같다.

〈표 3.5〉 A회사 확률분포

x	1	2	3
$f(x)$	0.3	0.4	0.3

〈표 3.6〉 B회사 확률분포

x	0	1	2	3	4
$f(x)$	0.2	0.1	0.3	0.3	0.1

B회사의 분산과 A회사의 분산을 구하고 비교하여라.

풀이

A회사에 대하여는

$$\mu_A = E(X) = 1(0.3) + 2(0.4) + 3(0.3) = 2.0$$

$$\sigma_A^2 = \sum_{x=1}^{3}(x-2)^2 = 0.6$$

B회사에 대하여는

$$\mu_B = E(X) = 0(0.2) + 1(0.1) + 2(0.3) + 3(0.3) + 4(0.1) = 2.0$$

$$\sigma_B^2 = \sum_{x=0}^{4}(x-2)^2 = 1.6$$

따라서, 사업목적으로 사용하는 트랙터 수의 분산은 B회사의 경우가 A회사의 경우보다 더 크다.

예제 3.41

3개의 볼트을 생산라인으로부터 추출하여 검사하였을 때 결함이 있는 부품의 수를 확률변수 x 라고 하자. x의 확률분포가 다음과 같을 때, σ^2을 계산하라.

〈표 3.7〉 부품에 대한 확률분포

x	0	1	2	3
$f(x)$	0.51	0.38	0.10	0.01

풀이

$E(X)=0 \cdot 0.51+1 \cdot 0.38+2 \cdot 0.1+3 \cdot 0.01=0.61$

그리고

$E(X^2)=0 \cdot 0.51+1 \cdot 0.38+2^2 \cdot 0.1+3^2 \cdot 0.01=0.87$이다.

따라서, $\sigma^2=0.87-(0.61)^2=0.4979$

예제 3.42

어느 편의점의 주당 콜라의 수요(단위: 1,000리터)가 다음과 같은 확률분포를 가지는 확률변수 X라고 할 때, x의 평균과 분산을 구하라.

$$f(x)=\begin{cases}\frac{1}{2}(x-1), & 1<x<3 \\ 0, & \text{다른곳에서}\end{cases}$$

풀이

$\mu=E(X)=\frac{1}{2}\int_1^3 x(x-1)dx=\frac{7}{3}$이고,

$E(X^2)=\frac{1}{2}\int_1^3 x^2(x-1)dx=\frac{17}{3}$이다.

따라서, $\sigma^2=\frac{17}{3}-(\frac{7}{3})^2=\frac{1}{3}$

분산 혹은 표준편차는 측정단위가 같은 두 개 또는 그 이상의 분포를 비교할 때에만 그 의미를 가지게 된다. 따라서, 어느 두 회사로부터 생산되는 병에 담긴 오렌지주스량(단위: 리터)의 분포의 분산을 비교할 때 분산이 더 크다는 것은 그 회사에서 생산된 각 병마다의 주스량이 더 변동적이라는 사실을 나타낸다.

예제 3.43

확률변수 X의 확률분포가 다음과 같이 주어졌을 때 $g(X)=2X+3$의 분산을 계산하라.

〈표 3.8〉 확률분포

x	0	1	2	3
$f(x)$	$\frac{1}{8}$	$\frac{3}{8}$	$\frac{3}{8}$	$\frac{1}{8}$

풀이

확률변수 $2X+3$의 평균을 구하면

$$\mu_{2X+3}=E(2X+3)=\sum_{x=0}^{3}(2x+3)f(x)=6$$

다음 결과를 얻게 된다.

$$\sigma^2_{2X+3}=E[(2X+3)-\mu_{2X+3}]^2=3$$

예제 3.44

확률밀도함수 x가

$$f(x)=\begin{cases}\frac{x^2}{3}, & -1<x<2\\ 0, & \text{다른곳에서}\end{cases}$$

를 가지는 확률변수라고 할 때, 확률변수 $g(X)=4X+5$의 분산을 구하라.

풀이

$\mu_{4X+3}=8$이고,

$$\sigma^2_{4X+5}=E[(4X+5)-8]^2=E[(4X-3)^2]=\int_1^2(4x-3)^2\frac{x^2}{3}dx=\frac{51}{5}$$

연습문제

주관식

1. success라는 단어의 문자를 모두 써서 만들 수 있는 배열의 가짓수는 몇 가지인가?

2. a, b, c, d 네 문자를 모두 써서 일렬로 세우는 방법의 가짓수는 몇 가지인가?

3. 검은 공 7개, 흰 공 5개가 들어 있는 주머니 속에서 임의로 1개의 공을 끄집어낼 때 그것이 흰 공일 확률은 얼마인가?

4. 7명 중에서 5명을 선출할 때 특별한 2명 중 1명만을 포함할 확률은 얼마인가?

5. a, b, c, d, e 다섯 문자 중 어느 세 문자를 골라 일렬로 나열하는 방법의 가짓수는 몇 가지인가?

6. 1, 2, 3, 4, 5를 써서 중복을 허락하여 만들어지는 4자리 정수 중 적어도 2자리 이상 중복이 되는 정수의 개수는 몇 개인가?

7. 6명의 가족이 원탁에 앉을 때 부모가 이웃해서 앉는 방법의 가짓수는 얼마인가?

8. 세 쌍의 부부가 원탁에 둘러앉을 때 남편 세 사람 모두 자기 부인과 이웃하여 앉는 방법의 수는?

9. 7명 중 3명의 대표를 뽑는 방법의 가짓수는 얼마인가?

10. $\left(3x^2 - \frac{1}{x}\right)^6$ 의 전개식에서 상수항을 구하여라.

11. $\left(x^2 - \frac{2}{x}\right)^6$ 의 전개식에서 x^3의 계수는?

12. 다음 관계식을 만족시키는 양의 정수 n의 값을 구하여라.

(1) ${}_nC_1 + {}_nC_2 + {}_nC_3 + \cdots + {}_nC_n = 31$

(2) $2000 < {}_nC_1 + {}_nC_2 + \cdots + {}_nC_n < 3000$

13. 한 줄에 이어진 9개의 소켓에 3개의 빨간등, 4개의 노란등 2개의 파란등을 끼워서 크리스마스 트리를 장식하려고 한다. 이 표본 공간의 표본점의 개수는?

14. 세 대의 버스 A, B, C의 좌석이 각각 3, 2, 5석이 비어 있다. 10명의 승객을 이 세 대에 분승시키는 방법은 모두 몇 가지인가?

15. 어느 공장에서 생산된 제품을 조사하니 1급품이 50%, 2급품이 30%, 3급품이 20%였다. 10개의 제품을 임의로 추출했을 때, 1급품이 4개, 2급품이 3개, 3급품이 3개일 확률을 구하여라.

16. 회의에 참가하는 대표단이 비행기, 버스, 자동차, 기차로 도착할 확률은 각각 0.4, 0.2, 0.3, 0.1이다. 대표단에서 무작위로 추출된 9명 중 3명은 비행기, 3명은 버스, 1명은 자동차, 2명은 기차로 도착했을 확률은?

연습문제

17. 부품이 시험 중 고장 나는 사상을 A, 고장은 아니지만 변형이 있는 사상을 B라고 하자. 사상 A의 확률은 0.20, 사상 B의 확률은 0.35이다.

(1) 부품이 시험 중 고장 나지 않을 확률은 얼마인가?

(2) 부품이 고장 나지도, 변형이 되지도 않을 확률은 얼마인가?

(3) 부품이 고장 나거나 변형이 있을 확률은 얼마인가?

18. $P(A) = 0.9$, $P(A \cap B) = 0.6$일 때, $P(B|A)$는 얼마인가?

19. 1, 2, 3 번호를 붙인 3개의 상자가 있고 그 각각에는 아래의 표와 같이 붉은 공, 흰 공, 푸른 공이 들어있다. 임의로 1개의 상자를 선택하고 그 상자로부터 1개의 공을 뽑는 실험을 행할 때 그 실험에서 뽑은 공이 붉은 공이었다고 하면 그 공이 제 2의 상자로부터 나왔을 확률은 얼마인가?

상자/공	붉은 공	흰 공	푸른 공	계
1	3	4	1	8
2	1	2	3	6
3	4	3	2	9

20. 한 개의 주사위와 한 개의 동전을 던졌다. A를 동전의 표면이 나오는 사건, B를 주사위 6이 나오는 사건으로 정의할 때 $P(\overline{B})$, $P(B|A)$의 값을 구하라.

21. 흰 공 10개, 붉은 공 4개, 검은 공 2개가 들어 있는 주머니에서 2개를 꺼낼 때, 적어도 하나는 흰 공일 확률은 얼마인가?

22. 다음과 같은 사망 원인 통계가 있다고 할 때 담배를 피우던 어떤 사람의 사망 원인이 암 질환이었을 확률은 얼마인가?

	암 질환	암 이외의 질환	합계
담배 피우는 사람	360	200	560
피우지 않는 사람	290	150	440
합계	650	350	1000

23. 어떤 지방에서 남녀별 취업자 및 실업자에 대한 것이 아래의 결과표와 같다고 한다. 그런데 취업자 가운데 36명과 실업자 가운데 12명이 로터리 클럽 회원이라고 한다. 이들 900명 가운데서 한 명을 뽑았더니 로터리 클럽 회원이었다고 한다. 이 사람이 취업자일 확률은 얼마인가?

성별	취업자	실업자	계
남	460	40	500
여	140	260	400
계	600	300	900

24. 어떤 지방에서는 과거의 경험으로 보아 나이가 40세보다 많은 성인이 암을 가지고 있을 확률이 0.02라고 알려져 있다. 의사가 암환자를 옳게 진단할 확률이 0.78이고 암환자가 아닌 사람을 환자로 오진할 확률이 0.06이다.

(1) 어떤 사람이 암환자로 진단될 확률은 얼마인가?

(2) 암환자라고 진단받은 사람이 실제로 병에 걸렸을 확률은?

연습문제

25. 어느 제조업체에서는 제품개발 시 세 가지 분석법을 적용하고 있는데, 비용의 문제로 분석법 1, 2, 3을 제품의 30, 20, 50%에 각각 적용하고 있다. 세 가지 방법에 따라 불량률은 다음과 같이 각각 다른 것으로 알려졌다.

$$P(D|P_1) = 0.01,\ P(D|P_2) = 0.03,$$

$$P(D|P_3) = 0.02$$

여기에서 $P(D|P_j)$는 분석법 j였을 때 불량품일 확률을 나타낸다. 한 제품을 임의로 선택한 후 검사한 결과 불량이었다면, 어느 분석법을 사용했을 가능성이 가장 많은가?

26. 다음 함수들이 이산형 확률변수 X의 확률분포가 될 수 있도록 c를 구하라.

(1) $f(x)=c(x^2+4),\ x=0,1,2,3$

(2) $f(x)=c\binom{2}{x}\binom{3}{3-x},\ x=0,1,2$

27. 어떤 통신판매를 이용하는 고객의 비율은 다음과 같은 밀도함수를 가지는 연속형 확률변수라고 한다.

$$f(x)=\begin{cases}\dfrac{2(x+2)}{5}, & 0<x<1\\ 0, & \text{다른곳에서}\end{cases}$$

(1) $P(0<X<1)=1$이 됨을 보여라.

(2) 고객들 중 1/4 이상에서 1/2 이하가 이 통신판매를 이용할 확률을 구하라.

28. $x=2$에서 $x=5$ 사이의 값을 가지게 되는 연속형 확률변수 X의 확률밀도함수가 $f(x)=2(1+x)/27$이라 할 때 다음을 구하라.

(1) $P(X<4)$

(2) $P(3 \le X<4)$

29. DVD 플레이어의 어느 중요한 부품의 수명은 다음의 밀도함수를 따른다고 한다.

$$f(x)=\begin{cases} \frac{1}{2000} exp\left(\frac{-x}{2000}\right), & x \ge 0 \\ 0, & x<0 \end{cases}$$

(1) $F(x)$를 구하라.

(2) 부품의 수명이 1,000시간 이상일 확률을 구하라.

(3) 부품이 2,000시간 이전에 고장 날 확률을 구하라.

30. 세탁기가 고장 날 때까지의 시간(단위: 년) Y의 확률밀도함수가 다음과 같다고 한다.

$$f(x)=\begin{cases} \frac{1}{4}e^{-y/4}, & y \ge 0 \\ 0, & \text{다른곳에서} \end{cases}$$

(1) 세탁기가 6년 이내에 고장 나지 않을 확률을 구하라.

(2) 세탁기가 1년 이내에 고장 날 확률은 얼마인가?

31. 어느 우편주문판매에 응하는 비율 X의 확률밀도함수가 나음과 같을 때 X의 기댓값을 구하라.

$$f(x)=\begin{cases} \frac{2(x+2)}{5}, & 0<x<1 \\ 0, & \text{다른곳에서} \end{cases}$$

연습문제

32. 한 가정에서 연간 진공청소기를 사용하는 시간(단위: 100시간) X는 다음과 같은 확률밀도함수를 가진다고 한다. 진공청소기의 연간 평균사용시간을 구하라.

$$f(x) = \begin{cases} x, & 0 < x < 1 \\ 2-x, & 1 \le x < 2 \\ 0, & \text{다른곳에서} \end{cases}$$

33. 확률변수 X의 분포가 다음과 같다고 하자.

x	−3	6	9
$f(x)$	1/6	1/2	1/3

$E(X)$와 $E(X^2)$을 구한 후, 이 값을 이용하여 $E[(2X+1)^2]$을 계산하라.

34. $E[(X-1)^2]=10$, $E[(X-2)^2]=6$일 때, 확률변수 X의 μ와 σ^2을 구하라.

35. 최루가스에 대한 사람의 반응시간(단위: 분) Y의 밀도함수는 다음과 같다.

$$f(y) = \begin{cases} \frac{1}{4}e^{-y/4}, & 0 \le y < \infty \\ 0, & \text{다른곳에서} \end{cases}$$

(1) 평균반응시간을 구하라.

(2) $E(Y^2)$과 $Var(Y)$를 구하라.

36. 확률변수 X의 확률밀도함수가 다음과 같을 때 $g(X)=2X+5$의 기댓값과 분산을 구하여라.

$$f(x) = \begin{cases} 2x, & 0 < x < 1 \\ 0, & \text{그밖에서} \end{cases}$$

37. 확률변수 X의 확률분포가 다음과 같다. $g(X)=3X+2$의 기댓값과 분산을 구하여라.

x	1	2	3	4	합계
$f(x)$	0.2	0.3	0.4	0.1	1.0

38. 확률밀도함수가

$$f(x)=\begin{cases} 6x(1-x), & 0 \le x \le 1 \\ 0, & \text{기타} \end{cases}$$

일 때, 평균과 분산은?

39. 다음 확률변수 X의 확률밀도함수가

$$f(x)=\begin{cases} 2e^{-2x}, & x \ge 0 \\ 0, & x < 0 \end{cases}$$

일 때, $X > 2$일 확률은?

연습문제

객관식

1. 7명 중에서 5명을 선출할 때 특별한 2명 중 1명만을 포함할 확률은 얼마인가?

① $\frac{{}_6C_4}{{}_7C_5}$ ② $\frac{{}_2C_1 \times {}_5C_4}{{}_7C_5}$

③ $\frac{{}_5C_3}{{}_7C_5}$ ④ $\frac{{}_2C_1 \times {}_6C_4}{{}_7C_5}$

해설

②

2. 1, 2, 3 세 개의 숫자를 중복을 허락하여 만들 수 있는 4자리수의 가짓수는 얼마인가?

① 12 ② 64

③ 27 ④ 81

해설

중복 순열이므로 ${}_n\Pi_r = n^r$, 즉 ${}_3\Pi_4 = 3^4 = 81$이다. ④

3. 1, 2, 3, 4, 5를 써서 중복을 허락하여 만들어지는 4자리 정수 중 적어도 2자리 이상 중복이 되는 정수의 개수는 몇 개인가?

① 505 ② 625

③ 1024 ④ 1250

해설

1, 2, 3, 4, 5에서 중복을 허락하여 만들어지는 4자리의 정수의 개수는 ${}_5\Pi_4 = 5^4 = 625$이다. 이 중 1234, 4351과 같이 4종류의 숫자를 사용하여 만든 4자리 정수의 개수는 ${}_5P_4 = 120$이다. 따라서 625-120=505 ①

4. 서로 다른 10개의 물건을 4명에게 나누어 주는 방법의 가짓수는 몇 가지인가?

① ${}_{10}\Pi_4$ ② ${}_4\Pi_{10}$

③ ${}_{10}H_4$ ④ ${}_4H_{10}$

해설

같은 물건 10개를 4명에게 나누어 주는 방법의 가짓수는 ${}_4H_{10}$이다. ④

5. 6명의 여자와 4명의 남자를 한 팀에 여자 셋, 남자 둘이 들어가도록 나누는 방법은 몇 가지인가?

① 2가지 ② 60가지

③ 12가지 ④ 120가지

해설

${}_6C_3 \times {}_4C_2 = 120$ ④

6. 1에서 10까지 쓰여진 카드 10매가 있다. 이 중 임의로 3개를 뽑을 경우 카드에 쓰여진 최대 번호가 5일 확률은 얼마인가?

① $\frac{1}{10}$ ② $\frac{1}{20}$

③ $\frac{1}{6}$ ④ $\frac{1}{12}$

해설

3개 중 최대 번호가 5이려면 1, 2, 3, 4 중에서 2개 택하면 되므로 경우의 수는 ${}_4C_2$이다. ②

$\therefore \frac{{}_4C_2}{{}_{10}C_3} = \frac{1}{20}$

7. 1, 2, 3 번호를 붙인 3개의 상자가 있고 그 각각에는 아래의 표와 같이 붉은 공, 흰 공, 푸른 공이 들어 있다. 임의로 1개의 상자를 선택하고 그 상자로부터 1개의 공을 뽑는 실험을 행할 때 그 실험에서 뽑은 공이 붉은 공이었다고 한다면 그 공이 제 2의 상자로부터 나왔을 확률은 얼마인가?

상자 \ 공	붉은 공	흰 공	푸른 공	계
1	3	4	1	8
2	1	2	3	6
3	4	3	2	9

① $\frac{12}{71}$ ② $\frac{11}{70}$

③ $\frac{9}{10}$ ④ $\frac{5}{7}$

연습문제

해설

뽑은 공이 붉은 공일 사상을 A, 그 공이 제 1상자로부터 나왔을 사상을 A_1, 그 공이 제 2상자로부터 나왔을 사상을 A_2, 그 공이 제 3상자로부터 나왔을 사상을 A_3라 하면 베이스(Bayes)의 공식에 의하여

$$P(A_2|A) = \frac{P(A_2)P(A|A_2)}{P(A_1)P(A|A_1)+P(A_2)P(A|A_2)+P(A_3)P(A|A_3)}$$ ①

$$= \frac{\frac{1}{3}\times\frac{1}{6}}{\frac{1}{3}\times\frac{3}{8}+\frac{1}{3}\times\frac{1}{6}+\frac{1}{3}\times\frac{4}{9}} = \frac{12}{71}$$

8. 한 개의 주사위와 한 개의 동전을 던졌다. A를 동전의 표면이 나오는 사건, B를 주사위 6의 눈이 나오는 사건으로 정의할 때 $P(\overline{B})$, $P(B|A)$의 값을 구하라.

① $\frac{1}{6}, \frac{1}{6}$ ② $\frac{5}{6}, \frac{1}{10}$

③ $\frac{5}{6}, \frac{1}{6}$ ④ $\frac{5}{6}, \frac{1}{12}$

해설

$P(A) = \frac{1}{2}$, $P(B) = \frac{1}{6}$ 이므로 ③

$\therefore P(\overline{B}) = 1 - P(B) = 1 - \frac{1}{6} = \frac{5}{6}$

$P(A\cap B) = \frac{1}{2}\times\frac{1}{6} = \frac{1}{12}$ 이므로

$$\therefore P(B|A) = \frac{P(A\cap B)}{P(A)} = \frac{\frac{1}{12}}{\frac{1}{2}} = \frac{1}{6}$$

9. 한 줄에 이어진 9개의 소켓에 3개의 빨간등, 4개의 노란등 2개의 파란등을 끼워서 크리스마스 트리를 장식하려고 한다. 이 표본 공간의 표본점의 개수는?

① 210개 ② 630개

③ 1260개 ④ 2520개

해설

같은 것이 있는 순열의 수 : $\frac{9!}{3!\,4!\,2!} = 1260$[개] ③

10. 세 대의 버스 A, B, C의 좌석이 각각 3석, 2석, 5석이 비어 있다. 10명의 승객을 이 세 대에 분승시키는 방법은 모두 몇 가지인가?

① 30가지　② 1440가지
③ 2520가지　④ 10!가지

해설

이것은 A 승차권 3매, B 승차권 2매, C 승차권 5매를 일렬로 세우는 방법과 같으므로 $\frac{10!}{3!\,2!\,5!}=2520$[가지] ③

11. A, B, C 세 사람의 판매원이 판매에 성공할 확률은 각각 $\frac{5}{8}$, $\frac{3}{8}$, $\frac{1}{3}$이라 할 때 꼭 한 사람이 판매에 성공할 확률은 얼마인가?

① $\frac{5}{192}$　② $\frac{83}{192}$
③ $\frac{32}{72}$　④ $\frac{40}{72}$

해설

꼭 한 사람이 판매에 성공할 확률은 A가 성공 B, C가 실패 또는 B가 성공 A, C가 실패 또는 C가 성공 A, B가 실패할 확률을 뜻한다.

$\therefore \frac{5}{8}\times\frac{5}{8}\times\frac{2}{3}+\frac{3}{8}\times\frac{3}{8}\times\frac{2}{3}+\frac{3}{8}\times\frac{5}{8}\times\frac{1}{3}=\frac{83}{192}$ ②

12. 5명의 여행자가 세 호텔 A, B, C에 투숙하는 방법은 몇 가지인가?(단, 어느 호텔도 5인 이상 숙박할 수 있다.)

① 15가지　② 360가지
③ 120가지　④ 243가지

해설

세 호텔에 다섯 사람이 투숙하는 중복 순열이므로 ${}_3\Pi_5=3^5=243$[가지] ④

연습문제

13. 오른편과 같이 상금이 붙어 있는 제비가 있다. 등외까지 포함해서 모두 x장 만들 때 한 장에 대한 기대 금액이 100원이 되었다고 한다. 이때 x의 값을 구하라.

등급	상금	장수
1등	100000	1
2등	10000	5
등외	없음	

① 1500장 ② 2000장

③ 2500장 ④ 5000장

해설

1등을 뽑을 확률 : $\frac{1}{x}$

2등을 뽑을 확률 : $\frac{5}{x}$

$\therefore 100000 \times \frac{1}{x} + 10000 \times \frac{5}{x} = 100$

$\therefore x = 1500$[장]

①

14. 10개의 제비 중 당첨 제비가 3개 있다. A, B, C가 한 개씩 이 순서대로 제비를 뽑을 때 적어도 한 사람이 당첨될 확률을 구하여라.

① $\frac{7}{24}$ ② $\frac{8}{24}$

③ $\frac{3}{10}$ ④ $\frac{17}{24}$

해설

세 사람 모두 당첨 제비를 뽑지 못할 확률 q는

$q = \frac{7}{10} \cdot \frac{6}{9} \cdot \frac{5}{8} = \frac{7}{24}$이고 적어도 한 사람이 당첨되는 것은 이것의 여사건이므로 구하는 확률 P는

$P = 1 - q = 1 - \frac{7}{24} = \frac{17}{24}$

④

15. 6명의 가족이 원탁에 앉을 때 부모가 이웃해서 앉는 방법의 가짓수는 얼마인가?

① 12 ② 24

③ 48 ④ 96

해설

$4! \times 2 = 48$

③

16. 부모와 4명의 아이가 원탁에 앉는 방법의 가짓수는 몇 가지인가?

① 12 ② 24

③ 60 ④ 120

해설

원순열 : 서로 다른 n개를 원둘레에 나열하는 방법의 가짓수는 $(n-1)!$

즉, $(6-1)! = 5! = 120$ ④

17. 확률변수 X의 확률분포에서 $Y = \frac{1}{10}X - 15$로 놓고 $E(Y) = -0.5$, $E(Y^2) = 0.7$을 얻었다. 이때 $E(X)$, $\sigma^2(X)$의 값은 얼마인가?

① $E(X) = 145$, $\sigma^2(X) = 45$ ② $E(X) = 125$, $\sigma^2(X) = 25$

③ $E(X) = 145$, $\sigma^2(X) = 32$ ④ $E(X) = 125$, $\sigma^2(X) = 32$

해설

$Y = \frac{1}{10}X - 15$에서 $10Y = X - 150$ ①

$\therefore X = 10Y + 150$

$\therefore E(X) = E(10Y + 150) = 10E(Y) + 150 = 145$

$\sigma^2(Y) = E(Y^2) - [E(Y)]^2 = 0.45$

$\sigma^2(X) = \sigma^2(10Y + 150) = 10^2\sigma^2(Y) = 45$

18. 흰 구슬 6개와 검은 구슬 2개가 들어 있는 주머니에서 임의로 3개의 구슬을 동시에 꺼낼 때 나온 흰 구슬의 개수를 확률변수 X로 하는 확률분포에서 평균과 분산은 얼마인가?

① $\frac{12}{7}$, $\frac{55}{112}$ ② $\frac{9}{4}$, $\frac{55}{112}$

③ $\frac{12}{7}$, $\frac{45}{112}$ ④ $\frac{9}{4}$, $\frac{45}{112}$

해설

$P(X=0) = 0$ ②

$P(X=1) = \frac{{}_6C_1 \cdot {}_2C_2}{{}_8C_3} = \frac{3}{28}$

$P(X=2) = \frac{{}_6C_2 \cdot {}_2C_1}{{}_8C_3} = \frac{15}{28}$

연습문제

$$P(X=3)=\frac{{}_6C_3 \cdot {}_2C_0}{{}_8C_3}=\frac{5}{14}$$

에 의하여 확률분포표를 만들면 다음과 같다.

X	0	1	2	3
P	0	$\frac{3}{28}$	$\frac{15}{28}$	$\frac{5}{14}$

$$\therefore E(X)=\sum x_i p_i = 0\times 0+1\times\frac{3}{28}+2\times\frac{15}{28}+3\times\frac{5}{14}=\frac{9}{4}$$

$$\sigma^2(X)=\sum x_i^2 p_i-[E(X)]^2$$

$$=\left(0+1^2\times\frac{3}{28}+2^2\times\frac{15}{28}+3^2\times\frac{5}{14}\right)-\left(\frac{9}{4}\right)^2=\frac{45}{112}$$

19. 확률 밀도 함수가 $f(x)=\begin{cases}6x(1-x), & 0\le x\le 1\\ 0 \quad , & \text{기타}\end{cases}$ 일 때 평균과 분산은?

① $\frac{1}{2}, \frac{1}{10}$ ② $\frac{1}{2}, \frac{1}{20}$

③ $1, \frac{1}{10}$ ④ $1, \frac{1}{20}$

해설

$$E(X)=\int_{-\infty}^{\infty} xf(x)dx=\int_0^1 x(6x-6x^2)dx=\left[2x^3-\frac{3}{2}x^4\right]_0^1=\frac{1}{2}$$ ②

$$V(X)=\int_{-\infty}^{\infty} x^2 f(x)dx-[E(x)]^2=\int_0^1 x^2(6x-6x^2)dx-\left(\frac{1}{2}\right)^2=\left[\frac{3}{2}x^4-\frac{6}{5}x^5\right]_0^1-\frac{1}{4}=\frac{1}{20}$$

20. 다음 확률변수 X의 확률 밀도 함수가 $f(x)=\begin{cases}2e^{-2x}, & x\ge 0\\ 0, & x<0\end{cases}$ 일 때 $X>2$일 확률은?

① $1-e^{-2}$ ② $1-e^{-4}$

③ e^{-2} ④ e^{-4}

해설

$$P(0\le X\le 2)=\int_0^2 2e^{-2x}dx=\left[-\frac{1}{2}\cdot 2e^{-2x}\right]_0^2=1-e^{-4}$$ ④

$$\therefore P(X>2)=1-P(0\le X\le 2)=1-(1-e^{-4})=e^{-4}$$

21. X의 평균이 m, 분산이 σ^2인 정규분포에서 $Y=\dfrac{X-m}{\sigma}$인 관계가 있을 때 Y의 분산은 얼마인가?

① 0　　② 1

③ m　　④ σ^2

해설

$\sigma^2(aX+b)=a^2\sigma^2(X)$이므로

$\sigma^2(Y)=\sigma^2\left(\dfrac{X-m}{\sigma}\right)=\dfrac{1}{\sigma^2}\cdot\sigma^2(X)=\dfrac{1}{\sigma^2}\cdot\sigma^2=1$ ②

22. 확률변수 x의 확률 밀도 함수 $f(x)$가 $f(x)=\begin{cases}k(1-x^2), & -1\le x\le 1\\ 0, & x<-1,\ x>1\end{cases}$로 주어질 때 k의 값을 구하라.

① $\dfrac{1}{4}$　　② $\dfrac{1}{2}$

③ $\dfrac{3}{4}$　　④ 1

해설

$\int_{-\infty}^{\infty}f(x)dx=\int_{-1}^{1}k(1-x^2)dx=1$에서 ③

$2\int_0^1 k(1-x^2)dx=2k\left[x-\dfrac{x^3}{3}\right]_0^1=\dfrac{4}{3}k=1$

$\therefore k=\dfrac{3}{4}$

23. 6개의 숫자 1, 1, 2, 3, 4, 5를 써 넣은 주사위를 던져서 나오는 눈의 수를 확률변수 X라 할 때 $Y=2X+3$의 기댓값 $E(Y)$와 분산 $\sigma^2(Y)$를 구하라.

① $\dfrac{25}{3}$, $\dfrac{80}{9}$　　② $\dfrac{8}{3}$, $\dfrac{80}{9}$

③ $\dfrac{25}{3}$, $\dfrac{20}{9}$　　④ $\dfrac{8}{3}$, $\dfrac{20}{9}$

연습문제

해설

확률변수 1, 2, 3, 4, 5에 대한 확률분포는 ①

$P(X=1)=\frac{2}{6}$, $P(x=k)=\frac{1}{6}$ $(k=2, 3, 4, 5)$ 이므로

$$E(X)=1\times\frac{2}{6}+(2+3+4+5)\times\frac{1}{6}=\frac{8}{3}$$

$$\sigma^2(X)=1^2\times\frac{2}{6}+(2^2+3^2+4^2+5^2)\times\frac{1}{6}-\left(\frac{8}{3}\right)^2=\frac{20}{9}$$

$Y=2X+3$ 이므로

$$E(Y)=2E(x)+3=\frac{16}{3}+3=\frac{25}{3}$$

$$\sigma^2(Y)=2^2\cdot\sigma^2(X)=\frac{80}{9}$$

CHAPTER

04

확률분포

구성

통계적 실험 또는 조사의 결과는 양적일 수도 있고 질적일 수도 있다. 예를 들어 대학생의 체중이나 키를 측정할 때에는 그 결과가 양적이고, 혈액형을 조사할 때는 그 결과가 O, A, B, AB와 같이 질적이다. 실험의 결과가 양적이든 질적이든 통계분석 방법은 자료의 수리적인 측면에 초점을 맞춘다. 확률변수는 실험결과를 수리적 함수에 대응시켜 통계분석을 가능하게 하는 도구이다. 이산확률변수와 연속확률변수의 두 가지 다른 확률변수가 있다.

4.1 균등분포

4.1.1 이산형 균등분포

모든 이산형 확률분포 중에서 가장 간단한 것은 확률변수가 취할 수 있는 각 값들이 모두 같은 확률을 가지는 경우이다. 이러한 확률분포를 이산형 균등분포(discrete uniform distribution)라고 한다. 확률변수 X가 $x_1, \cdots x_n$의 각 값을 취할 확률이 동일하다면, 이산형 균일분포는

$$f(x) = \frac{1}{n},\ x = x_1, \ldots, x_n$$

로 주어진다.

예제 4.1

40와트, 60와트, 75와트, 100와트, 120와트의 전구가 들어 있는 상자에서 임의로 하나의 전구를 꺼낼 때, 표본공간 $S = \{40, 60, 75, 100,\ 120\}$는 1/5의 발생확률을 가진다. 따라서, X의 확률분포를 구하여라.

풀이

$f(x) = \frac{1}{5},\ x = 40, 60, 75, 100,\ 120$인 균등분포이다.

예제 4.2

하나의 주사위를 던지는 실험에서 표본공간 $S=\{1, 2, 3, 4, 5, 6\}$의 각 원소의 발생확률은 1/6으로 같다. X의 확률분포를 구하여라.

풀이

$f(x)=\frac{1}{6}, x=\{1,2,3,4,5,6\}$인 균등분포이다.

히스토그램으로 균등분포를 나타내면 같은 높이를 가지는 직사각형들의 집합이 된다.

이산형 균등분포의 평균과 분산은

$$\mu=E(X)=\sum_{x=1}^{n} xf(x)=\sum_{x=1}^{n} x\frac{1}{n}=\frac{1}{n}\frac{n(n+1)}{2}=\frac{n+1}{2}$$

$$E(X^2)=\sum_{x=1}^{n} x^2 f(x)=\sum_{x=1}^{n} x^2\frac{1}{n}=\frac{1}{n}\frac{n(n+1)(2n+1)}{6}=\frac{(n+1)(2n+1)}{6}$$

$$\sigma^2=V(X)=E(X^2)-(E(X))^2=\frac{(n+1)(2n+1)}{6}-\left(\frac{n+1}{2}\right)^2=\frac{n^2-1}{12}$$

이다.

예제 4.3

예제 4.2에서 X의 평균과 분산을 구하여라.

풀이

$\mu=\frac{1+2+3+4+5+6}{6}=3.5$이고, $\sigma^2=\frac{1}{6}[(1-3.5)^2+\ldots+(6-3.5)^2]=2.92$이다.

4.1.2 연속형 균등분포

구간 $[a, b]$에서 정의되는 연속형 균등확률변수 X의 확률밀도함수는 다음과 같다.

$$f(x) = \begin{cases} \dfrac{1}{b-a}, & a \le x \le b \\ 0, & \text{다른곳에서} \end{cases}$$

확률밀도함수의 모습을 보면 밑변이 $b-a$이고, 높이는 $1/(b-a)$로 일정한 직사각형이다. 그래서 균등분포를 직사각형 분포(rectangular distribution)라고도 한다.

예제 4.4

어느 회사의 대형회의실은 4시간을 초과하여 사용할 수 없다. 그런데 회의실에서는 긴 회의와 짧은 회의가 열리며, 회의시간 X는 구간 [0, 4]에서 정의되는 균일분포로 가정할 수 있다.

(1) 확률밀도함수를 구하여라.

(2) 어떤 회의가 최소한 3시간 이상 계속될 확률은 얼마인가?

풀이

(1) 확률밀도함수는 다음과 같이 주어진다.

$$f(x) = \begin{cases} \dfrac{1}{4}, 0 \le x \le 4 \\ 0, \text{ 다른곳에서} \end{cases}$$

(2) $P(X \ge 3) = \int_3^4 \frac{1}{4} dx = \frac{1}{4}$

```
> #ex4.4
> 1-puntf(3,min=0,max=4) #punif(3,min=0,max=4,lower.tail=FAL)
[l] 0.25
```

균일분포의 평균과 분산은 다음과 같다.

$$\mu = \frac{a+b}{2},\ \sigma^2 = \frac{(b-a)^2}{12}$$

4.2 이항분포와 다항분포

4.2.1 이항분포

x번 성공과 n-x번의 실패가 일어난 어떤 특정한 배열의 발생확률에 대해서 생각해 보자. 각 시행이 독립이므로 그 확률은 각 시행의 결과들의 확률의 곱으로 나타낼 수 있다. 각 시행에서 성공확률은 p이고 실패확률은 $q=1-p$이므로, 그 특정배열의 발생확률은 $p^x q^{n-x}$이 된다. 이제 이 실험에서 x번의 성공과 n-x번의 실패를 포함하고 있는 표본점의 총 수를 결정해야 한다. 이 수는 n개의 결과를 한 그룹에는 x개, 또 다른 한 그룹에는 n-x개로 분할하는 경우의 수와 같게 되므로 $\binom{n}{x}$가 된다. 이러한 분할은 서로 배반적이기 때문에 모든 분할들의 확률을 합하거나 혹은 간단히 $p^x q^{n-x}$에 $\binom{n}{x}$를 곱하여 일반적인 공식을 얻게 된다. 성공확률이 p, 실패확률이 $q=1-p$인 베르누이 시행의 n회 독립시행에서 성공의 횟수를 나타내는 이항확률변수 X의 확률분포는

$$f(X=x)=\binom{n}{x}p^x q^{n-x},\ x=0,1,2,\dots,n$$

으로 주어진다.

예제 4.5

어떤 종류의 제품이 충격실험에서 충격을 견딜 확률이 3/4이다. 4개의 제품에 대해 실험했을 때 정확하게 3개가 충격을 견딜 확률을 구하여라.

풀이

$$f(X=3)=\binom{4}{3}\left(\frac{3}{4}\right)^3\left(\frac{1}{4}\right)^1=\frac{27}{64}$$

예제 4.6

어느 대형 백화점이 전자장비를 제조업자로부터 납품받으려고 한다. 제조업자는 이 장비의 불량률이 2%라고 밝히고 있다.

(1) 납품된 제품 중 20개를 임의로 선택했을 때, 이 20개 중 적어도 한 대의 불량품이 있을 확률은 얼마인가?

(2) 한 달에 10번의 납품을 받고, 납품 시마다 20개의 장비를 검사한다고 하자. 적어도 한 대의 불량품이 포함된 납품이 2번 있을 확률은 얼마인가?

풀이

(1) $P(X \geq 1) = 1 - P(X=0) = 1 - 0.02^0(1-0.02)^{20-0} = 0.3324$

(2) $P(Y=2) = \binom{10}{2} 0.3324^2(1-0.3324)^8 = 0.1963$

```
> #ex4.6
> #1
> P<-1-pbinom(0,size=20,prob=0.02) #x=0, n=20, p=0.02
> p
[1] 0.332392
> #2
> dbinom(2,size=10,prob=p) #x=2, n=10, P=1-pbinom(0,20,0.02)
[1] 0.196194
```

이항분포 $B(n,p)$의 평균과 분산은 다음과 같다. (증명 생략)

$\mu = np, \quad \sigma^2 = npq$

예제 4.7

새 자동차를 사는 사람들의 70%가 자동변속장치를 선택한다. 새 자동차를 사는 열 명이 있는 그룹에서, 자동변속장치를 선택하는 사람의 수의 평균값과 표준편차를 구하여라.

풀이

$\mu = np = 10(0.7) = 7$, $\sigma = \sqrt{np(1-p)} = \sqrt{10(0.7)(0.3)} \approx \sqrt{2.1}$

4.2.2 다항분포

각 실험의 실현치가 k개 범주 중의 하나이며, 각 범주가 나타날 확률이 $p_1, p_2, \cdots, p_k$인 확률실험에서 실험을 n번 반복했을 때 각 범주의 관측치를 확률변수 $X_1, X_2, \cdots, X_k$로 표현하며, $X_1 = x_1, X_2 = x_2, \cdots, X_k = x_k$가 관측될 확률을 측정하는 분포를 다항분포라고하면 확률은

$$P(X_1 = x_1, X_2 = x_2, \cdots, X_k = x_k) = \frac{n!}{x_1!\,x_2!\cdots x_k!} \cdot p_1^{x_1} \cdot p_2^{x_2} \cdots \cdot p_k^{x_k}$$

이다. 여기에서 $n = \sum_{i=1}^{k} x_i$이며, $p_1 + p_2 + \cdots + p_k = 1$이다.

예제 4.8

한 실험의 결과는 1, 2, 3, 4로 표현되는 4가지 속성 중 하나로 나타나며 각각의 속성이 나타날 확률이 순서대로 $\frac{1}{10}$, $\frac{2}{10}$, $\frac{3}{10}$, $\frac{4}{10}$이라고 한다. 이 실험에서 관측한 20개의 값에 있어서 각 속성의 관측치가 1, 4, 7, 8일 확률을 구하여라.

풀이

X_1, X_2, X_3, X_4를 각각의 속성이 관측된 수를 의미하는 확률변수라고 할 때, 각각의 속성이 나타날 확률이 $\frac{1}{10}$, $\frac{2}{10}$, $\frac{3}{10}$, $\frac{4}{10}$이므로,

$$P(X_1 = 1, X_2 = 4, X_3 = 7, X_4 = 8) = \frac{20!}{1!4!7!8!}\left(\frac{1}{10}\right)^1\left(\frac{2}{10}\right)^4\left(\frac{3}{10}\right)^7\left(\frac{4}{10}\right)^8$$

예제 4.9

어느 공항의 항공기 이착륙 상황에 대한 이상적인 조건을 알아보기 위해 컴퓨터 시뮬레이션이 수행되었다. 3개의 활주로가 있는 이 공항에서 각 활주로가 사용될 확률은 다음과 같이 알려져 있다.

활주로 1 ; $p_1 = 2/9$, 활주로 2 ; $p_2 = 1/6$, 활주로 3 ; $p_3 = 11/18$

임의로 도착하는 6대의 비행기가 다음과 같이 활주로에 도착할 확률은 얼마인가?

활주로 1 : 3대, 활주로 2 : 1대, 활주로 3 : 2대

풀이

$$f(3,1,2) = \left(\frac{6!}{3!1!2!}\right)\left(\frac{2}{9}\right)^3\left(\frac{1}{6}\right)^1\left(\frac{11}{18}\right)^2 = 0.0737$$

4.3 초기하 분포

4.3.1 초기하 분포

N개의 원 가운데 A에 속하는 것이 k개일 때 여기서 n개를 비복원 추출하여 A에 속하는 것이 x개 나올 확률은

$$P(X = x) = \frac{{}_kC_x \cdot {}_{N-k}C_{n-x}}{{}_NC_n}$$

이다.

예제 4.10

만약 세 명의 관리자와 여섯 명의 고용자들로 구성된 그룹에서 두 명의 위원회를 무작위로 뽑는다면, 그 위원회가 정확히 한 명의 관리자와 한 명의 고용자로 이루어질 확률은 얼마인가?

풀이

실제 확률은 $\dfrac{\binom{3}{1}\binom{6}{1}}{\binom{9}{2}} = \dfrac{18}{36} = 0.5$

예제 4.11

40개의 부품들로 구성된 한 로트에 불량품이 3개 들어있으며 그 로트에서 임의로 5개의 부품을 취할 때 정확히 1개의 불량품이 발견될 확률은 얼마인가?

풀이

$n=5,\ N=40,\ k=3$이고, $x=1$인 초기하 분포를 이용하면, 구하고자 하는 확률은

$f(X=1) = \dfrac{\binom{3}{1}\binom{37}{4}}{\binom{40}{5}} = 0.3011$이다.

```
> #ex4.11
> dhyper(X=1,m=3,n=37,k=5) #m=불량품수,n=정상품수,k=추출수,X=경우의수
[1] 0.3011134
```

4.3.2 평균과 분산

N개 가운데 A에 속하는 것이 k개 있을 때, 여기서 동시에 n개 추출할 경우 A에 속하는 것의 개수를 확률변수 X로 나타내면 X의 평균 μ와 X의 분산 σ^2은 다음과 같다. (증명 생략)

$$\mu = \frac{nk}{N},\ \sigma^2 = \frac{N-n}{N-1} \cdot n \cdot \frac{k}{N}\left(1-\frac{k}{N}\right)$$

예제 4.12

40개의 공 가운데 흰 공이 3개 들어 있다. 이 안에서 임의로 5개를 꺼낸다. 나온 흰 공의 수효를 X라 할 때 X의 평균과 분산을 구하여라.

풀이

$$\mu = \frac{nR}{N} = \frac{(5)(3)}{40} = 0.375$$

$$\sigma^2 = \left(\frac{40-5}{39}\right)(5)\left(\frac{3}{40}\right)\left(1-\frac{3}{40}\right) = 0.3113$$

4.4 포아송 분포

4.4.1 포아송 분포

확률변수 X의 확률분포가

$$P(X=x) = \frac{e^{-\lambda}\lambda^x}{x!}, \ (x=0,1,2\ldots)$$

일 때 X는 포아송 분포를 한다고 한다. 단, λ은 평균이다.

포아송 분포는 이항분포에서 p가 충분히 작은 경우 시행 횟수 n을 한없이 크게 할 때의 극한 분포로서 퍽 드물게 발생하는 사상이고 많은 조사 대상에서 몇 개가 발생할 확률을 구하는 경우에 이항분포에 의한 계산이 복잡하므로 이런 경우에 포아송 분포를 적용시킨다.

예제 4.13

어떤 은행에서는 오전 11시부터 12시 사이에 평균 60명의 손님이 방문하고 있다. 따라서 1분간 평균 1명씩 도착한다고 볼 수 있다. 그러므로 $\lambda = 1$이다.

(1) 오전 11시부터 12시 사이의 어느 1분 동안 두 손님이 도착할 확률은 얼마인가?

(2) 어느 1분 동안에 3명 이하의 손님이 도착할 확률을 계산하여라.

풀이

(1) $P(X=2) = \dfrac{e^{-1}(1)^2}{2!} = \dfrac{1}{2e}$

e는 약 2.7183이므로

$$P(X=2) = \frac{1}{2(2.7183)} = 0.183$$

(2) $P(X \le 3) - P(X=0) + P(X=1) + P(X=2) + P(X=3)$

$$= \frac{e^{-1}(1)^0}{0!} + \frac{e^{-1}(1)^1}{1!} + \frac{e^{-1}(1)^2}{2!} + \frac{e^{-1}(1)^3}{3!} = 0.3679 + 0.3679 + 0.1829 + 0.0613$$

$$= 0.98$$

이 된다.

```
> #ex4.13
> #1
> dpois(2,lambda=1) #x=2 lambda=l
[1] 0.1839397

> #2
> ppois(3,lambda=1) #x=3 lambda=l
[1] 0.9810118
```

4.4.2 평균과 분산

$$P(X - x) = \frac{e^{-\lambda}\lambda^x}{x!}$$

의 평균과 분산은 단, $\lambda = np$ (증명 생략)

$$E(X) = \lambda,\ V(X) = \lambda$$

이다.

예제 4.14

어느 회사에 오전 9시부터 11시 사이에 1분당 평균 0.4회의 전화가 걸려온다고 하며, 전화가 걸려오는 횟수가 포아송 분포의 특성을 갖는다고 하면, 1분에 2회의 전화가 걸려올 확률은 얼마인가?

풀이

$$P(X=2) = \frac{e^{-0.4}(0.4)^2}{2!} = 0.0536$$

즉, 약 5%의 확률을 갖는다.

예제 4.15

새벽 1시와 3시 사이 서울 강남구에서 일어나는 범죄는 1시간당 평균 0.2건이다. 범죄발생 수의 분포가 포아송 분포를 따른다면, 오늘 새벽 1시와 2시 사이에 범죄발생이 전혀 없을 확률은 얼마인가?

풀이

$$P(X=0) = \frac{e^{-0.2}(0.2)^0}{0!} = 0.8187$$

즉, 범죄가 없을 가능성은 0.8187이다.

예제 4.16

어느 건설현장에서는 사고가 종종 발생하는데, 어느 날 사고가 일어날 확률은 0.005이고, 사고들은 서로 독립적이라고 알려져 있다.

(1) 400일 동안 사고가 한 건 발생할 확률을 구하라.

(2) 사고일이 많아야 3일일 확률을 구하라.

풀이

X를 $n=400$이고 $p=0.005$인 이항확률변수라고 하자, 그러면 $np=2$이고, 포아송 근사를 이용하면

(1) $P(X=1)=e^{-2}2^1=0.271$

(2) $P(X\le 3)=\sum_{x=0}^{3}e^{-2}2^x/x=0.857$

4.5 기하분포

독립적인 반복시행에서 성공확률이 p, 실패확률이 $q=1-p$라 할 때, 첫 번째 성공이 일어날 때까지의 시행횟수인 확률변수 X의 확률분포는

$$f(X=x)=pq^{x-1},\ x=1,2,3,\ldots$$

으로 주어진다.

예제 4.17

어떤 제조공정에서 100개의 제품마다 평균적으로 한 개의 불량품이 들어 있다고 알려져 있다. 제품을 하나씩 검사할 때 첫 번째 불량품이 일곱 번째 검사에서 발견될 확률은?

풀이

$f(x=7)=(0.01)(0.99)^6=0.0093$

```
> #ex4.17
> dgeom(x=7,prob=0.01)
[1] 0.009320653
```

예제 4.18

전화통화가 폭주하는 시간대에 한 번의 시도로 상대방과 통화할 수 있는 가능성은 p=0.05라고 할 때, 네 번째 시도에서 상대방과 통화할 수 있는 확률을 구하라.

풀이

$f(X=4)=(0.05)(0.95)^3=0.0429$

기하분포의 활용 시 중요한 의미를 가지는 기하분포의 평균과 분산을 증명 없이 결과만을 보기로 한다.

기하분포를 따르는 확률변수의 평균과 분산은 각각 다음과 같다. (증명 생략)

$$\mu=\frac{1}{p},\ \sigma^2=\frac{1-p}{p^2}$$

4.6 정규분포

4.6.1 정규분포

정규분포(normal distribution)는 통계 응용에서 가장 많이 이용되는 확률분포이다. 측정오차, 또는 제품의 무게, 다양한 척도와 경제지표 그리고 다양한 연구 분야에서 얻어지는 자료들의 확률분포가 정규분포를 한다고 알려진 것이 매우 많다. 심지어 이산형 분포인 경우에도 정규곡선에 의해 뛰어난 근사를 나타내고, 게다가 정규분포를 하지 않는 확률변수들도 변수들의 합과 변환에 의하여 적절한 조건 아래서 근사적인 정규분포를 하기 때문에 정규분포는 특히 통계적 추론의 중추적 역할을 하고 있다. 정규분포의 확률밀도함수는 다음과 같으며 그 그래프는 종모양의 곡선으로 되며 이를 정규곡선(normal curve)이라고 한다.

확률변수 X의 확률밀도함수가

$$f(x) = \frac{1}{\sqrt{2\pi}\,\sigma} e^{-\frac{(x-\mu)^2}{2\sigma^2}}, \ -\infty < x < \infty$$

로 주어질 때, X는 정규분포에 따른다고 하며, $X \sim N(\mu, \sigma^2)$으로 나타내기도 한다.

정규곡선은 다음 그림과 같으며, 이 곡선의 특징은 $x=\mu$에 대하여 대칭이고 표준편차 σ는 평균 μ에서 곡선의 변곡점까지의 거리가 된다.

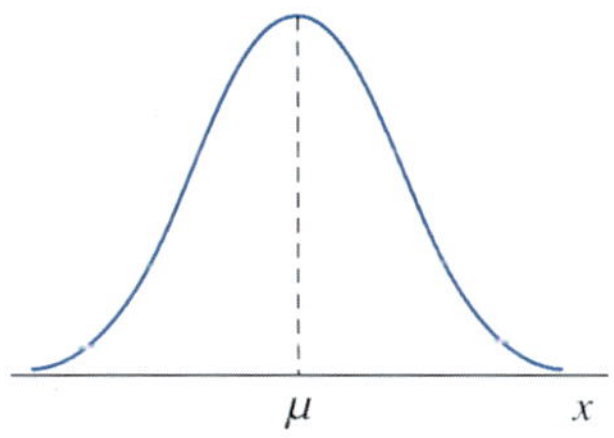

[그림 4.1] 정규분포 확률밀도함수

정규분포는 평균 μ, 분산 σ^2만 주어지면 결정되며 σ^2에 의하여 곡선의 모양이 결정되고, μ에 의하여 곡선의 중심의 위치가 결정된다. 다음 그림은 같은 표준편차를 갖고, 평균이 다른 두 곡선을 그린 결과이다.

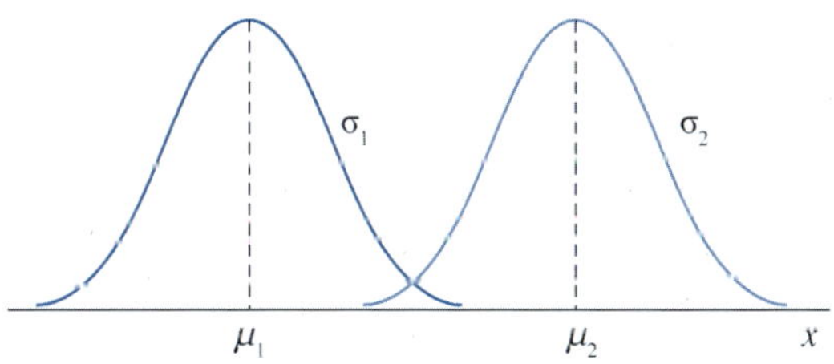

[그림 4.2] 분산은 같고 평균이 다른 정규분포의 확률밀도함수 비교

다음 그림은 평균은 같으나 표준편차가 다른 두 개의 정규곡선을 그린 결과이다. 두 곡선의 중심의 위치는 동일점이고, 표준편차가 크면 낮고 넓게 퍼져 있으며 표준편차가 작으면 높고 좁게 퍼져 있다. 두 곡선의 넓이는 1이다.

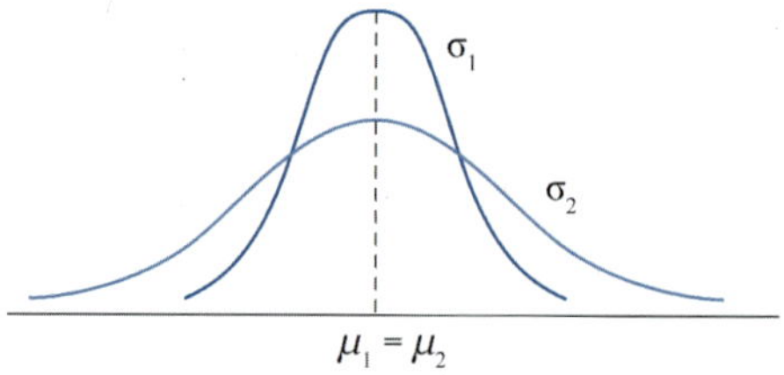

[그림 4.3] 평균은 같고 분산이 다른 정규분포의 확률밀도함수 비교

다음 그림은 서로 다른 평균과 표준편차를 갖는 두 정규곡선을 그린 결과이다. 곡선은 평균이 크면 중심의 위치가 오른쪽으로, 분산이 크면 폭이 넓지만, 넓이는 항상 1이다.

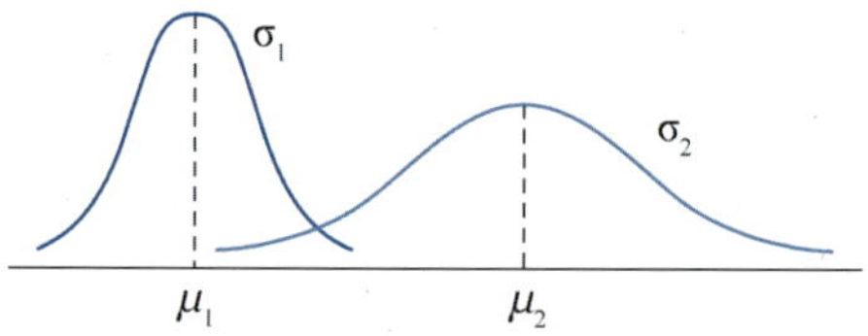

[그림 4.4] 평균도 다르고 분산도 다른 정규분포의 확률밀도함수 비교

이제 정규분포에서 확률을 구하는 문제를 생각하자. 예로서, 어떤 기계에서 생산된 제품의 무게는 60kg, 분산이 9kg인 정규분포를 한다고 하자. 여기에서 제품의 무게가 54kg부터 64.5kg 사이에 속할 확률을 구하려면 μ=60, σ^2=9인 정규분포 확률밀도함수는 다음과 같다.

$$f(x) = \frac{1}{\sqrt{2\pi}\,3} e^{-\frac{(x-60)^2}{2(9)}}, \ -\infty < x < \infty$$

를 이용해서

$$P(54 < X < 64.5) = \int_{54}^{64.5} \frac{1}{\sqrt{2\pi}\,3} e^{-\frac{(x-60)^2}{2(9)}} dx$$

를 계산해야 하는데 이 계산은 보통 번거로운 일이 아니다. 그러므로 정규분포에서의 확률계산을 편리하게 하기 위해서 평균이 0이고, 분산이 1인 표준정규분포를 유도한다.

$X \sim N(\mu, \sigma^2)$ 에서 $Z = \dfrac{X-\mu}{\sigma}$ 라 하면

$$E(Z) = E\left[\frac{X-\mu}{\sigma}\right] = \frac{1}{\sigma}(0) = 0, \quad V(Z) = V\left[\frac{X-\mu}{\sigma}\right] = \frac{1}{\sigma^2}(\sigma^2) = 1$$

이므로, $Z = \dfrac{X-\mu}{\sigma}$ 의 평균은 0이고 분산은 1이다.

4.6.2 표준정규분포

$X \sim N(\mu, \sigma^2)$ 일 때 $Z = \dfrac{X-\mu}{\sigma}$ 로 정의하면 $Z \sim N(0,1)$이다.

$$f_z(z) = \frac{1}{\sqrt{2\pi}} e^{-\frac{z^2}{2}}, \ -\infty < x < \infty$$

이다. 확률변수 Z는 표준정규분포(standard normal distribution)를 한다고 하며 $Z \sim N(0,1)$로 표시한다.

앞의 제품의 무게에 관한 예에서 확률 $P(54 < X < 64.5)$를 계산하는 것을 다시 논의하자.

$$Z = \frac{X-\mu}{\sigma} = \frac{X-60}{3}$$

이라 하면

$$P(54 < X < 64.5) = P\left(\frac{54-60}{3} < \frac{X-60}{3} < \frac{64.5-60}{3}\right) = P(-2 < Z < 1.5)$$
$$= \int_{-2}^{1.5} \frac{1}{\sqrt{2\pi}} e^{-\frac{z^2}{2}} dz$$

와 같이 평균 μ와 분산 σ^2에 아무런 관련이 없는 식이 되어 다루기에 간편하게 되었다. 그러므로 위에서 $\int_{-2}^{1.5} \frac{1}{\sqrt{2\pi}} e^{-\frac{z^2}{2}} dz$을 일일이 계산하여야 하는 번거로움을 없애기 위해서 여러 가지 z값에 대한

$$P(Z \leq z) = \int_{-\infty}^{z} \frac{1}{\sqrt{2\pi}} e^{-\frac{z^2}{2}} dz$$

를 계산한 표준정규분포표가 있다.

$$P(-2 < Z < 1.5) = P(Z \leq 1.5) - P(Z \leq -2) = 0.9332 - 0.0228 = 0.9104$$

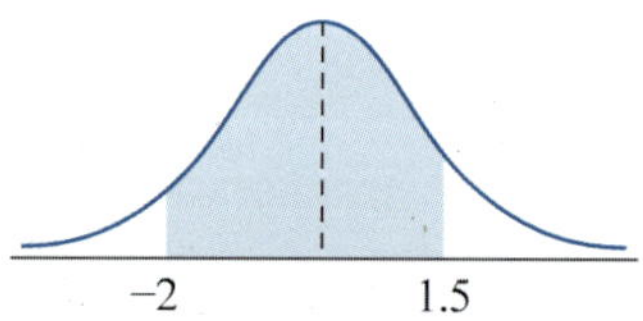

[그림 4.5] $P(-2 \leq Z \leq 1.5)$의 계산

예제 4.19

$X \sim N(50, 10^2)$ 인 정규분포에서 $P(60 < X < 65)$를 구하여라.

풀이

$X \sim N(50, 10^2)$ 인 정규분포에서

$$P(60 < X < 65) = P\left(\frac{60-50}{10} < \frac{X-50}{10} < \frac{65-50}{10}\right) = P(1 < Z < 1.5) = 0.0919$$

```
> #ex4.19
> pnorm(65,50,10)-pnorm(60,50,10) #x=(65,60), mu=50, sd=10
[1] 0.09184805
```

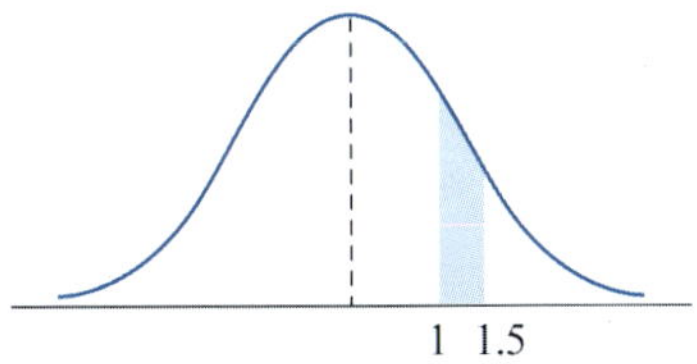

[그림 4.6] $P(1 \le Z \le 1.5)$의 계산

예제 4.20

$X \sim N(300, 50^2)$인 정규분포에서 $P(X \ge 370)$를 구하여라.

풀이

$Z = \frac{X-300}{50} \sim N(0,1)$이므로

$$P(X \ge 370) = P\left(\frac{X-300}{50} \ge \frac{370-300}{50}\right) = P(Z \ge 1.4) = 1 - P(Z \le 1.4) = 1 - 0.9192 = 0.0808$$

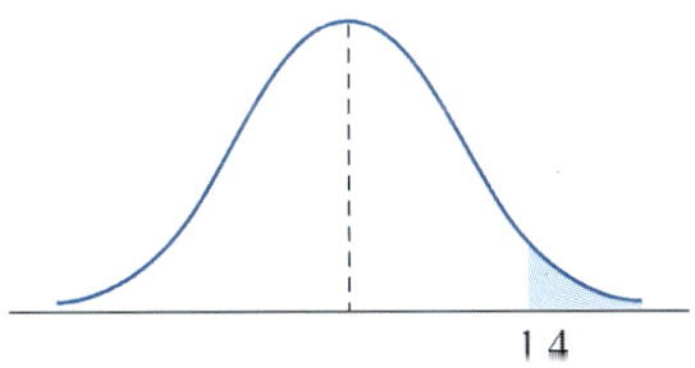

[그림 4.7] $P(Z \ge 1.4)$의 계산

예제 4.21

특정한 브랜드의 백열전구의 수명이 1,500시간의 평균값과 75시간의 표준편차로 정규적으로 분포되어 있다.

(1) 백열전구의 수명이 1,410시간보다 적을 확률은 얼마인가?

(2) 백열전구의 수명이 1,563과 1,648시간 사이에 있을 확률은 얼마인가?

풀이

(1) $Z = \dfrac{X-1500}{75} \sim N(0,\ 1)$ 이므로

$$P(X \le 1410) = P\left(Z \le \frac{1410-1500}{75}\right) = P(Z \le -1.2) = 0.1151$$

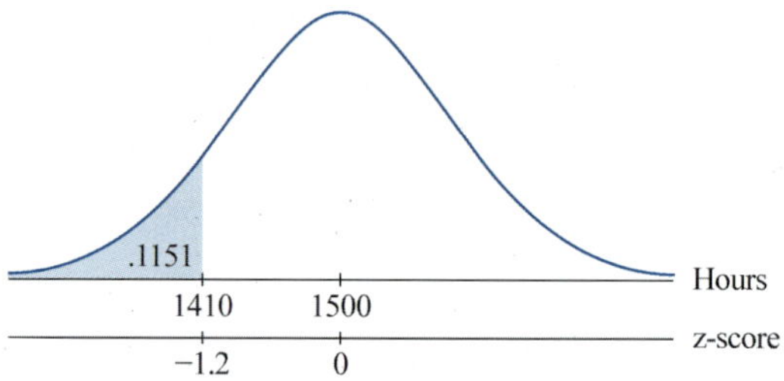

[그림 4.8] $P(Z \le -1.2)$의 계산

(2) $P(1563 \le X \le 1648) = P\left(\dfrac{1563-1500}{75} \le Z \le \dfrac{1648-1500}{75}\right) = P(.84 \le Z \le 1.97)$

$$= P(Z \le 1.97) - P(Z \le .84) = .9756 - .7995 = .1761$$

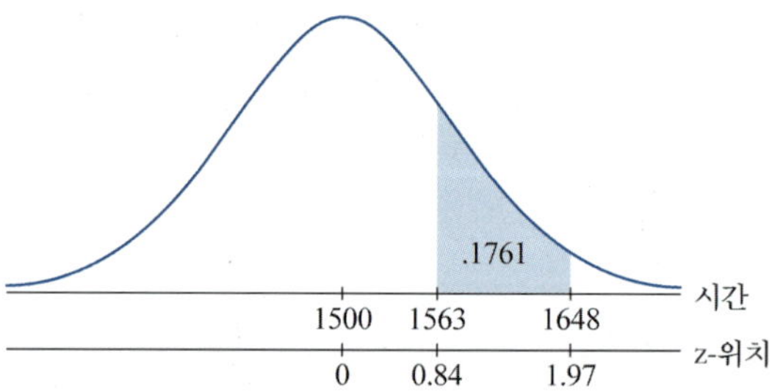

[그림 4.9] $P(0.84 \le Z \le 1.7)$의 계산

```
> #ex4.21
> #1
> pnorm(1410,mean=1500,sd=75) #x=1410, mu=1500, sd=75
[1] 0.1150697

> #2
> pnorm(1648,mean=1500,sd=75)-pnorm(1563,1500,75) #x=(1410,1563), mu=1500, sd=75
[1] 0.1762254
```

예제 4.22

포장 기계는 판지 상자를 평균 16.1온스의 시리얼로 채우기 위해 설치되었다. 상자당 양들이 0.04온스와 같은 표준편차의 정규분포를 이룬다고 가정해보자.

(1) 상자의 10%는 몇 온스 이하가 들어있을까?

(2) 몇 온스 이상이 80%일까?

(3) 상자들의 중간 90%는 온스 얼마 사이에 있을까?

풀이

(1) $P(X < x_0) = 0.1$이므로 $P\left(Z < \dfrac{x_0 - 16.1}{0.04}\right) = 0.1$ 표준정규분포표에서 $\dfrac{x_0 - 16.1}{0.04} = -1.28$이므로

$x_0 = 16.1 - 1.28 \times 0.04 = 16.049$

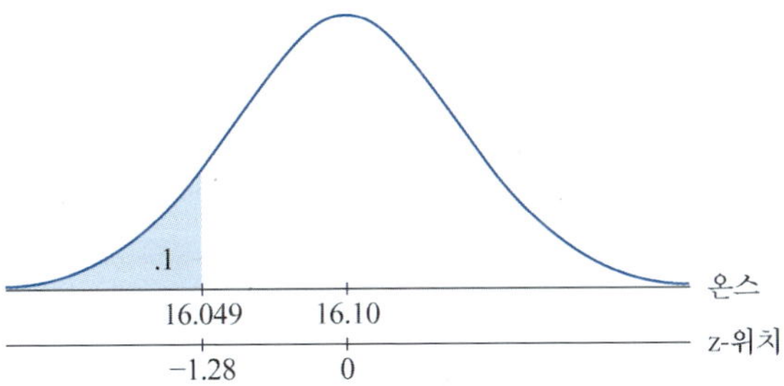

[그림 4.10] $P(Z \le -1.28)$의 계산

(2) $P(X > x_0) = 0.8$을 의미하므로 $P\left(Z > \dfrac{x_0 - 16.1}{0.04}\right) = 0.8$ 표준정규분포표에 의하여

$\dfrac{x_0 - 16.1}{0.04} = -0.84$. 따라서 $x_0 = 16.1 - 0.84 \times 0.04 = 16$이다.

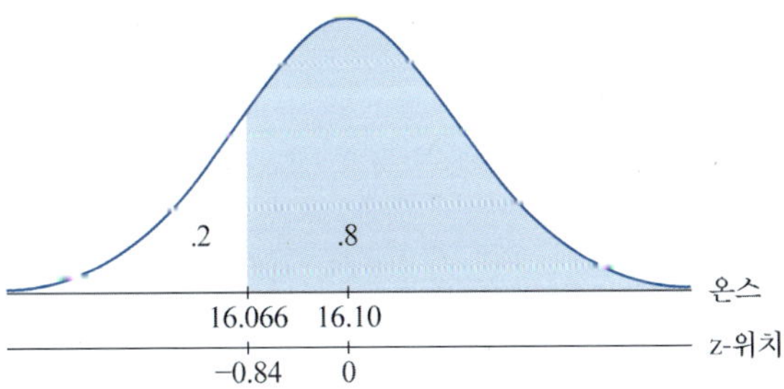

[그림 4.11] $P(Z \ge -0.84)$의 계산

(3) 표준정규분포표에 의하면 $P(-1.65 \le Z \le 1.65) = 0.9$이므로 $P\left(-1.65 \le \frac{X-16.1}{0.04} \le 1.65\right) = 0.9$ 이다.

따라서 $16.1 - 1.65 \times 0.04 \le X \le 16.1 + 1.65 \times 0.04$ 즉, $16.034 \le X \le 16.166$이다.

4.6.3 이항분포의 정규 근사화

이항분포 $P(X=x) = {}_nC_x p^x q^{n-x}$에서 p, q의 값이 0.5에 가까운 값이면 충분히 크지 않은 n에 대하여도 이항분포는 정규분포에 잘 적합되며 p, q가 약간 작거나 큰 경우에도 n이 충분히 크면 이항분포는 정규 근사가 가능하다. 그러므로 X가 $B(n, p)$ 분포로서 평균이 np, 분산이 npq일 때 정규분포 $N(np, npq)$에 근사한다. 따라서

$$Z = \frac{X - np}{\sqrt{npq}} \text{는 } N(0,1) \text{분포로 근사한다.}$$

예제 4.23

제조공장에서 나오는 차가 결점일 확률이 0.15라고 하자. 차 40대를 판매할 때 정확히 5대가 결점이 있을 확률은 얼마인가?

풀이

실제 답은 $\left(\frac{40!}{5!35!}\right)(.15)^5(.85)^{35}$이다. 정규를 이용해 답의 근사치를 구하려면, 먼저 평균값 μ과 표준편차 σ를 다음과 같이 계산해야 한다:

$\mu = np = 40(.15) = 6$

$\sigma = \sqrt{np(1-p)} = \sqrt{40(.15)(.85)} = 2.258$

$P(4.5 \le X \le 5.5) = P\left(\frac{4.5-6}{2.258} \le Z \le \frac{5.5-6}{2.258}\right) = P(-0.66 \le Z \le -0.22) = .1583$

이다.

예제 4.24

동전을 200회 아무 생각 없이 던져서 표면이 나오는 횟수가 100과의 편차가 5 이하일 확률 $P(|X-100| \leq 5)$를 구하라.

풀이

X의 분포는 이항분포 $P(X=x) = {}_nC_x p^x q^{n-x}\left(n=200, p=q=\dfrac{1}{2}\right)$이고, $np = 200 \times \dfrac{1}{2} = 100$이며, 표준편차는 $\sqrt{npq} = \sqrt{200 \times \dfrac{1}{2} \times \dfrac{1}{2}} = \sqrt{50} \fallingdotseq 7.07$이다.

$P(|X-100| \leq 5) = P(100-5 \leq X \leq 100+5)$

이 확률을 구하기 위하여 표준화한 변수는

$$Z = \frac{X-100}{7.07}$$

$P(100-5 \leq X \leq 100+5) = P(-0.7017 \leq Z \leq 0.7017) = 2P(0 \leq Z \leq 0.7017) = 0.5204$

이다.

예제 4.25

인구의 60%가 정부의 대규모 예산삭감을 지지한다면, 설문조사한 250명 중 155명 이하가 예산삭감을 지지할 확률은 얼마인가?

풀이

실제 답은 이항식 155개를 더한 답이다

$${}_{250}C_0(0.6)^0(0.4)^{250} + {}_{250}C_1(0.6)^1(0.4)^{249} + \cdots + {}_{250}C_{155}(0.6)^{155}(0.4)^{95}$$
$$= 0.7605$$

근사치는 정규를 이용하여 쉽게 얻어질 수 있다. μ와 σ를 계산하면

$\mu = np = 250(.6) = 150$

$\sigma = \sqrt{np(1-p)} = \sqrt{250(.6)(.4)} = 7.746$

$P(X \leq 155.5) = P(Z \leq 0.71) = 0.7611$

이다.

```
> #ex4.25
> pbinom(155,size=250,prob=0.6) #이항분포
[1] 0.760462

> mu=250*0.6 ; sd=sqrt(250*0.6*0.4)
> pnorm(155.5,mean=mu,sd=sd) #정규분포
[1] 0.7611625
```

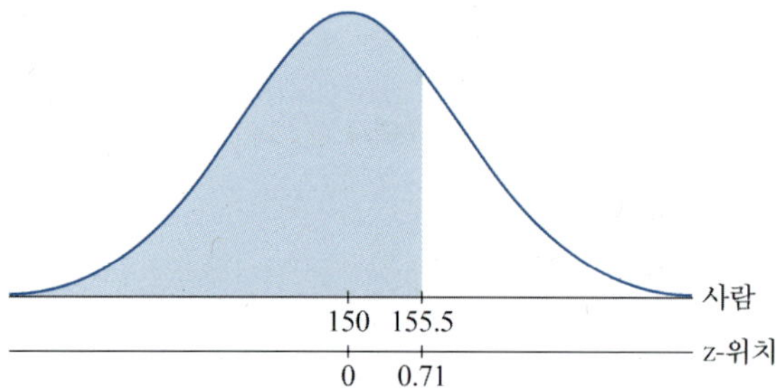

[그림 4.12] $P(Z \leq 0.71)$의 계산

4.7 지수분포

공학과 과학 분야에서 매우 폭넓게 사용되는 연속분포인 지수분포에 대하여 살펴본다. 확률변수 X의 확률밀도함수 $f(x)$가

$$f(x) = \begin{cases} \lambda e^{-\lambda x}, & x \geq 0, \lambda \geq 0 \\ 0, & x < 0 \end{cases}$$

로 주어질때, X는 지수분포(exponential distribution)를 한다고 한다.

지수분포는 감마분포의 확률밀도함수에서 $\alpha = 1$이고 $\beta = \frac{1}{\lambda} = \theta$인 특수한 경우의 분포이다. 따라서 지수분포의 확률밀도함수를 $\frac{1}{\beta}e^{-\frac{x}{\beta}}$로 나타내기도 한다.

확률변수 X가 모수 λ를 갖는 지수분포를 따를 때, 평균과 분산은 다음과 같다. (증명 생략)

$$\mu = E(X) = \frac{1}{\lambda}, \ \sigma^2 = V(X) = \frac{1}{\lambda^2}$$

위의 정리에서 지수분포의 평균과 표준편차는 $\frac{1}{\lambda}=\theta$로 같다는 것을 알 수 있으며, 아래의 [그림 4.13]에서 상수 $\lambda=\frac{1}{\theta}$가 변함에 따라 지수분포의 확률밀도함수의 그래프가 나타나 있다.

확률변수 X가 모수 λ를 갖는 지수분포를 따를 때, X의 누적도수분포함수(cdf)는 다음과 같다.

$$F(x)=\begin{cases}0, & x<0\\ 1-e^{-\lambda x}, & x\geq 0\end{cases}$$

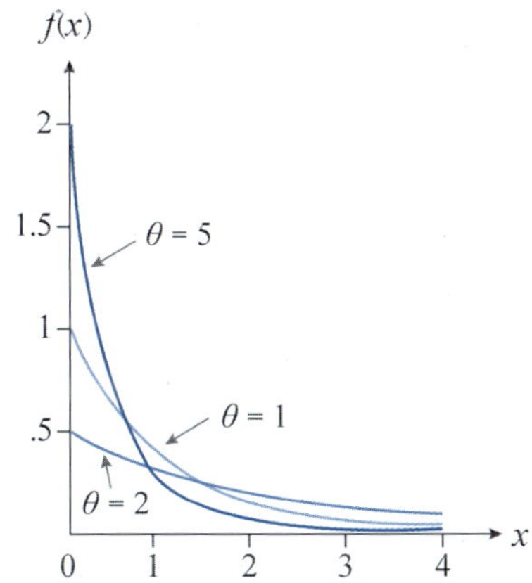

[그림 4.13] 지수분포의 그래프

예제 4.26

어느 가정에서 구입한 A회사의 냉장고는 평균 10년 동안 고장이 없다고 한다. 지수분포를 따를 때 이 냉장고가 15년 이상 고장이 없을 확률을 구하여라. 또 5년 이내에 고장날 확률을 구하여라.

풀이

$$P(X\geq 13)=\int_{13}^{\infty}\frac{1}{10}e^{-\frac{1}{10}x}dx=e^{-1.3}$$

$$P(X\leq 7)=\int_{0}^{7}\frac{1}{10}e^{-\frac{1}{10}x}dx=1-e^{-0.7}$$

예제 4.27

확률변수 X를 인터넷에 연결된 컴퓨터 단말기의 반응시간이라 하면 X는 평균반응시간이 3초인 지수분포를 따른다고 한다. 반응시간이 12초보다 작을 확률을 구하여라. 또 반응시간이 5초와 10초 사이일 확률을 구하여라.

풀이

$$P(X \le 12) = 1 - e^{-\frac{1}{3} \cdot 12} = 1 - e^{-4}$$

$$P(5 \le X \le 10) = P(X \le 10) - P(X \le 5) = e^{-\frac{5}{3}} - e^{-\frac{10}{3}}$$

```
> #ex4.27
> #1
> pexp(12,rate =1/3)
[1] 0.9816844

> #2
> pexp(10,rate=1/3)-pexp(5,rate=1/3)
[1] 0.1532016
```

4.8 결합확률분포

앞 절까지는 확률변수와 그것의 확률분포가 한 가지 측면에서의 특성이나 수치만을 관찰하는 경우에 대해서 다루었다. 그러나 여러 개의 확률변수들의 결과를 동시에 취급해야 될 경우가 있다. 예를 들면, 사람의 키와 몸무게를 같이 측정한다든지, 어느 위원회에서 구성하는 성별과 나이를 조사하는 경우가 이에 해당한다고 하겠다.

X와 Y가 두 이산형 확률변수라 할 때 두 변수의 확률분포는 확률변수 X와 Y의 범위 내에서 어떤 $(x,\ y)$에 대하여 $f(x,\ y)$를 값으로 가지는 함수로 표시될 수 있다. 이러한 함수를 X와 Y의 결합확률분포(joint probability distribution)라 한다. 이산적인 경우에는

$$f(x,y) = P(X = x,\ Y = y)$$

이다. 즉, $f(x, y)$는 x와 y가 동시에 일어날 확률이 된다. 예를 들면, X를 TV의 사용년수, Y를 그 TV에 들어 있는 결함이 있는 튜브의 수라 하면, $f(5, 3)$은 그 TV가 5년 된 것이고, 3개의 새로운 튜브를 필요로 할 확률이다.

다음조건이 만족될 때 함수 $f(x, y)$를 이산확률변수 X와 Y의 결합확률분포 또는 결합확률질량함수라 한다.

① 모든 (x, y)에 대하여 $f(x, y) \geq 0$

② $\sum_x \sum_y f(x, y) = 1$

③ $P(X = x, Y = y) = f(x, y)$

④ X의 주변확률질량함수 $f_X(x) = \sum_y f(x, y)$

Y의 주변확률질량함수 $f_Y(x) = \sum_x f(x, y)$

⑤ X와 Y가 독립이면 $P(X = x, Y = y) = f_X(x) f_Y(y)$이다.

⑥ 결합분포함수 $F(x, y) = P(X \leq x, Y \leq y)$

$$= \sum_{a=-\infty}^{x} \sum_{b=-\infty}^{y} f(a, b)$$

x, y평면상의 어떤 영역 A에 대하여 $P[(X, Y) \in A] = \sum\sum_A f(x, y)$가 된다.

예제 4.28

3개의 흰색, 2개의 검정색, 3개의 빨간색 공이 들어 있는 상자에서 인외로 2개를 추출하고자 한다. X를 흰 공의 수, Y를 검정 공의 수라 할 때,

(1) X, Y의 결합확률분포를 구하여라.

(2) $P[(X, Y) \in A]$를 구하라. 단, $A = \{(x, y) | x + y \leq 1\}$

(3) $P(X < Y)$를 구하여라.

풀이

(1) (x,y)의 가능한 쌍은 $(0, 0)$, $(0, 1)$, $(1, 0)$, $(1, 1)$, $(0, 2)$, $(2, 0)$이다. 이중 $f(0,1)$은 하나의 검정 공과 빨간 공이 선택될 확률이다. 8개 중에서 임의로 2개를 뽑는 경우의 수는 $\binom{8}{2}=28$가지이다. 2개의 검정 공 중 하나가 선택되고, 3개의 빨간 공 중 하나가 선택되는 경우의 수는 $\binom{2}{1}\binom{3}{1}$=6이다. 따라서, $f(0, 1)=\frac{6}{28}=\frac{3}{14}$이다. 같은 방법으로 다른 경우에 대해서도 확률을 계산할 수 있으며, 계산결과가 〈표 4-1〉에 나타나 있다.

〈표 4-1〉의 결합확률분포는 다음과 같다.

$$f(x,y)=\frac{\binom{3}{x}\binom{2}{y}\binom{3}{2-x-y}}{\binom{8}{2}}$$

여기서, $x=0, 1, 2$, $y=0, 1, 2$, $0 \le x+y \le 2$이다.

〈표 4.1〉 x와 y의 결합확률분포

$f(x, y)$		y			행의 합
		0	1	2	
x	0	3/28	6/28	1/28	10/28
	1	9/28	6/28	0	15/28
	2	3/28	0	0	3/28
열의 합		15/28	12/28	1/28	1

(2) $P[(x,y)\in A]=P(x+y \le 1)=f(0,0)+f(0,1)+f(1,0)$

$=3/28+3/14+9/28=9/14$

(3) $P(X< Y)=f(0,1)+f(0.2)+f(1,2)=\frac{6}{28}+\frac{1}{28}+0=\frac{7}{28}$

예제 4.29

X, Y의 결합질량함수가 다음과 같을 때,

$$f(x,y) = \frac{x+y}{110},\ x = 1, 2, 3, 4,\ y = 1, 2, 3, 4, 5$$

(1) X, Y의 주변질량함수를 구하여라.

(2) $E(X)$, $E(Y)$를 구하여라.

(3) $P(X < Y)$

(4) $P(Y = 2X)$

(5) $P(X + Y = 5)$

(6) $P(3 \le X + Y \le 5)$

풀이

(1) $f_X(x) = \sum_{y=1}^{5} \frac{x+y}{110} = \frac{x+3}{22},\ x = 1, 2, 3, 4,$

$f_Y(y) = \sum_{x=1}^{4} \frac{x+y}{110} = \frac{(2y+5)}{55},\ y = 1, 2, 3, 4, 5$

(2) $E(X) = \sum_{x=1}^{4} \frac{x(x+3)}{22} = \frac{30}{11}$

$E(Y) = \sum_{y=1}^{5} = \frac{y(2y+5)}{55} = \frac{37}{11}$

(3) $P(X < Y) = \sum_{y=2}^{5} f(1, y) + \sum_{y=3}^{5} f(2, y) + f(3, 4) + f(3, 5) + f(4, 5) = \frac{6}{11}$

(4) $P(Y = 2X) = f(1, 2) + f(2, 4) = \frac{1+2}{110} + \frac{2+4}{110} = \frac{9}{110}$

(5) $P(X + Y = 5) = f(1, 4) + f(2, 3) + f(3, 2) + f(4, 1) = \frac{2}{11}$

(6) $P(3 \le X + Y \le 5) = f(1, 2) + f(2, 1) + f(1, 3) + f(2, 2) + f(3, 1) + P(X + Y = 5) = \frac{38}{110}$

4.9 기댓값

이제 수학적 기댓값의 개념을 결합확률분포 $f(x, y)$를 가지는 두 확률변수 X와 Y의 경우로 확장하여보자. X와 Y를 결합확률분포 $f(x, y)$를 가지는 확률변수라고 하자. 확률변수 $g(x, y)$의 평균 혹은 기댓값은 X와 Y가 이산형인 경우에는

$$\mu_{g(X,Y)} = E[g(X, Y)] = \sum_x \sum_y g(x,y) f(x,y) \text{ 가 된다.}$$

예제 4.30

X와 Y를 〈표 4-2〉와 같은 결합확률분포를 가지는 확률변수라 할 때, $f(X,\ Y) = 3XY$의 기댓값을 구하라.

〈표 4.2〉 x와 y의 결합확률분포

$f(x, y)$		y			행의 합
		0	1	2	
x	0	3/28	6/28	1/28	10/28
	1	9/28	6/28	0	15/28
	2	3/28	0	0	3/28
열의 합		15/28	12/28	1/28	1

풀이

$$E(3XY) = \sum_{x=0}^{2} \sum_{y=0}^{2} 3xy f(x, y)$$

$$= 3(0)(0)f(0, 0) + 3(0)(1)f(0, 1) + 3(0)(2)f(0, 2) + 3(1)(0)f(1, 0)$$

$$+ 3(1)(1)f(1, 1) + 3(1)(2)f(1, 2)$$

$$+ 3(2)(0)f(2,0) + 3(2)(1)f(2,1) + 3(2)(2)f(2,2) = 3f(1,1) = \frac{9}{14}$$

4.10 공분산과 상관계수

4.10.1 공분산

공분산은 두 개의 확률변수 X, Y가 상호 어떤 관계를 가지며 변화하는가를 나타내는 척도로서 $(X-\mu_X)(Y-\mu_Y)$의 기댓값으로 정의된다.

X와 Y를 결합확률분포 $f(x, y)$를 가지는 확률변수라고 할 때, X와 Y의 공분산은 X와 Y가 이산형인 경우에는

$$Cov(X, Y) = \sigma_{XY} = \sum_x \sum_y (X-\mu_X)(Y-\mu_Y) f(x,y)$$

이고, 공분산은 두 확률변수 간의 관련성의 척도이다.

μ_X와 μ_Y를 평균으로 하는 두 확률변수 X와 Y의 공분산은 다음과 같다.

$$\begin{aligned} Cov(X, Y) &= E[(X-\mu_X)(Y-\mu_Y)] \\ &= E(XY-\mu_Y X-\mu_X Y+\mu_X\mu_Y) \\ &= E(XY)-\mu_Y E(X)-\mu_X E(Y)+\mu_X\mu_Y \\ &= E(XY)-\mu_X\mu_Y \end{aligned}$$

예제 4.31

어떤 상자에서 임의로 2개의 공을 꺼낼 때, 흰 공의 수 X와 검정 공의 수 Y의 결합확률분포가 다음과 같다. X와 Y의 공분산을 구하라.

$f(x, y)$		y			행의 합
		0	1	2	
x	0	3/28	6/28	1/28	10/28
	1	9/28	6/28	0	15/28
	2	3/28	0	0	3/28
열의 합		15/28	12/28	1/28	1

풀이

$$
\begin{aligned}
E(XY) &= \sum_{x=0}^{2}\sum_{y=0}^{2} xyf(x,y) \\
&= (0)(0)f(0,0)+(0)(1)f(0,1)+(1)(0)f(1,0)+(1)(1)f(1,1)+(2)(0)f(2,0) \\
&= f(1,1) = 3/14
\end{aligned}
$$

또한 $\mu_X = \sum_{x=0}^{2} xf_X(x) = 0\left(\frac{5}{14}\right)+1\left(\frac{15}{28}\right)+2\left(\frac{3}{28}\right)=\frac{3}{4}$ 이고

$\mu_Y = \sum_{y=0}^{2} yf_Y(y) = 0\left(\frac{15}{28}\right)+1\left(\frac{3}{7}\right)+2\left(\frac{1}{28}\right)=\frac{1}{2}$ 이다.

따라서, $\sigma_{XY} = E(XY) - \mu_X\mu_Y = \frac{3}{14}-\left(\frac{3}{4}\right)\left(\frac{1}{2}\right)=-\frac{9}{56}$

4.10.2 상관계수

공분산이 두 확률변수 사이의 관련성을 나타내기는 하지만, σ_{XY}값은 X와 Y의 측정단위에 따라 달라지므로 이 값이 관련성의 강도를 나타내는 것은 아니다. 상관계수(correlation coefficient)는 측정단위와 무관하게 공분산과 같은 역할을 하는 측도로서 통계학에서 널리 사용된다. 확률변수 X와 Y의 공분산이 σ_{XY}이고, 표준편차가 각각 σ_X, σ_Y라고 하자. X와 Y의 상관계수는 다음과 같이 정의된다.

$$
\rho_{XY} = \frac{\sigma_{XY}}{\sigma_X \sigma_Y}
$$

위의 수식에서 ρ_{XY}는 X와 Y의 단위에 무관한 것을 쉽게 알 수 있다. 상관계수 값의 범위는 항상 -1과 1사이의 값을 갖는다. X와 Y의 상관계수는 각 확률변수에 영향을 받지 않으며 상수가 곱해지는 경우에는 그 부호에만 영향을 받는다. 또 ρ_{XY}는 단위에 무관한 것을 쉽게 알 수 있다. 상관계수는 뒤에서 다루게 될 회귀분석에서 좀 더 자세히 다루게 될 것이다.

4.10.3 공분산과 상관계수와 관계

공분산과 상관계수는 서로 밀접한 관련이 있으며, 상수 a,b,c,d에 대하여 다음의 중요한 성질을 지닌다.

$$Cov(aX+b, cY+d) = ac\,Cov(X, Y)$$

공분산과 상관계수는 두 확률변수에 관한 것으로, 확률변수 X, Y가 주어진 경우, 이들의 합과 차로 만들어지는 새로운 변수의 분산을 계산하는데 활용된다. 두 확률변수의 합과 차에 대한 분산은 다음과 같다.

$$Var(X+Y) = Var(X) + Var(Y) + 2\,Cov(X, Y)$$
$$Var(X-Y) = Var(X) + Var(Y) - 2\,Cov(X, Y)$$

이제, 두 확률변수 X, Y 가 서로 독립이면,

$$E(XY) = E(X)E(Y)$$

가 성립함으로, $Cov(X, Y) = 0$이 된다. 결국 두 확률변수가 독립이면,

$$Var(X+Y) = Var(X) + Var(Y)$$
$$Var(X-Y) = Var(X) + Var(Y)$$

이 성립한다.

예제 4.32

X와 Y의 결합확률분포가

x \ y		y			행의 합
		−1	0	1	
x	−1	$\frac{1}{8}$	$\frac{1}{8}$	$\frac{1}{8}$	$\frac{3}{8}$
	0	$\frac{1}{8}$	0	$\frac{1}{8}$	$\frac{2}{8}$
	1	$\frac{1}{8}$	$\frac{1}{8}$	$\frac{1}{8}$	$\frac{3}{8}$
열의 합		$\frac{3}{8}$	$\frac{2}{8}$	$\frac{3}{8}$	1

일 때, 상관계수 ρ_{XY}을 구하고 X와 Y가 독립인가를 보여라.

풀이

$E[X]=E[Y]=0$이고, $E[XY]=0$이 된다. 따라서

$\sigma_{XY}=E[XY]-\mu_X \cdot \mu_Y=0$

이고, $\rho_{XY}=0$이다. 그러나

$P(X=-1,\ Y=-1)=\frac{1}{8}\neq P(X=-1)\cdot P(Y=-1)=\frac{3}{8}\cdot\frac{3}{8}$

이므로, X와 Y는 독립이 아니다.

예제 4.33

컴퓨터를 판매하는 어느 회사는 고객이 인터넷으로 구매 상담을 한 이후에 판매가 이루어진다고 한다. X를 어느 날 인터넷 상담의 수라하고 Y를 판매건수라 할 때 X와 Y의 결합확률은

x \ y		y			행의 합
		−1	0	1	
x	0	0.04	0	0	0.04
	1	0.16	0.10	0	0.26
	2	0.20	0.30	0.20	0.70
열의 합		0.4	0.4	0.2	1

이라 하면 X와 Y의 상관계수를 구하여라.

풀이

먼저 $E[XY]$를 구하면

$$E[XY] = \sum\sum xy\, f(x,y)$$
$$= (0\times 0)f(0,0) + (0\times 1)f(0,1) + (0\times 2)f(0,2) + (1\times 0)f(1,0)$$
$$+ (1\times 1)f(1,1) + (1\times 2)f(1,2) + (2\times 0)f(2,0) + (2\times 1)f(2,1)$$
$$+ (2\times 2)f(2,2)$$
$$= 1.50$$

이다. 또, X와 Y의 주변분포는 다음과 같다.

x	0	1	2	합
$f(x)$	0.04	0.26	0.70	1

y	0	1	2	합
$f(y)$	0.40	0.40	0.20	1

그러므로 $\mu_X = 1.66$이고, $\mu_Y = 0.80$이다. 따라서

$$\sigma_{XY} = E[XY] - \mu_X \cdot \mu_Y = 1.50 - 1.66 \times 0.80$$
$$= 0.172$$

이다. X와 Y의 주변분포로부터 X와 Y의 분산은

$$\sigma_X^2 = E(X^2) - \mu_X^2 = 3.06 - (1.66)^2 = 0.30$$

이고, 같은 방법으로 $\sigma_Y^2 = 0.56$이 된다. 따라서

$$\rho_{XY} = \frac{\sigma_{XY}}{\sqrt{V(X)\cdot V(Y)}} = \frac{0.172}{\sqrt{(0.30)(0.56)}} = 0.43$$

즉, 인터넷 상담의 수 건수와 판매건수 사이에는 완만한 양의 상관이 존재한다.

예제 4.34

X와 Y의 결합확률분포가 다음과 같다.

x \ y		y: −1	0	1	행의 합
x	0	0.1	0.2	0.2	0.5
	1	0.2	0.1	0.2	0.5
열의 합		0.3	0.3	0.4	1

$Z=X+Y$의 확률분포, $E(X+Y)$, $V(X+Y)$, ρ_{XY} 를 구하여라.

풀이

먼저, $Z=X+Y$의 분포를 구하면

$Z=0: f(0,0)=0.1$
$Z=1: f(0,1)+f(1,0)=0.2+0.2=0.4$
$Z=2: f(0,2)+f(1,1)=0.2+0.1=0.3$
$Z=3: f(1,2)=0.2$

이다. 즉, Z의 확률분포는 다음과 같다.

z	0	1	2	3	합
$f(z)$	0.1	0.4	0.3	0.2	1

Z의 확률분포의 기댓값 $E(Z)=E(X+Y)$는

$E(Z)=0\times0.1+1\times0.4+2\times0.3+3\times0.2=1.6$

이다. 그런데,

$E(X)=0.5$, $E(Y)=1.1$

를 이용하면,

$E(Z)=E(X+Y)=E(X)+E(Y)=0.5+1.1=1.6$

으로 서로 동일하며, 쉽게 계산할 수 있다.

이제, $V(X+Y)$를 구하기 위해 $Cov(X,Y)$를 우선 계산하자.

$$\sigma_{XY}=E[XY]-\mu_X \cdot \mu_Y=0.5-0.5\times1.1$$
$$=-0.05$$

이다. 이에 따라,

$$Var(X+Y) = Var(X) + Var(Y) + 2Cov(X, Y)$$
$$= 0.25 + 0.69 + 2 \times (-0.05) = 0.84$$

이다. 한편, $V(X+Y)$는 Z의 확률분포로부터

$$V(Z) = E(Z^2) - \mu_Z^2$$
$$= 3.4 - 1.6^2 = 0.84$$

와 같이 계산 할 수도 있다.

상관관계는

$$\rho_{XY} = \frac{\sigma_{XY}}{\sqrt{V(X) \cdot V(Y)}} = \frac{-0.05}{\sqrt{(0.25)(0.69)}} = -0.12$$

이다.

즉, 두 확률변수 X, Y 사이에는 음의 상관이 존재한다.

주관식

1. 산악지형에서 실시된 어떤 종류의 타이어 시험에서 트럭의 25%가 타이어 펑크로 인해 주행시험에서 실패하였다고 한다. 시험한 15대의 트럭에 관해 다음의 확률을 구하라.

   (1) 펑크나는 트럭의 수가 3대에서 6대까지 나타날 확률

   (2) 펑크나는 트럭의 수가 4대 미만일 확률

   (3) 펑크나는 트럭의 수가 5대를 초과할 확률

2. 10건의 교통사고 중 6건이 속도위반에 의해 일어난다고 한다. 8건의 교통사고 중에서 6건이 속도위반일 확률을

   (1) 이항분포의 공식을 이용하여 구하라.

   (2) 이항분포표를 이용하여 구하라.

3. 형광등의 수명이 800시간 이상인 확률이 0.9일 때, 20개의 형광등 수명에 대한 다음의 확률을 구하라.

   (1) 정확하게 18개가 800시간 이상일 확률

   (2) 적어도 15개 이상이 800시간 이상일 확률

4. 어느 기업에서 컴프레서를 구입할 때 15개의 제품 중 5개를 임의로 골라 검사하는 방법을 사용하고 있다. 15개 제품 중 2개가 불량이라고 한다.

   (1) 표본에 1개의 불량품이 들어 있을 확률은?

   (2) 표본에 2개의 불량품이 모두 들어 있을 확률은 얼마인가?

5. 정부에서는 어떤 기업들이 공해관리규정을 위반하고 있는 것으로 의심하고 있다. 20개의 기업이 의심대상에 올라 있으나 모두 조사할 수는 없다고 한다. 의심대상기업 중 실제로 3개의 기업이 규정을 위반하고 있다고 가정하자.

   (1) 5개 기업을 조사했을 때 모두 규정 위반기업이 아닐 확률을 구하라.

   (2) 5개 기업을 조사했을 때 2개의 위반기업이 포함될 확률을 구하라.

6. 어떤 비서가 페이지당 평균 2회의 오타를 칠 때, 다음 페이지에서 그 비서가 다음과 같은 실수를 범할 확률은?

   (1) 1회 이상 범할 확률

   (2) 실수를 범하지 않을 확률

7. 자동차 제조사에서 어느 모델의 브레이크 결함에 대해 조사하고 있다. 연간 이 결함을 나타내는 자동차의 수는 $\lambda = 5$인 포아송 분포를 따른다고 한다.

   (1) 연간 결함 있는 차가 기껏해야 3대일 확률을 구하라.

   (2) 결함을 나타내는 차가 연간 1대를 초과할 확률을 구하라.

8. 어느 자동차 정비소에 1시간 동안 들어오는 고객의 수는 평균이 7인 포아송 분포를 따른다고 알려져 있다.

   (1) 2시간 동안 들어오는 고객 수의 평균을 구하라.

   (2) 2시간 동안 10명을 초과하는 고객이 들어올 확률을 구하라.

9. 조종사 후보생이 면허시험에 통과할 확률이 0.7이라고 할 때, 다음과 같은 경우의 확률을 계산하라.

   (1) 세 번째 시도에서 시험에 통과할 확률

   (2) 네 번 미만의 시도에서 시험에 통과할 확률

10. 어떤 교차로에서는 매달 평균 3건의 교통사고가 일어난다. 이 교차로에서 한 달 동안 일어난 교통사고에 대해서 다음 확률을 구하여라.

   (1) 정확히 5건이 일어날 확률

   (2) 3건 미만이 일어날 확률

11. 표준정규분포에서 다음의 확률을 구하라.

   (1) Z=1.43의 왼쪽 면적

   (2) Z=-0.89의 오른쪽 면적

   (3) Z=-2.16과 Z=-0.65 사이의 면적

   (4) Z=-1.39의 왼쪽 면적

   (5) Z=1.96의 오른쪽 면적

   (6) Z=-0.48과 Z=1.74 사이의 면적

12. 표준정규분포에서 다음과 같을 때 k값을 구하라.

   (1) $P(Z < k) = 0.0427$

   (2) $P(Z > k) = 0.2946$

   (3) $P(-0.93 < Z < k) = 0.7235$

13. 어느 축전지의 평균수명이 3년이고 표준편차가 0.5년인 것으로 알려져 있다. 축전지의 수명이 정규분포를 따른다고 가정할 때, 임의로 주어진 전지의 수명이 2.3년보다 작을 확률을 구하라.

14. 어느 전기회사에서는 평균수명이 800시간이고 표준편차가 40시간인 정규분포의 수명분포를 가지는 전구를 생산하고 있다. 임의로 선정된 전구의 수명이 778시간과 834시간 사이에 있을 확률을 구하라.

15. 어느 공정에서 볼베어링의 직경이 매우 중요한 품질 특성이 된다. 구매자 측은 직경의 규격 한계를 3.0 ± 0.01cm로 정해놓고 있다. 따라서 이 규격 한계를 벗어나는 부품은 불합격 처리된다. 볼베어링의 직경은 평균이 3.0, 표준편차 0.005인 정규분포를 따른다고 할 때 생산된 제품 중 불합격으로 처리되는 것은 얼마나 되겠는가?

16. 어떤 모터의 수명은 평균 10년이고 표준편차가 2년이다. 생산자는 보증기간 안에 고장이 날 경우 무상으로 교환을 해준다고 한다. 생산자가 고장으로 모터의 3% 정도만 교환해주길 원한다면 얼마의 기간 동안 보증을 해 주어야 하는가? 모터의 수명은 정규분포를 따른다고 한다.

17. 어떤 금속부품의 인장강도는 평균 10,000kg/cm^2이고 표준편차가 100kg/cm^2인 정규분포를 따른다고 한다.

(1) 인장강도가 10,175kg/cm^2를 초과할 확률은?

(2) 만약 시방서에 따라 모든 부품의 인장강도가 9,775에서 10,225kg/cm^2 사이에 있도록 요구된다면 불량률은?

18. 버스정류장에 10분 간격으로 버스가 도착한다. 승객이 버스를 기다리는 시간은 연속형 균등분포를 따른다고 한다.

(1) 승객이 7분 이상 기다릴 확률은 얼마인가?

(2) 승객의 대기시간이 2분에서 7분 사이일 확률은 얼마인가?

19. 어떤 전자부품 조립공정의 불량률은 1%라고 한다. 품질관리규정상 공정으로부터 100개의 제품을 추출하여 검사했을 때 불량품이 하나도 없다면 그 공정은 관리상태로 지속된다. 이항분포의 정규근사법을 이용하여 다음을 구하라.

(1) 이 공정이 샘플링 계획에 의해 관리상태로 지속될 확률은?

(2) 공정의 불량률이 5%로 변화했음에도 관리상태로 지속될 확률은?

20. 어느 회사에서 생산하여 엔진에 사용되는 어떤 부품의 불량률이 5%라고 한다. 이 부품이 100개씩 묶음으로 선적된다고 할 때,

(1) 이 로트에 포함되는 불량 부품이 2개를 초과할 확률은 얼마인가?

(2) 이 로트에 포함되는 불량 부품이 10개를 초과할 확률은 얼마인가?

21. 어떤 컴퓨터 시스템의 반응시간(단위: 초)은 평균이 3인 지수분포를 따른다.

(1) 반응시간이 5초를 초과할 확률은?

(2) 반응시간이 10초를 초과할 확률은?

22. 어떤 라디오의 수명(단위: 년)은 모수가 $\theta = 8$인 지수분포를 따른다. 어떤 사람이 중고 라디오를 구입했다면, 앞으로 8년 이상 더 사용할 확률은 얼마인가?

23. 어떤 기계를 수리하는 데 걸리는 시간은 모수가 $\theta = 2$인 지수분포를 따른다. 수리시간이 2시간을 초과할 확률은 얼마인가?

24. 어떤 공장에서 1년 동안에 발생하는 사고의 수가 포아송 분포를 이룬다고 한다. 1인당 평균 0.3건의 사고를 낸다고 할 때 이 공장의 고용인 중 1년 동안에 적어도 1건의 사고를 낼 확률은?

25. $\mu = 100, \sigma = 15$인 확률변수 X의 정규분포에서 $P(100 \leq X < k) = 0.4772$를 만족시키는 k의 값을 구하면?

26. 300명의 평균 성적이 70점, 표준편차가 10인 정규분포에서 60등 이내에 들려면 몇 점 정도 이상 얻어야 되겠는가? 근사값으로 계산한다.

t	P
0.64	0.2389
0.74	0.2704
0.84	0.2996
0.94	0.3264

27. 3 사람의 A 당원, 2 사람의 B 당원, 1 사람의 C 당원 가운데에서 2 사람을 임의로 선출한다. X를 A당원에서 선출된 사람수, Y를 B당원에서 선출된 사람수라 할 때, X와 Y의 결합확률분포와 X의 주변분포를 구하라.

28. X와 Y의 결합확률밀도함수가 다음과 같이 주어져 있다.

$$f(x,y)=\frac{(x+y)}{30},\ x=0,1,2,3;\ y=0,1,2$$

다음을 구하여라.

(1) $P(X \le 2,\ Y=1)$

(2) $P(X > 2,\ Y \le 1)$

(3) $P(X > Y)$

(4) $P(X+Y=4)$

(5) X의 주변분포

(6) Y의 주변분포

29. 어느 수치 제어기계가 잘못 작동하는 횟수 X는 하루 동안에 1, 2, 3의 값을 가진다고 한다. 또, Y는 기술자의 긴급호출횟수라고 한다. 다음의 결합확률분포를 이용하여 각 항을 구하여라.

x \ y	1	2	3
1	0.05	0.05	0.1
2	0.05	0.1	0.35
3	0	0.2	0.1

(1) X의 주변확률밀도함수를 구하여라.

(2) Y의 주변확률밀도함수를 구하여라.

(3) $P(Y=3|X=2)$를 구하여라.

30. X와 Y가 다음과 같은 결합확률함수를 가진다고 하자.

$f(x, y)$		y		
		1	2	3
x	2	0.10	0.20	0.10
	4	0.15	0.30	0.15

(1) $g(X, Y) = XY^2$의 기댓값을 구하라.

(2) μ_X, μ_Y를 구하라.

31. X와 Y의 결합질량함수가 다음 표와 같을 때, 공분산을 구하여라.

$f(x, y)$		y		
		0	1	2
x	0	0.10	0.04	0.02
	1	0.08	0.20	0.06
	2	0.06	0.14	0.30

32. 아래 2차원 분포표에서 $\mu_X, \mu_Y, \sigma_X^2, \sigma_Y^2$ 및 $Cov(X, Y), \rho_{XY}$를 구하여라.

x \ y	0	1	2	$f_X(x)$
0	3/28	6/28	1/28	10/28
1	9/28	6/28	0	15/28
2	3/28	0	0	3/28
$f_Y(y)$	15/28	12/28	1/28	1

객관식

1. 이항분포 $B(n, p)$에 따르는 확률변수 X의 평균값이 12, 표준편차가 3일 때 $B(n, p)$는?

① $B\left(24, \frac{1}{2}\right)$　　② $B\left(30, \frac{4}{15}\right)$

③ $B\left(36, \frac{1}{3}\right)$　　④ $B\left(48, \frac{1}{4}\right)$

해설

$m = np = 12$　　④

$\sigma^2 = npq = 3^2$에서　$\sigma^2 = 12 \times q = 9$

$\therefore q = \frac{9}{12} = \frac{3}{4}$　$\therefore p = 1 - q = 1 - \frac{3}{4} = \frac{1}{4}$

$\therefore n = 48$　$\therefore B\left(48, \frac{1}{4}\right)$

2. 크기 $n = 4$, 확률 $p = 0.2$인 이항분포에 따르는 확률변수 X의 평균은 얼마인가?

① 0.16　　② 0.8

③ 3.2　　④ 0.64

해설

$m = np = 4 \times 0.2 = 0.8$　　②

3. 30초마다 회전문을 통해 나가는 사람의 수는 $m = 9.3$인 포아송 분포를 이룬다고 한다. 다음 사항 중 옳지 않은 것은?

① 확률 함수는 $P(X = x) = \frac{e^{-9.3} \cdot (9.3)^x}{x!}$이다.

② x는 회전문을 통과한 사람수를 말한다.

③ 1분 동안 회전문을 통과하는 사람수의 평균은 18.6이다.

④ 분산은 9.3^2이다.

해설

$P(X = x) = \frac{e^{-m} \cdot m^x}{x!}$　$(x = 0, 1, 2, \cdots)$인 포아송 분포에서 m을 평균이라 하면 분산은 평균값과 같다.　④

4. 특정한 사건의 출현 확률 p와 그 여사건의 확률 $q(=1-p)$의 값이 서로 극단적인 차이를 가지는 경우를 표현하는 특수한 분포는?

① 이항분포　② χ^2-분포
③ t-분포　④ 포아송 분포

해설
포아송 분포는 p가 충분히 작은 경우, 즉 p와 q의 값이 서로 극단적인 차이를 갖는다. ④

5. 10%의 불량품이 들어 있는 같은 제품의 더미에서 임의로 50개를 꺼낼 경우 이것에 포함되어 있는 불량품의 개수를 X라고 할 때 X의 평균값과 분산을 구하라.

① 5, 4.5　② 5, $\sqrt{4.5}$
③ 2, $\sqrt{5}$　④ 2, 5

해설
$B\left(50, \frac{1}{10}\right)$에서 ①

$E(X)=np=50\times\frac{1}{10}=5$

$\sigma^2(X)=npq=50\times\frac{1}{10}\times\frac{9}{10}=4.5$

6. 양품인 전구 4개와 불량품인 전구가 2개 들어 있는 통에서 3개를 임의로 비복원 추출했을 때 이 중 1개의 전구가 불량품일 확률은?

① $\frac{1}{5}$　② $\frac{2}{5}$
③ $\frac{3}{5}$　④ 1

해설
불량품의 수 x는 초기하 분포이다.

$P(X=n)=\frac{{}_2C_1 \cdot {}_4C_2}{{}_6C_3}=\frac{3}{5}$ ③

7. 암에 걸릴 확률이 0.004라고 하자. 첫 번째 암 환자가 발견될 때 까지 몇 사람이나 진단을 해야 하겠는가?

① 4명 ② 200명

③ 250명 ④ 400명

해설

첫 번째 환자가 나타날 때까지의 진단받아야 할 사람수를 변수 X로 할 때 기하 분포에서 $\mu = \frac{1}{p}$, $\sigma^2 = \frac{q}{p^2}$ 이다.

따라서 $\mu = \frac{1}{0.004} = 250$ ③

8. 어떤 공장에서 1년 동안에 발생하는 사고의 수가 포아송 분포를 이룬다고 한다. 1인당 평균 0.3건의 사고를 낸다고 할 때 이 공장의 고용인 중 1년 동안에 적어도 1건의 사고를 낼 확률은?

① $e^{-0.3}$ ② $e^{0.3}$

③ $1-e^{0.3}$ ④ $1-e^{-0.3}$

해설

X가 포아송 분포를 이룰 때 ④

$$f(x) = \frac{\lambda^x e^{-\lambda}}{x!}$$

$$P(X \geq 1) = 1 - P(X=0)$$
$$= 1 - \frac{(0.3)^0 \cdot e^{-0.3}}{0!} = 1 - e^{-0.3}$$

9. 확률변수 X가 정규분포 $N(20, 3^2)$에 따를 때 $P(20 \leq X \leq 23)$을 구하라.

① 0.3413 ② 0.6826

③ 0.4771 ④ 0.2336

해설

표준 측도 $Z = \frac{X-20}{3}$ 에 의하여 ①

$X=20$ 일 때 $Z=0$

$X=23$ 일 때 $Z=1$

$\therefore P(20 \leq X \leq 23) = P(0 \leq Z \leq 1) = 0.3413$

10. S대학의 입시에 응시한 학생 10000명의 수학 성적을 조사하였더니 평균이 50점, 표준편차가 15점인 정규분포를 이루었다. 이때 점수가 20점부터 80점까지를 받은 학생수는 약 몇 명이겠는가?

① 3400명　② 6800명
③ 4700명　④ 9500명

해설

임의로 뽑은 한 학생의 점수를 X라 하면 $\mu=50, \sigma=15$이다. ④

표준 측도 $Z=\dfrac{X-50}{15}$ 에서

$$P(20 \le X \le 80) = P\left(\frac{20-50}{15} \le Z \le \frac{80-50}{15}\right)$$
$$= P(-2 \le Z \le 2) = 2P(0 \le Z \le 2)$$
$$= 2 \times 0.4772 = 0.9544$$
$$\therefore 10000 \times 0.9544 = 9544\text{명}$$

11. 우리나라의 만 20세의 남자의 신장은 평균 160cm, 표준편차 6cm인 정규모집단을 보인다. 임의로 추출한 20세 남자 36명의 신장이 158cm와 162cm 사이에 있을 확률로 맞는 것은?

① 0.683　② 0.950
③ 0.955　④ 0.997

해설

$$P\left(\frac{158-160}{\frac{6}{\sqrt{36}}} < Z < \frac{162-160}{\frac{6}{\sqrt{36}}}\right) = P(-2<Z<2) = 0.955$$ ③

12. A군의 수학, 영어, 국어의 성적과 A군 반 전체의 평균 및 표준편차 표를 만든 것이다. 3과목 중 성적이 가장 좋은 과목은 어느 과목인가?

학과	수학	영어	국어
A군	71	80	79
반 평균	51	63	65
반 표준편차	17	15	10

① 수학　② 국어
③ 영어　④ 알 수 없다.

해설

표준 측도 $\frac{x-\mu}{\sigma}$ 을 계산하면 ①

수학 : $\frac{71-51}{17}=\frac{20}{17}$

영어 : $\frac{80-63}{15}=\frac{17}{15}$

국어 : $\frac{79-65}{13}=\frac{14}{13}$

$\frac{14}{13}<\frac{17}{15}<\frac{20}{17}$

이므로 수학 성적이 가장 좋다.

13. 평균 75점, 표준편차 10점인 학급에서 5% 학생만이 A학점을 받는다면 몇 점 이상을 받아야 하나?

Z	P
1.65	0.4505
1.95	0.4750

① 91.5 ② 92.0

③ 92.5 ③ 93.0

해설

$\frac{x-75}{10}=1.65 \qquad \therefore x=75+1.65\times10=91.5$ ①

14. 통계학 시험 성적이 70점과 88점일 때 그 표준 단위가 각각 -0.6과 1.2라면 이 시험의 평균 점수와 표준편차는 각각 몇 점인가?

① 76,10 ② 75, 9

③ 78, 8 ④ 77, 10

해설

$\frac{70-\mu}{\sigma}=-0.6$ ①

$\frac{88-\mu}{\sigma}=1.2$

두 식을 연립으로 풀면

$\mu=76, \qquad \sigma=10$

15. 어느 시험에서 평균이 60점 이상이면 합격한다. 총 응시자는 1500명이고 응시자의 평균은 54점, 표준편차가 4이면 합격자 수는 얼마인가?

Z	P
1.00	0.3413
1.50	0.4332
2.00	0.4773
2.50	0.4987

① 100명 ② 120명
③ 145명 ④ 150명

해설

$Z=\dfrac{60-54}{4}=1.5$ ①

$P(Z\geq 1.5)=0.5-0.4332=0.0668$

$\therefore 1500\times 0.0668 \fallingdotseq 100$

16. $\mu=100$, $\sigma=15$인 확률변수 X의 정규분포에서 $P(100\leq X<k)=0.4772$를 만족시키는 k의 값을 구하면?

① 115 ② 120
③ 125 ④ 130

해설

$P(0<Z<2)=0.4772$ ④

$Z=\dfrac{X-\mu}{\sigma}=\dfrac{k-100}{15}=2$

$k=130$

17. 주사위를 720번 던져 1의 눈이 나온 횟수를 X라 할 때 $P(115\leq X\leq 135)$의 값은 얼마인가?

Z	P
0.5	0.1915
1.0	0.3413
1.5	0.4332
2.0	0.4773

① 0.4332 ② 0.6247
③ 0.5328 ④ 0.6826

해설

$E(X)=720\times\dfrac{1}{6}=120$ ②

$\sigma(X)=\sqrt{720\times\dfrac{1}{6}\times\dfrac{5}{6}}=10$인 정규분포에 따른다고 본다.

$$\begin{aligned}P(115\leq X\leq 135)&=P\left(\frac{115-120}{10}\leq Z\leq\frac{135-120}{10}\right)\\&=P(-0.5\leq Z\leq 1.5)\\&=P(0\leq Z\leq 0.5)+P(0\leq Z\leq 1.5)\\&=0.1915+0.4332=0.6247\end{aligned}$$

18. X가 정규분포 $N(170, 10^2)$을 따를 때 $P(160 < X < 180)$의 확률은?

① 0.3413 ② 0.4772

③ 0.6827 ④ 0.9544

해설

정규분포에서 $Z=\dfrac{X-\mu}{\sigma}$를 구하고 ③

$P(-1 \le Z \le 1) = 0.6827$, $P(-2 \le Z \le 2) = 0.9544$

$P(-3 \le Z \le 3) = 0.9974$이다.

$$\therefore P(160 < X < 180) = P\left(\frac{160-170}{10} < Z < \frac{180-170}{10}\right) = P(-1 < Z < 1) = 0.6827$$

19. 600명의 시험 성적의 평균은 64점, 표준편차는 10이다. 정규분포로 보고 82점을 얻은 학생은 몇 등 정도 되겠는가?

Z	P
1.4	0.4192
1.6	0.4332
1.8	0.4641

① 20 ② 24

③ 22 ④ 26

해설

$$P(X \ge 82) = P\left(Z \ge \frac{82-64}{10}\right) = P(Z \ge 1.8)$$ ③

$$= 0.5 - P(0 \le Z \le 1.8) = 0.5 - 0.4641 = 0.0359$$

$\therefore 600 \times 0.0359 \fallingdotseq 22$

20. X_1, X_2가 각각 $N(m_1, \sigma_1)$, $N(m_2, \sigma_2)$인 정규분포를 따르는 확률변수이면서 서로 독립일 때, $Y = X_1 - X_2$는 어떤 분포를 따르는가?

① $N(m_1 + m_2, \sigma_1{}^2 + \sigma_2{}^2)$ ② $N(m_1 - m_2, \sigma_1{}^2 + \sigma_2{}^2)$

③ $N(m_1 - m_2, \sigma_1{}^2 + \sigma_2{}^2 - 2\mathrm{cov}(X_1, X_2))$ ④ $N(m_1 + m_2, \sigma_1{}^2 + \sigma_2{}^2 + 2\mathrm{cov}(X_1, X_2))$

해설 ②

21. 변수 X가 평균이 $\frac{1}{2}$이고 분산이 4인 정규분포를 이룬다. $P(X < 2.5)$의 값은 얼마인가?

① 0.16 ② 0.34

③ 0.84 ④ 0.99

해설

$$P(X<2.5)=P\left(Z<\frac{2.5-0.5}{2}\right)=P(Z<1)$$
$$=0.5+0.3413=0.8413$$

③

22. 일정한 수입이 있는 한 집단에 소속된 가정들 중 27%가 3년에 한 번씩 이사를 한다. 100가정이 소속된 집단에서 20에서 30 사이의 가정들이 다음 3년 사이에 이사할 확률은 얼마인가?

① 0.2852 ② 0.4545

③ 0.7398 ④ 0.9545

해설

③

$$\mu=np=100\times0.27=27$$
$$\sigma=\sqrt{npq}=\sqrt{27\times0.73}=\sqrt{19.71}=4.44$$
$$P(20<X<30)=P(19.5<X<30.5)$$
$$=P\left(\frac{19.5-27}{4.44}<Z<\frac{30.5-27}{4.44}\right)$$
$$=P(-1.69<Z<0.79)=0.7398$$

23. 300명의 평균 성적이 70점, 표준편차가 10인 정규분포에서 60등 이내에 들려면 몇 점 정도 이상 얻어야 되겠는가?(근사값으로 계산한다.)

Z	P
0.64	0.2389
0.74	0.2704
0.84	0.2996
0.94	0.3264

① 76 ② 80

③ 78 ④ 82

해설

$P(X\geq x_0)=0.2,\quad P\left(Z\geq\frac{x_0-70}{10}\right)=0.2$ 이므로

③

$$P\left(0\leq Z\leq\frac{x_0-70}{10}\right)=0.5-\frac{60}{300}=0.3$$

$$\therefore \frac{x_0-70}{10}=0.84,\quad x_0=70+0.84\times10\fallingdotseq78$$

24. 어떤 공장에서 1년 동안 발생하는 사고의 수가 포아송 분포를 이룬다고 한다. 1인당 평균 0.3건의 사고를 낸다고 할 때 이 공장의 고용인 중 1년 동안에 적어도 1건의 사고를 낼 확률은?

① $1+e^{-0.2}$ ② $e^{0.2}+1$

③ $1+e^{0.3}$ ④ $1-e^{-0.3}$

해설

X가 포아송 분포를 이룰 때

$$f(x)=\frac{\lambda^x e^{-\lambda}}{x!}$$

④

$$P(X\geq 1)=1-P(X=0)=1-\frac{(0.3)^0\bullet e^{-0.3}}{0!}=1-e^{-0.3}$$

25. 두 확률변수 X, Y의 결합 확률 밀도 함수가 $f(x)=\begin{cases}2, & 0<x<y,\ 0<y<1\\ 0, & \text{기타}\end{cases}$ 일 때 σ_{XY}를 구하면?

① $\frac{1}{36}$ ② $\frac{1}{4}$

③ $\frac{1}{3}$ ④ $\frac{2}{3}$

해설

$$\mu_X=E(X)=\int_0^1\int_0^y 2xdxdy=\frac{1}{3}$$

①

$$\mu_Y=E(Y)=\int_0^1\int_0^y 2ydxdy=\frac{2}{3}$$

$$E(XY)=\int_0^1\int_0^y 2xydxdy=\frac{1}{4}$$

$$\therefore\sigma_{XY}=E(XY)-\mu_X\mu_Y=\frac{1}{4}-\frac{1}{3}\bullet\frac{2}{3}=\frac{1}{36}$$

26. 결합 밀도 함수가 $f(x) = \begin{cases} \frac{1}{3}(x+y) & , \begin{pmatrix} 0 < x < 2 \\ 0 < y < 1 \end{pmatrix} \\ 0 & , \text{기타} \end{cases}$ 일 때

$A = \left\{(x, y) \mid 0 < X < 1,\ 0 < Y < \frac{1}{2}\right\}$이라 한다. $P[(X, Y) \in A]$를 구하면?

① $\frac{1}{2}$

② $\frac{1}{4}$

③ $\frac{1}{8}$

④ $\frac{1}{16}$

해설

$$P[(X, Y) \in A] = \int_0^1 \int_0^{\frac{1}{2}} \left(\frac{x+y}{3}\right) dy dx$$

③

$$= \frac{1}{3}\int_0^1 \left[xy + \frac{y^2}{2}\right]_0^{\frac{1}{2}} dx = \frac{1}{3}\int_0^1 \left(\frac{1}{2}x + \frac{1}{8}\right) dx$$

$$= \frac{1}{3}\left[\frac{x^2}{4} + \frac{1}{8}x\right]_0^1 = \frac{1}{3}\left(\frac{1}{4} + \frac{1}{8}\right) = \frac{1}{8}$$

27. 두 개의 확률변수 X, Y에서 $E[(X-\mu_X)(Y-\mu_Y)]$의 값은?

① $E(XY)$

② $E(X)E(Y) - \mu_x \cdot \mu_y$

③ $E(X)E(Y)$

④ $E(XY) - \mu_x \cdot \mu_y$

해설

$$E[(X-\mu_X)(Y-\mu_Y)] = E(XY - \mu_Y X - \mu_X Y + \mu_X \cdot \mu_Y)$$

④

$$= E(XY) - \mu_Y E(X) - \mu_X E(Y) + \mu_X \cdot \mu_Y$$

$$= E(XY) - \mu_X \cdot \mu_Y$$

CHAPTER

05

표본분포

구성

STATISTICS

모집단은 관심 있는 자료의 전체의 집합이다. 표본은 모집단을 대표하는 모집단의 일부이다. 표본평균값 $\overline{X}$와 표본 표준편차 S는 통계량이다. 통계는 모집단 모수를 추정하기 위해 사용된다. 모집단 모수는 고정값이지만 통계량은 개개의 표본에 따라 변한다. 통계가 어떻게 변하는지 보여주는 확률분포를 표본분포라고 한다. 표본분포는 평균값과 모집단 모수와 같다면 불편추정량이라고 한다.

모집단의 중요한 사실들을 알고 싶다. 하지만 실제적으로는 이 사실은 알 수 없다. 성인의 몸무게 평균을 얼마나 될까? 높은 콜레스테롤 수치가 있는 사람들의 비율은 얼마나 될까? 할 수 있는 일은 가능한 한 사람들을 대표할 수 있는 집단에게서 정확하게 자료를 많이 모으는 것이며 이 정보를 가지고 모집단 모수의 값을 추정해보는 것이다. 사실에 얼마나 가까이 있을까? 다른 표본들은 다른 추정치를 제시한다는 것, 즉 표본 오차는 피할 수 없다.

5.1 표본평균분포

5.1.1 표본평균의 분포

평균이 μ, 분산이 σ^2인 정규모집단으로부터 크기 n의 확률표본을 추출했다고 하자. 확률표본 $X_i, i = 1, 2, ..., n$은 모두 모집단과 동일한 정규분포를 따르게 된다.

$$\overline{X} = \frac{1}{n}(X_1 + X_2 + \cdots + X_n)$$

의 분포는 평균과 분산이 각각

$$\mu_{\overline{X}} = \frac{1}{n}(\mu + \mu + \cdots + \mu) = \mu$$

$$\sigma^2_{\overline{X}} = \frac{1}{n^2}(\sigma^2 + \sigma^2 + \cdots + \sigma^2) = \frac{\sigma^2}{n}$$

인 정규분포를 따르게 된다. 또한, 모집단의 분포가 알려져 있지 않을 경우라도 중심극한정리(central limit theorem)에 의하면, 표본의 크기가 상당히 크면 표본평균의 분포는 근사적으로 평균이 μ, 분산이 $\frac{\sigma^2}{n}$인 정규분포를 따르게 됨을 알 수 있다.

중심극한정리

평균이 μ이고 분산이 σ^2인 모집단으로부터 크기 n인 확률표본을 추출했을 때, 표본의 평균 $\overline{X}$에 대해서

$$Z = \frac{\overline{X} - \mu}{\sigma / \sqrt{n}}$$

는 n이 상당히 클 때 표준정규분포 $N(0,1)$에 접근한다.

일반적으로 n이 30 이상이면 모집단의 분포에 관계없이 $\overline{X}$에 대한 정규분포로의 근사는 하지만, n이 30 미만일 경우에는 모집단의 분포가 정규분포에 유사할 때에만 정규분포로의 근사가 적합하게 된다. 표본의 크기 $n = 30$은 중심극한정리를 적용하는 기준이 된다. 이 정리에서 n이 커짐에 따라 $\overline{X}$는 더욱 정규분포에 근접하게 된다.

예제 5.1

어떤 가게에서 표준편차가 3온스이고 평균 무게가 10온스이고 각각 12개의 토마토가 들어있는 상자들을 판다고 가정해보자. 구매자들이 그들이 산 토마토 박스 각각의 평균 무게를 잰다면, 이 평균들의 평균값과 표준편차는 얼마일까?

풀이

크기가 12이고, 이 표본평균값들의 평균값은 모집단의 평균값 10온스와 같다. 이 표본평균값들의 표준편차는 $\frac{3}{\sqrt{12}} = 0.866$온스이다.

예제 5.2

플로리다에서 학생들이 휴가를 보낼 때 쓰는 돈의 합계의 분포가 $650의 평균값과 $120 표준편차로 정규분포되어 있다고 가정해보자. 10명의 학생의 무작위 표본이 평균 $600와 $700 사이를 쓸 확률은 얼마인가?

풀이

$$P(600 \le \overline{X} \le 700) = P\left(\frac{600-650}{37.95} \le Z \le \frac{700-650}{37.95}\right) = P(-1.32 \le Z \le 1.32)$$
$$= P(Z \le 1.32) - P(Z \le -1.32) = 0.9066 - 0.0934 = 0.8132$$ 이다.

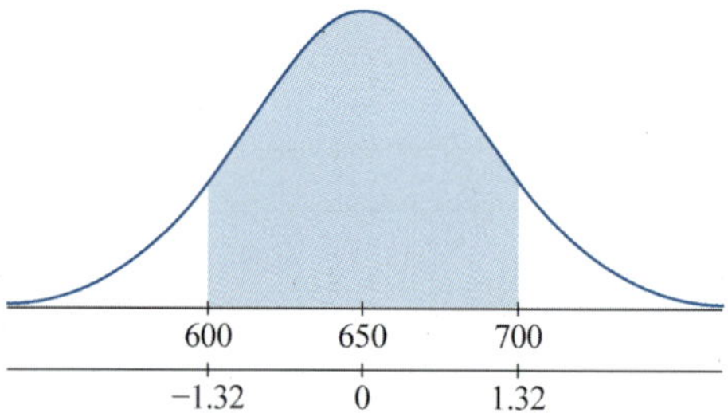

[그림 5.1] $P[-1.32 \le Z \le 1.32]$의 계산

예제 5.3

젊은 커플들의 평균 미결제 신용카드 잔액이 $650이고 표준편차가 $420이라고 가정해보자. 100쌍의 커플들의 무작위 표본이 미결제 신용카드 잔액 평균값이 $700을 넘을 확률은 얼마인가?

풀이

표본 크기는 30을 넘는다. 중심극한정리에 의해 표본평균값들의 집합은 650의 평균값에 $\frac{420}{\sqrt{100}} = 42$의 표준편차로 근사 정규분포되어 있다. 따라서

$$P(\overline{X} > 700) = P\left(Z > \frac{700-650}{42}\right) = P(Z > 1.19) = .1170$$ 이다.

```
> #ex5.3
> mu=650 ; sd=420/sqrt(100) #모수설정
> 1-pnorm(700,mu,sd) #pnorm(700,mu,sd,lower.tail=FALSE)
[1] 0.1169296
```

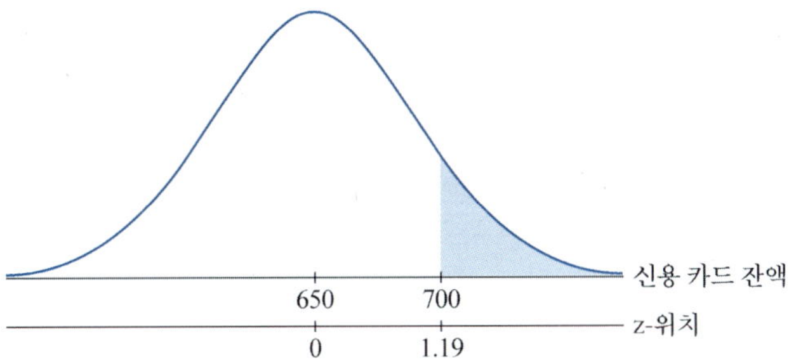

[그림 5.2] $P[Z \geq 1.19]$의 계산

5.1.2 두 독립된 표본평균값들 차이의 추출 표본분포

다음으로는 두 모집단이 독립이고 각각의 평균이 μ_1, μ_2, 분산이 σ_1^2, σ_2^2인 각 모집단으로부터 각각 크기 n_1, n_2인 표본을 추출했을 때, 이들의 평균 $\overline{X_1}$와 $\overline{X_2}$의 차이는 어떤 분포를 따르는지 살펴보기로 하겠다. 먼저 중심극한정리에 의하면 $\overline{X_1}$와 $\overline{X_2}$는 근사적으로 각각 평균이 μ_1, μ_2 분산이 σ_1^2/n_1, σ_2^2/n_2인 정규분포를 따르게 됨을 알 수 있다. 그리고 $\overline{X_1}$와 $\overline{X_2}$는 서로 독립이므로 $\overline{X_1} - \overline{X_2}$ 분포는 근사적으로 평균이

$$\mu_{\overline{X_1}-\overline{X_2}} = \mu_{\overline{X_1}} - \mu_{\overline{X_2}} = \mu_1 - \mu_2$$

이고, 분산이

$$\sigma^2_{\overline{X_1}-\overline{X_2}} = \sigma^2_{\overline{X_1}} + \sigma^2_{\overline{X_2}} = \frac{\sigma_1^2}{n_1} + \frac{\sigma_2^2}{n_2}$$

인 정규분포를 따른다. 그리고

$$Z = \frac{(\overline{X_1} - \overline{X_2}) - (\mu_1 - \mu_2)}{\sqrt{(\sigma_1^2/n_1) + (\sigma_2^2/n_2)}}$$

는 근사적으로 표준정규분포를 따른다.

예제 5.4

비료 A가 사용되었을 때, 야채 수확이 0.7톤의 표준편차에 에이커당 평균이 4.5톤이었던 반면, 비료 B가 사용되었을 때 수확은 0.4톤의 표준편차에 에이커당 평균이 4.3톤이었다. 비료 A를 사용한 45개의 표본분포표와 비료 B를 사용한 50개의 표본분포표에서, 평균 수확들의 차이가 마이너스일 확률이 얼마인가? 즉 비료 A를 사용한 분포표의 평균 수확이 비료 B를 사용한 분포표의 평균 수확보다 낮을 확률은?

풀이

평균값들의 차이 $4.5-4.3=0.2$이며, 표준편차는 $\sqrt{\frac{(0.7)^2}{45}+\frac{(0.4)^2}{50}}=0.119$이다.

$P\left(\overline{X_1}-\overline{X_2}<0\right)=P\left(Z<\frac{0-(4.5-4.3)}{0.119}\right)=(Z<-1.68)=0.465$이다. 그러므로 비료 A를 쓰는 분포표의 평균 수확이 비료 B를 쓰는 분포표의 평균 수확보다 작을 가능성은 4.65%이다.

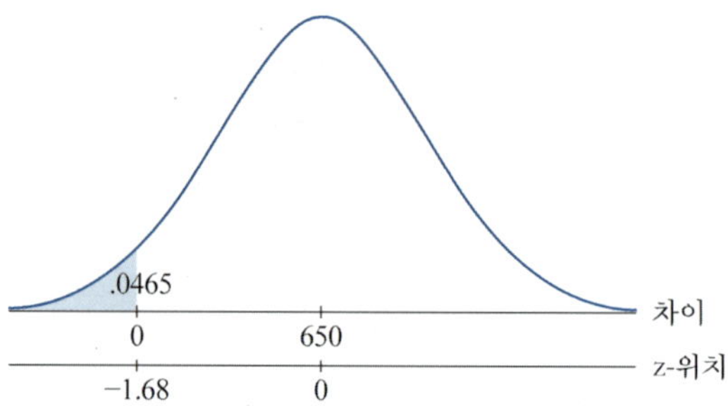

[그림 5.3] $P[Z\leq-1.68]$의 계산

예제 5.5

주립학교 학생들이 학교를 결석한 날짜의 평균 횟수가 8.5, 표준편차가 4.1이고, 사립학교 학생들이 학교를 결석한 날 평균 횟수가 5.3, 표준편차가 2.9이다. 200명의 주립학교 학생들의 SRS와 150명의 사립학교 학생들의 무작위 표본에서, 확률이 0.95일 때 결석한 날 평균 수의 차이(주립 평균 빼기 사립 평균)는 어떤 수보다 클까?

풀이

평균값들의 차이 $8.5-5.3=3.2$이며 표준편차는 $\sqrt{\frac{(4.1)^2}{200}+\frac{(2.9)^2}{150}}=0.374$이다.

$$P(\overline{X_1}-\overline{X_2}>x_0)=0.95,\ P\left(Z>\frac{x_0-(8.5-5.3)}{0.374}\right)=0.95.$$

따라서 $\dfrac{x_0-3.2}{0.374}=-1.645,\ x_0=3.2-1.645\cdot 0.374=2.6$이다.

```
> #ex5.5
> mu=8.5-5.3; sd=sqrt((4.1)^2/200+(2.9)^2/150) #모수설정
> qnorm(0.05,mu,sd) #qnorm(0.95,mu,sd,lower.tail=FALSE)
[1] 2.584296
```

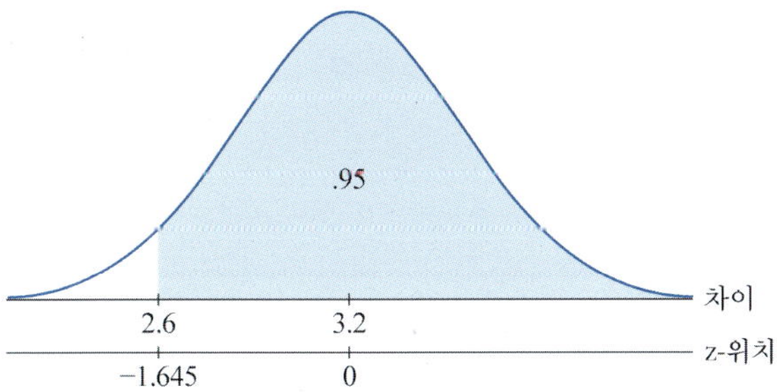

[그림 5.4] $P[Z\geq -1.645]$의 계산

5.2 표본비율분포

5.2.1 표본비율의 표본분포

평균값은 근본적으로 양적인 수치이지만, 비율은 본질적으로 질적인 접근법이다. "네"란 답의 수를 세고 비율을 형성한다. 예를 들어서, 안전벨트를 매는 운전기사의 비율은 얼마인가요? 새로운 스테레오 세트가 결함이 있을 비율은 무엇인가요?

이 모집단을 "있다" "없다"로 나눈 것은 이전 이항분포 때 했던 방식을 사용할 수 있다고 제시한다. n이 충분히 크면, 이항식은 정규분포에 의해 근사치를 구할 수 있다는 것을 명심해 두어야 한다.

이항 실험에서 n회의 시행 중 성공 횟수를 X라고 하면 모비율 p의 점추량은 통계량 $\hat{P}=X/n$으로 주어진다. 따라서 표본비율 $\hat{p}=x/n$이 모비율의 점추정값으로 이용

된다. 미지의 모비율 p가 0과 1에 너무 가깝지 않다면 p의 신뢰구간은 $\hat{P}$의 표본분포를 이용하여 수립될 수 있다. 이항실험에서 실패를 0, 성공을 1로 나타내면 성공횟수 x는 단지 0과 1로만 구성되는 n개 값의 합으로 해석될 수 있으며, 이때 $\hat{P}$은 n개 값의 표본평균과 같다. n이 충분히 크면 중심극한정리에 의해서 $\hat{P}$은 평균이

$$\mu_{\hat{P}} = E(\hat{P}) = E\left(\frac{X}{n}\right) = \frac{np}{n} = p$$

이고, 분산이

$$\sigma^2_{\hat{P}} = \sigma^2_{X/n} = \frac{\sigma^2_X}{n^2} = \frac{npq}{n^2} = \frac{pq}{n}$$

인 정규분포를 근사적으로 따른다.

$$Z = \frac{\hat{P} - p}{\sqrt{pq/n}}$$

는 근사적으로 표준정규분포를 따른다.

예제 5.6

모든 투석 환자들의 70%가 적어도 5년은 산다고 가정해보자. 100명의 새로운 투석 환자들의 간단한 무작위 표본(SRS)에서 적어도 5년을 사는 비율이 80%가 넘을 확률은 얼마인가?

풀이

$\mu_{\hat{P}} = 0.7$과 표준편차 $\sigma_{\hat{P}} = \sqrt{\frac{(.7)(.3)}{100}} = .0458$이다.

$P(\hat{P} > 0.8) = P\left(Z > \frac{.80 - .70}{.0458}\right) = P(Z > 2.18) = 1 - P(Z \leq 2.18) = 1 - .9854 = .0146$이다.

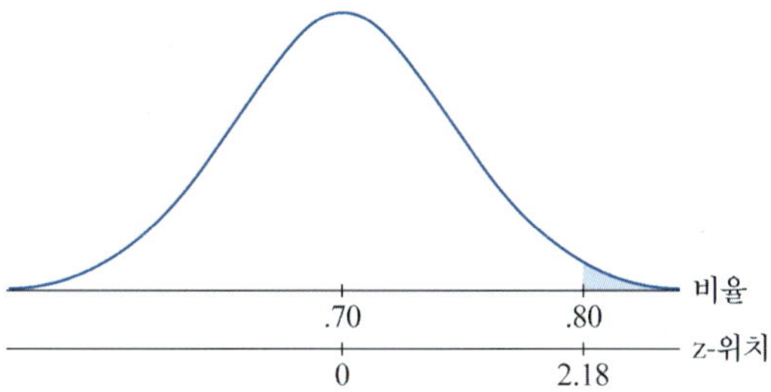

[그림 5.5] $P[Z \geq 2.18]$의 계산

예제 5.7

모든 운전자들의 48%가 안전벨트를 한다고 견적되었다. 경찰관이 한 시간에 차 400대가 지나가는 것을 본다면, 운전자가 안전벨트를 하고 있을 비율이 45%에서 55%일 확률은 얼마인가?

풀이

$\mu_{\hat{P}} = 0.48$과 표준편차 $\sigma_{\hat{P}} = \sqrt{\dfrac{(.48)(.52)}{400}} = 0.250$이므로

$$P(0.45 \leq \hat{P} \leq 0.55) = P\left(\frac{.45-.48}{.0250} \leq Z \leq \frac{.55-.48}{.0250}\right) = P(-1.2 \leq Z \leq 2.8)$$
$$= P(Z \leq 2.8) - P(Z \leq -1.2) = 0.9974 - 0.1151 = 0.8823\text{이다.}$$

```
> #ex5.7
> mu=0.48 ; sd=sqrt((0.48*0.52/400) #모수설정
> pnorm(0.55,mu,sd)-pnorm(0.45,mu,sd)
[1] 0.8825794
```

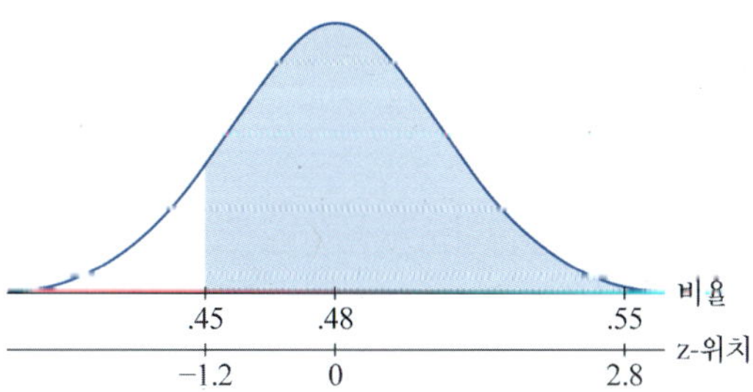

[그림 5.6] $P[-1.2 \leq Z \leq 2.8]$의 계산

5.2.2 두 독립된 표본비율들 차이의 표본분포

이제부터 두 이항모수 p_1과 p_2의 차이를 추정하는 문제를 생각해 보기로 하자. 예를 들어, 관심 있는 두 모집단의 흡연자의 비율을 각각 p_1, p_2라고 하자. 여기서 두 모비율의 차이를 추정하려고 한다. 우선, 각각 평균이 n_1p_1과 n_2p_2, 분산이 $n_1p_1q_1$과 $n_2p_2q_2$인 두 이항모집단으로부터 크기 n_1과 n_2인 확률표본을 독립적으로 추출하여 흡연자의 수를 x_1과 x_2로 놓으면, 표본비율은 $\widehat{p_1}=x_1/n_1$과 $\widehat{p_2}=x_2/n_2$가 된다. 두 모비율의 차이 p_1-p_2의 점추정량은 통계량 $\widehat{P_1}-\widehat{P_2}=X_1/n_1-X_2/n_2$로 주어진다. 따라서, 표본비율의 차이 $\widehat{p_1}-\widehat{p_2}$가 p_1-p_2의 점추정값으로 이용될 것이다.

앞 절에서 $\widehat{P_1}$과 $\widehat{P_2}$는 각각 평균이 p_1과 p_2, 분산이 p_1q_1/n_1과 p_2q_2/n_2인 정규분포를 근사적으로 따른다는 것을 알았다. 두 모집단으로부터 독립적으로 표본이 추출되기 때문에 확률변수 $\widehat{P_1}-\widehat{P_2}$는 평균이

$$\mu_{\widehat{P_1}-\widehat{P_2}}=p_1-p_2$$

$$\sigma^2_{\widehat{P_1}-\widehat{P_2}}=\frac{p_1q_1}{n_1}+\frac{p_2q_2}{n_2}$$

인 정규분포를 근사적으로 따른다. 그러므로

$$Z=\frac{(\widehat{P_1}-\widehat{P_2})-(p_1-p_2)}{\sqrt{p_1q_1/n_1+p_2q_2/n_2}}$$

는 근사적으로 표준정규분포를 따른다.

예제 5.8

프로모터는 남자의 23%가 권투 경기관람을 즐긴다는 걸 안다. 하지만, 여자의 12%만이 이 스포츠관람을 좋아한다. 남자 100명 무작위 표본과 여자 125명의 독립적인 무작위 표본에서, 권투 경기관람을 즐기는 남자의 퍼센트와 여자의 퍼센트의 차이가 10%를 넘을 확률은 얼마인가?

풀이

$p_1 - p_2 = 0.23 - 0.12 = 0.11$이고 표준편차는 $\sqrt{\dfrac{(.23)(.77)}{100} + \dfrac{(.12)(.88)}{125}} = .0511$이다.

$$P(\widehat{P}_1 - \widehat{P}_2 > 0.1) = P\left(Z > \frac{0.1 - 0.11}{0.0511}\right) = P(Z > -0.191) = 1 - P(Z < -0.191)$$
$$= 1 - 0.4224 = .5775$$

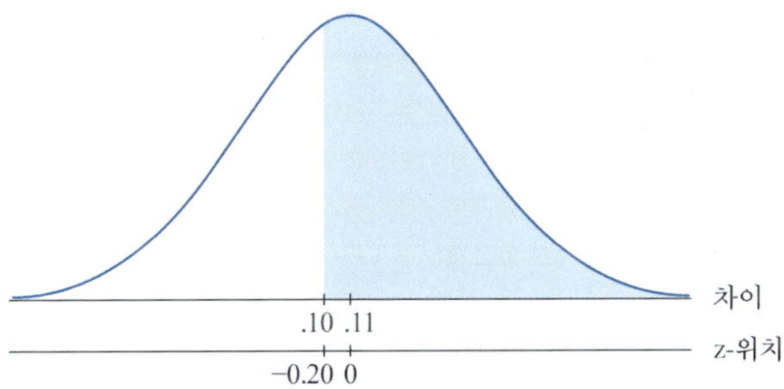

[그림 5.7] $P[Z \geq -0.20]$의 계산

```
> #ex5.8
> p1=0.23; p2=0.12 ;mu=p1-p2 #모수설정
> sd=sqrt((p1*(1-p1))/100+(p2*(1-p2))/125) #모수설정
> 1-pnorm(0.1,mu,sd)#pnorm(0.1,mu,sd,lower.tail= FALSE)
[1] 0.5775082
```

예제 5.9

미국 도시에서는 혼인한 커플들 43%가 자신의 집을 소유하고 있는 반면 독신의 19%만이 자신의 집을 소유하고 있다. 200쌍의 커플들의 무작위 표본과 180명의 독신들의 독립적인 무작위 표본에서, 혼인 커플과 독신들의 퍼센트 차이가 몇 퍼센트보다 클 확률이 0.90인가?

풀이

$p_1 - p_2 = .43 - .19 = .24$이고 표준편차는

$\sqrt{\dfrac{(.43)(.57)}{200} + \dfrac{(.19)(.81)}{180}} = .0456$이고 $P\left(\widehat{P}_1 - \widehat{P}_2 > p_0\right) = 0.90$이다.

$P\left(Z > \dfrac{p_0 - (0.49 - 0.19)}{0.0456}\right) = 0.9$이므로 $\dfrac{p_0 - 0.24}{0.0456} = -1.282$, $p_0 = 0.24 - 1.282(0.0456) = 0.182$이다.

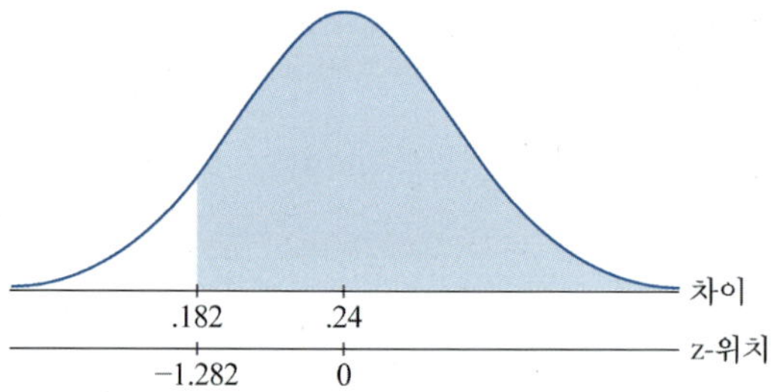

[그림 5.8] $P[Z \geq -1.282]$의 계산

```
> #ex5.9
> p1=0.43 ; p2=0.19 ; mu=p1-p2 #모수설정
> sd=sqrt((p1*(1-p1))/200+(p2*(1-p2))/180)
> qnorm(0.1,mu,sd) #qnorm(0.9,mu,sd,lower.tail=FALSE)
[1] 0.1815452
```

5.3 t-분포

모집단의 평균에 대한 추정 또는 검정을 할 때, 모분산 σ^2이 알려져 있지 않은 경우에는 $Z = \dfrac{\overline{X} - \mu}{\sigma / \sqrt{n}}$의 분포를 이용할 수 없다. 표본의 크기가 $n \geq 30$일 때는 σ^2 대신 표본분산 S^2을 사용하여도 근사적으로

$$\frac{\overline{X} - \mu}{S / \sqrt{n}} \sim N(0,\ 1)$$

임이 알려져 있으나, 표본의 크기 $n<30$일 때는 정규분포에 따르지 않으므로

$$T = \frac{\overline{X} - \mu}{S/\sqrt{n}}$$

는 자유도 $n-1$인 t분포(t-distribution)를 사용하여야 한다.

확률변수 X가 자유도 n인 t분포를 갖는다면, X의 확률밀도함수는 다음과 같다.

$$f(x) = \frac{\Gamma\left(\frac{n+1}{2}\right)}{\Gamma\left(\frac{n}{2}\right)^{\sqrt{n\pi}}}\left(1+\frac{x^2}{n}\right)^{-\frac{n+1}{2}}, \quad -\infty < x < \infty$$

t분포의 모양은 표준정규분포와 미친가지로 0을 중심으로 좌우 대칭이다. 그러나 표준정규분포보다는 두터운 꼬리를 갖고 있다. t분포은 자유도 n에 따라 모양이 다르게 나타나며, 아래의 그림은 자유도 n이 n=2, 4, 8인 경우에 대하여 t분포의 곡선이 나타나 있으며, 또한 표준정규분포의 곡선이 동시에 비교되어 나타나 있다. 즉, t분포는 자유도 n이 증가함에 따라 표준정규분포에 접근하게 된다.

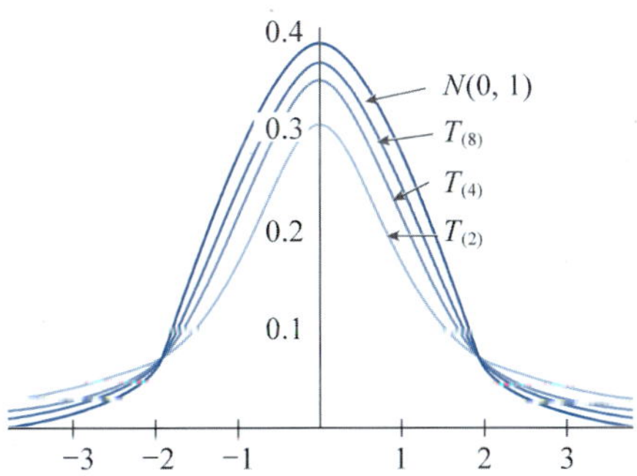

[그림 5.9] t분포와 정규분포 곡선

자유도가 n인 t분포를 $t_{(n)}$으로 나타내며, 자유도 n인 t분포에서

$$P[T > t_\alpha] = \alpha$$

인 $t_{0.05,(7)} = 1.895$ 값이 다음 그림에 나타나 있다.

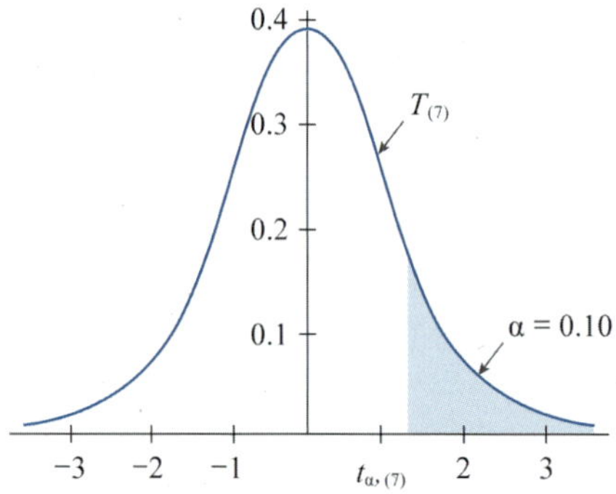

[그림 5.10] 자유도 $n=7, a=0.05$인 t분포

예제 5.10

다음을 구하여라.

(1) 자유도 10인 t분포를 가진다고 하자. $P(T \le 1.415) = 0.906$일 때, $P(T \le -1.415)$는?

(2) 자유도가 25이고 $\alpha = 0.05$일 때, $P(T \ge t_0) = 0.05$인 t를 구하여라.

풀이

(1) $P(T \le -1.415) = 1 - P(T \le 1.415) = 0.094$

(2) t의 자유도 $n=25$, $\alpha = 0.05$이므로 부록표에서 $P(T \ge 1.708)$을 만족하므로 $t_0 = 1.708$이다.

```
> #ex5.10
> #1
> df=10 #자유도설정
> pt(-1.415,df)
[1] 0.09372273

> #2
> df=25 #자유도설정
> qt(0.95,df) #qt(0.05,df,lower.tail=FALSE)
[1] 1.708141
```

예제 5.11

어떤 화공기사는 어느 배치공정의 수율이 원재료의 리터당 500g이라고 주장하고 있다. 그는 이를 입증하기 위해 매월 25개의 배치를 추출하여 시험을 하였다. 시험결과 계산된 t값이 $-t_{0.05}$와 $t_{0.05}$ 사이에 있으면 그의 주장이 타당성이 있다고 하기로 한다. 25개 배치의 시험결과 표본평균은 518g이고 표준편차는 40g이었다면 어떤 결론을 낼 수 있겠는가? 단, 모집단은 근사적으로 정규분포를 따른다고 가정하라.

풀이

시험결과를 가지고 t값을 계산하면

$$t=\frac{518-500}{40\sqrt{25}}=2.25$$

이다. 또한 자유도가 24일 때 $t_{0.05}=1.711$이다. 계산된 t값이 $t_{0.05}$보다 크므로 실제의 수율은 500g보다 크다고 할 수 있다.

5.4 카이제곱분포

정규모집단 $N(\mu,\ \sigma^2)$으로부터 크기 n인 표본 $(X_1,\ X_2,\ \cdots,\ X_n)$을 추출했을 때

$$\chi^2=\frac{\sum_{i=1}^{n}(X_i-\overline{X})^2}{\sigma^2}=\frac{(n-1)S^2}{\sigma^2}$$

은 자유도(degree of freedom) $n-1$인 χ^2-분포를 한다.

확률변수 X가 자유도 n인 카이제곱분포를 하면 $X\sim\chi^2_{(n)}$으로 표시한다. χ^2-분포는 통계적 추론 분야에서 모집단의 분산에 대한 추정과 검정, 적합도 검정, 독립성의 검정을 하는 데 이용된다.

확률변수 X가 자유도 n인 카이제곱분포 $\chi^2_{(n)}$를 따를 때 X의 확률밀도함수 $f(x)$는 다음과 같이 주어진다.

$$f(x) = \frac{1}{\Gamma\left(\frac{n}{2}\right)2^{\frac{n}{2}}} x^{\frac{n}{2}-1} e^{-\frac{x}{2}}, \quad 0 \le x < \infty$$

아래의 [그림 5.11]은 자유도의 변화에 따른 카이제곱분포를 나타낸 것으로 자유도 n이 $n = 2,4,8$인 경우에 있어서 카이제곱분포의 곡선이 그려져 있으며, 자유도 n이 커짐에 따라 곡선이 대칭화됨을 알 수 있다.

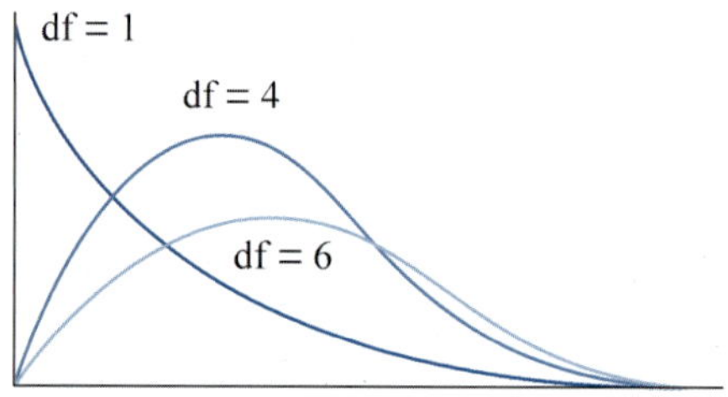

[그림 5.11] n= 1, 4, 6일 때의 카이제곱 확률밀도함수

다음과 같이 정의되는 $\chi^2_{(n)}$분포의 백분위수는 통계적 추론 분야에서 매우 유용하다.

즉, $\chi^2_{\alpha,(n)}$은

$$P[X \ge \chi^2_{\alpha,(n)}] = \alpha$$

를 만족하는 $\chi^2_{(n)}$분포의 제 100α백분위수이다.

예를 들어, 자유도가 5일 때 $\alpha = 0.1$은 $\chi^2_{0.1,(5)} = 9.236$이고 $\alpha = 0.9$는 역시 $\chi^2_{0.9,(5)} = 1.610$을 찾을 수 있다. 이러한 값들은 [그림 5.12]에서와 같이 나타내어진다.

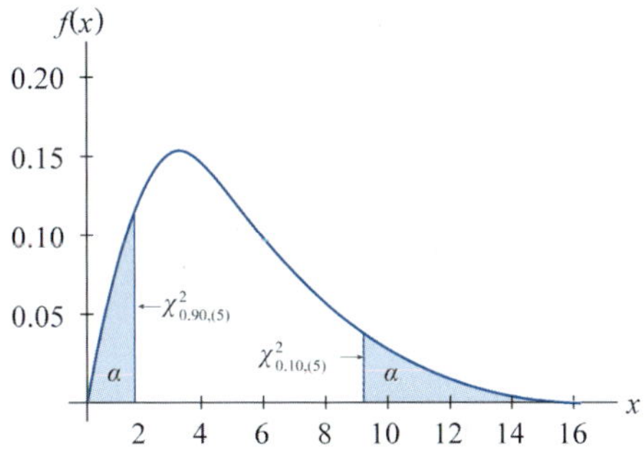

[그림 5.12] 자유도 n=5일 때 $\chi^2_{0.1,\ (5)}, \chi^2_{0.9,\ (5)}$ 계산

예제 5.12

어떤 자동차 배터리 제조업자는 자기 회사에서 제조한 배터리의 수명이 평균은 3년, 표준편차는 1년이라고 주장하고 있다. 이 회사에서 제조된 5개의 배터리를 임의로 추출하여 시험한 결과 그 수명이 각각 1.9년, 2.4년, 3.0년, 3.5년, 4.2년이었다. 이 결과를 가지고 관찰된 통계량 χ^2의 값 (χ^2_0)과 $P(\chi^2 > \chi^2_0)$을 구하여라.

풀이

먼저 5개의 배터리의 표본분산을 구해보면 $s^2 = 0.815$이므로

$$\chi^2_0 = \frac{(4)(0.815)}{1} = 3.26$$

이 되고, 이는 자유도 4인 카이제곱분포를 따르는 값이 된다.

따라서 $P(\chi^2 > \chi^2_0) = P(\chi^2 > 3.26) = 0.515$

```
> #ex5.12
> data<-c(1.9,2.4,3,3.5,4.2) #데이터입력
> var1<-var(data) #분산
> chi0<-4*var1/1 #카이제곱
> 1-pchisq(chi0,4) #pchisq(chi0,4,lower.tail=FALSE)
[1] 0.5152948
```

예제 5.13

확률변수 X가 자유도 9인 카이제곱분포를 따를 때, $P[X \ge x] = 0.05$가 성립하는 x의 값을 구하여라.

풀이

부록의 표에 자유도 $n=9$, $\alpha=0.05$인 경우이므로 $P[X \ge 16.92] = 0.05$가 되고, 따라서 $x = 16.92$가 된다.

```
> #ex5.13
> df=9 #자유도설정
> qchisq(0.95,df) #qchisq(0.05,df,lower.tail=FALSE)
[1] 16.91898
```

예제 5.14

분산 $\sigma^2 = 5.0$인 정규모집단에서의 크기 5인 표본의 x의 값이 24.3, 18.9, 23.7, 23.0, 17.4였다. 이때 $\chi^2 = \frac{\sum_{i=1}^{n}(X_i - \overline{X})^2}{\sigma^2} = \frac{(n-1)S^2}{\sigma^2}$의 그 실현값 $\chi_0^2 = \frac{1}{\sigma^2}\sum_{i=1}^{5}(x_i - \overline{x})^2$ 보다 커질 확률을 구하라.

풀이

표본 크기 n이 5이다. 표본평균 $\overline{x} = 21.46$, $s^2 = 9.623$이고, χ^2의 실현값은

$$\chi_0^2 = \frac{1}{5.0}\{(24.3-21.46)^2 + (18.9-21.46)^2 + (23.7-21.46)^2 + (23.0-21.46)^2 + (17.4-21.46)^2\}$$

$$= \frac{38.5}{5.0} = 7.70$$

자유도 $v = 5-1 = 4$이므로 부록의 표에서 $P[\chi^2 \ge \chi_0^2] \fallingdotseq 0.10$

5.5 F–분포

$X_1, X_2, \cdots, X_{n_1}$이 $N(\mu_1, \sigma_1^2)$에서 뽑은 확률표본이고, $Y_1, Y_2, \cdots, Y_{n_2}$이 $N(\mu_2, \sigma_2^2)$에서 뽑은 확률표본일 때, 표준화한 변수들의 제곱합의 비율의 분포는 다음과 같이 알려져 있다.

$$\frac{\dfrac{\sum_{1}^{n_1}(X_i-\mu_1)^2}{\sigma_1^2}\Big/n_1}{\dfrac{\sum_{1}^{n_2}(Y_i-\mu_2)^2}{\sigma_2^2}\Big/n_2} = \frac{\chi^2_{(n_1)}/n_1}{\chi^2_{(n_2)}/n_2} \sim F_{(n_1,n_2)}$$

이는 자유도 n_1, n_2를 갖는 $F-$분포를 따른다고 한다. 즉, 카이제곱분포를 따르는 확률변수를 각 자유도로 나누어 그 비율을 구한 것이 $F-$분포를 따르는 확률변수이다.

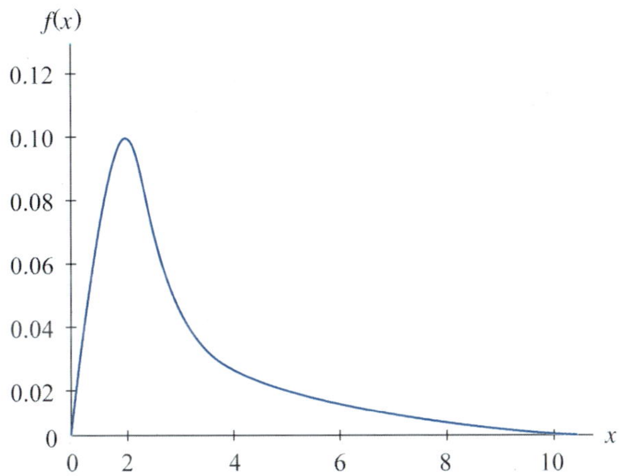

[그림 5.13] $F_{(2,4)}$ 분포

위 사실을 이용해 σ_1^2, σ_2^2의 추정값인 표본분산 S_1^2, S_2^2의 비의 분포를 다음과 같이 유도할 수 있다.

$$\begin{aligned}\frac{S_1^2/\sigma_1^2}{S_2^2/\sigma_2^2} &= \frac{\sum_{1}^{n_1}(X_i-\mu_1)^2/\sigma_1^2(n_1-1)}{\sum_{1}^{n_2}(Y_j-\mu_2)^2/\sigma_2^2(n_2-1)} \\ &= \frac{\chi^2{}_{(n_1-1)}/(n_1-1)}{\chi^2{}_{(n_2-1)}/(n_2-1)} \sim F_{(n_1-1,n_2-1)}\end{aligned}$$

각 (표본분산/모분산)이 자유도 n_1-1, n_2-1인 $F-$분포의 형태이므로 이들의 비가 $F_{(n_1-1, n_2-1)}$ 분포를 따른다.

■ **참고**

$F-$ 분포는 회귀분석 분산분석 등에서 주로 사용되는 분포이다. 두 집단의 모분산이 같다고 가정하면($\sigma_1^2 = \sigma_2^2$) 위 통계량이 두 표본분산의 비로 단순화되기 때문에 표본분산으로 분산의 크기를 비교·분석하는 데 유용하게 사용된다.

다음과 같이 정의되는 $F-$분포의 백분위수는 다음과 같다. 즉,

$$F \sim F_{(n_1-1, n_2-1)} \text{일 때, } P\left(F \geq f_{\alpha,(n_1-1, n_2-1)}\right) = \alpha$$

$f_{\alpha,(n_1-1, n_2-1)}$는 $F-$분포의 상위 α 백분위수이다. 예를 들어 $f_{0.1,(10,10)} = 2.323$이다.

예제 5.15

F - 분포표를 이용하여 $F \sim F_{(6,8)}$일 때, 다음을 구하여라.

(1) $f_{0.01,(6,8)}$ (2) $f_{0.05,(6,8)}$

(3) $f_{0.90,(6,8)}$ (4) $f_{0.90,(6,8)}$

풀이

(1) $P(F > f_{0.01,(6,8)}) = 0.01$이므로 $f_{0.01,(6,8)} = 6.37$

(2) $P(F > f_{0.05,(6,8)}) = 0.01$이므로 $f_{0.05,(6,8)} = 3.58$

(3) $f_{0.90,(6,8)} = 1/f_{0.1,(8,6)} = 1/(2.98) = 0.3356$

(4) $f_{0.99,(6,8)} = 1/f_{0.01,(8,6)} = 1/(8.10) = 0.1235$

```
> #ex5.15
> df1=6; df2=8 #자유도설정
> #1
> qf(0.99,df1,df2) #qf(0.01,df1,df2,lower.tail=FALSE)
[1] 6.370681

> #2
> qf(0.95,df1,df2) #qf(0.05,df1,df2,lower.tail=FALSE)
[1] 3.58058

> #3
> qf(0.10,df1,df2) #qf(0.90,df1,df2,lower.tail=FALSE)
[1] 0.335229

> #4
> qf(0.01,df1,df2) #qf(0.99,df1,df2,lower.tail=FALSE)
[1] 0.1234316
```

예제 5.16

서로 독립인 정규분포 $N(\mu_1,\ \sigma_1^2)$, $N(\mu_2,\ \sigma_2^2)$에서 각 10개의 확률표본을 구했다. 자료는 다음의 엑셀 시트에 정리되어 있는데, 각 집단의 표본분산은 차이가 있어 두 표본분산비가 6.56으로 계산되었다. 두 집단의 분산이 같을 때, 이와 같이 두 집단의 표본분산비가 6.56 이상 나올 확률은 얼마인가?

풀이

구하고자 하는 확률은

$$P\left(\frac{S_1^2}{S_2^2} \geq 6.56 \mid \sigma_1^2 = \sigma_2^2\right) = P\left(\frac{S_1^2/\sigma_1^2}{S_2^2/\sigma_2^2} \geq 6.56\frac{\sigma_2^2}{\sigma_1^2} \,\middle|\, \sigma_1^2 = \sigma_2^2\right)$$

$$= P(X \geq 6.56) \quad (\text{여기서, } X \sim F_{(9,9)}) = 0.00495$$

```
> #ex5.16
> df1=9 ; df2=9 #자유도설정
> 1-pf(6.56,df1,df2) #pf(6.56,df1,df2,lower.tail=FALSE)
[1] 0.004949172
```

연습문제

주관식

1. X를 기댓값 $E(X)=\mu$와 분산 $V(X)=\sigma^2$을 가지는 확률변수라 하고, $\overline{X}$를 크기 n의 확률분포의 표본평균이라 할 때 $E(\overline{X})$ 및 $V(\overline{X})$를 구하여라.

2. 모집단 분포

x	1	2	3	4
$f(x)$	0.25	0.25	0.25	0.25

로부터 크기 10인 표본을 임의 추출하였을 때,

(1) $\overline{X}$의 평균과 분산을 구하여라.

(2) $\overline{X}$가 2.75 이상 3.5 이하일 근사확률을 구하여라.

3. $\overline{X}$를 $N(75,\ 100)$으로부터 추출된 크기 25인 표본의 평균이라 할 때, $P(75 < \overline{X} < 79)$를 구하여라.

4. 어떤 공장에서 생산되는 전구들의 수명시간의 분포는 $\mu = 800$(시간)이고 표준편차는 $\sigma = 40$(시간)인 정규분포를 따른다고 알려져 있다. 이 모집단으로부터 정의되는 크기가 $n = 64$(개)인 확률표본의 표본평균수명시간 $\overline{x}$가 810시간 이상이 될 확률, 즉 $P(\overline{X} \geq 810)$의 값을 결정하라.

5. 평균 저항이 40옴이고 표준편차가 2옴을 가지는 전기저항기를 만드는 기계가 있다. 36개를 임의 추출하였을 때, 저항의 합이 1,458옴 이상이 될 확률은?

6. 원통형의 자동차 부품을 생산하는 제조공정에서 부품의 직경이 5mm이다. 모표준편차는 0.1이라고 알려져 있다고 한다. 이제 임의로 추출된 부품 100개의 평균직경이 5.027mm였다. $P(|\overline{X}-5| \geq 0.027)$은 얼마인가?

7. 체납된 금액의 평균은 187.5달러이고 표준편차는 54.5달러이다. 체납자의 계좌 중 50개를 뽑았을 때, 체납된 평균 금액이 200달러 이상일 확률은?

8. 응급실의 하루 평균 입원환자는 85명이고 표준편차는 37명이다. 무작위로 30일을 뽑았을 때, 응급실 평균 입원환자 수가 75명에서 95명 사이일 확률은?

9. 두 정규모집단 $N(50,\ 9)$, $N(40,\ 4)$으로부터 각각 표본의 크기 $n_1 = 5,\ n_2 = 4$인 표본을 임의 추출하였을 때 표본평균의 차 $\overline{X_1} - \overline{X_2}$가 8.2보다 작을 확률 $P(\overline{X_1} - \overline{X_2} < 8.2)$를 구하여라.

10. 모평균 $\mu_1 = 550,\ \mu_2 = 500$이고 모 표준편차 $\sigma_1 = 9,\ \sigma_2 = 16$인 두 정규모집단에서 각각 크기 50과 40인 표본을 임의로 추출하였을 때, 두 표본평균의 차가 48과 52 사이일 확률을 구하여라.

11. 두 종류의 페인드를 비교하기 위하여 서로 독립된 두 가지 실험이 수행되었다. A, B 두 종류의 페인트를 사용하여 각각 18개의 시편에 페인트칠을 한 후에 각각의 건조시간을 측정하였다. 두 모집단의 표준편차는 똑같이 1.0인 것으로 알려졌다. 두 종류의 페인트의 평균건조시간이 같다고 가정했을 때, $P(\overline{X_1} - \overline{X_2} > 0.5)$의 값을 구하라. 단, $n_1 = n_2 = 18$이고, $\overline{X_1}$와 $\overline{X_2}$는 각 표본의 평균건조시간을 의미한다.

연습문제

12. A, B 두 회사에서 텔레비전 브라운관을 생산하고 있다. A 회사에서 생산되는 브라운관의 수명은 평균이 12.5년, 표준편차가 2년, B 회사에서 생산되는 브라운관의 수명은 평균 12년, 표준편차가 1.8년이라고 알려져 있다. A 회사에서는 36개의 확률표본을 추출하고, B 회사에서는 49개의 확률표본을 추출했을 때, A 회사 제품의 표본평균이 B 회사 제품의 표본평균보다 적어도 1년 이상 길 확률을 구하라.

13. 후추 화분은 한 달 평균 27cm 자라고 표준편차는 8.3이고, 물을 일주일에 한 번씩 줬을 때 화분은 평균 29cm 자라고 표준편차는 7.9이다. 무작위로 60개의 화분을 뽑아서 반은 물을 일주일에 한 번씩 주고 반은 안 줬을 때 차이가 -3과 3 사이일 확률은?

14. 지난 선거에서 A 후보자에 대한 지지도는 45.5%였다. 이번에 보궐선거를 실시하게 되었으며, 유권자 200명을 임의로 선정하여 조사한 결과 적어도 110명이 A 후보자를 지지할 확률을 구하여라.

15. 문제 14에서 A 후보자에 대한 보궐 선거 지지율이 55%와 56% 사이일 확률을 구하여라.

16. 경영 이사들 중 35%가 돈을 더 많이 주는 회사로 가고 싶어한다고 가정하자. 만약 100명을 무작위로 스카우트할 때 40% 이상 회사로 가고 싶어할 확률을 구하여라.

17. 금을 사고파는 중개인들 중 58%는 내년에 남아공에 투기할 것이 좋을 것이라고 믿는다. 무작위로 150 중개인들을 뽑았을 때, 남아공에 투기할 것이 좋을 것이라고 믿는 사람이 55~60% 사이일 확률을 구하여라.

18. 트랜스미션에 대한 주요 결점은 외부에 의한 영향으로 발생하며, 과거의 경험에 의하면 모든 결점의 70%가 번개에 의한 것으로 알려졌다. 이를 확인하기 위하여 200개의 결함이 있는 트랜스미션을 조사한 결과 155개 이상이 번개에 의한 원인일 확률을 구하여라.

19. 대한가족계획협회에서 2010년 7월 미혼인 남자 470명과 여자 619명을 대상으로 조사한 결과 남자 245명과 여자 223명이 성인 전용극장의 허용을 지지하는 것으로 조사되었다. 지지율의 차가 20% 이하로 줄어들 확률을 구하여라.

20. 많은 소비자들은 주중의 월요일에 만들어진 자동차의 결함률이 8%이고, 다른 요일에 제조된 자동차의 결함률은 월요일보다 2% 작다고 생각한다. 이러한 생각을 알아보기 위하여 월요일에 만들어진 자동차 100대를 선정하고 다른 요일에 만들어진 자동차 200대를 선정하여 조사한 결과, 월요일에 만들어진 자동차가 다른 요일에 만들어진 자동차보다 결함이 있는 비율이 3% 더 많을 확률을 구하여라.

21. 전체 학생 중 83%가 1st 과정을 이수하고 74%가 2nd 과정을 이수했다. 1st 과정 수료한 학생들 중 무작위로 60명을 뽑고, 2nd 과정 수료한 학생들 중 무작위로 50명을 뽑았을 때, 두 과정의 차이가 15% 이상일 확률은?

22. t-분포표를 이용하여 각 경우의 확률을 구하라.

(1) 자유도가 17일 때, $P(T < -1.740)$의 값을 구하여라.

(2) 자유도가 6일 때, $P(|T| < 3.143)$의 값을 구하여라.

(3) 자유도가 18일 때, $P(-1.330 < T < 1.330)$의 값을 구하여라.

(4) 자유도가 17일 때, $P(T > -2.567)$의 값을 구하여라.

연습문제

23. 다음의 각 조건을 만족시키는 k를 찾아라.

(1) 자유도가 6일 때, $P(t < k) = 0.95$

(2) 자유도가 15일 때, $P(-k < T < k) = 0.95$

(3) 자유도가 8일 때, $P(T > k) = 0.01$

(4) 자유도가 11일 때, $P(T > k) = 0.99$

24. 다음을 구하여라.

(1) 자유도가 20일 때 $P(-t_{0.005} < T < t_{0.01})$의 값을 구하라.

(2) 자유도가 20일 때 $P(T > -t_{0.025})$의 값을 구하라.

25. χ^2분포표를 이용하여 다음 각 경우의 값을 찾아라.

(1) 자유도가 8일 때 $\chi^2_{0.05}$

(2) 자유도가 17일 때 $\chi^2_{0.01}$

(3) 자유도가 11일 때 $\chi^2_{0.025}$

(4) 자유도가 23일 때 $\chi^2_{0.95}$

26. 다음 각 경우에 해당하는 확률 값을 찾아라.

(1) 자유도가 19일 때, $P(\chi^2 > 30.14)$

(2) 자유도가 5일 때, $P(\chi^2 > 5)$

(3) 자유도가 10일 때, $P(3.24 < \chi^2 < 15.99)$

(4) 자유도가 18일 때, $P(3.49 < \chi^2 < 17.53)$

27. 카이제곱분포에서 다음과 같을 때 χ_{α}^{2}를 구하라.

(1) 자유도가 4일 때 $P(\chi^2 > \chi_{\alpha}^{2}) = 0.99$

(2) 자유도가 19일 때 $P(\chi^2 > \chi_{\alpha}^{2}) = 0.025$

(3) 자유도가 25일 때 $P(37.652 < \chi^2 < \chi_{\alpha}^{2}) = 0.045$

28. 정규모집단 $N(\mu,\ 25)$에서 크기 5인 확률표본[104, 110, 100, 98, 106]을 얻었다. 이때

(1) 카이제곱분포의 자유도를 구하고, 관찰된 통계량 χ^2의 값을 구하여라.

(2) $P(\chi^2 > \chi_0^2)$을 구하여라.

29. 분산 $\sigma^2 = 5$인 정규분포를 따른 확률표본 $X_1,\ X_2,\ \ldots, X_n$을 고려해보자. $n = 31$이라고 할 때

(1) $P(S^2 \leq c) = 0.90$을 만족시키는 c의 값을 구하라.

(2) $P(S^2 \geq c) = 0.95$을 만족시키는 c의 값을 구하라.

30. 평균 μ인 정규분포를 따르는 확률표본 $x_1,\ x_2,\ \ldots, x_n$을 고려해보자. n=16이라고 할 때

(1) $P(|4(\overline{X} - \mu)/S \leq c) = 0.9S$를 만족하는 c의 값을 구하라.

(2) $P(|4(\overline{X} - \mu)/S \leq c) = 0.99$를 만족히는 c의 값을 구하라.

31. $\sigma^2 = 6$인 정규분포를 따르는 모집단으로부터 크기 25인 확률표본의 분산 S^2이 아래와 같을 확률을 구하라. 단, 표본분산은 계량값이다.

(1) 9.1보다 클 확률

(2) 3.462와 10.745 사이에 있을 확률

연습문제

32. 자유도 $(10,\ 5)$의 F분포의 α점을 $f_{\alpha,(10,\ 5)}$로 나타낸다. $P(F > 3.5)$을 구하여라.

33. 다음을 부록의 표에서 구하여라.

(1) $f_{0.25,(3,5)}$

(2) $f_{0.975,(3,5)}$

(3) $f_{0.05,(3,5)}$

(4) $f_{0.95,(3,5)}$

34. F가 자유도(8,6)인 $F-$분포일 때 $P(a \le F \le b) = 0.90$인 a,b을 구하여라.

35. 모분산이 같은 정규분포에서 표본의 크기가 (8,12)인 독립인 표본을 추출하였다. 이와 같이 두 집단의 표본분산비가 4.89 이상 나올 확률은 얼마인가?

36. $F \sim F_{(7,8)}$일 때 $P(F \ge a) = 0.05, P(F \le b) = 0.90$인 a,b을 구하여라.

객관식

1. X를 기댓값 $E(X)=\mu$와 분산 $V(X)=\sigma^2$을 가지는 확률변수라하고, $\overline{X}$를 크기 n의 확률분포의 표본평균이라 하면 $E(\overline{X})$ 및 $V(\overline{X})$를 구하시오.

① $E(\overline{X})=\mu/\sqrt{n}$
$V(\overline{X})=\sigma^2/n$

② $E(\overline{X})=\mu/\sqrt{n}$
$V(\overline{X})=\sigma^2/(n-1)$

③ $E(\overline{X})=\mu$
$V(\overline{X})=\dfrac{\sigma^2}{\sqrt{n}}$

④ $E(\overline{X})=\mu$
$V(\overline{X})=\dfrac{\sigma^2}{n}$

해설

$\overline{X}$의 평균은 모평균 μ와 같으며, $\overline{X}$의 분산은 $\dfrac{\sigma^2}{n}$ 이다. ④

2. 모집단이 비정규분포를 이룰 때 소표본평균값 $\overline{x}$ 의 분포는 어떠한가?

① 모분포와 같다.
② 정규분포를 이룬다.
③ $t-$분포를 이룬다.
④ 예측할 수 없다.

해설

③

3. 적성 검사에서 학생들의 평균 점수가 72점이고, 표준편차가 8점이었다. 각기 10명으로 된 집단의 표본분포와 50명으로 구성된 집단의 표본분포에 대한 설명이다. 다음 중 맞는 것은?

① 10명으로 된 집단의 표본분포는 자유도 9인 $t-$분포에 따르고 50명으로 된 집단의 표본분포는 정규분포에 따른다.

② $\mu=72$, $\sigma=8$인 정규모집단에서 추출한 표본분포이므로 크기에 상관없이 표본분포는 같은 정규분포를 따른다.

③ 두 표본분포는 평균이 72, 표준편차가 $\sigma=\sqrt{\dfrac{8}{10}+\dfrac{8}{50}}$ 인 정규분포이다.

④ $\mu=72$, $\sigma_1=\dfrac{8}{\sqrt{10}}$, $\sigma_2=\dfrac{8}{\sqrt{50}}$ 인 표준편차만 다른 정규분포를 따른다.

연습문제

해설

$\bar{x}=72,\ \sigma=8$인 모집단에서 크기 n인 표본의 평균, 표준편차는 각각 $\bar{x},\ \dfrac{\sigma}{\sqrt{n}}$이므로

$\bar{x}=72,\ \sigma_1=\dfrac{8}{\sqrt{10}},\ \sigma_2=\dfrac{8}{\sqrt{50}}$이다. ④

4. 다음은 모집단과 표본에 관한 설명이다. 틀린 것은?

① 모집단에는 유한 모집단과 무한 모집단이 있다.

② 표본에는 유한 표본과 무한 표본이 있다.

③ 표본에 포함되는 추출 단위의 개수를 표본 크기라 한다.

④ 모집단의 특성값을 모수, 표본의 특성값을 통계량이라 한다.

해설

②

5. 표본의 크기가 클 때 표본평균값의 분포에 관하여 다음 중 가장 옳은 것을 구하여라.

① 모집단이 정규분포일 때만 반드시 정규분포이다.

② 모집단이 정규분포가 아니라도 근사적으로 정규분포이다.

③ 모집단이 정규분포라 해도 분포의 형은 정해지지 않는다.

④ 모집단이 정규분포가 아니면 분포의 형은 정해지지 않는다.

해설

표본의 수가 무한히 크면 정규분포에 가까워진다. ②

6. 다음 추정량에 대한 표준편차가 틀린 것은?

① $\bar{X},\ \dfrac{\sigma}{\sqrt{n}}$

② $\bar{X_1}-\bar{X_2},\ \sqrt{\dfrac{{\sigma_1}^2}{n_1}+\dfrac{{\sigma_2}^2}{n_2}}$

③ $\hat{p},\ \sqrt{\dfrac{pq}{n}}$

④ $\hat{p_1}-\hat{p_2},\ \sqrt{\dfrac{p_1q_1}{n_1}\cdot\dfrac{p_2q_2}{n_2}}$

해설

$\hat{p_1}-\hat{p_2},\ \sqrt{\dfrac{p_1q_1}{n_1}+\dfrac{p_2q_2}{n_2}}$ 이다. ④

7. 모집단이 정규분포 $N(\mu, \sigma^2)$을 이룰 때 다음 추정량에 대한 표준편차가 틀린 것은?

① $\overline{X}$, $\dfrac{\sigma}{\sqrt{n}}$
② $\hat{p}$, $\sqrt{\dfrac{p(1-p)}{n}}$
③ $\overline{X_1}+\overline{X_2}$, $\sqrt{\dfrac{{\sigma_1}^2}{n_1}+\dfrac{{\sigma_2}^2}{n_2}}$
④ $\hat{p_1}-\hat{p_2}$, $\sqrt{\dfrac{p_1(1-p_1)}{n_1}-\dfrac{p_2(1-p_2)}{n_2}}$

해설

$$\begin{aligned}\sigma_{\hat{p_1}-\hat{p_2}} &= V(\hat{p_1}-\hat{p_2}) \\ &= E\{(\hat{p_1}-\hat{p_2})-(p_1-p_2)\}^2 \\ &= E(\hat{p_1}-p_1)^2+E(\hat{p_2}-p_2)^2-2E\{(\hat{p_1}-p_1)(\hat{p_2}-p_2)\} \\ &= V(\hat{p_1})+V(\hat{p_2})z \\ &= \frac{p_1(1-p_1)}{n_1}+\frac{p_2(1-p_2)}{n_2}\end{aligned}$$

④

8. 다음 설명 중 틀린 것은?

① 이항분포는 표본 크기가 클 때 정규분포에 근사한다.
② 포아송 분포는 표본 크기가 클 때 정규분포에 근사한다.
③ $t-$분포는 표본 크기가 클 때 $t-$분포에 근사한다.
④ χ^2-분포는 표본 크기가 클 때 정규분포에 근사한다.

해설

대부분 분포는 표본 크기가 클 때 중심 극한 정리에 의해 정규분포에 근사한다. ③

9. 어떤 제품의 수명을 확률변수 X라 할 때 X의 평균이 41.5시간이고, 표준편차가 2.5시간이라 한다. 이 모집단으로부터 $n=50$인 단순 임의 표본 한 개를 추출하여 이 표본의 평균이 40.5시간에서 42시간 사이가 될 확률을 구하면?

① 0.0743
② 0.4238
③ 0.4979
④ 0.9215

해설

$\mu_{\overline{X}} = 41.5,\ \ \sigma_{\overline{X}} = \dfrac{2.5}{\sqrt{50}} = 0.35$ ④

$$P(40.5 \le \overline{X} \le 42) = P\left(\frac{40.5-41.5}{0.35} \le Z \le \frac{42-41.5}{0.35}\right)$$
$$= P(-2.86 \le Z \le 1.43)$$
$$= P(0 \le Z \le 2.86) + P(0 \le Z \le 1.43)$$
$$= 0.4979 + 0.4236 = 0.9215$$

10. $N(20,\ 16)$인 정규모집단으로부터 64개의 표본을 추출할 때 표본평균이 19에서 21 사이에 있을 확률은 얼마인가?

① 0.48 ② 0.95

③ 0.68 ④ 0.99

해설

표본평균 $\overline{X}$의 분포는 $N\left(20,\ \dfrac{16}{64}\right)$이다. ②

$\therefore$ 표본 표준편차는 $\sigma = \sqrt{\dfrac{16}{64}} = \dfrac{1}{2}$

$$\therefore P(19 < \overline{X} < 21) = P\left(\frac{19-20}{\frac{1}{2}} < Z < \frac{21-20}{\frac{1}{2}}\right)$$
$$= P(-2 < Z < 2) = 2 \times 0.47725 \fallingdotseq 0.95$$

11. 어느 제조업자의 말에 의하면 어떤 상품의 제조과정상에서 3%의 불량품이 발생한다고 한다. 그러면 이 상품들 중에서 300개를 임의로 추출하여 조사했을 때 이들 중에서 불량품의 비율이 0.02에서 0.035 사이가 될 확률은?

① 0.1511 ② 0.3461

③ 0.1950 ④ 0.5411

해설

$np = 300 \times 0.03 = 9 > 5,\ n(1-p) = 300 \cdot 0.97 = 291 > 5$이므로 정규분포를 이룬다. ④

$\mu_{\hat{P}} = p = 0.03$

$$\sigma_{\hat{P}}^2 = \frac{p(1-p)}{n} = \frac{(0.03)(1-0.03)}{300} = \frac{0.0291}{300}$$

$Z = \dfrac{\hat{P}-p}{\sigma_{\hat{P}}} = \dfrac{\hat{P}-p}{\sqrt{\dfrac{p(1-p)}{n}}}$ 에서 $z_1 = -1.02,\ z_2 = 0.51$

$P(0.02 \le \hat{P} \le 0.035) = P(-1.02 \le Z \le 0.51)$
$= 0.3461 + 0.1951 = 0.5411$

12. 어떤 여론 조사 결과 찬성이 60%였다고 한다. 150명을 임의로 추출하여 이 여론 조사에 대한 찬반을 물을 때 찬성 비율이 0.52보다 작을 확률은 얼마인가?

① 0.0228 ② 0.4772
③ 0.5 ④ 0.6882

해설

$n = 150,\ p = 0.6$이므로 표본 비율의 분포는 $N\left(0.6,\ \dfrac{0.6 \times 0.4}{150}\right)$이다. ①

$\therefore$ 표본 표준편차 $= \sqrt{\dfrac{0.6 \times 0.4}{150}} = 0.04$

$\therefore P(\hat{P} < 0.52) = P\left(Z < \dfrac{0.52 - 0.6}{0.04}\right) = P(Z < 2)$
$= 0.5 - 0.47725 \fallingdotseq 0.0228$

13. 모집단의 크기가 무한이고, 분산이 σ^2, 표본 크기가 n일 때 표본평균의 분산 $\sigma_{\bar{X}}^2$은 다음 중 어느 것인가?

① $\sigma_{\bar{X}}^2 = \sigma^2$ ② $\sigma_{\bar{X}}^2 = \dfrac{\sigma^2}{n}$
③ $\sigma_{\bar{X}}^2 = n \cdot \sigma^2$ ④ $\sigma_{\bar{X}}^2 = \dfrac{\sigma^2}{n-1}$

해설

표본평균의 평균은 μ, 분산은 $\dfrac{\sigma^2}{n}$ 이다. ②

연습문제

14. 다음 표본평균에 관한 설명 중 틀린 것은?

① 표본평균의 기댓값은 모평균이다.

② 표본평균의 분포는 모집단의 분포와 동일하다.

③ 표본 크기 n이 클 때 표본평균의 분산은 0에 수렴한다.

④ 표본평균은 모평균의 불편 추정량이다.

해설

표본평균의 분포는 표본수가 클 때 모집단 분포에 관계없이 정규분포에 수렴한다. ③

15. 정규모집단 $N(100, 4^2)$에서 추출한 표본 크기 4의 표본평균 $\overline{X}$에 대해 $p(\overline{X} \le 96)$는?

① 0.1587 ② 0.3174

③ 0.0228 ④ 0.0456

해설

표본평균 $\overline{X}$는 $E(\overline{X})=\mu,\ V(\overline{X})=\frac{\sigma^2}{n}$의 정규분포에 따른다. ③

$\therefore E(\overline{X})=100,\ V(\overline{X})=\frac{4^2}{4}=4 \quad \therefore N(100,\ 2^2)$

$\therefore P(\overline{X}\le 96)=P\left(Z\le\frac{96-100}{2}\right)=P(Z\le -2)$

$=0.5-0.4772=0.0228$

16. 크기가 3인 모집단 $\{1, 2, 3\}$에서 크기 2인 표본을 비복원 추출하는 경우 표본평균의 기댓값은 얼마인가?

① 3 ② 1.5

③ 2 ④ 2.5

해설

모평균 $\mu=\frac{1+2+3}{3}=2$이므로 ③

$E(\overline{X})=\mu=2$

17. 어떤 제품의 수명을 조사하기 위하여 임의로 20개를 추출해서 수명을 검사한 결과 평균 32시간, 표준편차 8시간이었다. 표본평균의 분포와 표준 오차는 얼마인가?

① 정규분포, $\frac{8}{\sqrt{20}}$ ② $t-$분포, $\frac{8}{\sqrt{20}}$

③ 정규분포, $\frac{8}{\sqrt{19}}$ ④ $t-$분포, $\frac{8}{\sqrt{19}}$

해설

무한 모집단 소표본이므로 $t-$분포이고, 자유도 19이므로 표준 오차는 $\frac{8}{\sqrt{19}}$이다. ④

18. 모평균 20, 모분산이 16인 무한 모집단으로부터 추출한 크기 64인 표본의 평균은 다음 어느 분포에 접근하는가?

① $N(20, 16)$ ② $N\left(20, \frac{1}{4}\right)$

③ $B\left(20, \frac{1}{4}\right)$ ④ $B\left(20, \frac{1}{2}\right)$

해설

중심 극한 정리에 의하여 $N\left(20, \frac{16}{64}\right)$인 정규분포에 따른다. ②

19. 어떤 공장에서 생산하는 전구는 평균수명이 800시간이고 표준편차가 40시간인 근사적 정규분포를 한다고 한다. 이 제품 중에서 임의로 16개를 추출했을 때 평균수명이 775시간 미만일 확률은 얼마인가? (단, $P(0 \le Z \le 1.5) = 0.4332$, $P(0 \le Z \le 2.5) = 0.4938$이다.)

① 0.4938 ② 0.4332

③ 0.0062 ④ 0.0162

해설

$\overline{X}$의 표본분포는 $N(800, 40^2/16)$인 정규분포를 하므로 표준화 단위

$Z = \frac{\overline{X} - \mu}{\sigma} = \frac{775-800}{10} = -2.5$ ③

$\therefore P(\overline{X} < 775) = P(Z < 2.5) = 0.5 - P(-2.5 \le Z \le 0)$

$= 0.5 - 0.4938 = 0.0062$

연습문제

20. 4개의 유한 모집단 $\{1, 3, 5, 7\}$로부터 크기 2인 표본을 복원 추출에 의하여 뽑을 때 모든 표본의 수와 그때의 표본평균의 평균은?

① 10, 9 ② 16, 4

③ 8, 16 ④ 10, 16

해설

복원 추출에 의한 표본의 총수는 $4^2 = 16$

평균 $\mu_{\overline{X}} = E(\overline{X}) = \frac{1}{4}(1+3+5+7) = 4$ ②

21. 정규모집단 $N(\mu, \sigma^2)$으로부터 임의 추출한 크기 n인 표본의 평균을 $\overline{X}$라 하고 $T = \frac{\overline{X} - \mu}{\frac{\sigma}{\sqrt{n}}}$라 할 때 T의 분포는?

① $N(0, 1)$인 정규분포 ② $N(\mu, \sigma^2)$인 정규분포

③ $N\left(\frac{\mu}{\overline{X}}, \sigma^2\right)$인 정규분포 ④ $N\left(\mu, \frac{T^2}{n}\right)$인 정규분포

해설

$T = \frac{\overline{X} - \mu}{\frac{\sigma}{\sqrt{n}}}$는 표준화 변수이므로 T의 분포는 표준 정규분포 $N(0, 1)$을 따른다. ①

22. 어느 공장에서 생산하는 실의 강도는 평균이 6.8kg이고 표준편차가 1.2kg인 정규분포를 한다. 이 공장에서 생산하는 실에서 임의로 100개의 표본을 추출하여 그 평균을 $\overline{X}$라 할 때 $P(6.5 \leq \overline{X} \leq 7.0)$은 얼마인가? (정규분포표 참조)

① 0.9525 ② 0.0062

③ 0.9463 ④ 0.9051

해설

모집단의 평균 $\mu = 6.8$, 표준편차 $\sigma = 1.2$이므로 ③

표본평균 $\overline{X}$의 평균 $E(\overline{X}) = \mu = 6.8$ 분산 $V(\overline{X}) = \frac{\sigma^2}{n} = \frac{1.2^2}{100}$

$\therefore \overline{X}$의 표준 편차 $= \frac{1.2}{10} = 0.12$

$$\therefore P(6.5 \le \overline{X} \le 7.0) = P\left(\frac{6.5-6.8}{0.12} \le Z \le \frac{7.0-6.8}{0.12}\right)$$
$$= P(-2.5 \le Z \le 1.67)$$
$$= P(Z \le 1.67) + P(Z \le 2.5)$$
$$= 0.4525 + 0.4938 = 0.9463$$

23. A회사의 전구 수명은 평균 6.5년이고 표준편차가 0.9년이다. 또 B회사의 전구 수명은 평균 6년이고 표준편차는 0.8년이다. 두 회사의 전구 수명이 근사적 정규분포를 할 때 A회사의 제품 36개, B회사의 제품 49개를 임의 추출한다면 A회사의 표본평균과 B회사의 표본평균의 차는 다음 어느 정규분포를 이루는가?

① $N(0.5, 0.036)$　　② $N(0.5, 0.009)$

③ $N(12.5, 0.036)$　　④ $N(12.5, 0.009)$

해설

$\mu_{\overline{X_1}-\overline{X_2}} = 6.5 - 6.0 = 0.5$ ①

$\sigma^2_{\overline{X_1}-\overline{X_2}} = {\sigma_1}^2/n_1 + {\sigma_2}^2/n_2 = \frac{0.81}{36} + \frac{0.64}{49} \fallingdotseq 0.036$

CHAPTER

06

통계적 구간추정

구성

STATISTICS

미지의 모수를 한 값으로 추정하는 점추정량의 경우 한 표본에서 구한 추정치가 모수와 일치한다고 기대하기는 힘들다. 점추정의 정확성을 보완하는 방법이 구간추정(interval estimation)인데, 구간추정이란 확률로 표현된 믿음의 정도 하에서 모수가 특정한 구간에 있을 것이라고 하는 것으로 추정량의 분포를 알아야 하고, 구하여진 구간 안에 모수가 있을 확률의 크기가 주어져야 한다. 즉 특정구간 안에 모수가 있을 확률의 크기는 구간의 크기에 비례하는데, 구간이 클수록 그 구간 안에 모수가 있을 확률이 큰 것은 당연하다. 이 확률의 크기를 신뢰수준(confidence level)이라고 하는데, 일반적으로 신뢰수준은 90%, 95%, 또는 99%의 확률을 이용하는 경우가 많으며, 각각의 신뢰수준 하에서 구한 구간을 신뢰구간(confidence interval)이라고 한다.

6.1 평균값의 신뢰구간

6.1.1 모집단이 하나일 때의 모평균의 신뢰구간

(1) 모분산을 알 때 모평균의 신뢰구간

이제 모분산 σ^2을 알 때 μ의 신뢰구간(confidence interval)을 구하는 방법을 주어진 신뢰도를 가진 신뢰구간부터 유도하자. μ의 신뢰구간을 얻기 위해 우리는 모집단이 정규분포라는 가정을 하자. 그러면 5장에서 배웠듯이 $\overline{X}$의 분포는 평균이 μ이고, 분산이 σ^2/n인 정규분포이다. 따라서

$$Z = (\overline{X} - \mu)/(\sigma/\sqrt{n})$$

가 표준정규분포를 따르게 된다. 그래서

$$P(-z_{\alpha/2} < (\overline{X} - \mu)/(\sigma/\sqrt{n}) < z_{\alpha/2}) = 1 - \alpha$$

가 된다. 따라서 우리는 다음을 얻는다.

$$P\left(\overline{X} - z_{\alpha/2}\frac{\sigma}{\sqrt{n}} < \mu < \overline{X} + z_{\alpha/2}\frac{\sigma}{\sqrt{n}}\right) = 1 - \alpha$$

이제까지 설명한 것은 요약하면 다음과 같다.

모집단이 정규분포이고 α가 알려져 있으면 μ의 $(1-\alpha)100\%$ 신뢰구간은

$$\bar{x} - z_{\alpha/2}\frac{\sigma}{\sqrt{n}} < \mu < \bar{x} + z_{\alpha/2}\frac{\sigma}{\sqrt{n}}$$

이다.

우리는 모집단이 정규분포라는 가정하에서 μ의 신뢰구간을 만들었다. 이 가정이 있어야만 $\overline{X}$가 정규분포를 하므로 정규분포 가정은 필요하다. n이 크면 보통($n \geq 30$) 정규분포의 가정은 중요하지 않게 된다. 왜냐하면 중심극한정리에 의해 $Z = (\overline{X} - \mu)/(\sigma/\sqrt{n})$이 근사적으로 정규분포를 하기 때문이다. 이 때도 똑같은 신뢰구간을 얻는데 이것은 근사적 신뢰구간이다.

예제 6.1

분당 2.49 박동 수의 표준편차로 정규분포를 따르는 양에 따라 심장 박동 수를 내리는 새로운 약이 있다. 50명의 무작위 표본평균 분당 5.32 박동 수가 떨어진다면, 모든 한자들이 심장 박동수의 평균값의 95% 신뢰구간추성을 찾아라.

풀이

$\bar{x} = 5.32, \sigma = 2.49, n = 50, z_{0.025} = 1.96$이다.

그래서, 신뢰구간은

$$5.32 - 1.96\left(\frac{2.49}{\sqrt{50}}\right) < \mu < 5.32 + 1.96\left(\frac{2.49}{\sqrt{50}}\right)$$

이다. 이를 계산하면

$4.63 < \mu \ < 6.01$

```
> #ex6.1
> xbar=5.32 ; sd=2.49 ; n=50 #모수설정
> error=qnorm(0.975)*sd/sqrt(n) #오차구하기
> c(xbar-error,xbar+error) #신뢰구간
[1] 4.62982 6.01018
```

예제 6.2

병입 기계는 0.12온스의 표준편차로 작동한다. 36병들의 무작위 표본에서, 기계가 병 안에 평균 16.1온스를 넣는다고 가정해보자. 이 기계가 모든 병들 안에 넣는 온스의 평균값을 추정하자. 평균값이 있다고 95% 신뢰구간을 찾아라.

풀이

표본 크기가 36이면, 표본평균값 16.1, 표준편차 $\frac{\sigma}{\sqrt{n}} = \frac{0.12}{\sqrt{36}} = 0.02$ 인 정규분포이다($n > 30$). $16.1 \pm 1.96(0.02) = 16.1 \pm 0.0392$ 병들 안에 들어가는 온스 평균값이 16.0608과 16.1392 사이이다.

(2) 표본의 크기 결정

다음에는 추정량 $\overline{X}$로 모평균 μ를 추정할 때 생기는 오차에 대하여 생각하여 보자. 신뢰도 $100(1-\alpha)\%$ 인 μ의 신뢰한계는

$$\overline{X} \pm z_{\frac{\alpha}{2}} \frac{\sigma}{\sqrt{n}}$$

이므로 추정량 $\overline{X}$로 모평균 μ를 추정할 때 오차는 $z_{\alpha/2}\frac{\sigma}{\sqrt{n}}$를 초과하지 않는다. 즉 신뢰도 $100(1-\alpha)\%$ 일 때

$$\overline{X} - z_{\frac{\alpha}{2}} \frac{\sigma}{\sqrt{n}} < \mu < \overline{X} + z_{\frac{\alpha}{2}} \frac{\sigma}{\sqrt{n}}$$

이므로 $|\overline{X}-\mu|< z_{\alpha/2}\frac{\sigma}{\sqrt{n}}$ 이며,

$$z_{\alpha/2}\frac{\sigma}{\sqrt{n}}$$

는 오차한계가 된다. 이를 d로 표시하자. 즉 $d=z_{\alpha/2}\frac{\sigma}{\sqrt{n}}$ 이고, $\overline{X}$로 μ를 추정할 때 오차의 한계 d를 정해 놓고 표본의 크기를 결정할 수 있다. 오차의 한계를 d(일정)로 정하면

$$d = z_{\frac{\alpha}{2}}\frac{\sigma}{\sqrt{n}}$$

이다. 이를 정리하면

$$n=\left(\frac{z_{\alpha/2}\sigma}{d}\right)^2$$

이므로 표본의 크기 n이 결정된다.

오차의 한계 d가 일정한 값으로 주어지고 신뢰도 $100(1-\alpha)100\%$로 μ를 추정할 때 표본의 크기 n은

$$n=\left(\frac{z_{\alpha/2}\sigma}{d}\right)^2$$

이다.

예제 6.3

볼 베어링들이 0.025인치의 지름의 표준편차의 과정에 의해 제조되었다. 지름이 ± 0.01 인치 이내에 있는지 99% 확신하고 싶다면 어떤 표본 크기가 선택되어야 할까?

풀이

$\frac{\sigma}{\sqrt{n}} = \frac{0.025}{\sqrt{n}}$ 와 $z_{0.005} = 2.576$ 이므로

$2.576\left(\frac{0.025}{\sqrt{n}}\right) \leq 0.01$

$\sqrt{n} \geq \frac{2.576(0.025)}{0.01} = 6.44$

를 찾는다. 그러므로 $n \geq 41.5$ 이다. 42를 표본 크기로 선택한다.

(3) 모분산을 모를 때 모평균의 신뢰구간

보통 σ^2은 알려져 있지 않으므로 σ^2을 모를 경우가 더 실제적이다. 먼저 모집단이 정규분포라는 가정부터 하겠다. σ^2을 알 때 μ의 신뢰구간 찾을 때를 되살려 보면 $\overline{X}$의 분포는 평균 μ, 분산 σ^2/n인 정규분포라는 것에서 출발하여 표준화하면 $\frac{\overline{X}-\mu}{\sigma/\sqrt{n}}$은 표준정규분포를 따른다.

여기서는 σ^2을 모르므로 σ 대신 이의 점추정치 S를 쓰는 것이, 다시 말하면 통계량

$$T = \frac{\overline{X}-\mu}{S/\sqrt{n}}$$

를 쓰는 것이 좋다. 5장에서 설명한 바와 같이 T는 정규분포가 아닌 자유도가 $(n-1)$인 Student t분포를 따른다. 그래서

$$P\left(-t_{\alpha/2,(n-1)} < \frac{X-\mu}{S/\sqrt{n}} < t_{\alpha/2,(n-1)}\right) = 1-\alpha$$

가 된다.

σ를 알 때 μ의 신뢰구간을 구하는 단계를 그대로 따르면 우리는 다음을 얻는다.

$$P\left(\overline{X} - t_{\alpha/2,(n-1)}\frac{S}{\sqrt{n}} < \mu < \overline{X} + t_{\alpha/2,(n-1)}\frac{S}{\sqrt{n}}\right) = 1-\alpha$$

그래서 다음의 결과를 얻는다.

모집단이 정규분포이고 σ를 모를 때 μ의 $(1-\alpha)100\%$ 신뢰구간은

$$\overline{x} - t_{\alpha/2,(n-1)}\frac{s}{\sqrt{n}} < \mu < \overline{x} + t_{\alpha/2,(n-1)}\frac{s}{\sqrt{n}}$$

이다.

$t_{\alpha/2,\,(n-1)}$는 n이 30보다 크면 $z_{\alpha/2}$에 가까워지므로 이때 μ의 신뢰구간은 근사적으로

$$\overline{x} - z_{\alpha/2,(n-1)}\frac{s}{\sqrt{n}} < \mu < \overline{x} + z_{\alpha/2,(n-1)}\frac{s}{\sqrt{n}}$$

이 됨을 유의하자.

예제 6.4

인조 보석들을 만드는 새로운 과정은 첫 번째 시도에 각각 0.43, 0.52, 0.46, 0.49, 0.60 그리고 0.56 캐럿이 나가는 여섯 개의 보석을 산출했다. 이 과정에서 캐럿 무게 평균값의 90% 신뢰구간추정을 찾아라.

풀이

$$\bar{x} = \frac{\sum x}{n} = \frac{0.43+0.52+0.46+0.49+0.60+0.56}{6} = \frac{3.06}{6} = 0.51$$

$$s = \sqrt{\frac{\sum(x-\bar{x})^2}{n-1}} = \sqrt{\frac{(0.08)^2+(0.01)^2+(0.05)^2+(0.02)^2+(0.09)^2+(0.05)^2}{5}}$$
$$= 0.0632$$

$t_{0.05,(5)} = 2.015$이다. 그래서 90% 신뢰구간은

$$0.51 - 2.015\left(\frac{0.0632}{\sqrt{6}}\right) < \mu < 0.51 + 2.015\left(\frac{0.0632}{\sqrt{6}}\right)$$

이고, 이를 계산하면

$$0.458 < \mu < 0.562$$

이다.

```
> #ex6.4
> data<-c(0.43, 0.52, 0.46, 0.49, 0.60, 0.56) #데이터 입력
> xbar=mean(data) ; sd=sd(data) ; n=length(data) #모수추정
> error=qt(0.95,n-1)*sd/sqrt(n) #오차구하기
> c(xbar-error,xbar+error) #신뢰구간
[1] 0.4579717 0.5620283
```

예제 6.5

어떤 담배의 니코틴 함량을 알기 위해 16개의 담배를 뽑았더니 그들의 평균 함량이 18.3mg이고 $s = 1.8$mg이었다. 이 담배 전체의 니코틴 평균 함량 μ의 90% 신뢰구간을 구하라. 단, 담배의 니코틴 함량은 정규분포를 이룬다고 가정한다.

풀이

$n = 16$, $\bar{x} = 18.3$, $s = 1.8$, 그리고 $\alpha = 0.1$이다.

그래서 t분포의 자유도는 $16-1=15$이고, $t_{(15),\ \alpha/2} = t_{(15),\ 0.05} = 1.753$이다.

그래서, 90% 신뢰구간은 $18.3 - 1.753\left(\frac{1.8}{\sqrt{16}}\right) < \mu < 18.3 + 1.753\left(\frac{1.8}{\sqrt{16}}\right)$이 되고, 이를 계산하면 $17.51 < \mu < 19.09$가 된다.

6.1.2 두 평균값의 차이의 신뢰구간

(1) 두 모분산을 알 때 두 평균의 차에 대한 신뢰구간

두 모분산 σ_1^2, σ_2^2이 알려져 있는 경우, 독립인 표본이 두 정규모집단에서 추출되었다면, $\mu_1 - \mu_2$에 대한 신뢰구간은 $\overline{X_1} - \overline{X_2}$에 의하여 추정하게 된다. 즉, 두 정규모집단 $N(\mu_1, \sigma_1^2)\,N(\mu_2, \sigma_2^2)$이므로 임의 추출한 크기 n_1, n_2인 표본 $X_{11}, X_{12}, \dots, X_{1n_1}$과 $X_{21}, X_{22}, \dots, X_{2n_2}$의 표본평균을 각각 $\overline{X_1}$, $\overline{X_2}$라 하면 5장에 의하여

$$\overline{X_1} - \overline{X_2} \sim N\left(\mu_1 - \mu_2,\ \frac{\sigma_1^2}{n_1} + \frac{\sigma_2^2}{n_2}\right)$$

이고 $\overline{X_1} - \overline{X_2}$를 표준화시킨 Z통계량은

$$Z = \frac{(\overline{X_1} - \overline{X_2}) - (\mu_1 - \mu_2)}{\sqrt{\sigma_1^2/n_1 + \sigma_2^2/n_2}} \sim N(0,1)$$

이므로 $\mu_1 - \mu_2$의 신뢰구간은

$$P\left(-z_{\frac{\alpha}{2}} < \frac{(\overline{X_1} - \overline{X_2}) - (\mu_1 - \mu_2)}{\sqrt{\sigma_1^2/n_1 + \sigma_2^2/n_2}} < z_{\frac{\alpha}{2}}\right) = 1 - \alpha$$

이다. 그래서, 다음의 결과를 얻는다.

σ_1^2과 σ_2^2이 알려진 두 정규모집단들에서 각각 크기가 n_1과 n_2인 독립인 두 확률분포들의 표본평균은 $\overline{X_1}$와 $\overline{X_2}$라고 하면, 두 모평균의 차 $\mu_1 - \mu_2$에 대한 $100(1-\alpha)\%$ 신뢰구간은

$$(\overline{x_1} - \overline{x_2}) - z_{\frac{\alpha}{2}}\sqrt{\frac{\sigma_1^2}{n_1} + \frac{\sigma_2^2}{n_2}} < \mu_1 - \mu_2 < (\overline{x_1} - \overline{x_2}) + z_{\frac{\alpha}{2}}\sqrt{\frac{\sigma_1^2}{n_1} + \frac{\sigma_2^2}{n_2}}$$

이다.

예제 6.6

옛날 기계로 만든 전구에서 크기 15의 확률표본을 뽑았더니 평균수명이 40시간이다. 또 새로운 기계로 만든 전구에서 뽑은 크기 10인 확률표본의 평균수명은 45시간이다. 각 기계에서 만든 전구의 수명은 각각 정규분포를 이루고, 옛날 기계로 만든 전구 수명의 분산은 $\sigma_1^2 = 25$이고, 새 기계로 만든 전구 수명의 분산은 $\sigma_2^2 = 30$이라 한다. μ_1, μ_2를 각각 옛날 기계와 새 기계로 만든 전구 수명의 모평균이라 할 때 $\mu_1 - \mu_2$의 80% 신뢰구간을 구하여라.

풀이

$\overline{x_1} = 40, \sigma_1^2 = 25, n_1 = 15, \overline{x_2} = 45, \sigma_2^2 = 30, n_2 = 10$ 그리고 $\alpha = 0.2$로 주어졌다.

그래서, $z_{\alpha/2} = z_{0.1} = 1.28$이다. 결과적으로 $\mu_1 - \mu_2$의 80% 신뢰구간은

$(40-45) \pm 1.28\sqrt{\frac{25}{15} + \frac{30}{10}}$ 으로 되고 이를 계산하면

$-7.765 < \mu_1 - \mu_2 < 2.235$

가 된다.

우리는 두 모집단이 각각 정규분포라는 가정을 하였다. 표본의 크기가 크면 이 가정이 필요한 것은 아니다(보통 n_1과 n_2이 각각 30보다 크면 된다). 중심극한정리에 의하면 $\overline{X_1} - \overline{X_2}$의 분포가 근사적으로 정규분포를 이루기 때문이다. 실제로 이 경우는 모분산들이 알려질 필요는 없다. 모분산 σ_1^2과 σ_2^2의 추정치로서 이 경우 각 표본 분산

s_1^2과 s_2^2을 쓸 수 있다. 그래서, 다음 결과를 얻는다.

n_1과 n_2이 모두 크고 s_1^2, s_2^2이 σ_1^2, σ_2^2의 추정치라 하면 $\mu_1 - \mu_2$의 $(1-\alpha)100\%$ 신뢰구간은

$$\overline{x_1} - \overline{x_2} - z_{\frac{\alpha}{2}}\sqrt{\frac{s_1^2}{n_1} + \frac{s_2^2}{n_2}} < \mu_1 - \mu_2 < \overline{x_1} - \overline{x_2} + z_{\frac{\alpha}{2}}\sqrt{\frac{s_1^2}{n_1} + \frac{s_2^2}{n_2}}$$

이다.

예제 6.7

조립공장의 두 과에서 매 개월마다 생기는 사고의 수 차이를 확인하기 위해 30개월 동안 연구가 수행되었다. 첫 번째 과가 3.5번의 표준편차로 개월당 평균 12.3번의 사고가 난 반면, 두 번째 과는 3.4번의 표준편차로 개월당 평균 7.6 사고가 났다. 개월당 사고가 난 수의 차이의 95% 신뢰 구간추정을 구하라(두 모집단들이 독립적이고 대략 정상적으로 분포되어 있다고 가정하자).

풀이

표본의 크기가 크므로 s_1^2과 s_2^2을 σ_1^2과 σ_2^2의 추정치로 쓸 수 있다. $\alpha = 0.05$이므로 $z_{0.025} = 1.96$이다. 신뢰구간은 다음과 같다.

$$(12.3 - 7.6) - 1.96\sqrt{\frac{(3.5)^2}{30} + \frac{(3.4)^2}{30}} < \mu_1 - \mu_2 < (12.3 - 7.6) + 1.96\sqrt{\frac{(3.5)^2}{30} + \frac{(3.4)^2}{30}}$$

이를 계산하면

$$2.95 < \mu_1 - \mu_2 < 6.45$$

이 된다.

```
> #ex6.7
> xbar1=12.3 ; xbar2=7.6 ; sd1=3.5 ; sd2=3.4  #추정된모수 입력
> error =qnorm(0.975)*sqrt(sd1^2/30+sd2^2/30) #오차구하기
> c((xbar1-xbar2)-error,(xbar1-xbar2)+error)  #신뢰구간
[1] 2.953908 6.446092
```

(2) 모분산을 모를 때 평균의 차에 대한 신뢰구간

두 모집단은 각각 정규분포를 이루는 것으로 가정한다. 다른 하나의 가정은 두 모집단의 분산 σ_1^2과 σ_2^2이 σ^2으로 똑같다는 것이다. s_1^2을 구하려면 $\sum(x_{1i}-\overline{x_1})^2$을 n_1-1로 나누고, s_2^2을 구하려면 $\sum(x_{2i}-\overline{x_2})^2$을 n_2-1로 나눈다. 두 모분산이 같다는 가정을 하였기 때문에 σ^2을 추정할 때는 두 표본을 합해서 합이 타당할 것이다. 이 합동 추정치(pooled estimate)는 $\sum(x_{1i}-\overline{x_1})^2+\sum(x_{2i}-\overline{x_2})^2$을 $(n_1-1)+(n_2-1)=n_1+n_2-2$로 나누어서 얻을 수 있다. 이 합동된 추정치를 s_p^2로 표시하면

$$s_p^2=\frac{\sum(x_{1i}-\overline{x_1})^2+\sum(x_{2i}-\overline{x_2})^2}{n_1+n_2-2}$$

가 된다. s_p^2은 다음과 같이 쓸 수 있다.

$$s_p^2=\frac{(n_1-1)s_1^2+(n_2-1)s_2^2}{n_1+n_2-2}$$

만약, $\sigma_1^2=\sigma_2^2$이면 $\mu_1-\mu_2$의 신뢰구간은 다음과 같았던 것을 상기하자.

$$(\overline{x_1}-\overline{x_2})-z_{\frac{\alpha}{2}}\sigma\sqrt{\frac{1}{n_1}+\frac{1}{n_2}}<\mu_1-\mu_2<(\overline{x_1}-\overline{x_2})+z_{\frac{\alpha}{2}}\sigma\sqrt{\frac{1}{n_1}+\frac{1}{n_2}}$$

지금 경우는 σ가 합동된 추정치 s_p로 대치되어야 한다. 그러나, 우리는 위에서처럼 표준정규분포에서 찾은 z값을 쓸 수 없다. 대신에 자유도 n_1+n_2-2의 t분포표에서 값을 찾아야 한다. 자유도가 n_1+n_2-2가 되는 이유는 s_p^2을 얻을 때 n_1+n_2-2로 나누었기 때문이라고 생각하면 된다. 결론적으로 다음 결과를 얻는다.

두 모집단이 각각 정규분포이고 미지의 등분산을 가질때 $\mu_1-\mu_2$의 $(1-\alpha)100\%$ 신뢰구간은

$$(\overline{x_1}-\overline{x_2})-t_{\alpha/2,(n_1+n_2-2)}s_p\sqrt{\frac{1}{n_1}+\frac{1}{n_2}}<\mu_1-\mu_2<(\overline{x_1}-\overline{x_2})+t_{\alpha/2,(n_1+n_2-2)}s_p\sqrt{\frac{1}{n_1}+\frac{1}{n_2}}$$

이다.

예제 6.8

인산 비료를 5개의 구획에 주고, 질소 비료를 6개의 구획에 주었을 때, 각 구획에서의 밀의 생산량이 아래의 표에 나타나 있다. $\mu_1-\mu_2$의 98% 신뢰구간을 구하여라. 단, μ_1은 모든 가능한 구획에 인산 비료를 주었을 때의 평균이고, μ_2는 질소 비료를 주었을 때의 평균이다.

〈표 6.1〉 각 비료에 따른 밀의 생산량

인산 비료	질소 비료
40	50
49	41
38	53
48	39
40	40
	47

풀이

$\overline{x_1}=43$, $\overline{x_2}=45$, $s_1^2=\frac{104}{4}$, $s_2^2=\frac{170}{5}$, $n_1=5$, $n_2=6$이므로 σ^2의 합동된 추정치

$$s_p^2=\frac{104+170}{5+6-2}=\frac{274}{9}=30.44$$

그래서, $s_p=5.517$이 된다. 그리고, $\alpha=0.02$이므로

$t_{0.01,(9)} = 2.821$

이다. 그래서, 98% 신뢰구간은 다음과 같이 주어진다.

$$(43-45)-2.821(5.517)\sqrt{\frac{1}{5}+\frac{1}{6}} < \mu_1 - \mu_2 < (43-45)+2.821(5.517)\sqrt{\frac{1}{5}+\frac{1}{6}}$$

이를 간단히 하면

$-11.424 < \mu_1 - \mu_2 < 7.424$가 된다.

```
> #ex6.8
> data1<-c(40,49,38,48,40)    #데이터입력1
> data2<-c(50,41,53,39,40,47) #데이터입력2
> xbar1=mean(data1); var1=var(data1); n1=length(data1) #모수추정1
> xbar2=mean(data2); var2=var(data2); n2=length(data2) #모수추정2
> sp=sqrt((var1*(n1-1)+var2*(n2-1))/(n1+n2-2)) #합동표준오차추정
> error=qt(0.99,9)*sp*sqrt(1/n1+1/n2)   #오차구하기
> c(xbar1-xbar2-error,xbar1-xbar2+error) #신뢰구간
[1] -11.426712   7.426712
```

예제 6.9

A형의 전구 $n_1 = 5$개의 표본에 대하여 수명시험을 하니 평균수명은 $\overline{x_1} = 1,000$시간, 불편 분산은 ${s_1}^2 = 28^2$시간이고, B형의 전구 $n_2 = 7$개의 표본에 대한 전구의 평균수명은 $\overline{x_2} = 980$시간, 불편 분산은 ${s_2}^2 = 32^2$시간이었다. 이 공정에서 ${\sigma_1}^2 = {\sigma_2}^2$이라고 가정하여 $\mu_1 - \mu_2$에 대한 99% 신뢰구간을 구하여라.

풀이

$1-\alpha = 0.99$이므로 $\alpha/2 = 0.005$

자유도 $n_1 + n_2 - 2 = 10$에 대한 $P(|t| \geq 3.169) = 0.005$

또, ${s_p}^2 = \frac{(n_1-1){s_1}^2 + (n_2-1){s_2}^2}{n_1+n_2-2} = \frac{4\times 28^2 + 6\times 32^2}{10} = 928.0$

$\therefore s_p = 30.46$

따라서 구하는 신뢰구간은

$$\left[(1,000-980) \pm 3.169 \times 30.46\sqrt{\frac{1}{5}+\frac{1}{7}}\right] = [20 \pm 56.5] = [-36.5,\ 76.5]$$

6.1.3 쌍체 비교 신뢰구간

이 부분에서 토론된 분석과 절차는 비교되는 두 표본들이 서로에게 독립적이라는 것이 필요하다. 하지만, 수많은 실험과 시험들은 자료들이 자연히 쌍으로 생기는 두 모집단을 비교하는 것을 포함한다. 이 같은 쌍체 비교의 경우엔, 타당한 절차는 쌍 자료에서 얻은 차이들로 이루어진 하나의 변수의 하나-표본 분석을 하는 것이다. 쌍체 표본은 서로 독립인 n개의 실험개체에서 쌍으로 얻어진 자료 $(X_1,\ Y_1)$, $(X_2,\ Y_2)$, $\cdots$, $(X_n,\ Y_n)$로 구성된다. 각 쌍에서의 차이 D_i를 다음과 같이 정의한다.

$$D_i = X_i - Y_i,\ i = 1,\ 2,\ \cdots,\ n$$

또한 $D_1,\ D_2,\ \cdots,\ D_n$은 모평균 μ_D이고, 모분산 σ_D^2인 하나의 모집단으로부터 얻어진 추출된 확률표본으로 간주한다. 두 모집단으로부터 뽑은 표본이 대응을 이루고 있을 때 각 쌍에서의 차이 $D_1,\ D_2,\ \cdots,\ D_n$은 평균이 μ_D이고 분산이 σ_D^2인 정규모집단에서 추출된 표본이라고 생각하고 μ_D와 σ_D^2 대신 표본평균 $\overline{d} = \frac{1}{n}\sum d_i$, 표본분산 $s_d^2 = \frac{1}{n-1}\sum\left(d_i - \overline{d}\right)^2$을 사용한다.

> μ_d의 $100(1-\alpha)\%$ 신뢰구간은
>
> $$\overline{d} - t_{\alpha/2,(n-1)}\frac{s_d}{\sqrt{n}} \le \mu_d \le \overline{d} + t_{\alpha/2,(n-1)}\frac{s_d}{\sqrt{n}}$$
>
> 이다.

예제 6.10

어떤 알약의 부작용으로 혈압강하의 효과가 있는지 알아보기 위해서 15명의 환자를 대상으로 알약의 복용 전후의 혈압을 재었더니 그 결과가 다음과 같았다.

〈표 6.2〉 혈압강하

환자	1	2	3	4	5	6	7	8	9	10	11	12	13	14	15
전(x)	70	80	72	76	76	76	72	78	82	64	74	92	74	68	84
후(y)	68	72	62	70	58	66	68	52	64	72	74	60	74	72	74
$d=(x-y)$	2	8	10	6	18	10	4	26	18	−8	0	32	0	−4	10

평균 혈압강하량에 대한 95% 신뢰구간을 구하라.

풀이

알약 복용 전후의 혈압 차이 D_i를 모집단이 $N(\mu_D, \sigma_D^2)$인 분포로부터 추출한 표본이라 하면 δ에 대한 신뢰구간을 구하려면

$$\overline{D} \pm t_{0.025,(14)} \frac{s_D}{\sqrt{15}}$$

로부터 구할 수 있다. 자료로부터 표본의 평균과 표준편차는

$$\overline{d} = \frac{1}{15}\sum d_i = 8.80, \quad s_d = \sqrt{\frac{\sum\left(d_i - \overline{d}\right)^2}{n-1}} = 10.98$$

이고, $t_{0.025,(14)} = 2.145$이므로 95% 신뢰구간은

$$8.80 \pm 2.145\frac{10.98}{\sqrt{15}} = 8.80 \pm 6.08 \text{ 혹은 } (2.72,\ 14.88)$$

이다.

예제 6.11

다음 표는 두 가지 수면제 A, B를 10명의 환자에게 복용시켰을 때의 연장된 수면시간을 조사한 표이다. A, B 두 수면제의 연장된 수명시간의 차이에 관한 95% 신뢰구간을 구하여라.

〈표 6.3〉 수명시간

환자	1	2	3	4	5	6	7	8	9	10
$A(X)$	1.9	0.8	1.1	0.1	−0.1	4.4	5.5	1.6	4.6	3.4
$B(Y)$	0.7	−1.6	−0.2	1.2	−0.1	3.4	3.7	0.8	0.0	2.0

풀이

〈표 6.4〉 수명시간의 차이

환자	1	2	3	4	5	6	7	8	9	10	합계
$A(X)$	1.9	0.8	1.1	0.1	−0.1	4.4	5.5	1.6	4.6	3.4	
$B(Y)$	0.7	−1.6	−0.2	1.2	−0.1	3.4	3.7	0.8	0.0	2.0	
차이	1.2	2.4	1.3	−1.1	0	1.0	1.8	0.8	4.6	1.4	13.4

위 표에서 $\sum d_i = 13.4$이므로 $\bar{d} = \frac{13.4}{10} = 1.34$, $s_d^2 = \frac{1}{n-1}\left[\sum d_i^2 - n\bar{d}^2\right] = 2.23822$

$s_d = \sqrt{2.2382} = 1.496$, $\alpha = 0.05$, 자유도$= 10 - 1 = 9$, $t_{0.025,(9)} = 2.262$

이다. 그러므로 A, B 두 수면제의 차 μ_D에 대한 95% 신뢰구간은

$1.34 - 2.262\frac{1.496}{\sqrt{10}} < \mu_D < 1.34 + 2.262\frac{1.496}{\sqrt{10}}$, $0.27 < \mu_D < 2.41$이다.

```
> #ex6.11
> data1<-c(1.9,0.8,1.1,0.1,-0.1,4.4,5.5,1.6,4.6,3.4)#데이터입력1
> data2<-c(0.7,-1.6,-0.2,1.2,-0.1,3.4,3.7,0.8,0,2.0)#데이터입력2
> d<-data1-data2 #데이터차
> xbar=mean(d) ; sd=sd(d) ; n=length(d) #쌍체검정위한 모수추정
> error=qt (0.975,n-1)*sd/sqrt(n) #오차구하기
> c(xbar-error,xbar+error) #신뢰구간
[1] 0.2697768 2.4102232
```

6.2 비율의 신뢰구간

6.2.1 모집단이 하나일 때 모비율의 신뢰구간

p를 모집단에서의 어떤 속성에 대한 비율이라고 하면, 우리는 표본비율 X/n이 p의 불편 추정량이고, 모비율이 0 혹은 1에 너무 가까운 값이 아니라고 가정하고, 표본의 크기도 크다고 하자(적어도 30). 이 가정하에서 X/n의 표본분포가 근사적으로 평균이 p이고 표준편차가 $\sqrt{p(1-p)/n}$인 정규분포라는 것을 우리는 배웠다.

따라서

$$P(-z_{\alpha/2} < (X/n-p)/\sqrt{p(1-p)/n}) < z_{\alpha/2}) = 1-\alpha$$

가 된다. 그래서 다음의 결과를 얻을 수 있다.

$$P\left(\frac{X}{n} - z_{\alpha/2}\sqrt{\frac{p(1-p)}{n}} < p < \frac{X}{n} + z_{\alpha/2}\sqrt{\frac{p(1-p)}{n}}\right) = 1-\alpha$$

결과적으로 $(1-\alpha)100\%$ 신뢰구간은

$$\frac{x}{n} - z_{\alpha/2}\sqrt{\frac{p(1-p)}{n}} < p < \frac{x}{n} + z_{\alpha/2}\sqrt{\frac{p(1-p)}{n}}$$

가 된다. p의 신뢰구간을 구할 때, 이 모르는 모수 p가 구간의 양 끝점을 계산하는데 사용되고 있다. 다행히 $\sqrt{p(1-p)/n}$에서 p 대신 $\hat{p} = x/n$을 사용할 수 있다. 표본의 크기가 크면 이 차이는 크지 않을 것이기 때문이다. 그래서 우리는 다음의 결과를 얻는다.

모비율 p의 $(1-\alpha)100\%$ 근사적인 신뢰구간은

$$\frac{x}{n} - z_{\alpha/2}\sqrt{\frac{\frac{x}{n}\left(1-\frac{x}{n}\right)}{n}} < p < \frac{x}{n} + z_{\alpha/2}\sqrt{\frac{\frac{x}{n}\left(1-\frac{x}{n}\right)}{n}}$$

또는

$$\hat{p} - z_{\alpha/2}\sqrt{\frac{\hat{p}(1-\hat{p})}{n}} < p < \hat{p} + z_{\alpha/2}\sqrt{\frac{\hat{p}(1-\hat{p})}{n}}$$

이다.

예제 6.12

기계 부품들의 간단한 무작위 표본에서, 225개 중 18개가 수송 중에 손상된 것으로 보여진다. 수송 중 손상된 기계 부품들의 비율의 95% 신뢰구간추정을 수립하라.

풀이

$x = 18,\ n = 225,\ \alpha = 0.05,\ z_{0.025} = 1.96$이다. $x/n = 0.08$이므로

$SE(\hat{p}) = \sqrt{\dfrac{(0.08)(0.92)}{225}} = 0.0181$가 된다.

p의 95% 신뢰구간은

$0.08 - 1.96(0.0181) < p < 0.08 + 1.96(0.0181)$

로 되고, 이를 계산하면

$0.045 < p < 0.115$

이 된다.

예제 6.13

단거리용 소형로켓에 적용될 새로운 발사시스템을 개발하고 있다. 현 발사시스템의 성공확률은 0.8이다. 새로운 시스템으로 발사실험을 40회 한 결과, 34회가 성공적이었다. 성공률 p의 95% 신뢰구간을 구하라.

풀이

$$n=40,\ \hat{p}=\frac{34}{40}=0.85,\ \hat{q}=0.15,\ z_{0.025}=1.96$$

따라서

$$0.85\pm(1.96)\sqrt{\frac{(0.85)(0.15)}{40}}=0.85\pm0.111$$

$$0.739<p<0.961$$

```
> #ex6.13
> n=40 ; p=34/40 #모수추정
> error=qnorm(0.975)*sqrt(p*(1-p)/n) #오차구하기
> c(p-error,p+error) #신뢰구간
[1] 0.7393445 0.9606555
```

설문조사를 하기 위해 한 가지 중요하게 고려할 사항은 표본 크기의 선택이다. 더 작고 정밀한 모집단 비율의 구간추정을 구하기 위해, 신뢰도를 낮추거나 표본 크기를 늘려야 한다. 신뢰도를 올리고 싶다면, 구간추정치를 더 넓게 하거나 표본 크기를 늘릴 수 있다. 보다 큰 표본 크기를 선택하는 게 바람직할 수도 있는 반면, 실제적으로 이 결정은 시간과 비용이 든다.

비율의 신뢰구간을 구하기 위한 설문조사를 준비할 때 $\sigma_{\hat{p}}$으로 무엇을 사용해야 할까?

$$\sqrt{p(1-p)}=\sqrt{p-p^2}=\sqrt{-\left(p-\frac{1}{2}\right)^2+\frac{1}{4}}\le\frac{1}{2}\text{이므로 }\sqrt{\frac{p(1-p)}{n}}\le\frac{0.5}{\sqrt{n}}\text{이다.}$$

오차의 한계를 d(일정)로 정하면

$$d = z_{\frac{\alpha}{2}} \frac{0.5}{\sqrt{n}}$$

이다. 이를 정리하면

$$n = \left(\frac{z_{\alpha/2}}{2d}\right)^2$$

이므로 표본의 크기 n이 결정된다.

예제 6.14

개개인의 성과에 따라 노동자의 급여가 좌우되어야 한다고 믿는 산업계 경영진들의 비율을 찾기 위해 조사가 착수되었다. 추정이 99% 신뢰 수준에서 $\pm .06$, $\pm .03$, $\pm .02$이길 바란다면 경영진들 몇 명이나 인터뷰를 해야 할까요?

풀이

$2.576\left(\frac{.5}{\sqrt{n}}\right) \le .06$는 $\sqrt{n} \ge \frac{2.576(.5)}{.06} = 21.5$, $n \ge 462.25$이다.

$2.576\left(\frac{.5}{\sqrt{n}}\right) \le .03$는 $\sqrt{n} \ge \frac{2.576(.5)}{.03} = 42.9$, $n \ge 1840.4$이다.

$2.576\left(\frac{.5}{\sqrt{n}}\right) \le .02$는 $\sqrt{n} \ge \frac{2.576(.5)}{.02} = 64.4$, $n \ge 4147.4$이다. 따라서 463, 1,841 또는 4,148명의 경영진들이 인터뷰되어야 한다.

6.2.2 두 비율들의 차이의 신뢰구간

p_1과 p_2는 알려져 있지 않고, 우리의 목적은 $p_1 - p_2$의 신뢰구간을 구하는 것이다

첫 단계는 각 모집단에서 서로 독립인 두 개의 표본을 꺼내는 것이다. $p_1 - p_2$의 불편 추정량으로 $\frac{X_1}{n_1} - \frac{X_2}{n_2}$를 사용하는 것은 자연스럽다. 그 다음 $p_1 - p_2$의 신뢰구간을 만들기

로 하자. 먼저 $p_1 - p_2$의 추정량인 $\frac{X_1}{n_1} - \frac{X_2}{n_2}$의 표본분포를 알아야 한다. 그러면 $\frac{X_1}{n_1} - \frac{X_2}{n_2}$의 분포는 근사적으로 평균이 $p_1 - p_2$이고, 표준편차가 $\sqrt{\frac{p_1(1-p_1)}{n_1} + \frac{p_2(1-p_2)}{n_2}}$ 인 정규분포를 따른다는 것이 알려져 있다. 그래서, 모집단이 하나인 경우 모비율 p의 신뢰구간을 구하는 방법을 적용하면 $p_1 - p_2$의 $(1-\alpha)100\%$ 신뢰구간은 다음과 같다.

$$\left(\frac{x_1}{n_1} - \frac{x_2}{n_2}\right) - z_{\alpha/2}\sqrt{\frac{p_1(1-p_1)}{n_1} + \frac{p_2(1-p_2)}{n_2}} < p_1 - p_2 < \left(\frac{x_1}{n_1} - \frac{x_2}{n_2}\right) + z_{\alpha/2}\sqrt{\frac{p_1(1-p_1)}{n_1} + \frac{p_2(1-p_2)}{n_2}}$$

위 신뢰구간의 상·하한 모두가 p_1과 p_2를 포함한다. 그러나, 우리는 이 p_1, p_2를 모르므로 이를 추정하여야 한다. 그렇지만 별 오차 없이 $\hat{p_1} = \frac{x_1}{n_1}$와 $\hat{p_2} = \frac{x_2}{n_2}$를 사용할 수 있다.

그래서, 다음 결과를 얻는다.

> $p_1 - p_2$의 $(1-\alpha)100\%$ 신뢰구간은
>
> $$\left(\frac{x_1}{n_1} - \frac{x_2}{n_2}\right) - z_{\alpha/2}\sqrt{\frac{\frac{x_1}{n_1}\left(1 - \frac{x_1}{n_1}\right)}{n_1} + \frac{\frac{x_2}{n_2}\left(1 - \frac{x_2}{n_2}\right)}{n_2}} < p_1 - p_2 < \left(\frac{x_1}{n_1} - \frac{x_2}{n_2}\right) + z_{\alpha/2}\sqrt{\frac{\frac{x_1}{n_1}\left(1 - \frac{x_1}{n_1}\right)}{n_1} + \frac{\frac{x_2}{n_2}\left(1 - \frac{x_2}{n_2}\right)}{n_2}}$$

$$(\hat{p_1}-\hat{p_2})-z_{\alpha/2}\sqrt{\frac{\hat{p_1}(1-\hat{p_1})}{n_1}+\frac{\hat{p_2}(1-\hat{p_2})}{n_2}} < p_1-p_2$$

$$< (\hat{p_1}-\hat{p_2})+z_{\alpha/2}\sqrt{\frac{\hat{p_1}(1-\hat{p_1})}{n_1}+\frac{\hat{p_2}(1-\hat{p_2})}{n_2}}$$

이다.

예제 6.15

식품점의 매니저는 계산대를 지나가는 85명의 사람들이 무작위 표본에서 10명만 수표로 계산하는 정규계산대를 지나고, 92명의 소비자들 중 7명이 정규계산대에서 수표로 계산하는 걸 알아차린다. 다른 두 계산대를 지나가며 수표를 사용하는 소비자들의 비율 차이의 95% 신뢰구간추정을 찾아라.

풀이

$n_1=85$ $n_2=92$

$\hat{p_1}=\frac{10}{85}=.118$ $\hat{p_2}=\frac{37}{92}=.402$

$$SE(\hat{p_1}-\hat{p_2})=\sqrt{\frac{(.118)(.882)}{85}+\frac{(.402)(.598)}{92}}=.0492$$

$\hat{p_1}-\hat{p_2}=.118-.402=-.284$이다. 그리고 $z_{0.025}=1.96$이다.

신뢰구간추정은 $-.284\pm1.96(.0619)=-.284\pm.121$이다. 매니저는 급행 계산대를 지나가며 수표를 사용하는 소비자들의 비율은 이 정규계산대를 지나며 수표를 사용하는 소비자들의 비율보다 0.163과 0.405만큼 낮은 것을 95% 확신한다.

```
> #ex6.15
> n1=85 ; n2=92 ; p1=10/85 ; p2=37/92 #모수추정
> error=qnorm(0.975)*sqrt(p1*(1-p1)/n1+p2*(1-p2)/n2) #오차구하기
> abs(c((p1-p2)-error,(p1-p2)+error)) #신뢰구간(-값을 절대값치환)
[1] 0.4058963 0.1631574
```

예제 6.16

폐렴의 치료에 사용되는 항생제가 신장이 정상인 사람과 이상이 있는 사람에게 어떠한 영향을 미치는지를 알아보기 위하여, 두 모집단으로부터 각각 100명씩 표본을 랜덤으로 추출하여 항생제를 주사한 결과 신장이 정상적인 사람 21명, 신장에 이상이 있는 사람 38명이 알레르기성 반응을 나타내었다. 신장이 정상인 사람과 이상이 있는 사람이 알레르기성 반응을 나타낼 비율을 각각 p_1, p_2라고 할 때 두 모비율의 차 $p_1 - p_2$에 대한 95% 신뢰구간을 구하라.

풀이

두 모비율의 차 $p_1 - p_2$에 대한 95% 신뢰구간은

$$(\hat{p_1} - \hat{p_2}) \pm z_{\alpha/2}\sqrt{\frac{\hat{p_1}(1-\hat{p_1})}{n_1} + \frac{\hat{p_2}(1-\hat{p_2})}{n_2}} = (0.21 - 0.38) \pm 1.96\sqrt{\frac{0.21 \times 0.79}{100} + \frac{0.38 \times 0.62}{100}}$$

$$= -0.17 \pm 0.124 \text{ 또는 } (-0.294,\ 0.046)$$

6.3 모분산의 구간추정

모분산 σ^2이 알려지지 않은 정규모집단 $N(\mu,\ \sigma^2)$으로부터 크기 n인 확률표본 $X_1,\ X_2,\ \cdots,\ X_n$을 추출하였을 때 표본분산

$$S^2 = \frac{1}{n-1}\sum_{i=1}^{n}\left(X_i - \overline{X}\right)^2$$

은 모분산 σ^2의 불편추정량이고

$$\chi^2 = \frac{(n-1)S^2}{\sigma^2}$$

은 자유도 $n-1$인 χ^2분포를 한다. 따라서

$$P\left(\chi^2_{1-\alpha/2} < \frac{(n-1)S^2}{\sigma^2} < \chi^2_{\alpha/2}\right) = 1 - \alpha$$

다음과 같이 σ^2의 신뢰구간이 구하여진다.

σ^2가 알려지지 않은 정규모집단으로부터의 크기 n인 확률표본의 분산이 S^2이면 σ^2의 $100(1-\alpha)\%$ 신뢰구간은

$$\frac{(n-1)S^2}{\chi^2_{\frac{\alpha}{2}}} < \sigma^2 < \frac{(n-1)S^2}{\chi^2_{1-\frac{\alpha}{2}}}$$

이다. 그래서, 우리는 다음의 결과를 얻는다.

모집단의 표준편차 σ의 $100(1-\alpha)\%$ 신뢰구간은

$$\frac{(n-1)s^2}{\chi^2_{\frac{\alpha}{2}}} < \sigma^2 < \frac{(n-1)s^2}{\chi^2_{1-\frac{\alpha}{2}}}$$

이다.

예제 6.17

어떤 참치 통조림의 무게에 대한 분산을 추정하기 위하여 임의로 10개를 추출하여 측정한 무게이다.

46.4, 46.1, 45.8, 47.0, 46.1, 45.9, 45.8, 46.9, 45.2, 46.0

참치 통조림의 무게가 정규분포를 따른다고 할 때, 모분산 σ^2에 대한 95% 신뢰구간을 구하여라.

풀이

표본분산 s^2을 계산하면 $s^2 = 0.286$, 자유도는 $10-1=9$이므로, 부록 표에서 $\chi^2_{0.025,\,(9)} = 19.023$과 $\chi^2_{0.975,\,(9)} = 2.700$을 찾는다. 따라서 σ^2에 대한 95% 신뢰구간은 다음과 같다.

$\frac{(9)(0.286)}{19.023} < \sigma^2 < \frac{(9)(0.286)}{2.700}$ 즉, $0.1353 < a^2 < 0.9533$

```
> #ex6.17
> data=c(46.4,46.1,45.8,47.0,46.1,45.9,45.8,46.9,45.2,46.0) #데이터입력
> var=var(data) ; n=length(data) #모수추정
> qchi1=qchisq(0.975,n-1); qchi2=qchisq(0.025,n-1) #카이제곱분포분위수
> c((n-1)*var/qchi1,(n-1)*var/qchi2) #신뢰구간
[1] 0.1354167 0.9539365
```

예제 6.18

정확한 전자시계를 만들고자 하는 한 전자시계 제조업자가 마지막 품질검사에 합격한 시계 중에서 10개의 시계를 추출하여 품질이 얼마나 균일하게 유지되는지를 검사하려고 한다. 이를 위하여 표준시계와 10개의 시계를 맞춘 후 한 달 후에 표준시계와의 시간 차이(제조시계의 시간-표준시계의 시간)를 기록하였더니 평균과 표준편차가 다음과 같았다.

$$\overline{x} = 0.5\text{초}, \quad s = 0.4\text{초}$$

모집단의 시간 차이가 정규분포라는 가정하에 σ의 90% 신뢰구간을 구하라.

풀이

표본의 크기가 $n = 10$이고, $\alpha/2 = 0.05$이므로, χ^2분포표로부터 $\chi^2_{0.05,(9)} = 16.92$와 $\chi^2_{0.95,(9)} = 3.33$을 얻을 수 있다. 앞에서 구한 신뢰구간의 식에 의해서 σ^2의 90% 신뢰구간은

$$\left(\frac{9\times(0.4)^2}{16.92},\ \frac{9\times(0.4)^2}{3.33}\right) = (0.085,\ 0.432)$$

이고, 따라서 σ의 90% 신뢰구간은 $(\sqrt{0.085},\ \sqrt{0.432}) = (0.29,\ 0.66)$이다.

주관식

1. 모집단 분포의 수량적 특성값을 무엇이라 하는가?

2. 정규모집단에서 추출한 표본 크기 20의 표본평균 $\overline{X}= 173.2$ 이고, $s = 8.42$ 일 때, 모평균 μ 의 95% 신뢰 한계는? 단 $t_{n(\alpha)}$ 는 자유도 n, 유의수준 α 의 t-값이다.

3. 일정한 두께의 철판을 만드는 공장에서 생산되는 철판의 두께는 정규분포를 하며, 과거의 경험에서 그 표준편차는 $\sigma = 0.021$[mm] 로 알려지고 있다. 이 공장에서 만든 철판 중에서 임의로 100장을 뽑아 그 두께를 재었더니 그 평균은 1.022[mm]였다. 이 공장 철판의 평균 두께의 95% 신뢰구간은 얼마인가?

4. 어느 공장 제품 100개를 임의로 추출하여 제품 무게에 대한 평균 $\overline{X}= 323.4$g, 표준편차 $s = 6.5$g을 얻었다. 신뢰도 95%로 그 공장 제품의 무게의 평균(모평균) μ를 구하면 얼마인가?

5. 우리나라 18세인 남자의 체중의 표준편차가 4.8kg이라 하자. 95% 신뢰도로서 오차가 0.5kg 이하가 되게 체중의 평균을 계산하려 할 때 필요한 표본의 수는 얼마인가?

6. 강판에 세 개의 구멍을 뚫는 데 소요되는 작업시간을 정하려고 한다. 실험을 통해서 이 작업시간의 σ는 40초라고 결론이 얻어졌다면, 표본평균이 모평균으로부터 15초 이내에 있다는 것을 95%로 확신할 수 있으려면 표본의 크기는 얼마로 정해야 되는가?

7. 어느 컴퓨터 제조회사에서 생산되는 컴퓨터의 내구연한이 정규분포를 이룬다고 한다. 10명의 소비자를 대상으로 설문조사한 결과 다음의 자료를 얻었다. 신뢰수준 90%에 대한 모평균 μ의 신뢰구간을 구하여라. (단위: 년)

```
4.6  3.6  4.0  6.1  8.8
5.3  1.2  5.6  3.3  1.6
```

8. 원통형 금속봉을 생산하는 기계가 있다. 금속봉 9개를 표본 추출하여 그 지름을 측정하였더니 다음과 같았다. (단위: cm)

```
1.01  0.97  1.03  1.04
0.99  0.98  1.01  0.99  1.03
```

금속봉의 지름이 정규분포를 근사적으로 따른다고 할 때 지금의 모평균에 대한 99% 신뢰구간을 구하라.

9. 다음은 A, B 두 담배의 연소시간을 측정한 자료이다. 신뢰도 95%로 평균의 차의 신뢰구간을 구하면 얼마인가?

	A	B
n	100	144
$\bar{x}$	9.361	9.0
S	0.83	1.2

10. 다음은 남자와 여자의 생존 연령을 조사한 자료이다.

<table>
<tr><td rowspan="2">남자</td><td>52</td><td>60</td><td>55</td><td>46</td><td>33</td><td>75</td><td>58</td></tr>
<tr><td>45</td><td>57</td><td>88</td><td></td><td></td><td></td><td></td></tr>
<tr><td rowspan="2">여자</td><td>62</td><td>58</td><td>65</td><td>56</td><td>53</td><td>45</td><td>56</td></tr>
<tr><td>65</td><td>77</td><td>47</td><td></td><td></td><td></td><td></td></tr>
</table>

(1) 두 그룹의 모분산이 동일하다는 조건 아래서 합동표준편차를 구하여라.

(2) (1)를 이용하여, 여자와 남자와 여자의 평균생존연령의 차이에 대한 90% 신뢰구간을 구하여라.

11. 두 종류의 페인트의 건조시간을 15번씩 측정한 결과가 다음과 같다.

페인트 A	페인트 B
3.5 2.7 3.9 4.2 3.6 2.7 3.3 5.2 4.2 2.9 4.4 5.2 4.0 4.1 3.4	4.7 3.9 4.5 5.5 4.0 5.3 4.3 6.0 5.2 3.7 5.5 6.2 5.1 5.4 4.8

건조시간은 정규분포를 따르며 두 페인트 건조시간의 모분산은 같다고 가정하여, 평균건조시간의 차이 $\mu_B - \mu_A$에 대한 95% 신뢰구간을 구하라.

12. 두 회사 타이어를 8대 택시의 뒷바퀴에 한 개씩 무작위로 장착하여 같은 실험을 한 결과, 아래와 같이 주행거리가 측정되었다고 한다. μ_D의 99% 신뢰구간을 구하라. 단, 주행거리의 차이는 정규분포를 근사적으로 따른다고 가정한다. (단위: km)

택시	A 회사 타이어	B 회사 타이어
1	34,400	36,700
2	45,500	46,800
3	36,700	37,700
4	32,000	31,100
5	48,400	47,800
6	32,800	36,400
7	38,100	38,900
8	30,100	31,500

13. 특정한 약은 반응시간을 늦추는가? 만약 그렇다면, 정부는 이 약을 복용하는 차이를 고려하여 검정하려 한다. 30명의 무작위 표본이 약 복용 전과 후에 검사되었다, 그리고 그들의 반응시간(초당)이다. 약 복용 전과 후의 차이에 대한 95% 신뢰구간을 구하여라.

약 복용 전과 후의 반응속도

사람	전	후	사람	전	후
1	1.42	1.48	16	1.83	1.75
2	1.87	1.75	17	1.40	1.51
3	1.34	1.31	18	1.75	1.67
4	0.98	1.22	19	1.56	1.72
5	1.51	1.58	20	1.56	1.63
6	1.43	1.57	21	2.03	1.81
7	1.52	1.48	22	1.38	1.48
8	1.61	1.55	23	1.42	1.35
9	1.37	1.54	24	1.69	1.75
10	1.49	1.37	25	1.50	1.39
11	0.95	1.07	26	1.12	1.24
12	1.32	1.35	27	1.38	1.40
13	1.68	1.77	28	1.71	1.65
14	1.44	1.44	29	0.91	1.11
15	1.17	1.27	30	1.59	1.85

14. 통조림 공장에서 통조림을 제조하기 전에 많은 양의 끓는 물로 야채를 세척하고 있다. 그런데 새로 개발된 방법인 증기를 이용한 세척방법(SBP)을 사용하면 야채에 들어있는 비타민과 미네랄이 기존의 방법보다 적게 손실된다고 한다. 10곳의 농장에서 얻은 10다발의 콩을 가지고 SBP 방법과 기존의 방법을 비교하고자 한다. 각 다발의 콩 중에서 반은 기존의 방법으로, 나머지 반은 SBP 방법으로 처리한 후 통조림된 콩에서 450g당 비타민의 양을 측정하였다.

	농장									
	1	2	3	4	5	6	7	8	9	10
SBP	35	48	65	33	61	54	49	37	58	65
기존의 방법	33	40	55	41	62	54	40	35	59	56

두 가지 방법을 사용하였을 때 450g당 비타민 양의 평균 차이에 대한 98% 신뢰구간을 구하라.

15. 어느 선거구에서 1,000명의 유권자를 대상으로 한 여론조사 결과 A 후보 지지율이 43%였다. 모비율 p의 95% 신뢰 한계는?

16. A 후보의 지지율을 조사하기 위하여 1,000명을 임의로 조사한 결과 590명의 지지를 받았다. 이 후보의 지지율에 대하여 다음을 구하여라.

(1) 전체 유권자의 지지율을 추정하여라.

(2) 표본비율 $\hat{p}$의 표준오차를 구하여라.

(3) $|\hat{p}-p|$에 대한 95% 오차 한계를 구하여라.

(4) 전체 유권자의 지지율에 대한 95% 신뢰구간을 구하여라.

17. 어떤 공장의 제품의 불량품을 95% 신뢰계수로 오차 ± 0.005 이내로 조사하고자 한다. 종래 경험으로 불량률이 4% 정도라고 할 때 표본 수는 얼마인가?

18. 어떤 도시에서 수돗물에 불소를 넣어 공급하는 것에 대한 찬성률을 추정하기 위한 조사가 수행되었다. 표본에 의한 찬성률과 도시 전체의 실제 찬성률과의 차이가 1% 이내가 됨을 적어도 95%로 확신하기 위해서는 몇 명이 조사되어야 하는가?

19. 다음은 A, B 품목의 합격, 불합격 비율표이다. 신뢰 95%로 불합격 비율차를 구간추정할 때 신뢰 상한과 하한은 얼마인가?

	합격	불합격	계
A	928	72	1,000
B	772	28	800
계	1,700	100	1,800

20. 어느 공장에서 부품 조립 순서에 따른 불량률을 현재의 방법과 새로운 방법에 대하여 비교하여 그 결과에 따라 조립 순서를 변경하려고 한다. 현재의 방법으로 조립된 1,500개의 부품을 조사하였더니 불량품이 75개, 새로운 방법에 의해 조립된 2,000개의 부품 중에서는 불량품이 80개로 나타났다. 현 방법과 새 방법의 불량률 차이에 대한 90% 신뢰구간을 구하라.

21. 자동차 배터리 제조업자는 그들이 제조한 배터리의 수명이 평균 3년이라고 한다. 이들 배터리를 임의로 5개를 추출한 표본의 수명은 다음과 같다. 배터리의 수명의 분산에 대한 95% 신뢰구간은?

```
1.9,  2.4,  3.0,  3.5,  4.2 (단위: 년)
```

22. 다음은 어떤 제조회사에서 생산되는 음료수를 분석한 당분함량의 자료이다. 이 자료로부터 이 회사에서 생산되는 음료수의 당분함량에 대한 분산과 표준편차에 대한 95% 신뢰구간을 구하여라.

15.1	13.4	16.5	14.6	14.4
14.0	15.4	13.8	14.6	14.3

23. 다음은 어떤 회사에서 판매하는 잔디씨 10봉지의 무게를 측정한 값이다. (단위: g)

46.4	46.1	45.8	47.0	46.1
45.9	45.8	46.9	45.2	46.0

이 회사에서 판매하는 모든 잔디씨 봉지의 무게의 분산에 대한 95% 신뢰구간을 구하라. 단, 잔디씨 봉지의 무게는 정규분포를 따른다고 한다.

σ^2에 대한 95% 신뢰구간을 구하여라.

객관식

1. 일정한 두께의 철판을 만드는 공장에서 생산되는 철판의 두께는 정규분포를 하며, 과거의 경험에서 그 표준편차는 σ=0.021[mm]로 알려지고 있다. 이 공장에서 만든 철판 중에서 임의로 100장을 뽑아 그 두께를 재었더니 그 평균은 1.022[mm]였다. 이 공장 철판의 평균 두께의 95% 신뢰구간은 얼마인가?

① $1.017 < \mu < 1.227$　② $0.017 < \mu < 1.027$

③ $1.017 < \mu < 1.027$　④ $0.017 < \mu < 1.227$

해설

$1.022 \pm 1.96 \times \dfrac{0.021}{\sqrt{100}} = 1.022 \pm 0.005 = 1.017 \sim 1.027$ ③

$\therefore 1.017 < \mu < 1.027$

2. 어떤 공장의 제품의 불량품을 95% 신뢰계수로 오차 ±0.005 이내로 조사하고자 하다. 종래 경험으로 불량품이 4% 정도라고 할 때 표본수는 얼마인가?

① 4500　② 5400

③ 5900　④ 6400

해설

$1.96\sqrt{\dfrac{0.04 \times 0.96}{n}} = 0.005$　$\therefore n = \dfrac{1.96^2 \times 0.04 \times 0.96}{(0.005)^2} \fallingdotseq 5900$ ③

3. 어느 선거구에서 1000명의 유권자를 대상으로 한 여론 조사 결과 A후보 지지율이 43%이었다. 모비율 p의 95% 신뢰 한계는?

① $0.43 \pm 1.96\sqrt{\dfrac{0.43 \times 0.57}{1000}}$　② $0.43 \pm 1.96\sqrt{\dfrac{0.5 \times 0.5}{1000}}$

③ $0.5 \pm 1.96\sqrt{\dfrac{0.43 \times 0.57}{1000}}$　④ $0.5 \pm 1.96\sqrt{\dfrac{0.5 \times 0.5}{1000}}$

해설

n이 클 때 비율은 정규분포에 따른다.

$S_p = \sqrt{\dfrac{p(1-p)}{n}}$　$\therefore 0.43 \pm 1.96\sqrt{\dfrac{0.43 \times 0.57}{1000}}$ ①

4. 모집단에서 추출하는 표본의 크기가 커지면 평균의 표준 오차는 어떤 영향을 받는가?

① 작아진다. ② 커진다.

③ 모집단의 표준편차와 같다. ④ 상관없다.

해설

표본수 n을 크게 하면 평균의 오차는 작아진다. ①

5. 다음은 A, B 두 담배의 연소 시간을 측정한 자료이다. 신뢰도 95%로 평균의 차의 신뢰구간을 구하면 얼마인가?

	A	B
n	100	144
$\bar{x}$	9.361	9.0
S	0.83	1.2

① 0.1032, 0.6178

② 0.1132, 0.6278

③ 0.0856, 0.6344

④ 0.1152, 0.6148

해설

$(\bar{x}_A - \bar{x}_B) - 1.96\sigma < \mu_A - \mu_B < (\bar{x}_A - \bar{x}_B) + 1.96\sigma$ ③

$\sigma = \sqrt{\dfrac{0.83^2}{100} + \dfrac{1.2^2}{144}} = 0.14$

$(9.36 - 9.0) - 1.96 \cdot 0.14 < \mu_A - \mu_B < (9.36 - 9.0) + 1.96 \cdot 0.14$

$0.0856 < \mu_A - \mu_B < 0.6344$

6. 어느 대기업이 종업원들의 혼인율을 추정하기 위해 500명의 종업원을 임의로 추출하여 이들의 혼인 여부를 조사한 결과 이 중 76명이 기혼자였다. 모비율 p에 대한 95%의 신뢰구간은 얼마인가?

① $0.119 \le p \le 0.181$ ② $0.123 \le p \le 0.185$

③ $0.121 \le p \le 0.183$ ④ $0.125 \le p \le 0.187$

해설

$p = \dfrac{76}{500} = 0.152, \qquad Z_{0.975} = 1.96$ ③

$P = 0.152 \pm 1.96\sqrt{\dfrac{0.152 \times 0.848}{500}} = 0.152 \pm 0.031 \rightarrow 0.121 \sim 0.183$

7. 어떤 제품의 수명을 조사하기 위해서 임의로 20개를 추출하여 수명을 검사한 결과 평균 32시간, 표준편차 8시간이었다. 표본평균의 분포와 표준 오차는?

① 정규분포, $\frac{8}{\sqrt{20}}$　　② t−분포, $\frac{8}{\sqrt{20}}$

③ 정규분포, $\frac{8}{\sqrt{19}}$　　④ t−분포, $\frac{8}{\sqrt{19}}$

해설

무한 모집단 소표본이므로 t−분포이고, 자유도가 19이므로 표준 오차는 $\frac{8}{\sqrt{19}}$ 이다. ④

8. 작업 A를 수행하는 데 소요되는 평균 시간을 측정하기 위해서 16명의 종업원을 임의 추출하여 조사한 결과 평균 소요 시간이 13분, 표준편차 3분이었다. 전체 종업원들이 작업 A를 수행하는 데 소요되는 평균 시간에 대한 95%의 신뢰구간은?

① 11.4, 14.6　　② 11.0, 15.0

③ 11.2, 14.8　　④ 10.8, 15.2

해설

자유도 $n-1=15,\quad \bar{x}=13,\quad S=3$ ①

$$t_{1-\frac{\alpha}{2}}=t_{0.975}=2.1315$$

$$\mu=13\pm 2.1315\times\frac{3}{4}=13\pm 2.1315\times 0.75$$

9. A회사에서 추출한 100개의 전구의 평균수명 $\bar{x}_A$는 1,400시간이고 표준편차 σ_A는 120시간이었고, B회사에서 추출한 200개의 표본의 평균값 $\bar{x}_B$는 1,200 시간이며 그 표준편차 σ_B는 80시간이었다. A, B 두 회사의 전구의 모평균수명의 차에 관한 95% 신뢰 한계를 구한 것으로 맞는 것은?

① 189.4, 210.6　　② 179.3, 220.7

③ 174.0, 226.0　　④ 196.7, 213.3

해설

$$\overline{X}_A-\overline{X}_B : N\left(\mu_A-\mu_B,\ \frac{\sigma_A^2}{n_1}+\frac{\sigma_B^2}{n_2}\right)$$ ③

$$(1400-1200)-1.96\sqrt{\frac{120^2}{100}+\frac{80^2}{200}}<\mu_A-\mu_B<(1400-1200)+1.96\sqrt{\frac{120^2}{100}+\frac{80^2}{200}}$$

$$200-1.96\sqrt{176}<\mu_A-\mu_B<200+1.96\sqrt{176}$$

$$200-26<\mu_A-\mu_B<200+26$$

$$\therefore 174<\mu_A-\mu_B<226$$

10. 다음은 A, B 품목의 합격, 불합격 비율표이다. 신뢰 한계 95%로 불합격 비율차를 구간 추정할 때 신뢰 상한과 하한은 얼마인가?

	합격	불합격	계
A	928	72	1000
B	772	28	800
계	1700	100	1800

① 0.0165, 0.0575

② 0.0265, 0.0675

③ 0.0365, 0.0775

④ 0.0465, 0.0875

해설

$P_A-P_B=0.072-0.035=0.037(3.7\%)$ ①

$$(P_A-P_B)\pm1.96\sqrt{\frac{0.072(1-0.072)}{1000}+\frac{0.035(1-0.035)}{800}}$$

$=0.037\pm1.96\times0.01044$

$=0.037\pm0.0205$

$\therefore [0.0165,\ 0.0575]$

11. 정규모집단에서 추출한 표본 크기 100의 표본평균 $\overline{X}=297.1$, $S=79.4$일 때 모평균 μ의 신뢰 한계는 얼마인가?

① $297.1\pm1.96\dfrac{79.4}{\sqrt{100}}$

② $297.1+2.56\dfrac{79.4}{\sqrt{100}}$

③ $79.4\pm1.96\dfrac{297.1}{\sqrt{100}}$

④ $79.4\pm2.56\dfrac{297.1}{\sqrt{100}}$

해설

n이 클 때는 정규분포 추정이고 신뢰 한계는 $\overline{X}\pm Z\dfrac{S}{\sqrt{n}}$이다. ①

12. 한 회사에서 서류 복사를 하루 평균 356매(표준편차 77매)씩 작성하고 있다고 한다. 그런데 1매당 비용은 30원씩이라고 한다. 그러면 121일 동안의 서류 복사 비용이 1일 평균 11,100원을 넘게 될 확률을 구하여라.

① 0.25
② 0.05
③ 0.4
④ 0.02

해설

$11100 \div 30 = 370$[매] ④

$\mu = 356$

$$Z = \frac{370-356}{\frac{77}{\sqrt{121}}} = \frac{14}{7} = 2$$

$P(Z>2) = 0.5 - 0.4772 = 0.0228$

13. 10개의 공의 지름을 재어보니 평균은 $\overline{X} = 4.38$인치이고 표준편차는 $s = 0.06$이었다. 모평균 μ의 신뢰 한계는 얼마인가?

① $4.38 \pm t_9(0.05)\frac{0.06}{\sqrt{10}}$
② $4.38 \pm 1.96\frac{0.06}{\sqrt{10}}$
③ $4.38 \pm 2.58\frac{0.06}{\sqrt{10}}$
④ $4.38 \pm t_9(0.01)\frac{0.06}{\sqrt{10}}$

해설

$n = 10$인 소표본이므로 95% 신뢰 한계는 ①

$\overline{x} \pm t_{n-1}(\alpha)\frac{S}{\sqrt{n}}$에서 $\alpha = 0.05$

14. 가구의 평균 소득을 신뢰구간 95%, 허용 오차를 ± 5000원으로 조사하기 위해 예비 조사 결과 $S = 15000$원이란 사실을 알았다. 표본수 n은 얼마인가?

① 28
② 35
③ 46
④ 55

해설

$Z = \frac{\overline{X}-\mu}{\frac{S}{\sqrt{n}}}$이므로 $1.96\frac{S}{\sqrt{n}} = 5000$ ②

$$\therefore n = \frac{(1.96)^2(15000)^2}{(5000)^2} \fallingdotseq 35$$

15. 정규분포에 다음의 확률이 성립한다. 즉,

$$P_r\left\{\overline{X}-1.96\frac{\sigma}{\sqrt{n}} \le \mu \le \overline{X}+1.96\frac{\sigma}{\sqrt{n}}\right\}=0.95$$

일 때 신뢰도는 몇 %인가? (단, 정규분포 $N(\mu,\sigma^2)$으로부터 추출한 크기 n의 표본에서 $\overline{X}$는 표본평균이다.

① 1.96% ② 0.95%

③ 95% ④ 19.6%

해설

③

16. 평균값을 추정하기 위한 신뢰구간에서 표본의 크기가 크면 클수록 신뢰구간의 길이는?

① 짧아진다. ② 길어진다.

③ 변하지 않는다. ④ 알 수 없다.

해설

신뢰구간의 폭을 작게 하려면 표본수 n을 크게 해야 한다. ①

17. 다음 중에서 모비율 추정의 표본수 결정에 영향을 미치지 않는 것은 어느 것인가?

① 모비율 ② 모집단 크기

③ 모분산 ④ $Z_{\frac{\alpha}{2}}$

해설

모비율 추정에는 $\sigma^2 = \sqrt{\frac{p(1\quad p)}{n}}$ 을 사용한다. ④

18. 어느 공장에서 A 제품의 불량률을 95% 신뢰계수로써 오차 0.05 이내로 조사하고자 한다. 조사에서 불량품이 4%였다. 표본의 크기를 얼마로 하면 좋은가?

① 50 ② 52

③ 59 ④ 60

해설

$p=0.04, \quad E=0.05$ ③

$\therefore n=\left(\frac{1.96}{E}\right)^2 \times p \times q=\left(\frac{1.96}{0.05}\right)^2 0.04\times 0.96=59.007 \fallingdotseq 59$

19. A, B 두 공장에서 생산되는 전구의 수명에 대하여 125개의 전구평균수명 $\overline{x}_A$는 1,400시간이고 표준편차 σ_A는 200시간이고 두 모집단에서 125개의 전구평균수명 $\overline{x}_B$는 1,200시간이고 표준편차 σ_B는 100일 때 표본평균차가 160 이상일 확률을 구하면?

① 0.95 ② 0.98

③ 0.99 ④ 0.90

해설

$\overline{x}_A - \overline{x}_B = 1400 - 1200 = 200$ ②

$\sigma_{\overline{x}_A - \overline{x}_B} = \sqrt{\frac{\sigma_A^2}{n_A} + \frac{\sigma_B^2}{n_B}} = \sqrt{\frac{200^2}{125} + \frac{100^2}{125}} = 20$

$\therefore Z = \frac{160-200}{20} = -2$

$\therefore P\{Z \geq -2\} = 0.5 + 0.4771 = 0.9771$

20. 어느 회사의 자동차 타이어의 수명은 평균 30,000km이고, 표준편차 2,000km인 정규분포에 따른다고 한다. 한 사람이 4개의 타이어를 샀을 때 이 4개의 평균수명이 25,000km 이상이 될 확률은?

① 1 ② 0.95

③ 0.9 ④ 0.5

해설

$P\left(Z \geq \frac{25000-30000}{\frac{2000}{\sqrt{4}}}\right) = P(Z \geq -5) = 1$ ①

21. $X_1, X_2, \cdots, X_{100}$이 서로 독립으로 $N(50, 15^2)$을 따를 때 $\overline{X} = \frac{1}{100}(X_1 + X_2 + \cdots + X_{100})$인 $\overline{x}$가 $47 < \overline{X} < 53$인 범위에 있을 확률로 맞는 것은?

① 0.846 ② 0.667

③ 0.955 ④ 0.889

해설

$\overline{X}$는 $N(50, 1.5^2)$에 따른다. ③

$\therefore P(47 < \overline{X} < 53) = P\left(\frac{47-50}{1.5} < Z < \frac{53-50}{1.5}\right)$

$= P(-2 < Z < 2) = 0.955$

22. 정규분포 $N(\mu, \sigma^2)$를 따르는 모집단으로부터 추출된 크기 10인 랜덤표본에서 표본분산 $S^2 = \frac{1}{n-1}\sum_{i=1}^{n}(X_i - \overline{X})^2$을 얻었다. 이때 μ를 모른다고 하자. 적당한 상수 a와 $b(a < b)$에 대하여 분산 σ^2의 95% 신뢰구간을 구하면?

① $\left(\frac{nS^2}{a}, \frac{nS^2}{b}\right)$
② $\left(\frac{nS^2}{b}, \frac{nS^2}{a}\right)$
③ $\left(\frac{(n-1)S^2}{a}, \frac{(n-1)S^2}{b}\right)$
④ $\left(\frac{(n-1)S^2}{b}, \frac{(n-1)S^2}{a}\right)$

해설

모분산 σ^2에 대한 $100(1-\alpha)\%$ 신뢰구간 ④

모분산 σ^2에 대한 $100(1-\alpha)\%$ 신뢰구간은 $\left(\frac{(n-1)S^2}{\chi^2_{\frac{\alpha}{2},(n-1)}}, \frac{(n-1)S^2}{\chi^2_{1-\frac{\alpha}{2},(n-1)}}\right)$이다.

신뢰계수가 95%이고 표본크기가 10이므로 신뢰구간은 $\left(\frac{(n-1)S^2}{\chi^2_{0.025,(9)}}, \frac{(n-1)S^2}{\chi^2_{0.975,(9)}}\right)$이 된다.

CHAPTER

07

통계적 가설검정

구성

STATISTICS

가설검정이란 모집단에 대한 어떤 가설을 설정한 뒤에 표본을 통하여 그 가설의 채택 여부를 결정하는 분석방법이다. 예를 들면, 건설업체의 주요한 주주가 성공적인 계획 입찰 비율의 구간추정을 확인할 수도 있고, 성공적인 입찰의 비율에 대한 주장을 검정할 수도 있다. 소비자보호국은 특정한 담배 브랜드의 평균 니코틴 함유량의 신뢰구간을 구할 수도 있으며, 제조업체가 그들의 담배 평균 니코틴 함유량에 대해 주장하는 것을 검정할 수도 있다. 농업연구원은 특정한 비료에 의한 평균 생산력 증가의 신뢰구간을 찾을 수 있거나, 회사가 주장한 평균 생산력 증가를 검정할 수 있다. 따라서 가설검정은 모집단의 특성에 대한 어떤 가설을 설정한 뒤에 표본 관찰을 통하여 그 가설에 대한 채택 여부를 결정하는 통계적 분석방법으로 실제 자료 분석에서 가장 중요한 통계이론이다.

7.1 유의성 검정

일반적 검정 절차는 귀무가설이라 불리는 검정이 되어야 할 특정한 가설을 선택하는 것이다. 무작위 표본을 뽑고, 그리고 귀무가설의 가능성을 확인하기 위해 표본으로부터의 통계치를 얻는다. 표본 통계치가 주장된 모집단 모수로부터 충분히 멀리 떨어져 있으면 귀무가설을 기각할 충분한 증거가 있다고 말한다.

모비율의 검정에 대해 설명하고자 한다. 귀무가설 H_0은 비율에 대한 대등 주장의 형식으로 표명된다(예를 들어, $H_0 : p = .37$). 그리고 부등식의 형식으로 표명되는 대립가설이 있다(예를 들어, $H_a : p < .37$ 또는 $H_a : p > .37$ 또는 $H_a : p \neq .37$). 검정 통계량의 관측값에 대하여 귀무가설 H_0을 기각시킬 수 있는 최소의 유의수준을 P-값이라 한다. P-값이 작으면 작을수록 귀무가설과 표본 결과 사이의 차이가 더 유의하다.

가설검정에는 두 가지 오류가 있다. 즉 귀무가설 H_0가 참일 때 대립가설 H_a을 채택하는 과오를 제 1종의 과오(type I error)라고 하며, 대립가설 H_a이 참일 때 귀무가설 H_0를 채택하는 과오를 제 2종의 과오(type II error)라고 한다. 따라서 유의수준은 제 1종의 과오를 범할 확률이 된다. 가설검정에서 제 1종의 과오는 유의수준 α에 의해서 관리된다. 그러나 H_a이 참일 때 H_0를 채택할 확률 β가 있다. 이 제 2종 과오는 유의수준이 주어진 경우에 표본 크기에 의해서만 관리되는 특징이 있다. 흔히 사용되는 유의수준은 1%(0.01), 5%(0.05), 10%(0.10)이며 특히 5%가 많이 사용된다. $1-\beta$를 검정력(power)라고 불린다. 가설검정의 검정력은 2종 과오가 발생하지 않을 확률이다. 검정력은 대립가설 H_a에 속하는 특정 θ에 대한 H_0을 기각시킬 확률이다. 표본 크기를 늘리거나 유의수준을 올리는 것이 둘 다 검정력(power)을 늘리는 방법이다.

7.2 평균값 검정

7.2.1 모집단이 하나인 경우의 가설검정

(1) 모분산을 알 때 모평균에 대한 가설검정

모분산을 알 때 모평균에 대한 가설검정을 다루겠다. 모집단에 대한 기본 가정은 모집단이 정규분포를 한다는 것이다. 정규분포의 가정이 없으면 표본의 크기가 커야 한다. 따라서 귀무가설 $H_0 : \mu = \mu_0$ 하에서 검정 통계량은

$$Z = \frac{\overline{X} - \mu_0}{\sigma / \sqrt{n}}$$

이다.

앞 절에서 기술한 3가지 대립가설에 대한 $H_0 : \mu = \mu_0$의 검정에 대한 검정 기준이 <표 7.1>에 요약되어 있다.

〈표 7.1〉 σ^2을 알 때 $H_0 : \mu = \mu_0$의 검정

대립가설	H_0를 기각하게 되는 범위
1. $\mu > \mu_0$	$z > z_\alpha$
2. $\mu < \mu_0$	$z < -z_\alpha$
3. $\mu \neq \mu_0$	$z > z_{\alpha/2}$ 또는 $z < -z_{\alpha/2}$

$$z = \frac{\bar{x} - \mu_0}{\sigma/\sqrt{n}} \ : Z\text{를 계산한 값}$$

예제 7.1

어떤 지능 검사에서 만 15세의 아동의 모집단 평균 지능이 100, 모표준편차는 12라 한다. 지금 만 14세의 아동 36명을 임의로 추출하여 지능 검사를 한 결과 평균이 95였다 한다. 이 사실로써 만 14세의 평균 지능이 15세의 평균 지능보다 낮다고 볼 수 있는가? 유의수준 0.01로 검정하라. 단, 모집단은 정규분포를 이룬다.

풀이

1. $H_0 : \mu = 100$

2. $H_a : \mu < 100$

3. 검정 통계량은 $\dfrac{\bar{X} - 100}{\sigma/\sqrt{n}}$ 이다.

4. $\alpha = 0.01$이므로 $-z_{0.01} = -2.33$이다.
   "계산된 검정 통계량의 값이 -2.33보다 작으면 H_0을 기각한다."

5. $\bar{x} = 95, \sigma = \sqrt{144} = 12, n = 9$이므로 검정 통계량의 계산된 값은 $\dfrac{\bar{x} - 100}{\sigma/\sqrt{n}} = \dfrac{95 - 100}{12/\sqrt{36}} = -2.5$

6. 계산된 값이 -2.33보다 작으므로 H_0을 기각한다.

결론: 평균 IQ가 100보다 작은것으로 나타났다.

```
> #ex7.1
> mu=100; sd=12; xbar=95; n=36 #추정값.모수입력
> q=qnorm(0.01) #기각역(표준정규분포)
> q
[1] -2.326348
> Z=(xbar-mu)/(sd/sqrt(n)) #검정 통계량
> Z
[1] -2.5
> Z<q #비교
[1] TRUE
```

예제 7.2

어느 벨트 생산 공장에서 생산된 제품은 평균 1,850시간을 사용할 수 있는데, 그 표준편차는 120시간 정도라고 한다. 새로운 기술 도입으로 생산된 신형 벨트 중에서 60개를 임의 표본조사해 본 결과 그 표본평균 사용시간이 1,900시간으로 계산되었다고 한다. 이때 사용시간을 늘리게 되었다고 광고하는 이 공장의 주장을 5% 유의수준에서 검정하여 보아라.

풀이

우측 검정 $H_0 : \mu = 1850$, $H_a : \mu > 1850$

$$Z = \frac{1900 - 1850}{\frac{120}{\sqrt{60}}} = 3.23 > 1.65$$

H_0를 기각한다. 따라서 평균 사용시간이 길어졌다고 볼 수 있다.

(2) 모분산을 모르고 표본이 작을 때 모평균에 대한 가설검정

모평균에 대한 가설검정에 있어서 보다 실제적인 경우는 모분산을 모르는 경우이다. 다음의 귀무가설을 검정하려 한다.

$$H_0 : \mu = \mu_0$$

σ를 알 때는 $\dfrac{\overline{X} - \mu_0}{\sigma / \sqrt{n}}$의 검정 통계량을 사용했다. σ를 모르므로 그의 추정량 S를 사용하기로 한다. 그래서 적합한 검정 통계량은 다음과 같다.

$$T = \frac{\overline{X} - \mu_0}{S/\sqrt{n}}$$

이 시점에서 우리는 모집단이 정규분포를 한다는 가정을 n이 작을 때 특히 첨가할 필요가 있다. 이 가정하에서는 통계량 T가 자유도가 $n-1$인 student의 $t-$분포를 따르므로 우리는 <표 7.2>에 있는 검정 기준을 얻는다.

〈표 7.2〉 σ^2을 모를 때 $H_0 : \mu = \mu_0$의 검정

대립가설	H_0를 기각하게 되는 범위
1. $\mu > \mu_0$	$t > t_{\alpha,(n-1)}$
2. $\mu < \mu_0$	$t < -t_{\alpha,(n-1)}$
3. $\mu \neq \mu_0$	$t < -t_{\alpha/2,(n-1)}$ 또는 $t > t_{\alpha/2,(n-1)}$

$$t = \frac{\overline{X} - \mu_0}{s/\sqrt{n}} \ : \ T\text{를 계산한 값}$$

예제 7.3

지역 상공회의소는 도시 집들의 평균 가격이 $90,000라고 주장한다. 부동산 대변인은 $75,000, $102,000, $82,000, $87,000, $77,000, $93,000, $98,000 그리고 $68,000임을 조사하였다. 상공회의소의 주장을 유의수준 5%에서 양측 가설검정하라.

풀이

1. $H_0 : \mu = 90{,}000$

2. $H_\alpha : \mu \neq 90{,}000$

3. 모분산이 미지이므로 검정 통계량은 $\dfrac{\overline{X} - 90{,}000}{S/\sqrt{n}}$ 이다.

4. $\alpha = 0.05$이고 자유도는 $8-1=7$, $t_{0.025,7} = 2.36$이다.
   검정 통계량의 계산된 값이 −2.36보다 작거나 혹은 2.36보다 크면 H_0를 기각한다.

5. $\overline{x} = 85{,}250,\ s = 11{,}877,\ z = \dfrac{\overline{x} - 90{,}000}{s/\sqrt{n}} = \dfrac{85{,}250 - 90{,}000}{11{,}877/\sqrt{8}} = -1.13$

6. −1.13은 −2.36과 2.36 사이에 있으므로 H_0을 기각하지 않는다.

결론: 상공회의소의 주장을 기각할만한 충분한 증거가 없다고 결론을 짓는다.

```
> #ex7.3
> data<-c(75000,102000,82000,87000,77000,93000,98000,68000) #데이터입력
> t.test(data,alternative='two.sided',mu=90000, #t검정실시(데이터,검정방법(양측,단측)
+        conf.level=0.95) #H0(mu=90000), 유의수준

        One Sample t-test

data:  data
t = -1.1311, df = 7, p-value = 0.2953
alternative hypothesis: true mean is not equal to 90000
95 percent confidence interval:
 75320.29 95179.71
sample estimates:
mead of x
    85250
```

예제 7.4

어느 공장에서 생산된 종래의 실의 인장 강도는 평균이 6.7kg인 정규분포를 이루고 있다 한다. 제조 방법을 바꾼 후 임의로 10개를 추출하여 시험하니 강도의 평균이 7.2kg, 표준편차가 1.0kg이었다. 이 사실로 공정의 변경이 제품의 강도를 변하게 하였는가를 유의수준 0.05로 검정하라.

풀이

$\mu - 6.7$이냐 $\mu > 6.7$이냐가 문제이므로 단측 김징을 한다.

(1) $H_0 : \mu = 6.7$

(2) $H_a : \mu > 6.7$

(3) 모분산이 미지이므로 $t-$검정을 한다. 즉,

$$T = \frac{(\overline{X} - \mu)}{\mathrm{S}/\sqrt{\mathrm{n}}}$$

은 자유도 $\mathrm{d.f.} = 10 - 1 = 9$인 $t-$분포에 따른다.

(4) 유의수준 $\alpha = 0.05$이고 단측 검정이므로 $t-$분포에서
$P(t \geq 1.83) = 0.05$ 기각역 $W = \{t | \ t \geq 1.83\}$

(5) $\overline{X}$의 실현값이 6.2이므로 이에 대한 T의 실현값은
$$t = \frac{7.2 - 6.2}{1.0/\sqrt{10}} = 1.581 \notin W$$

(6) T 의 실현값이 기각역에 들어 있지 않으므로 가설 H_0는 기각되지 않는다. 즉, 공정의 변경이 실의 강도에 영향을 주지 않았다고 본다.

7.2.2 모평균차 가설검정

이 절에서 우리는 두 모집단에서 모평균의 차와 어떤 속성의 비율의 차에 관한 가설검정을 하겠다. 여기서 다루는 모집단과 표본, 기호들은 앞 장 6.4절에서의 모집단, 표본 및 기호들과 같은 것으로 보면 된다.

모분산을 알 때 모평균의 차에 대한 가설검정은 다음과 같다.

$$H_0 : \mu_1 = \mu_2 \text{ 즉 } \mu_1 - \mu_2 = 0$$

그리고 귀무가설 하에서 검정 통계량은 다음과 같다.

$$Z = \frac{\overline{X_1} - \overline{X_2}}{\sqrt{\frac{\sigma_1^2}{n_1} + \frac{\sigma_2^2}{n_2}}}$$

여러 가지 형태의 대립가설에 대한 위의 귀무가설을 검정하는 검정 기준은 <표 7.3>에 있다.

〈표 7.3〉 모분산을 알 때 $H_0 : \mu_1 = \mu_2$를 검정하는 절차

대립가설	H_0를 기각하게 되는 범위
1. $\mu_1 > \mu_2$	$z > z_\alpha$
2. $\mu_1 < \mu_2$	$z < -z_\alpha$
3. $\mu_1 \neq \mu_2$	$z > z_{\alpha/2}$ 또는 $z < -z_{\alpha/2}$

$$z = \frac{\overline{x_1} - \overline{x_2}}{\sqrt{\frac{\sigma_1^2}{n_1} + \frac{\sigma_2^2}{n_2}}}$$: 검정 통계량Z의 계산된 값

예제 7.5

두 품질의 담배 1과 2의 니코틴 함량을 비교하기 위해 담배 A에서 크기 60인 표본을, 담배 B에서 크기 40인 표본을 검사하였더니 그 결과가 다음과 같았다.

〈표 7.4〉 담배 A와 B의 니코틴 함량

담배 1	$\overline{x_1} = 15.4$	$s_1^2 = 3$
담배 2	$\overline{x_2} = 16.8$	$s_2^2 = 4$

5% 유의수준에서 볼 때 두 담배의 니코틴 함량은 차이가 있다고 할 수 있는가?

풀이

두 표본이 모두 크므로 σ_1^2, σ_2^2 대신 s_1^2, s_2^2 를 각각 쓸 수 있다. μ_1, μ_2 를 각각 담배 1와 담배 2의 니코틴 함량의 진짜 평균이라고 하자.

1. $H_0 : \mu_1 = \mu_2$
2. $H_a : \mu_1 < \mu_2$
3. 검정 통계량은 $\dfrac{X_1 - X_2}{\sqrt{\frac{S_1^2}{n_1} + \frac{S_2^2}{n_2}}}$ 이다
4. $\alpha = 0.05$이므로 z_α=1.65이다.
   "검정 통계량의 계산된 값이 −1.65보다 작으면 H_0를 기각한다."

5. 검정 통계량의 계산된 값은 다음과 같다.

$$z=\frac{\overline{x_1}-\overline{x_2}}{\sqrt{\frac{s_1^2}{n_1}+\frac{s_2^2}{n_2}}}=\frac{15.4-16.8}{\sqrt{\frac{3}{60}+\frac{4}{40}}}=\frac{-1.4}{\sqrt{\frac{3}{20}}}=-3.62$$

6. 계산된 값이 -1.65보다 작으므로 H_0를 기각한다.

결론: 두 담배의 니코틴 함량이 차이가 있다고 할만한 충분한 이유가 있다.

```
> #ex7.5
> xbar1=15.4; xbar2=16.8; var1=3; var2=4 #추정값,모수입력1
> n1=60; n2=40 #추정값,모수입력2
> q=qnorm(0.05)#기각역(표준정규분포)
> q
[1] -1.644854
> Z=(xbar1-xbar2)/sqrt(var1/n 1+var2/n2)#검정 통계량
> Z
[1] -3.614784
```

(3) 모분산이 미지일 때 모평균의 차에 대한 가설검정

다음의 검정 절차는 같은 분산을 가진 두 정규모집단에서 작은 크기의 확률표본을 뽑았을 때 특별히 알맞다. 우리는 다음의 귀무가설을 검정하려 한다.

$$H_0 : \mu_1 = \mu_2,\ 즉\ \mu_1 - \mu_2 = 0$$

분산이 알려져 있으면 우리는 다음의 검정 통계량을 사용한다.

$$\frac{\overline{X_1}-\overline{X_2}}{\sqrt{\frac{\sigma_1^2}{n_1}+\frac{\sigma_2^2}{n_2}}}$$

그러나, 분산이 같다고 가정하면, 즉 $\sigma_1^2=\sigma_2^2=\sigma^2$이라 하면 위의 검정 통계량은 다음과 같이 된다.

$$\frac{\overline{X_1}-\overline{X_2}}{\sigma\sqrt{\frac{1}{n_1}+\frac{1}{n_2}}}$$

σ가 알려져 있지 않으므로 우리는 그것의 합동된 추정치(pooled estimate)인

$$s_p^2 = \frac{(n_1-1)s_1^2+(n_2-1)s_2^2}{n_1+n_2-2}$$

을 사용한다. 그래서, H_0를 검정하는 적절한 검정 통계량은 다음과 같이 된다.

$$\frac{\overline{X}-\overline{Y}}{S_p\sqrt{\frac{1}{n_1}+\frac{1}{n_2}}}$$

여러 가지 경우의 대립가설에 대한 H_0 검정 기준이 다음의 <표 7.5>에 있다.

〈표 7.5〉 $\sigma_1^2=\sigma_2^2=\sigma^2$이고 σ^2을 모를 때 $H_0:\mu_1-\mu_2$의 검정

대립가설	H_0를 기각하게 되는 범위
1. $\mu_1 > \mu_2$	$t > t_{\alpha,(n_1+n_2-2)}$
2. $\mu_1 < \mu_2$	$t < -t_{\alpha,(n_1+n_2-2)}$
3. $\mu_1 \neq \mu_2$	$t < -t_{\alpha/2,(n_1+n_2-2)}$ 또는 $t > t_{\alpha/2,(n_1+n_2-2)}$

$$t=\frac{\overline{x_1}-\overline{x_2}}{s_p\sqrt{\frac{1}{n_1}+\frac{1}{n_2}}}$$: 검정 통계량 T의 계산된 값

예제 7.6

어떤 시의회 의원은 남녀 경찰공무원이 승진하는 데 똑같은 시간이 걸린다고 주장한다. 그러나 여성 대변인은 여자가 남자들보다 승진하는 데 더 긴 시간이 걸린다고 생각한다. 만약 5명의 남자가 승진을 위해 각각 8, 7, 10, 5 그리고 7년을 기다리는 동안 4명의 여자가 각각 9, 5, 12, 그리고 8년을 기다렸다면, 어떤 결과가 나오는가?

풀이

1. $H_0 : \mu_1 = \mu_2$

2. $H_a : \mu_1 - \mu_2 < 0$

3. 검정 통계량은 $\dfrac{\overline{X_1} - \overline{X_2}}{S_p\sqrt{\dfrac{1}{n_1}+\dfrac{1}{n_2}}}$ 이다.

4. $n_1 = 5,\ n_2 = 4$이므로 자유도는 $5+4-2=7$이고 $\alpha = 0.05$이므로 $-t_{0.05,(7)} = -1.89$이다.
   "검정 통계량의 계산된 값이 -1.89보다 작으면 기각된다."

5. $\overline{x_1} = 7.4,\ s_1 = 1.82,\ \overline{x_2} = 8.5,\ s_2 = 2.89$이므로

$$s_p = \sqrt{\frac{(n_1-1)s_1^2 + (n_2-1)s_2^2}{n_1+n_2-2}} = \sqrt{\frac{(5-1)(1.82)^2+(4-1)(2.89)^2}{5+4-2}} = \sqrt{5.47} = 2.34 \text{이다.}$$

$$t = \frac{\overline{x_1} - \overline{x_2}}{s_p\sqrt{\dfrac{1}{n_1}+\dfrac{1}{n_2}}} = \frac{7.4-8.5}{2.34\sqrt{\dfrac{1}{5}+\dfrac{1}{4}}} = -.70 \text{이다}$$

6. 계산된 값이 -1.89보다 크므로 H_0을 기각하지 못한다.

결론: 시의회 의원의 주장을 반대할 증거가 없다고 결론지을 수 있다.

```
> #ex7.6
> man<-c(8,7,10,5,7) #데이터입력1
> woman<-c(9,5,12,8) #데이터입력2
> t.test(man,woman,alternative='less',mu=0, #t검정실시(데이터1,데이터2,검정방법(양측,단측)
+        conf.level=0.95,var.equal=TRUE) #H0(mu1-mu2=0), 유의수준,동일분산 가정(TRUE/FALSE)

        Two Sample t-test

data: man and woman
t = -0.70195, df = 7, p-value = 0.2527
alternative hypothesis: true difference in means is less than 0
95 percent confidence interval:
     -Inf 1.868941
sample estimates:
mean of x mean of y
      7.4       8.5
```

예제 7.7

두 강재의 마모량을 비교하기 위한 실험이 실시되었다. 강재 1과 강재 2에 대하여 각각 12회 및 10회씩 시험한 결과 강재 1의 마모량은 평균이 85, 표본표준편차가 4였고, 강재 2에서는 81과 5로 나타났다. 강재 1의 마모량이 강재 2의 그것보다 2 이상 강한지를 유의수준 0.05로 검정하라. 단, 두 모집단은 분산이 같은 정규분포를 근사적으로 따른다고 한다.

풀이

$H_0 : \mu_1 - \mu_2 = 2$, $H_a : \mu_1 - \mu_2 > 2$

$\overline{x_1} = 85$, $\overline{x_2} = 81$, $s_1 = 4$, $s_2 = 5$, $n_1 = 12$, $n_2 = 10$

$$s_p = \sqrt{\frac{11 \times 16 + 9 \times 25}{12 + 10 - 2}} = 4.48$$

$$t = \frac{85 - 81 - 2}{4.48\sqrt{\frac{1}{12} + \frac{1}{10}}} = 1.04$$

$1.04 < t_{0.05,(20)} = 1.724$이므로 H_0를 기각할 수 없다.

7.2.3 쌍체 비교 검정법

위에 설명된 분석과 절차는 비교가 되는 두 표본들이 서로에게 독립적이란 것을 필요로 한다. 그러나, 수많은 실험들과 검정들은 자료가 자연적으로 쌍으로 생기는 두 모집단들을 비교하는 것을 피한다. 이 경우에는 알맞은 절차는 짝지어진 자료들의 차이로 구성된 하나의 변수에 단일 표본검정을 하는 것이다. 여러 가지 경우의 대립가설에 대한 H_0의 검정 기준은 다음의 <표 7.6>에 있다.

〈표 7.6〉 $H_0 : \mu_d = 0$의 검정

대립가설	H_0를 기각하게 되는 범위
1. $\mu_d > 0$	$t \geq t_{\alpha,(n-1)}$
2. $\mu_d < 0$	$t \leq -t_{\alpha,(n-1)}$
3. $\mu_d \neq 0$	$t \leq -t_{\alpha/2,(n-1)}$ 또는 $t \geq t_{\alpha/2,(n-1)}$

$$t = \frac{\overline{d}}{s_d / \sqrt{n}}$$: 검정 통계량 T의 계산된 값

예제 7.8

특정한 약은 반응시간을 늦추는가? 만약 그렇다면, 정부는 이 약을 복용하는 차이를 고려하여 검정하려 한다. 30명의 무작위 표본이 약 복용 전과 후에 검사되었다. 그리고 그들의 반응시간(초당)이다. 다음 자료들은 5% 유의수준에서 그의 주장을 입증할 증거가 되는가?

〈표 7.7〉 약 복용 전과 후의 반응속도

사람	전	후	사람	전	후
1	1.42	1.48	16	1.83	1.75
2	1.87	1.75	17	1.40	1.51
3	1.34	1.31	18	1.75	1.67
4	0.98	1.22	19	1.56	1.72
5	1.51	1.58	20	1.56	1.63
6	1.43	1.57	21	2.03	1.81
7	1.52	1.48	22	1.38	1.48
8	1.61	1.55	23	1.42	1.35
9	1.37	1.54	24	1.69	1.75
10	1.49	1.37	25	1.50	1.39
11	0.95	1.07	26	1.12	1.24
12	1.32	1.35	27	1.38	1.40
13	1.68	1.77	28	1.71	1.65
14	1.44	1.44	29	0.91	1.11
15	1.17	1.27	30	1.59	1.85

풀이

우리가 관심이 있는 자료는 반응시간의 증가량이다. 30명에 대한 반응속도 증가량은 {-0.06, 0.12, 0.03, -0.24, ... -0.26}이다. 약을 복용한 모든 사람들의 반응시간의 증가량의 평균을 μ_d라 하면

1. $H_0 : \mu_d = 0$

2. $H_a : \mu_d < 0$

3. 검정 통계량은 $\dfrac{\overline{D} - 0}{S_d / \sqrt{n}}$ 이다.

4. $\alpha=0.05$이고 $n=30$이므로 자유도는 29이다.
   $-t_{0.05,(29)}=-1.70$이고
   "검정 통계량의 계산된 값이 -1.70보다 작으면 H_0을 기각한다."

5. $\bar{d}=-0.038,\ s_d=0.118$

$$t=\frac{\bar{d}-0}{s_d/\sqrt{n}}=\frac{-0.038}{0.118/\sqrt{30}}=-1.76$$

6. 계산된 값이 -1.70보다 작으므로 H_0을 기각한다.

결론: 약 복용 전보다 후의 반응시간이 더 크다고 할만한 근거가 있다.

예제 7.9

대학교 신입생을 대상으로 쌍을 이루는 두 사람은 IQ가 비슷하게 해서 10쌍을 골랐다. 각 쌍의 임의의 한 사람에게는 교수방법 A로, 다른 사람에게는 교수방법 B로 통계학을 가르친 후 시험을 본 결과가 아래와 같다. 두 교수방법의 점수 차이에 대한 유의수준 5%로 검정하여라. 점수의 차에 대한 분포는 정규분포라고 가정한다.

〈표 7.8〉 두 교수방법의 점수

쌍	1	2	3	4	5	6	7	8	9	10
A방법	76	60	85	58	91	75	82	64	79	88
B방법	81	52	87	70	86	77	90	63	58	83

풀이

$H_0:\mu_d=0,\ H_a:\mu_d>0,\ \bar{d}=1.1$

$$s_d=9.34,\ t=\frac{1.1}{9.34/\sqrt{10}}=0.37$$

$0.37<t_{0.05,(9)}=1.83$

따라서 H_0를 기각하지 않는다

```
> #ex7.9
> A<-c(76,60,85,58,91,75,82,64,79,88) #데이터입력1
> B<-c(81,52,87,70,86,77,90,63,58,83) #데이터입력2
> t.test(A,B,alternative="greater", mu=0, #t검정실시(데이터1,데이터2,검정방법(양측,단측)
+        paired=TRUE,conf.level=0.95) #H0(mu(d)=0), 쌍체검정유무(TRUE/FALSE),유의수준

        Paired t-test

data: A and B
t = 0.37248, df = 9, p-value = 0.3591
alternative hypothesis: true difference in means is greater than 0
95 percent confidence interval:
  -4.313462       Inf
sample estimates:
mean of the differences
                    1.1
```

7.3 비율검정

7.3.1 모비율 검정

지금 p를 모비율이라 하면 표본비율 X/n는 평균이 p이고, 표준편차가 $\sqrt{p(1-p)/n}$ 이다. 더 나아가서 표본이 크면 X/n의 분포 형태는 근사적으로 정규분포이다.

결과적으로 귀무가설이 참일 때, 즉 모비율 p가 p_0일 때 X/n의 분포는 n이 클 경우 평균이 p_0이고, 표준편차 $\sqrt{p_0(1-p_0)/n}$ 인 근사적 정규분포가 된다.

따라서 귀무가설 $H_0 : p = p_0$ 하에서 검정 통계량은

$$Z = \frac{(X/n) - p_0}{\sqrt{p_0(1-p_0)/n}}$$

이다.

<표 7.9>에는 대립가설의 특성에 기초를 둔 3가지 경우의 검정 기준이 있다. 검정 절차는 중심극한정리를 적용하는 것에 기초를 두고 있다는 것을 명심하여야 한다.

유의수준은 $100\alpha\%$ 이다.

〈표 7.9〉 표본 크기가 클 때 $H_0 : p = p_0$의 검정

대립가설	H_0를 기각하게 되는 범위
1. $p > p_0$	$z > z_\alpha$
2. $p < p_0$	$z < -z_\alpha$
3. $p \neq p_0$	$z < -z_{\alpha/2}$ 또는 $z > z_{\alpha/2}$

$$z = \frac{(x/n) - p_0}{\sqrt{p_0(1-p_0)/n}} \quad : \text{검정 통계량 } Z\text{의 계산된 값}$$

예제 7.10

연합 대변인은 연합 일원들 75%가 그들의 근본적인 요구사항이 이루어지지 않았을 때 쟁의를 지지할 거라고 주장한다.125 연합 일원들 중 87가 쟁의를 하겠다고 하면 업체 교섭자는 실제 퍼센트는 낮아졌다고 할 근거가 있는지 가설검정을 10%의 유의수준에서 하라.

풀이

1. $H_0 : p = 0.75$
2. $H_a : p < 0.75$
3. $p_0 = 0.75$이므로 검정 통계량은 $\dfrac{(X/n) - 0.75}{\sqrt{(0.75)(0.25)/n}}$이다.
4. $\alpha = 0.1$이므로 $z_{0.1} = -1.28$이다.
   검정 통계량의 계산된 값이 $-z_{0.1} = -1.28$보다 작으면 H_0을 기각한다.
5. $x = 87$, $n = 125$이므로, 검정 통계량의 계산된 값은
   $\dfrac{(x/n) - 0.75}{\sqrt{(0.75)(0.25)/n}} = \dfrac{87/125 - 0.75}{\sqrt{(0.75)(0.25)/125}} = -1.39$이다.
6. 계산된 값이 -1.28보다 작으므로 H_0를 기각한다.

결론: 지지율이 낮다고 이야기할 강한 증거를 자료는 보여주고 있다.

예제 7.11

방어용 미사일 시스템인 신형 레이더 장비의 격추 모의실험을 300회 실시한 결과 250회 성공하였을 때, 신형 시스템의 격추 확률은 0.8을 초과하지 않는다는 주장을 유의수준 0.05로 검정하라.

풀이

$H_0 : p = 0.8$, $H_a : p > 0.8$

$$z = \frac{\frac{250}{300} - 0.8}{\sqrt{\frac{0.8 \times 0.2}{300}}} = 1.44$$

$1.44 < 1.645$이므로 H_0를 기각할 수 없다.

```
> #ex7.11
> prop.test(x=250, n=300, p=0.8, #prop검정실시(성공횟수,전체횟수,H0(p=0.8)
+          alternative='greater',correct=FALSE) #검정방법(양측,단측),연속성수정(FALSE)

        1-sample proportions test without continuity correction

data:   250 out of 300, null probability 0.8
X-squared = 2.0833, df = 1, p-value = 0.07446
alternative hypothesis: true p is greater than 0.8
95 percent confidence interval:
 0.7949952 1.0000000
sample estimates:
        p
0.8333333

> sqrt(2.0833)#t검정 통계량의 제곱 = 카이스퀘어 검정 통계량
[1] 1.443364
```

7.3.2 두 비율 간의 차이를 위한 가설검정

흔히 우리는 두 표본비율의 차이가 표본추출 오차에 의한 우연한 것인지, 아니면 정말 다른 모집단이기 때문에 차이가 나는 것인지를 결정할 필요가 있다. 간단히 말해서 p_1과 p_2를 두 모집단에서의 비율이라 할 때 귀무가설 $H_0 : p_1 = p_2$, 즉 $p_1 - p_2 = 0$을 우리는 검정하고 싶은 것이다. 귀무가설이 참이면, 즉 $p_1 = p_2$이면 이 같은 값은 p라고 표시하자. 그러면 우리는 p의 합동된 추정량

$$p = \frac{X_1 + X_2}{n_1 + n_2}$$

를 사용해서 얻을 수 있다. 이 추정치를 $\bar{p} = \dfrac{x_1 + x_2}{n_1 + n_2}$ 라 하자.

위 귀무가설을 검정하는 데 사용하는 검정 통계량은 다음과 같음을 보일 수 있다.

$$Z = \frac{\dfrac{X_1}{n_1} - \dfrac{X_2}{n_2}}{\sqrt{p(1-p)\left(\dfrac{1}{n_1} + \dfrac{1}{n_2}\right)}}$$

n_1과 n_2이 클 때(모두 30보다 클 때)의 검정 절차가 <표 7.10>에 있다. 이 표에 있는 검정은 중심극한정리의 이용에 기초를 두었으므로 유의수준은 100α%임을 뜻한다.

〈표 7.10〉 표본 크기가 클 때 $H_0 : p_1 = p_2$의 검정 기준

대립가설	H_0를 기각하게 되는 범위
1. $p_1 > p_2$	$z > z_\alpha$
2. $p_1 < p_2$	$z < -z_\alpha$
3. $p_1 \neq p_2$	$z > z_{\alpha/2}$ 또는 $z < -z_{\alpha/2}$

$$z = \frac{\frac{x_1}{n_1} - \frac{x_2}{n_2}}{\sqrt{\bar{p}\,(1-\bar{p})\left(\frac{1}{n_1} + \frac{1}{n_2}\right)}}$$: 검정 통계량 Z의 계산된 값

예제 7.12

자동차 제조업체가 두 가지의 조립 절차를 시도한다. 첫 번째 절차를 통해 나오는 350대의 차들의 표본에서 28대에 큰 결점이 있었던 반면, 두 번째 절차의 500대의 차들의 표본에선 32대의 차들이 결점이 있었다. 이 차이는 10% 유의수준에서 차이가 있는가?

풀이

1. $H_0 : p_1 - p_2 = 0$
2. $H_a : p_1 - p_2 > 0$
3. 검정 통계량은 $\dfrac{\frac{X_1}{n_1} - \frac{X_2}{n_2}}{\sqrt{\bar{p}(1-\bar{p})\left(\frac{1}{n_1} + \frac{1}{n_2}\right)}}$ 이다.
4. $\alpha = 0.05$ 이므로 $z_\alpha = z_{0.05} = 1.65$ 이다.
   검정 통계량의 계산된 값이 1.65 보다 크면 H_0을 기각한다.
5. $x_1 = 28, n_1 = 350, x_2 = 32, n_2 = 500$ 이므로
   $$\bar{p} = \frac{28+32}{350+500} = 0.0706$$
   $$z = \frac{\frac{28}{350} - \frac{32}{500}}{\sqrt{(0.0706)(0.9294)\left(\frac{1}{350} + \frac{1}{500}\right)}} = \frac{0.080 - 0.064}{0.0179} = 0.89$$
6. 계산된 값이 1.65 보다 작으므로 H_0을 기각하지 않는다.

결론: 결점들의 차이가 없다고 할 수 있다.

예제 7.13

영국에서 발행되는 잡지에 실리는 상업광고 중 203개의 표본을 추출하여 조사한 결과 52개는 익살스러운 내용이었고 미국에서 발행되는 잡지 중 270개의 상업광고를 추출하여 조사한 결과 56개가 익살스러운 내용이었다. 두 나라 잡지의 광고 중 익살스러운 광고의 비율이 같은지 유의수준 5%로 검정하여라.

풀이

$H_0 : p_1 - p_2 = 0,\ H_a : p_1 - p_2 \neq 0$

$$\hat{p_1} = \frac{52}{203} = 0.256,\ \hat{p_2} = \frac{56}{270} = 0.207,\ \bar{p} = \frac{52+56}{203+270}$$

$$z = \frac{0.256 - 0.207}{\sqrt{\bar{p}(1-\bar{p})\left(\frac{1}{203} + \frac{1}{270}\right)}} = 1.2502$$

$1.26 < z_{0.025} = 1.96$이므로 H_0를 채택한다.

```
> #ex7.13
> prop.test(x=c(52,56),n=c(203,270) #prop검정실시(성공횟수(1,2),전체횟수(1,2),
+           alternative='two.sided',correct=FALSE) #검정방법(양측,단측),연속성수정(FALSE)

	2-sample test for equality of proportions without continuity correction

data: c(52, 56) out of c(203, 270)
X-squared = 1.563, df = 1, p-value = 0.2112
alternative hypothesis: two.sided
95 percent confidence interval:
 -0.02835076  0.12585122
sample estimates;
   prop 1    prop 2
0.2561576 0.2074074

> sqrt(1.563)#t검정 통계량의 제곱 = 카이스퀘어 검정 통계량
[1] 1.2502
```

7.4 분산의 검정

모집단의 산포도를 나타내는 모표준편차 σ에 대한 가설검정을 예를 들어 설명해 보자. 어느 시계공장에서 생산되는 시간의 표준편차는 $\sigma = 0.4$초라고 알려져 있다. 시계의 성능을 향상시키기 위하여 새 기술을 도입하여 제조된 시계 20개를 임의 추출하고 표준편차를 구하니 0.3초였다. 새로 도입한 기술에 의하여 생산된 시계의 성능이 과거 기존의 성능보다 향상되었는가? 이를 검정하려면 $H_0 : \sigma = 0.4 \quad H_a : \sigma < 0.4$와 같은 가설을 세워야 할 것이다.

우리는 여러 가지의 대립가설에 대한 귀무가설 $H_0 : \sigma^2 = \sigma_0^2$을 검정하려 한다. 모분산 σ^2에 관한 가설검정 시에는 이의 추정치인

$$s^2 = \frac{1}{n-1}\sum_{i=1}^{n}(x_i - \overline{x})^2$$

을 사용한다. 모집단이 분산 σ^2인 정규분포라 하면 $\frac{(n-1)S^2}{\sigma_0^2}$의 분포는 자유도가 $(n-1)$인 χ^2-분포이다. <표 7.11>에는 양측 및 단측 대립가설에 대한 귀무가설 $H_0 : \sigma^2 = \sigma_0^2$을 검정하는 검정 기준이 주어져 있다.

〈표 7.11〉 $H_0 : \sigma^2 = \sigma_0^2$을 검정하는 검정 기준

대립가설	H_0를 기각하게 되는 범위
1. $\sigma^2 > \sigma_0^2$	$\chi^2 \geq \chi^2_{\alpha,(n-1)}$
2. $\sigma^2 < \sigma_0^2$	$\chi^2 \leq \chi^2_{1-\alpha,(n-1)}$
3. $\sigma^2 \neq \sigma_0^2$	$\chi^2 \leq \chi^2_{1-\alpha/2,(n-1)}$ 또는 $\chi^2 \geq \chi^2_{\alpha/2,(n-1)}$

$(n-1)s^2/\sigma_0^2$: $(n-1)S^2/\sigma_0^2$ 의 계산된 값

예제 7.14

유리병 뚜껑의 지름은 표준편차가 0.6mm 이하일 때 유리병에 맞는다. 15개의 뚜껑을 임의로 조사한 결과 표준편차가 0.65mm였다. 이 자료에 의할 때 병뚜껑의 지름의 표준편차가 0.6 이하라고 판단할 수 있는지 유의수준 1% 하에서 검정하여라.

풀이

$H_0 : \sigma^2 = 0.36$, $H_a : \sigma^2 < 0.36$

$n = 15$, $s^2 = 0.3225$

$$\chi^2 = \frac{(n-1)s^2}{\sigma_0^2} = \frac{14 \times 0.3225}{0.36} = 12.54$$

$12.54 < 29.14 = \chi^2_{0.01,\,(14)}$이므로 H_0를 기각할 수 없다. 즉 뚜껑의 지름의 표준편차가 0.6mm보다 작다고 볼 수 없다.

예제 7.15

다음 측정치들은 실험실에서 임의로 햄스터 6마리를 뽑아 몸무게를 잰 것이다.

12, 8, 7, 12, 14, 13

햄스터의 몸무게의 분산이 2.25보다 크다는 주장에 대해 당신은 어떤 결론을 내릴 것인가? 유의수준은 5%로 하여라.

풀이

1. $H_0 : \sigma^2 = 2.25$
2. $H_a : \sigma^2 > 2.25$
3. 검정 통계량은 $\dfrac{(n-1)S^2}{2.25}$이다.
4. 대립가설은 오른편 단측이다. χ^2 − 분포는 자유도가 $6-1=5$이고 $\chi^2_{0.05,(5)} = 11.07$이다.
   "검정 통계량의 계산된 값이 11.07보다 크면 H_0를 기각한다."
5. $\bar{x} = 11$, $(n-1)s^2 = \sum_{i=1}^{n}(x_i - \bar{x})^2 = 40$임은 쉽게 계산된다.

그래서, 검정 통계량의 계산된 값은 $\frac{(n-1)s^2}{2.25} = \frac{40}{2.25} = 17.8$이 된다.

6. 계산된 값이 11.07보다 크므로 H_0를 기각한다.

결론: 유의수준에서 볼 때 모분산이 2.25보다 크다고 할만한 근거가 있다.

```
> #ex7.15
> data<-c(12,8,7,12,14,13) #데이터입력
> var=var(data) ; n=length(data) #모수추정
> q=qchisq(0.95,n-1) #기각역(카이제곱분포,자유도n-1)
> q
[1] 11.0705
> chi=(n-1)*var/2.25 #검정 통계량
> chi
[1] 17.77778
> q<chi #비교
[1] TRUE
```

연습문제

주관식

1. 한국 사람의 평균수명을 알아보기 위하여 사망자 100명을 표본으로 추출하여 조사하였더니 평균 71.8년으로 나타났다. 모표준편차를 8.9년으로 가정할 때, 현재의 평균수명은 70년보다 길다고 할 수 있는가를 유의수준 $\alpha = 0.05$로 검정하라.

2. 스포츠용구 제조업사가 인조 낚싯줄을 개발하였다. 그리고 신제품의 평균인장강도와 표준편차는 각각 8kg과 0.5kg이라고 주장하고 있다. 이 주장을 확인하기 위하여 낚싯줄 50개를 표본으로 추출하여 강도시험을 한 결과 평균인장강도는 7.8kg으로 나타났다. 유의수준 $\alpha = 0.01$로 검정하라.

3. 에디슨전기연구소에서 발표한 진공청소기 사용으로 인한 연평균 전력사용량은 46kwh였다. 12가정을 표본 추출하여 진공청소기의 연간 전력사용량을 조사하였더니 평균이 42kwh, 표준편차가 11.9kwh로 나타났다. 유의수준 0.05로 진공청소기의 연평균 전력사용량이 46kwh보다 적은지를 검정하라. 단, 전력사용량의 모집단은 정규모집단으로 가정한다.

4. 어느 지역 청소년의 평균 IQ가 110이라고 알려져 있다. 이 지역에서 약물 복용으로 체포된 청소년의 IQ가 평균 IQ보다 떨어지는지를 알아보기 위하여 15명의 약물 복용 청소년에 대한 IQ 검사를 한 결과가 다음과 같다.

125	105	117	109	118	104	98	111	107	108	135	94	90	100	99

약물 복용자의 평균 IQ가 이 지역의 IQ보다 떨어지는 지를 유의수준 $\alpha = 0.05$ 하에서 가설검정하여라. 이 문제를 풀기 위하여 추가로 필요한 가정 사항이 무엇인지도 말하여라.

5. 평균수명 1000시간이라 선전하는 전구 20개의 수명을 직접 관찰하였다. 평균은 1216시간에 표준편차는 495시간이었다.

   (1) 이 문제를 풀기 위해서 필요한 가정 사항들은 무엇인가?

   (2) 수명 1000시간의 주장은 뒷받침되는가? 유의수준 5%로 검정하여라.

   (3) p값을 구하여라.

6. 두 정규분포로부터 독립적인 확률표본을 추출하여 다음과 같은 결과를 얻었다.

표본 1	표본 2
$n_1 = 12$	$n_2 = 16$
$\overline{x_1} = 35$	$\overline{x_2} = 43$
$s_1 = 4.2$	$s_2 = 3.7$

   (1) σ^2의 통합분산을 계산하여라.

   (2) 이 자료는 $\mu_1 < \mu_2$를 주장할 충분한 근거를 제공하는가? $\alpha = 0.05$로 검정하여라.

   (3) 두 모평균의 차 $(\mu_1 - \mu_2)$에 대한 95% 신뢰구간을 구하여라.

7. 전구등을 제작하는 두 대의 기계가 있다. 어느 날 이들 기계에서 생산되는 각각 15개의 제품에서 불편 분산이 각각 0.005cm, 0.006cm이고, 또 이날 생산된 제품으로부터 평균 반경은 1.503cm와 1.476cm였다. 5% 유의수준에서 유의적인 차이가 있다고 말할 수 있는가?

8. 두 가지 종류의 암기법이 서로 차이가 있는지를 알아보기 위하여, 두 집단의 어린아이에게 각각의 방법으로 외국어 단어를 가르친 후, 암기하고 있는 단어가 몇 개인가를 알아보았더니 다음과 같았다.

암기법A	6 5 4 9 4 6 8 5 6 7	$n_1 = 10$
암기법B	5 2 4 7 4 4 8 3 7 6	$n_2 = 10$

위의 자료를 기초로 하여 두 암기법이 서로 차이가 있는지를 유의수준 1%에서 검정하여라. 두 모집단의 분포는 정규분포이고, 두 모분산은 같다고 가정한다.

9. 어느 회사에서 직업 훈련이 근로자의 능률 향상에 효과가 있는지를 알고 싶다고 하자. 이를 위해 16명의 근로자를 뽑아서 직업 훈련을 하기 전과 후의 작업능률 점수를 알아보았더니 다음과 같았다. 이 조사 결과로서 훈련 전과 후의 능률이 같다고 할 수 있는가? 유의수준 1%에서 검정하여라.

번호	1	2	3	4	5	6	7	8	9	10	11	12	13	14	15	16
후	80	90	92	75	86	90	81	70	89	88	82	79	91	90	78	89
전	75	83	96	77	81	90	82	67	94	85	78	82	96	80	87	81

10. 대학교 신입생을 대상으로 쌍을 이루는 두 사람은 IQ가 비슷하게 해서 10쌍을 골랐다. 각 쌍의 임의의 한 사람에게는 교수방법 A로, 다른 사람에게는 교수방법 B로 통계학을 가르친 후 시험을 본 결과가 아래와 같다. 두 교수방법의 점수 차이에 대한 유의수준 5%로 검정하여라. 점수의 차에 대한 분포는 정규분포라고 가정한다.

쌍	1 2 3 4 5 6 7 8 9 10
A방법	76 60 85 58 91 75 82 64 79 88
B방법	81 52 87 70 86 77 90 63 58 83

11. 15명의 남자 대학생을 대상으로 피로하지 않은 상태와 피로한 상태에서 외부 자극에 반응을 나타내기까지의 시간을 측정한 기록이 다음과 같았다고 한다.

피실험자	피로하지 않은 상태	피로한 상태
1	158	91
2	92	59
3	65	215
4	98	226
5	33	223
6	89	91
7	148	92
8	58	177
9	142	134
10	117	116
11	74	153
12	66	219
13	109	143
14	57	164
15	85	100

피로한 상태에서는 신체기능 조절 능력이 떨어진다고 할 수 있겠는가? 단, 모집단은 정규분포를 따른다고 가정하라.

12. 어떤 식물의 종자는 30%가 싹이 튼다고 한다. 이 종자 200개 중 50개만 싹이 텄다고 할 때 여기에 특별한 이유가 있다고 생각되는가? 유의수준 5%로 검정하여라.

13. 어느 통계학과의 여학생 비율은 정원 60명 중 특정 연도에 28명이었다. 이 학과의 여학생 비율이 1/2인지 유의수준 0.05로 검정하여라.

14. 어느 도시의 시장은 4년 전 56%의 지지율로 당선되었다. 임기가 끝날 즈음 다시 시장에 도전하려고 여론조사를 하였다. 300명의 유권자를 단순 임의 추출하여 의견을 물으니 158명이 지지한다고 하였다.

    (1) 재선의 가능성은 어느 정도인가?

    (2) 4년 전에 비하여 지지율이 내려갔다고 할 수 있는가?

15. 보통 약국에서 제조되는 신경안정제의 효과는 60%라고 한다. 신경과민으로 고통받고 있는 성인 100명을 무작위로 추출하여 새로 개발된 양을 복용하게 한 결과 70명이 효과를 보았다고 한다. 새로운 약이 기존의 약보다 효과가 더 크다고 할 수 있는지를 유의수준 0.05로 검정하라.

16. 어느 정유회사의 주장에 따르면 어떤 도시의 가정 중 1/5가 기름난방을 한다고 한다. 무작위로 1,000가정을 추출하여 조사한 결과 136가정이 기름난방을 하고 있는 것으로 조사되었다. 이 결과로 정유회사 측의 주장이 타당하다고 할 수 있는지를 p-값을 이용하여 답하라.

17. 원자력발전소의 건설에 대해서, 어떤 도시와 교외 거주자의 지지율 조사에서 임의로 추출된 도시 거주자 100명 중에서 63명이, 교외 거주자 125명 중에서 59명이 원자력발전소의 건설을 지지하는 것으로 나타났다. 도시 거주자가 교외 거주자들보다 지지율이 크다고 할 수 있는지를 검정하라. 단, 유의수준은 0.05로 하라.

18. 도시지역의 성인 여성 200명 중 20명이, 그리고 농촌지역의 성인 여성 150명 중 10명이 유방암에 걸린 것으로 조사되었다면, 도시지역의 발병률이 더 높다고 할 수 있는지 유의수준 0.05로 답하라.

19. 민주당과 공화당은 자기 당의 대선 후보에 대한 지지율을 파악하기 위하여, 각각 독자적으로 전국에서 무작위로 추출한 1,000명의 유권자를 대상으로 전화 여론조사를 실시하였다. 여론조사 결과 두 후보 간의 지지율은 각각 47.5, 46.7%로 나타났다. 이 결과를 토대로 두 당의 대선 후보의 지지율 간에 차이가 있다고 볼 수 있는지 여부를 유의수준 5%에서 검정하여라.

20. 어떤 도시의 외곽지역에 건설 예정인 화학공장건설안에 대하여 시와 인접지역주민들을 대상으로 찬반투표를 실시하여, 시와 인접지역주민들의 지지율 사이에 유의한 차이가 있는지를 알아보려고 한다. 만일 공장건설안에 찬성하는 유권자가 시에서는 200명 중 120명, 인접지역에서는 500명 중 240명으로 나타났다면, 시에서의 유권자의 지지율이 인접지역의 지지율보다 높다고 할 수 있겠는가? 단, 유의수준은 0.05로 하라.

21. 특별한 윤활유 용기들의 용량은 분산 0.03L의 분산을 가지고 정규분포를 따르는 것으로 알려져 있다. 모분산이 0.03인가를 검정하기 위하여 10개의 용기를 추출하여 다음 자료(단위: 리터)를 얻었다. 유의수준 0.01로 검정하여라.

```
10.2   9.7   10.1   10.3   10.1
 9.8   9.9   10.4   10.3    9.8
```

22. 기계에 의해 채워지는 음료수는 만일 함량의 분산이 1.15dl를 초과한다면 관리하에 있지 않다고 한다. 이 기계로부터 25개의 음료수를 추출하여 함량을 조사해보니 표본분산이 2.03dl로 나타났다. 기계가 관리하에 있지 않다는 것을 유의수준 0.05로 검정하여라. 함량의 분포는 근사적으로 정규분포를 따른다고 가정한다.

23. 병에 자동으로 음료수를 채우는 시스템에서 채워지는 음료수 양의 분산이 1g 이하이어야 시스템이 안정적이라고 할 수 있다. 품질관리 책임자가 음료수병 10개를 임의로 추출하여 음료수의 양을 측정한 결과 표본분산 $s^2 = 0.16$을 구하였다. 이 시스템의 분산이 1g 이하인가를 유의수준 5% 하에서 검정하여라.

24. 유리병 뚜껑의 지름은 표준편차가 0.6mm 이하여야 유리병에 맞는다. 15개의 뚜껑을 임의로 조사한 결과 표준편차가 0.65mm였다. 이 자료에 의할 때 병뚜껑의 지름의 표준편차가 0.6 이하라고 판단할 수 있는지 유의수준 1% 하에서 검정하여라.

객관식

1. 모표준편차가 20인 정규모집단에서 크기 50인 표본을 추출하여 표본평균 $\overline{x}=130$이었다. 이 표본은 모평균 $\mu=120$인 모집단에서 추출된 것이라고 볼 수 있는가. 유의수준 5%로 검정할 때 다음 중 틀린 것은?

① 양측 검정이므로 유의수준 5%에 대한 임계값은 1.96이다.

② $Z_0=\dfrac{130-120}{\dfrac{20}{\sqrt{50}}}=3.54>1.96$이므로 귀무가설을 기각한다.

③ $Z_0=\dfrac{130-120}{\dfrac{20^2}{50}}=1.25<1.96$이므로 귀무가설을 수락한다.

④ 귀무가설은 표본 ($\overline{x}=130$)이 모평균 $\mu=120$인 모집단에서 추출된 것이고, 표본평균이 차이가 있는 것은 표본 추출에서 생긴 오차에 지나지 않는다는 것이다.

해설

③

2. 평균이 μ, 표준편차가 σ인 정규모집단에서 크기 9인 임의 표본을 추출하여 표본평균 $\overline{x}$, 모분산의 불편 추정값인 표본 분산 s^2을 얻었다. 이때 $H_0:\mu=\mu_0,\ H_1:\mu\neq\mu_0$인 가설 검정을 하려고 한다. 다음 중 어느 것이 옳은 것인가?

① $\dfrac{\overline{x}-\mu_0}{s/3}$가 정규분포를 한다는 것을 이용한다.

② $\dfrac{\overline{x}-\mu_0}{s/3}$가 자유도 8인 $t-$분포를 한다는 것을 이용한다.

③ $\dfrac{\overline{x}-\mu_0}{s/\sqrt{8}}$가 자유도 8인 $t-$분포를 한다는 것을 이용한다.

④ 모표준편차 σ를 알지 못하므로 검정할 수가 없다.

해설

②

3. 어느 벨트 생산 공장에서 생산된 제품은 평균 1,850시간을 사용할 수 있는데, 그 표준편차는 120시간 정도라고 한다. 새로운 기술 도입으로 생산된 신형 벨트 중에서 60개를 임의 표본 조사를 해본 결과 그 표본평균 사용 시간이 1,900시간으로 계산되었다고 한다. 이때 사용 시간을 늘리게 되었다고 광고하는 이 공장의 주장을 5% 유의수준에서 검정하여 보아라.

① 평균 사용 시간이 길어졌다.

② 평균 사용 시간이 길어졌다고 볼 수 없다.

③ 평균 사용 시간이 전과 같거나 작다.

④ 비교할 수 없다.

해설

우측 검정 $H_0 : m = 1850, \quad H_a : m > 1850$ ①

$$Z = \frac{1900 - 1850}{\frac{120}{\sqrt{60}}} = 3.23 > 1.65$$

$\therefore H_0$를 기각한다.

∴ 평균 사용 시간이 길어졌다고 볼 수 있다.

4. K 회사가 생산하는 100대의 형광등의 표본에서 평균수명 $\overline{x} = 1570$시간, 표준편차 $s = 120$시간을 얻었다. μ가 그 회사 전 형광등의 평균수명이라 할 때 대립가설 $H_a : \mu \neq 1600$시간으로 귀무가설 $H_0 : \mu = 1600$시간을 유의수준 0.05와 0.01로 각각 검정하라.

① 1%의 유의수준으로는 채택이지만 5%의 유의수준은 기각이다.

② 1%의 유의수준이나 5%의 유의수준이나 다 기각이다.

③ 1%의 유의수준이나 5%의 유의수준이나 다 채택이다.

④ 1%의 유의수준으로는 기각이고 5%의 유의수준으로는 채택이다.

해설

양측 검정 $Z = \frac{1570 - 1600}{\frac{120}{\sqrt{100}}} = -2.5$ ①

(i) 유의수준 0.05일 때 $Z < -1.96$이므로 H_0를 기각한다.

(ii) 유의수준 0.01일 때 $Z > -2.58$이므로 H_0를 채택한다.

5. 대학 체육을 수강하는 50명의 남학생의 평균 신장 $\overline{x_1}$은 68.2 inch이고, 표준편차 s_1은 2.5 inch였으며, 수강하지 않는 50명의 남학생의 평균 신장 $\overline{x_2}$는 67.5 inch이고, 표준편차 s_2는 2.8 inch였다. 수강생의 신장은 수강하지 않는 학생보다 크다고 할 수 있는가?

① 수강생의 평균 신장이 더 크다고 유의수준 5%로 판정된다.

② 수강생의 평균 신장이 유의수준 5%로는 "크다"고 판정되나 유의수준 1%로는 "크다고 볼 수 없다"라고 판정된다.

③ 유의수준 5%로나 1%로나 다 "크다고 볼 수 없다"로 판정된다.

④ 수강생의 평균 신장이 더 크다고 유의수준 1%로 판정된다.

해설

$H_0 : \mu_1 = \mu_2, \qquad H_a : \mu_1 > \mu_2$ ③

$$Z = \frac{|68.2 - 67.5|}{\sqrt{\frac{2.5^2}{50} + \frac{2.8^2}{50}}} = 1.32$$

$\therefore Z < 1.65, \quad Z < 2.33$이 성립하므로 유의수준 5%로나 1%로나 H_0를 채택한다.

$\therefore$ 크다고 볼 수 없다.

6. 모비율 p인 이항 모집단에서 크기 n의 표본을 취하여 표본 비율 $\frac{x}{n}$를 얻었다. $H_0 : p = 0.5$, $H_a : p \neq 0.5$를 검정하려고 한다. 다음 중 옳은 것은 어느 것인가?

① $\left(\frac{x}{n} - 0.5\right) / \sqrt{(0.5)(0.5)/n}$가 정규분포를 한다는 것을 이용한다.

② $\left(\frac{x}{n} - 0.5\right) / \sqrt{(0.5)(0.5)/n}$가 자유도 $n-1$인 $t-$분포를 한다는 것을 이용한다.

③ $\frac{x}{n} = 0.3$이라고 할 때 $\left(\frac{x}{n} - 0.5\right) / \sqrt{(0.3)(0.7)/n}$가 정규분포를 한다는 것을 이용한다.

④ $\frac{x}{n} = 0.3$이라고 할 때 $\left(\frac{x}{n} - 0.5\right) / \sqrt{(0.3)(0.7)/n}$가 자유도 $n-1$인 $t-$분포를 한다는 것을 이용한다.

해설 ①

7. 어떤 식물의 종자는 30%가 싹이 튼다고 한다. 이 종자 200개 중 50개만 싹이 텄다고 할 때 여기에 특별한 이유가 있다고 생각되는가? 유의수준 5%로 검정하라.

① 특별한 이유가 있다고 생각할 수 있다.

② 특별한 이유가 있다고 생각할 수 없다.

③ 이 문제의 조건만으로는 알 수 없다.

④ 계산이 불가능하다.

해설

$H_0 : P = 0.3$ (즉, 특별한 이유가 없다.) ②

$$Z = \left| \frac{\frac{50}{200} - 0.3}{\sqrt{\frac{0.3 \times 0.7}{200}}} \right| = 1.54 < 1.96$$

∴ H_0를 채택한다.

∴ 특별한 이유가 있다고 생각할 수 없다.

8. 다음은 두 대학의 입학 성적이다. 평균 성적이 현저하게 차이가 있다고 보는지 5% 유의수준으로 검정한 결과로 맞는 것은?

학과	표본 학생수	표본평균 성적	표준편차
A	60	350	40
B	65	362	30

① A가 약간 우월하다.

② B가 약간 우월하다.

③ 현저한 차이가 있다.

④ 현저한 차이가 없다고 볼 수 있다.

해설

$H_0 : \mu_1 = \mu_2, \quad H_a : \mu_1 \neq \mu_2$ ④

$$Z = \frac{|350 - 362|}{\sqrt{\frac{40^2}{60} + \frac{30^2}{65}}} = 1.885 < 1.96$$

∴ H_0를 채택한다.

∴ $\mu_1 = \mu_2$이므로 차이가 없다.

9. 한 제약회사가 한 약품의 효과를 90%라고 광고하고 있다. 200명의 환자에게 투약한 결과 160명이 효과를 보았다. 이 회사의 광고의 진위를 결정하라. 유의수준 1%로 검정하여라.

① 1% 유의수준으로 그 광고는 참(眞)이라고 판정되었다.

② 5% 유의수준으로 그 광고는 거짓(僞)으로 판정되었다.

③ 1% 유의수준에서는 참으로 판정되고, 5% 유의수준으로는 거짓으로 판정되었다.

④ 1% 유의수준으로나 5% 유의수준으로나 다 거짓으로 판정되었다.

해설

$H_0 : P = P_0, \quad P_0 = \frac{9}{10}$ ④

$$|Z| = \frac{\left|\frac{160}{200} - \frac{9}{10}\right|}{\sqrt{\frac{\frac{9}{10} \times \frac{1}{10}}{200}}} = 4.71 > 2.58$$

$\therefore H_0$를 기각

10. 모분산 σ_1^2, σ_2^2을 알 때 모평균 차 $\mu_1 - \mu_2$의 검정 통계량은?

① $z = \dfrac{(\overline{X_1} - \overline{X_2}) - (\mu_1 - \mu_2)}{\sqrt{\dfrac{\sigma_1^2}{n_1} + \dfrac{\sigma_2^2}{n_2}}}$

② $t = \dfrac{(\overline{X_1} - \overline{X_2}) - (\mu_1 - \mu_2)}{\sqrt{\dfrac{\sigma_1^2}{n_1} + \dfrac{\sigma_2^2}{n_2}}}$

③ $z = \dfrac{(\overline{X_1} - \overline{X_2}) - (\mu_1 - \mu_2)}{\sqrt{\dfrac{s_1^2}{n_1} + \dfrac{s_2^2}{n_2}}}$

④ $t = \dfrac{(\overline{X_1} - \overline{X_2}) - (\mu_1 - \mu_2)}{\sqrt{\dfrac{s_1^2}{n_1} + \dfrac{s_2^2}{n_2}}}$

해실

모평균의 차의 분포는 모분산을 모를 때 t -분포에 따른다. ①

11. 어느 시장 분석가의 말에 의하면 지역 A의 가정에서 1주일간의 식료품비가 평균 28,000원 미만이라 한다. 그런데 그 지역에서 100세대의 가정을 임의로 추출하여 조사한 결과 주당 평균 식료품비가 26,600원이었으며 표준편차가 7,000원이었다. 이 자료는 시장 분석가의 말을 지지해 줄 수 있는가?

① 유의수준 5%로는 지지할 수 있고 1%로는 지지할 수 없다.

② 유의수준 5%로는 지지할 수 없고 1%로는 지지할 수 있다.

③ 모두 지지할 수 있다고 본다.

④ 모두 지지할 수 없는 경우가 많다.

해설

$H_0 : \mu \geq 28000, \quad H_a : \mu < 28000$ ②

$$Z = \frac{26600 - 28000}{\frac{7000}{\sqrt{100}}} = -2.0$$

∴ 유의수준 5%에서 $Z < -1.65$이므로 H_0를 기각한다.

∴ 유의수준 1%에서 $Z > -2.33$이므로 H_0를 채택한다.

12. 쥐를 보통 사료로 기르면 생후 3개월에 평균 65g에 달한다고 한다. 12마리의 쥐를 어떤 사료로 길렀더니 생후 3개월의 평균 체중이 67.25g, 표준편차 3.68g이었다. 이 사료는 보통 사료와 같은가 다른가를 검정하라(유의수준 5%).

① 보통 사료와 같다고 볼 수 있다.

② 보통 사료와 다르다고 볼 수 있다.

③ 비교할 수 없다.

④ 대립가설과 귀무가설을 설정할 수 없다.

해설

$n = 12$인 소표본이므로 $t = \dfrac{\overline{X} - \mu_0}{s/\sqrt{n}}$의 값을 계산하여 양측 검정한다. ①

$H_0 : \mu = 65, \quad H_a : \mu \neq 65$

$$|t| = \left| \frac{67.25 - 65}{3.68/\sqrt{12}} \right| \fallingdotseq 2.03 \text{ 또 } t_{12-1}(0.05) = 2.201$$

∴ $|t| < t_{12-1}(0.05)$이므로 유의수준 5%에 대하여 가설 채택

즉, 보통 사료와 유의적인 차이가 없다.

13. 전구등을 제작하는 두 대의 기계가 있다. 어느 날 이들 기계에서 생산되는 각각 500개의 제품에서 불편 분산이 각각 0.005cm, 0.006cm이고, 또 이 날 생산된 제품으로부터 평균 반경은 1.503cm와 1.476cm였다. 5%의 유의수준에서 유의적인 차이가 있다고 말할 수 있는가?

① 차이가 있다고 판단할 수 없다.

② 5%의 유의수준에서 차이가 없다.

③ 5%의 유의수준에서 유의적인 차이가 있다고 판단할 수 있다.

④ 대립가설과 귀무가설을 설정할 수 없다.

해설

(1) 가설 설정 : $H_0 : \mu_1 = \mu_2$ ③

$H_a : \mu_1 \neq \mu_2$

(2) 유의수준 : $\alpha = 0.05$

(3) 기각 영역 : $Z < -1.96$ 및 $Z > 1.96$

(4) 검정 통계량 : $\overline{x_1} = 1.503cm,\quad \overline{x_2} = 1.476cm$

$S_1^2 = 0.005cm,\quad S_2^2 = 0.006cm$

이므로 이 문제는 대표본의 경우이므로 다음 공식에 대입한다(정규분포의 검정법을 적용).

$$Z = \frac{\overline{x_1} - \overline{x_2}}{\sqrt{S_1^2/n_1 + S_2^2/n_2}}$$

$$Z = \frac{1.503 - 1.476}{\sqrt{\frac{0.005}{500} + \frac{0.006}{500}}} = \frac{0.270}{0.00469} \fallingdotseq 5.76$$

(5) 결론 : Z값이 각각 영역 내에 들어가므로 대립가설은 채택된다. 그러므로 5%의 유의수준에서 유의적인 차이가 있다고 판단할 수 있다.

14. 모집단의 평균이 8kg, 표준편차가 0.5kg인 자료가 있다. 크기 50인 표본을 추출하여 표본평균을 구했디니 7.8kg이었다. 대립가설 $\mu \neq 8$에 대한 귀무가설 $\mu = 8$의 검정을 할 때 다음 중 옳은 것은? (유의수준 0.01)

① 귀무가설 $\mu = 8$은 채택된다.

② $t = \dfrac{\overline{X} - \mu_0}{\sigma/\sqrt{n}} = \dfrac{7.8 - 8}{0.5/\sqrt{50}}$ 일 때 기각역은 $|t| < 2.58$이다.

③ 평균은 8이 아니고 8kg보다 작다고 결론을 내릴 수 있다.

④ 우측 검정의 문제이다.

해설

(1) $H_0 : \mu = 8$ ②

$H_a : \mu \neq 8$(양측 검정)

(2) $t = \dfrac{7.8-8}{0.5/\sqrt{50}} = -2.828$

$\therefore |t| \le 2.58$이므로 가설 기각, 즉 $\mu \neq 8$

15. 어느 단체의 구성원 중에서 25% 미만이 대졸 이상의 학력을 지니고 있다고 한다. 그런데 이 모집단에서 200명을 임의로 추출하여 조사한 결과 그중 42명이 대졸 이상의 학력을 지니고 있었다. 이 조사 결과로서 그 단체의 구성원 중 25% 미만이 대졸 이상의 학력을 지니고 있다는 말을 지지할 수 있는가를 검정하고자 한다. 다음 중에서 틀린 것은 어느 것인가?

① $H_0 : p \geq 0.25,\quad H_a : p < 0.25$

② $Z_c = \dfrac{\bar{p} - p_0}{\sqrt{\dfrac{p(1-p_0)}{n}}} = \dfrac{0.21 - 0.25}{\sqrt{\dfrac{0.25(1-0.25)}{200}}} = -1.31$

③ $Z_0 = -1.645$(좌측 검정)

④ $|Z_c| \le |Z_0|$ 이므로 H_0를 기각한다.

해설

$|Z_c| < |Z_0|$ 이므로 H_0를 기각하지 않는다.

16. 어느 제조업자의 말에 의하면 그가 생산하는 너트(nut)의 내부 지름에 대한 분산이 0.00005 $[cm^2]$ 이하라고 한다. 31개의 너트(nut)를 임의로 추출하여 조사한 결과 분산이 0.00061 $[cm^2]$였다. 이 자료로부터 이 제조업자가 생산하는 너트의 내부 지름에 대한 분산이 0.00005 $[cm^2]$ 이하라고 할 수 있는가? (단, ${\chi_{0.95}}^2 = 43.733$, 자유도 30에서 이 너트의 내부 지름은 대강 정규분포를 이룬다고 한다.)

① 우측 검정으로 H_0 기각 ② 우측 검정으로 H_0 채택

③ 좌측 검정으로 H_0 기각 ④ 양측 검정으로 H_0 채택

해설

$H_0 : \sigma^2 \le 0.00005$(우측 검정), $\quad H_a : \sigma^2 > 0.00005$ ②

$\chi_0^2 = \dfrac{30 \times 0.00061}{0.00005} = 36.6$

$\therefore \chi_0^2 < {\chi_{0.95}}^2$ 이므로 H_0를 기각하지 않는다.

17. 남자 직원 60명, 여자 직원 35명의 근무 성적의 평균이 각각 88.3점, 86.3점이었다. 이때 이 공장의 남녀 각각의 전 직원의 근무 성적의 분산이 모두 40.0점이었다고 가정하자. 이 경우 남자 직원이 우수하다고 판정해도 좋은가를 5% 유의수준에서 검정하라.

① 5%의 유의수준에서는 남자 직원이 우수하다고 판정할 수 없다.

② 5%의 유의수준에서는 알 수 없다.

③ 5%의 유의수준에서는 남녀 동등하다고 볼 수 있다.

④ 이 영역에서는 여자 직원이 우수하다고 할 수 없다.

해설

단측 검정의 경우로 보자. ①

(1) 가설 : $H_0 : \mu_1 = \mu_2$, $H_a : \mu_1 > \mu_2$ (단, μ_1은 남자, μ_2는 여자의 근무 성적 평균)

(2) 유의수준 : $\alpha = 0.05$

(3) 기각 영역 : Z값으로 표시하면 $Z > 1.645$

(4) 검정 통계량 : $Z = \dfrac{88.3 - 86.3}{\sqrt{\dfrac{40}{60} + \dfrac{40}{35}}} = \dfrac{2.0}{\sqrt{1.8100}} = 1.49$

(5) 결론 : Z값이 기각 영역 내에 들어가지 않으므로 가설은 기각되지 않는다. 따라서 5%의 유의수준에서는 남자 직원이 우수하다고 판정할 수 없다.

18. 어느 타이어 제조업자의 말에 의하면 그가 생산하는 타이어의 평균수명이 25,000km보다 길다고 한다. 그런데 그들 중 15개를 임의로 추출하여 조사한 결과 평균수명이 27,000km이고, 그 표준편차가 5,000km였다. 이 자료를 근거로 하여 유의수준 0.05로 검정할 때 다음 중 틀린 것은?

① $H_0 : \mu \le 25000$, $H_a : \mu > 25000$

② $t_c = \dfrac{\bar{x} - \mu}{S/\sqrt{n}} = \dfrac{27000 - 25000}{5000/\sqrt{15}} = 1.55$

③ 자유도 $15 - 1 = 14$에서 $t_{0.95} = 1.7613$

④ $t_c = 1.55 < 1.7163$이므로 H_0는 기각한다.

해설

$t_c = 1.55 < 1.7163$이므로 귀무가설은 채택된다. ④

19. 임의 표본 $X_1, \cdots, X_n$이 표준편차가 σ인 정규모집단으로부터 추출되었을 때, 모표준편차에 대한 추론에 관한 설명으로 틀린 것은?(단, $P\left(\chi^2_{(n-1)} \geq \chi^2_{\alpha,(n-1)}\right) = \alpha$)

① σ의 추정량은 $S = \sqrt{\sum_{i=1}^{n}\left(X_i - \overline{X}\right)^2/(n-1)}$ 을 사용한다.

② σ에 대한 $100(1-\alpha)\%$ 신뢰구간은 $\left(S\sqrt{\dfrac{n-1}{\chi^2_{\alpha/2,(n-1)}}}, S\sqrt{\dfrac{n-1}{\chi^2_{1-\alpha/2,(n-1)}}}\right)$이다.

③ 가설 $H_0 : \sigma = \sigma_0$에 대한 검정 통계량은 $\dfrac{(n-1)S^2}{\sigma_0^2}$이다.

④ 대립가설 $H_a : \sigma < \sigma_0$에 대한 기각역은 $\dfrac{(n-1)S^2}{\sigma_0^2} \leq -\chi^2_{1-\alpha,(n-1)}$이다.

해설

모표준편차 σ에 대한 추론 ④

$\dfrac{(n-1)S^2}{\sigma_0^2} \sim \chi^2_{(n-1)}$이므로 $P\left[\chi^2_{1-\alpha/2,(n-1)} \leq \dfrac{(n-1)S^2}{\sigma^2} \leq \chi^2_{\alpha/2,(n-1)}\right]$이 된다.

σ에 대해 정리하면 $P\left[\dfrac{(n-1)S^2}{\chi^2_{\alpha/2,(n-1)}} \leq \sigma^2 \leq \dfrac{(n-1)S^2}{\chi^2_{1-\alpha/2,(n-1)}}\right] = 1-\alpha$이다.

$\therefore \sigma$에 대한 $100(1-\alpha)\%$ 신뢰구간은 $\left(\sqrt{\dfrac{(n-1)S^2}{\chi^2_{\alpha/2,(n-1)}}}, \sqrt{\dfrac{(n-1)S^2}{\chi^2_{1-\alpha/2,(n-1)}}}\right)$이다.

※ 대립가설 $H_1 : \sigma < \sigma_0$에 대한 기각역은 $\dfrac{(n-1)S^2}{\sigma_0^2} \leq \chi^2_{1-\alpha,(n-1)}$이다.

20. A라는 회사에서 과자를 생산하고 있다. 과자를 봉지에 담는 기계는 과자의 실제 무게가 평균 32g 그리고 분산 $0.015g^2$이 되도록 맞추어져 있다. 품질관리 검사자는 매 시간마다 몇 봉지의 과자를 표본추출하여 과자의 실제무게에 대한 분산을 계산한 후 유의수준 1%에서 모분산에 대한 가설검정을 한다. 채택할 수 있는 모분산의 값은 $0.015g^2$ 이하이다. 만약 가설검정 결과, 모분산이 $0.015g^2$ 이하가 아니라는 결론을 내리게 되면 기계를 정지하고 조정한다고 하자. 생산라인으로부터 과자 25봉지를 랜덤추출하여 분산을 계산한 결과 $0.029g^2$이었다. 이러한 표본정보에 근거하여 기계가 조정되어야 하는지를 검정한다고 할 때 검정 통계량의 값은 얼마인가?(단, 모든 봉지의 실제 과자무게는 정규분포를 따른다고 가정한다.)

① 36.2 ② 40.3
③ 46.4 ④ 52.1

해설

모분산을 검정하기 위한 통계량은 $\chi^2 = \dfrac{(n-1)S^2}{\sigma^2} \sim \chi^2_{(n-1)}$ ③

$n=25$, $S^2=0.029$, $\sigma^2=0.015$이므로 검정 통계량 값을 계산하면 $\dfrac{24\times 0.029}{0.015}=46.4$이다.

CHAPTER

08

분류된 자료의 카이제곱검정

구성

이 장에선 자료 분석하는 방법 즉, 자료를 어떤 속성에 따라 분류시켜 도수화한 자료를 이용한 통계적 추론방법인 카이제곱검정을 공부하고자 한다. 카이제곱 모델들을 이용하여 분포의 추론에 대해 배운다. 이것은 "검정의 결과들이 멘델의 유전 원리를 지지하는가?" (적합도 검정), "침몰하는 타이타닉에서 살아남는 것이 승객의 신분과는 관계가 없는가?" (독립성 검정), 그리고 "학생들, 선생들, 그리고 직원들은 운전하는 차 종류의 분포들을 똑같이 나타내는가?" (동질성 검정)과 같은 문제들을 이 단원에서 분석하고자 한다.

8.1 적합도 검정

종종 자료에서 측정된 패턴이 주어진 분포와 맞는가 안 맞는가를 검정하는 것이다. 꼭 맞는 적합을 기대할 수 없다면 불일치들을 보고 적합도에 대한 판단을 결정한다.

첫 접근법은 적합하다는 귀무가설에 있다. 주어진 이론상의 분포가 고려 중인 상황에 일치한다는 가설이다. 측정된 자료는 전체 모집단에서 하나의 가능한 표본으로 구성되어 있다. 귀무가설이 사실일 때, 추정값과 기대치 간에 차이가 클 가능성에 대해 알아본다. 그 가능성이 정말 크다면 귀무가설을 기각하고 적합하지 않다고 결론 내린다. 이들은 요약하면 다음과 같다.

실험 결과가 r개의 상호배반인 r개의 범주 $A_1, A_2, \cdots A_r$에 속한다고 하자. 실험 결과가 i번째 범주에 속할 확률 p_i가 각 범주의 확률이 주어진 값 $p_{10}, \cdots, p_{r0}$ $(p_{i0} \geq 0, \sum p_{i0} = 1)$이고 이 가설을 검정하기 위해 n개의 관측값을 택한 결과 i번째 범주에 O_i개가 나타났다고 하자.

H_0가 사실이라면 기대도수는 np_{io}이 되며 상호배반 r개의 비교를 위한 가설

$$H_0 : p_1 = p_{10},\ p_2 = p_{20}, \cdots, p_r = p_{r0} \qquad H_a : H_0\text{가 아니다.}$$

의 검정 통계량은

$$\chi^2 = \sum_{i=1}^{r} \frac{(O_i - \widehat{E}_i)^2}{\widehat{E}_i} \quad (\widehat{E}_i = np_{i0})$$

이고 이의 관측값을 χ_0^2이라고 하면 다음이 성립한다.

유의 확률	유의수준 α의 기각역
$P = P(\chi^2 \geq \chi_0^2),\ \chi^2 \sim \chi^2_{(r-1)}$	$\chi_0^2 \geq \chi^2_{\alpha,(r-1)}$

예제 8.1

$n = 46$ 중에서 고장이 난 기계들에 대해서, 전기적인 결함으로 인한 고장은 $x_1 = 9$, 기계적 결함으로 인한 고장은 $x_2 = 24$, 그리고 오작동으로 인한 고장은 $x_3 = 13$이다. 세 종류의 고장들에 대한 확률은 각각 20, 50, 30%라는 의견에 대해서 카이제곱 적합도 검정을 하여라.(유의수준 0.05로 검정)

풀이

H_0 : 세 종류의 고장률의 백분율은 각각 20, 50, 30%이다.

H_a : 세 종류의 고장률의 백분율은 각각 20, 50, 30%가 아니다.

〈표 8.1〉 관측도수와 기대도수

	전기적 결함	기계적 결함	오작동 결함	합계
관측도수	9	24	13	46
기대도수	$46 \times 0.2 = 9.2$	$46 \times 0.5 = 23.0$	$46 \times 0.3 = 13.8$	46

$$\chi^2 = \frac{(9.0-9.2)^2}{9.2} + \frac{(24.0-23.0)^2}{23.0} + \frac{(13.0-13.8)^2}{13.8} = 0.0942,\ \chi^2_{0.05,(2)} = 5.99$$

그러므로 자유도 $\chi^2 < \chi^2_{0.05,(2)} = 5.99$로 되고, H_0는 기각할만한 충분한 증거가 없다. p-값$\simeq p(\chi^2 \geq 0.094) = 0.95$이다. 즉, 세 종류의 고장률의 백분율은 각각 20, 50, 30%이다.

```
> #ex8.1
> x<-c(9,24,13) #데이터입력
> p1<-c(0.2,0.5,0.3) #H0입력
> chisq.test(x,p=p1,correct=FALSE) #chisq검정 실시(관측수,H0,연속성수정(FALSE))

        chi-squared test for given probabilities

data:  x
X-squared = 0.094203, df = 2, p-value = 0.954
```

예제 8.2

공장 작업장에서 발생하는 사고를 줄이기 위해 새로운 안전운동을 시도하고자 한다. 우선 공장 관리자는 그 주에 작업장에서 발생한 사고 기록을 훑어본 결과 〈표 8.2〉에 나타난 것처럼 일주일 동안 총 사고 횟수가 $n=270$이라는 것을 알게 되었다. 이에 따르면 특히 월요일과 금요일에 사고가 더 많이 발생한 것으로 나타났다. 만일 이것이 사실이라면 월요일과 금요일에 특히 주의할 필요가 있으며, 그날 발생하는 사고를 줄이기 위해서 조치를 취해야만 할 것이다. 그렇다면 이 자료들은 월요일과 금요일에 사고 건수가 다른 요일보다 더 빈번하게 발생한다고 할 수 있는가?

〈표 8.2〉 공장 작업장 내 사고 요인

요일	월요일	화요일	수요일	목요일	금요일	
사고 횟수	65	43	48	41	73	$n=270$

풀이

H_0 : 사고발생률이 모든 요일에 균등하게 분포되어 있다.

H_a : 사고발생률이 모든 요일에 균등하게 분포되어 있지 않다.

귀무가설 하에서 기대 셀 도수는 $270 \times \frac{1}{5} = 54$

〈표 8.3〉 예제 8.2의 기대치 계산

요일	월요일	화요일	수요일	목요일	금요일	합계
기댓값	54	54	54	54	54	270

$$\chi^2 = \frac{(65-54)^2}{54} + \frac{(43-54)^2}{54} + \frac{(48-54)^2}{54} + \frac{(41-54)^2}{54} + \frac{(73-54^2)}{54} = 14.95$$

이 된다. 카이제곱 통계량은 각각 $\chi^2 = 14.95$로서 자유도 $k-1=5-1=4$인 카이제곱분포와 비교해보면 다음과 같은 p-값을 얻을 수 있다.

p-값$\simeq P(\chi^2 \geq 14.95) = 0.0048$

p-값이 매우 작으므로 동질성에 대한 귀무가설은 신뢰할만하지 못하다는 결론을 내릴 수 있다. 즉 공장 작업장에서 발생하는 사고들이 요일별로 동일하게 발생하지 않는다고 결론내릴 수 있다. 특히 월요일과 금요일에 사고 발생률이 높기 때문에 그 요일들에 특별한 주의가 요구된다.

8.2 독립성 검정

적합도 검정에서는 각 개체에게서 한 가지 속성만을 관찰하였다. 한편, 각 개체에게서 두 가지 속성을 동시에 관찰할 경우 검정의 관심이 달라지게 된다. 이제, 어떤 모집단으로부터 n개의 표본개체를 임의 추출하여 각 개체에게서 두 가지 속성을 관찰한 경우, 두 속성 사이에 관련성 또는 독립성을 검정하고자 한다.

독립성 검정은 요약하면 다음과 같다.

두 분류변수 가운데 한 변수를 A라 하고 다른 변수를 B라고 하자. 또한 A는 r개 범주로 나누어지고 B는 c개의 범주로 나누어진다고 하자. 전체 n회의 독립적인 실험을 반복한 결과 A의 i번째 범주와 B의 j번째 범주에 속하는 시행 횟수가 $O_{ij}(i=1,...r,$ $j=1,...,c)$라 하고

$$O_{i\cdot} = \sum_{j=1}^{c} O_{ij}, \quad O_{\cdot j} = \sum_{i=1}^{r} O_{ij}, \quad \sum_{i=1}^{r} O_{i\cdot} = \sum_{j=1}^{c} O_{\cdot j} = n$$

이라고 하면 실험 결과는 다음과 같은 2차원 표로 표현될 수 있다.

〈표 8.4〉 요인 A와 요인 B의 분할표

요인A \ 요인 B	B_1 B_2 .... B_c	합계
A_1 A_2 … A_r	O_{11} O_{12} … O_{1c} O_{21} O_{22} … O_{2c} … … … … O_{r1} O_{r2} … O_{rc}	$O_{1.}$ $O_{2.}$ … $O_{r.}$
합계	$O_{\cdot 1}$ $O_{\cdot 2}$ … $O_{\cdot c}$	n

이와 같이 표현되는 2차원 표를 $r \times c$분할표(contingency table)라고 부른다. 분할표에서 특히 관심이 있는 것은 두 변수가 서로 연관되어 있는가를 조사하는 것이다. 범주(A_i, B_j)에 동시에 속할 확률 p_{ij}, 또 $p_{i\cdot}$은 범주 A_i에 속한 확률이라 하고, 또 $p_{\cdot j}$를 범주 B_j에 속한 확률이라고 하면, 두 요인 A와 B가 독립일 필요충분조건은 $p_{ij} = p_i p_{\cdot j}$가 $(i = 1, 2, ..., r; j = 1, 2, ...c)$이다. 각각 r개와 c개의 범주로 나누어진 두 특성 사이의 독립성에 대한 가설

$$H_0 : p_{ij} = p_{i.}\, p_{.j} (i = 1, ..., r, j = 1, ..., c) \qquad H_a : H_0\text{가 아니다.}$$

의 검정 통계량은

$$\chi^2 = \sum_{i=1}^{r} \sum_{j=1}^{c} \frac{(O_{ij} - \widehat{E_{ij}})^2}{\widehat{E_{ij}}} \; (\widehat{E_{ij}} = O_{i.}\; O_{.j}/n)$$

이고, 이의 관측값을 χ_0^2이라고 하면 다음이 성립한다.

유의 확률	유의수준 α의 기각역
$P = P(\chi^2 \geq \chi_0^2) \quad \chi^2 \sim \chi^2_{((r-1)(c-1))}$	$\chi_0^2 \geq \chi^2_{\alpha, ((r-1)(c-1))}$

예제 8.3

어느 회사에서 학력과 회사에 대한 만족도 사이에 연관성이 있는지를 알아보기 위해 회사원 300명을 랜덤으로 뽑아 조사한 결과 다음의 자료를 얻었다. 두 변수에 연관성이 있다고 할수 있겠는가?

〈표 8.5〉 학력과 회사에 대한 만족도 분할표

학력	만족	보통	불만
고졸 이하	40	32	10
대졸 이하	92	50	28
대학원 이상	16	20	12

풀이

귀무가설을 'H_0: 학력과 만족도는 서로 독립이다'로 놓고, H_0 하에서 각 범주에 대한 기대도수를 구하면 다음과 같다.

〈표 8.6〉 학력과 회사에 대한 기댓값 계산

	만족	보통	불만	계
고졸	40.45	27.88	13.67	82
대졸	83.87	57.80	28.33	170
대학원졸	23.68	16.32	8.00	48
계	148	102	50	300

$$\widehat{E_{11}} = \frac{148(82)}{300} = 40.45,\quad \widehat{E_{12}} = \frac{102(82)}{300} = 27.88,\ldots,\quad \widehat{E_{33}} = \frac{50(48)}{300} = 8.00$$

검정 통계량은 다음과 같다.

$$\chi^2 = \frac{(40-40.45)^2}{40.45} + \frac{(32-27.88)^2}{27.88} + \ldots + \frac{(12-8)^2}{8} = 8.7636 < \chi^2_{0.05,(4)} = 9.488$$

따라서 유의수준 5%에서 학력과 만족도는 서로 독립이라고 판단한다.

```
> #ex8.3
> row1<-c(40,32,10) #데이터입력1
> row2<-c(92,50,28) #데이터입력2
> row3<-c(16,20,12) #데이터입력3
> data<-rbind(row1,row2,row3) #데이터병합
> chisq.test(data,correct=FALSE) #chisq검정 실시(데이터,연속성수정(FALSE))

        Pearson's Chi-squared test

data:  data
X-squared = 8.7636, df = 4, p-value = 0.06729
```

예제 8.4

대도시의 근교에서 출퇴근하며 혼자서만 승용차를 이용하는 사람들 중에서 250명을 랜덤 추출하여 이들을 승용차의 크기와 통근 거리에 따라 분류한 결과 〈표 8.7〉의 자료를 얻었다. 이 자료에 의하면 승용차의 크기와 통근 거리 사이에 관계가 있다고 할 수 있는지를 유의수준 5%에서 검정하여라.

〈표 8.7〉 승용차의 크기와 통근 거리

	15km 미만	15km 이상 30km 미만	30km 이상	합계
경승용차	6	27	19	52
소형승용차	8	36	17	61
중형승용차	21	45	33	99
대형승용차	14	18	6	38
합계	49	126	75	250

풀이

H_0 : 승용차의 크기와 통근 거리 사이가 독립이다.

H_a : 승용차의 크기와 통근 거리 사이에 관계가 있다.

귀무가설 H_0 하에서의 각 칸의 추정 기대도수를 구하면

$$\widehat{E_{11}} = \frac{52 \times 49}{250} = 10.19,\ \widehat{E_{12}} \equiv \frac{52 \times 126}{250} = 26.21,\ \widehat{E_{13}} = \frac{52 \times 75}{250} = 15.60$$

$$\widehat{E_{21}} = \frac{61 \times 49}{250} = 11.96,\ \widehat{E_{22}} \equiv \frac{61 \times 126}{250} = 30.74,\ \widehat{E_{23}} = \frac{61 \times 75}{250} = 18.30$$

$\widehat{E_{31}} = \dfrac{99 \times 49}{250} = 19.40,\ \widehat{E_{32}} \equiv \dfrac{99 \times 126}{250} = 49.90,\ \widehat{E_{33}} = \dfrac{99 \times 75}{250} = 29.70$

$\widehat{E_{41}} = \dfrac{38 \times 49}{250} = 7.45,\ \widehat{E_{42}} = \dfrac{38 \times 126}{250} = 19.15,\ \widehat{E_{43}} = \dfrac{38 \times 75}{250} = 11.40$

이들 추정 기대도수는 모두 5 이상임을 알 수 있고, 이들과 〈표 8.7〉의 관측 도수로부터 카이제곱 통계량의 값을 구하면

$$\chi^2 = \frac{(6-10.19)^2}{10.19} + \cdots + \frac{(6-11.40)^2}{11.40} = 14.15$$

$$14.15 \geq \chi^2_{0.05,\ ((4-1)(3-1))} = 12.59$$

카이제곱 통계량의 관측값이 이 기각역에 속하므로, 유의수준 5%에서 승용차의 크기와 통근 거리 사이에는 관계가 있다고 말할 수 있다.

8.3 동질성 검정

카이-제곱 적합도 검정에서는 하나의 표본을 모집단 모델에 비교하는 데 하나의 변수를 가지고 분석했다. 카이-제곱 독립성 검정에서는 두 변수로 분류된 하나의 표본을 가지고 이 특성 간에 어떤 관련성이 있는가를 검정하는 방법이고, 동질성을 위한 카이-제곱 절차는 두 개 이상의 부모집단으로부터 표본을 추출하여 각 부모집단들의 범주별 반응 비율이 같은가를 검정할 때 적용하는 방법이다. 표본들이 간단한 무작위 표본이라는 것과 그들은 서로에게 독립적이라는 것이 중요하다. 본래의 모집단은 표본 크기에 비해서 커야 하며, 예상된 칸 숫자가 적어도 5는 되어야 한다는 것이나. 각각 행이 서로 다른 표본이다.

동질성 검정은 요약하면 다음과 같다.

c개의 범주로 나누어지는 다항모집단 r개를 비교하기 위한 가설

$$H_0 : p_{1j} = p_{2j} = \cdots = p_{rj}\,(i = 1, 2, \cdots, c) \qquad H_a : H_0\text{가 아니다.}$$

의 검정 통계량은

$$\chi^2 = \sum_{i=1}^{r}\sum_{j=1}^{c}\frac{(O_{ij}-\widehat{E_{ij}})^2}{\widehat{E_{ij}}}\ (\widehat{E_{ij}} = O_{i\cdot}\ O_{\cdot j}/n)$$

이고, 이의 관측값을 χ_0^2이라고 하면 다음이 성립한다.

유의 확률	유의수준 α의 기각역
$p = P(\chi^2 \ge \chi_0^2)\quad \chi^2 \sim \chi^2_{((r-1)(c-1))}$	$\chi_0^2 \ge \chi^2_{\alpha,((r-1)(c-1))}$

따라서 검정 통계량의 형태와 자유도가 독립성 검정과 일치하며, 실제로 검정 결과는 어느 검정을 시행하거나 동일한 결과를 갖는다.

예제 8.5

같은 종류의 볍씨를 온도와 습도에 따라 구분되는 4가지 저장 상태에 따라 1년간 보존하였다. 벼의 저장 상태가 발아에 영향을 미치는지 알아보기 위하여 각 저장 상태로 보존한 볍씨 중에서 무작위로 각각 100, 150, 130, 120개를 추출하여 그 발아 상태를 조사하였다. 각 저장 상태에 따라 발아율이 동일한지를 유의수준 $\alpha = 0.05$로 검정하여라.

〈표 8.8〉 씨앗의 온도에 따른 분할표

저장 상태	발아한 벼	발아하지 않은 벼	합
A	73	27	100
B	105	45	150
C	90	40	130
D	78	42	120
합	346	154	500

풀이

H_0 : 각 저장 상태에 따른 발아율은 같다.

H_a : 각 저장 상태에 따른 발아율이 모두 같지는 않다.

$$\chi^2 = \frac{(73-100\times 346/500)^2}{100\times 346/500} + \dots + \frac{(42-120\times 154/500)^2}{120\times 154/500} = 1.716$$

$1.716 < \chi^2_{0.05,\ (3)} = 7.815$이므로 H_0을 기각할 수 없으며 p-값$= P(\chi^2 > 1.716) = 0.6334 > 0.05$이다. 즉 저장 상태가 빌아 여부에 영향을 미친다는 충분한 근거가 없다.

```
> #ex8.5
> col1<-c(73,105,90,78) #데이터입력1
> col2<-c(27,45,40,42)  #데이터입력2
> data<-cbind(col1,col2)#데이터입력3
> chisq.test(data,correct=FALSE) #chisq검정 실시(데이터,연속성수정(FALSE))

        Pearson's Chi-squared test

data:  data
X-squared = 1.7158, df = 3, p-value = 0.6334
```

예제 8.6

공단에 인접한 세 지역에서 공해를 느끼는 정도가 지역에 따라 차이가 있는가를 알아보고자 하여, 세 지역에서 각각 97, 95, 99명을 랜덤 추출하여 산업공해로 인한 악취를 느끼는 횟수에 대하여 조사한 결과가 〈표 8.9〉과 같다. 〈표 8.9〉에서 범주 1은 매일, 범주 2는 적어도 일주일에 한 번, 범주 3은 적어도 한 달에 한 번, 범주 4는 한 달에 한 번보다는 적게, 범주 5는 전혀 악취를 느끼지 않는 경우를 뜻한다. 이 자료로부터 지역에 따라 공해를 느끼는 정도가 다르다고 할 수 있는가를 유의수준 1%에서 검정하여라.

〈표 8.9〉 범주에 따른 분할표

	범주 1	범주 2	범주 3	범주 4	범주 5	표본 크기
지역 1	20	28	23	14	12	97
지역 2	14	34	21	14	12	95
지역 3	4	12	10	20	53	99
합계	38	74	54	48	77	291

풀이

검정하고자 하는 가설은 다음과 같이 주어진다.

H_0 : 지역에 따라 각 범주에 대한 비율이 같다.

H_a : H_0가 아니다.

귀무가설 하에서 기대도수는 〈표 8.10〉에 주어져 있다.

〈표 8.10〉 〈표 8.9〉의 자료에 대한 추정 기대도수

	범주 1	범주 2	범주 3	범주 4	범주 5
지역 1	12.67	24.67	18.00	16.00	25.67
지역 2	12.41	24.16	17.63	15.67	25.14
지역 3	12.93	25.18	18.37	16.33	26.20

$$\chi^2 = \frac{(20-12.67)^2}{12.67} + \cdots + \frac{(53-26.20)^2}{26.20} = 71.36$$

$$71.36 \geq \chi^2_{0.01,\,(8)} = 20.09$$

관측값이 기각역에 속하므로, 지역에 따라 공해를 느끼는 정도에 차이가 있다고 결론을 내린다.

동질성 검정과 독립성 검정 사이의 차이는 헷갈릴 수도 있다. 이원분류표(Two-way)가 주어졌을 땐, 어느 검정이 쓰여지는지 명백하지 않다. 결정적인 차이는 연구 기획에 있다. 각각의 모집단들 사이에서 어떤 변수의 분포를 비교하기 위해 두 개 이상의 모집단에서 각각 표본들을 정했는가? 만약 그렇다면 동질성 검정을 하는 것이다. 하나의 모집단에서 하나의 표본을 정했으며 변수들 사이의 관계가 있는지 확인하기 위해 두 개의 변수를 교차-분류하는가? 만약 그렇다면 독립성 검정을 하는 것이다.

예를 들어, 만약 줄기세포 연구를 그들이 지지하는지, 반대하는지, 또는 무반응인지 알기 위해 민주당, 공화당, 그리고 독립당를 따로따로 표본 추출한다면, 응답들의 분포가 민주당, 공화당, 그리고 독립당 다 똑같다는 귀무가설을 가지고 동질성 검사를 한다. 하지만, 만약 줄기세포 연구에 대한 응답자들의 정치적 편애와 의견들을 유의하며, 보편적인 모집단을 표본으로 삼는다면, 정치적 편애가 줄기세포 연구에 대한 의견과 상관없다는 귀무가설을 가지고 독립성 검정을 한다.

주관식

1. 땅콩, 개암나무열매, 캐슈열매 및 피칸열매를 5:2:2:1 비율로 혼합하는 기계가 있다. 혼합된 열매 500개가 담겨진 통조림 깡통을 정량분석하였더니, 땅콩이 269, 개암나무열매가 112, 캐슈열매가 74, 그리고 피칸열매가 45개씩 들어 있었다. 이 기계가 각 열매를 5:2:2:1의 비율로 혼합시키는가에 대하여 유의수준 0.05로 검정하라.

2. 어느 특정한 학기에 대한 통계학 강좌의 성적들이 다음과 같았다.

성적	A	B	C	D	F
f	14	18	32	20	16

성적들의 분포가 균일하다는 가설을 유의수준 0.05에서 검정하라.

3. 유전학자들은 초파리의 비율이 $1:3:3:9$라고 주장한다. 4,000마리의 초파리가 226, 764, 733, 2,277의 종의 비율로 있다고 가정하자. 유전학자들의 주장이 인정되지 않는 충분한 증거가 있는가?

4. 다음은 나이에 따라 자동차 A, B, C, D, E에 대한 선호도를 조사한 실험 결과이다. 나이와 선호하는 자동차의 종류는 무관한지 유의수준 5%에서 검정하여라.

나이/자동차	A	B	C	D	E
30세 미만	42	29	12	58	74
30~50세	59	34	43	19	68
50세 이상	67	42	81	7	82

5. 흡연 정도와 고혈압은 서로 독립적인 관계에 있는가를 알아보는 실험을 하였다. 180명을 조사한 결과 다음과 같이 나타났다.

	비흡연자	보통 흡연자	골초
고혈압	21	36	30
정상	48	26	19

"흡연 정도와 고혈압의 유무와는 독립이다"는 가설을 유의수준 0.05로 검정하라.

6. 심장마비 환자 640명의 항체 검사 결과가 다음과 같다.

	심함	중간	가벼움
양성반응	85	125	150
음성반응	40	95	145

심장마비의 정도에 따른 항체 검사 결과에 뚜렷한 관계가 있는가? 5%의 유의수준으로 검정하여라.

7.

	낮은 콜레스테롤	중간 콜레스테롤	높은 콜레스테롤
치명적	29	17	18
비치명적	19	20	9

뚜렷한 관계가 있는가? 콜레스테롤의 수치가 심장병을 예측하는가? 10% 유의수준으로 검정하여라.

8. 어떤 회사에서 생산되는 제품의 불량품과 양품의 비율이 낮, 저녁 그리고 밤에 따라 다른지를 결정하기 위해 아래와 같은 자료를 수집하였다. 낮, 저녁 그리고 밤에 만들어지는 제품의 불량률이 같은지를 유의수준 0.025에서 검정하여라.

	낮	저녁	밤	합계
불량품	80	70	80	230
양품	1,120	930	720	2,770
합계	1,200	1,000	800	3,000

9. 다음은 어떤 전기부품의 납땜 공정에서 작업자가 서서하는 공정과 앉아서 하는 공정에서 나온 제품을 양품과 불량품으로 분류한 분할표이다.

	양품	불량품	계
선 공정	651	49	700
앉은 공정	831	122	953
계	1,482	171	1,653

위의 자료에서 두 공정 간에는 차이가 없는지 검정하여라.

10. 액화천연가스(LNG)의 저장 기지의 후보지로 고려되고 있는 세 지역의 여론을 알아보기 위하여, 세 지역에서 각각 400, 350, 350명을 랜덤 추출하여 기지의 건설에 대한 찬성 여부를 물은 결과가 다음과 같다. 지역에 따라 찬성률에 차이가 있다고 할 수 있는가?

	찬성	반대	표본 크기
지역 1	198	202	$n_1 = 400$
지역 2	140	210	$n_2 = 350$
지역 3	133	217	$n_3 = 350$
합 계	471	629	$n = 1100$

11. 어느 정당에서는 지역에 따라 A, B, C 세 후보에 대한 지지도가 다른지를 알아보기 위해 각 도시에서 200명씩 조사한 결과 다음의 자료를 얻었다. 지역에 따라 지지도가 다른지를 통계적으로 검정하여라.

지역과 후보 간의 분할표

	A	B	C	계
서울	73	71	56	200
부산	102	55	43	200
대구	73	66	61	200
광주	62	98	40	200

객관식

1. 다음 중 분할표의 검정은 어느 것인가?

① t－검정　　② χ^2－검정

③ F－검정　　④ 정규분포 검정

해설

분할표의 검정은 χ^2－검정을 한다. ②

2. 2×2분할표에서 "속성 X와 Y 사이에 관련이 없다"라는 가설을 검정하는 것은?

① 적합도 검정　　② 독립성의 검정

③ 모비율의 검정　　④ 평균과 차의 유의성 검정

해설 ②

3. 다음 표는 두 과목에 대한 성적이다. 두 과목 간에는 상관을 인정할 수 있는가인 χ^2검정 문제이다. 자유도로서 맞는 것은?

학과 \ 성적	A	B	C	계
X	10	20	10	40
Y	4	16	20	40
계	14	36	30	80

① 6　　② 5

③ 3　　④ 2

해설 ④

4. 유의수준 5%에서 양측 검정의 위험역은 얼마인가?

① 2.58 ② 1.64

③ −2.33 ④ 1.96

해설

유의수준 5%의 위험역은 1.96 ④

5. 색맹의 유무와 성별의 관련을 조사한 아래 표에 대하여 그 관련의 존재 여부를 검정하라.

	남	여	계
정상	431	342	773
색맹	37	4	41
계	468	346	814

표에 의하여 $\chi^2_{0.05,(1)} = 3.84$, $\chi^2_{0.01,(1)} = 6.635$ 이다. 다음 중에서 옳은 판정을 골라라.

① χ_0^2을 계산한 결과 $\chi_0^2 > \chi^2_{0.01.(1)}$이므로 관련이 있다.

② $\chi_0^2 < \chi^2_{0.05,(1)}$로 되어 유의수준 5%로 관련 없음이라고 판정된다.

③ $\chi_0^2 > \chi^2_{0.05,(1)}$로 되어 유의수준 5%로 관련 있음으로 판정된다.

④ $\{\chi_0^2 < \chi^2_{0.01,(1)}\}$이고 동시에 $\{\chi_0^2 > \chi^2_{0.05,(1)}\}$이므로 유의수준 1%로는 관련 없음으로 판정되나 유의수준 5%로는 관련 있음으로 판정된다.

해설

①

6. 다음 중 틀린 것은 어느 것인가?

① χ^2−검정으로서는 적합도의 검정과 독립성의 검정이 가장 널리 사용된다.

② 2×2 분할표의 경우는 χ^2−검정 대신에 비율의 차에 관한 검정을 이용할 수도 있다.

③ 2×2 분할표에 대한 χ^2−검정의 경우 자유도는 2이다.

④ χ^2−검정의 대부분은 근사적인 검정법이다.

해설

2×2 분할표에 대한 χ^2−검정의 경우 자유도는 1이다. ③

7. 주사위를 300번 던져서 균형이 잡힌 이상적인 주사위인지를 알려고 한다. 실험 결과는 다음과 같다. 주사위가 균형이 잡혔다는 귀무가설을 기각할 수 있을 것인가? (단, $\chi^2_{0.05,(5)} = 11.1$이다.)

주사위 눈	1	2	3	4	5	6
P	$\frac{1}{6}$	$\frac{1}{6}$	$\frac{1}{6}$	$\frac{1}{6}$	$\frac{1}{6}$	$\frac{1}{6}$
f	56	46	47	49	42	60

① 5% 유의수준에서 채택한다.

② 5% 유의수준에서 기각한다.

③ 1% 유익수준에서 기각한다

④ 1% 유의수준에서 결정할 수 없다.

해설

$$\chi^2 = \sum_{i=1}^{k} \frac{(o_i - np_i)^2}{npi}$$ ①

$$= \frac{(56-50)^2}{50} + \frac{(46-50)^2}{50} + \frac{(47-50)^2}{50} + \frac{(49-50)^2}{50} + \frac{(42-50)^2}{50} + \frac{(42-50)^2}{50}$$

$= 4.52 < 11.1$

이므로 5% 유의수준에서 주사위가 균형이 잡혔다는 귀무가설을 채택한다.

8. 100명의 여성에게 다섯 가지의 의복을 보이고 어느 것이 제일 좋다고 생각하는가를 조사하였더니 다음 표와 같은 결과를 얻었다.

옷	A	B	C	D	E	계
결과	35	20	10	20	15	100

다섯 가지의 의복에 차가 있다고 할 수 있는가? (유의수준 0.05로 검정)

① 차가 있다고 할 수 없다.

② 5%로 차가 있다고 할 수 있다.

③ 20%로 차가 있다고 할 수 있다.

④ 15%로 차가 있다고 할 수 있다.

해설

아래 표의 계산 결과를 보자. ②

의복	A	B	C	D	E	계
O_i	35	20	10	20	15	100
E_i	20	20	20	20	20	100
$O_i - E_i$	15	0	−10	0	−5	0
$(O_i - E_i)^2$	225	0	100	0	25	350

위 계산표에서 $\chi_0^2 = \dfrac{\sum (o_i - e_i)^2}{e_i} = \dfrac{350}{20} = 17.5$

$\chi^2_{0.05,(4)} = 9.49$

그러므로, $\chi_0^2 > \chi^2_{0.05,(4)}$로 되고 H_0는 기각된다. 즉, 5%로 차가 있다고 할 수 있다.

9. 다음 표는 어떤 병에 대한 예방 주사의 효능을 조사한 것이다 이 약은 효과가 없다고 판정해도 좋은가를 5%의 유의수준에서 검정하라. (단, 기대도수는 표의 ( ) 안이다.)

예방 주사 \ 병	걸리지 않은 사람	걸린 사람	계
받은 사람	51(46.0)	10(15.0)	61
받지 않은 사람	25(30.0)	14(9.0)	39
계	76	24	100

① 5%의 유의수준에서는 이 약은 효과가 없다고 판정된다.

② 5%의 유의수준에서는 알 수 없다.

③ 대립가설과 귀무가설은 설정할 수 없다.

④ 5%의 유의수준에서는 이 약은 효과가 있다고 판정된다.

해설

(1) 가설 H_0 : 효과 없음(분류항의 독립성)을 세운다. 이때의 기대도수가 표의 ( ) 안이다. ④

(2) $o_{1.} = 61,\ o_{2.} = 39,\ o_{.1} = 76,\ o_{.2} = 24,\ N = 100$에서 χ^2을 계산한다.

$$\chi^2 = \frac{\left(51 - \frac{76\times61}{100}\right)^2}{\frac{76\times61}{100}} + \frac{\left(10 - \frac{24\times61}{100}\right)^2}{\frac{24\times61}{100}} + \frac{\left(25 - \frac{76\times39}{100}\right)^2}{\frac{76\times39}{100}} + \frac{\left(14 - \frac{24\times39}{100}\right)^2}{\frac{24\times39}{100}}$$

$$= 5.82$$

한편 자유도 $(k-1)(l-1) = 1$에서 $\chi^2_{0.05,(1)} = 3.841$이기 때문에 $\chi^2 > \chi^2_{0.05,(1)}$가 되고 유의수준 5%로 H_0는 기각된다.

10. 대학 진학을 앞둔 150명의 고3 학생을 대상으로 선호하는 진학계열을 다음과 같이 얻었다. 3가지 진학계열의 선호도가 동일한지를 검정하는 카이제곱 검정 통계량의 값은?

구 분	사회계열	인문계열	자연계열	합 계
응답자 수	50	47	53	150

① 17/50 ② 18/50

③ 19/50 ④ 20/50

해설

검정 통계량은 $\chi^2 = \frac{(o_1-e_1)^2}{E_1} + \frac{(o_2-e_2)^2}{E_2} + \cdots + \frac{(o_k-e_k)^2}{E_k} \sim \chi^2_{(k-1)}$ 이므로, ②

$\frac{(50-50)^2}{50} + \frac{(47-50)^2}{50} + \frac{(53-50)^2}{50} = \frac{18}{50}$

11. 두 교수법을 비교하기 위하여 그룹 I 과 그룹 II 에 50명씩 랜덤하게 한 학기 강의가 끝난 후에 학생들이 받는 학점을 조사하여 다음의 표를 얻었다.

	A	B	C	D	E
그룹 I	8	13	16	10	3
그룹 II	4	9	14	16	7

위 내용을 검정하기 위하여 사용되는 통계량의 분포는?

① 자유도가 3인 카이제곱분포 ② 자유도가 4인 카이제곱분포

③ 자유도가 5인 카이제곱분포 ④ 자유도가 10인 카이제곱분포

해설

교차분석이므로 검정 통계량을 이용해야 하며, 자유도는 그룹이 r개로 나뉘어져 있고, 과목이 k개로 나뉘어져 있으므로 $(k-1)(r-1) = (5-1)(2-1) = 4$가 된다. ②

12. 어떤 현안에 대해 의견(찬성과 반대)을 조사한 결과 다음과 같은 표를 구하였다.

	남 자	여 자	합
찬 성	40	60	100
반 대	60	40	100
합	100	100	200

성별에 따라서 현안에 대한 의견이 차이가 있는지 검정하려고 한다. 이때 귀무가설(현안에 남녀 간 의견 차이가 없다) 하에서 남자이면서 현안에 찬성하는 셀의 기댓값은?

① 30　② 40
③ 50　④ 60

해설

교차분석의 기대도수　③

$$E_{11} = 200 \times \frac{100}{200} \times \frac{100}{200} = \frac{10000}{200} = 50$$

13. 유권자들로부터 정당선호도라는 행변수와 투표 여부라는 열변수로 분류하여 얻은 교차표이다. 분석 결과에 대한 설명으로 옳지 않은 것은?

정당선호도	투 표	기 권	투표율(%)
약 함	305	126	70.8
중 간	405	125	76.4
강 함	265	49	84.4
합 계	975	300	76.47
카이제곱통계량	18.76	유의확률	0.0001

① 총 유권자의 투표율은 76.47%이다.

② 카이제곱통계량의 자유도는 2이다.

③ 정당선호도에 따라 투표율이 다르다.

④ 정당선호도가 약한 투표자의 기댓값은 305보다 작다.

해설

카이제곱검정통계량의 자유도는 $(k-1)(r-1) = (3-1)(2-1) = 2$이고, 유의확률이 0.0001로 매우 작으므로 유의수준 1%하에서도 귀무가설이 기각되어 정당선호도에 따라 투표율이 다르다고 할 수 있다. 정당선호도가 약한 투표자의 기댓값은 $\frac{975 \times 431}{1275} = 329.6$이다.　④

14. 어떤 설문조사에서 50대의 남자 100명에게 현재의 결혼상태를 물어본 결과 다음과 같은 표를 얻었다. 50대 남자의 결혼상태의 비율이 모두 동일하다고 할 수 있는지를 유의수준 0.05에서 검정하고자 할 때, 귀무가설과 검정 통계량의 값, 그리고 귀무가설 기각 여부를 바르게 나타낸 것은? (단, $\chi^2_{0.05,(4)} = 9.488$, $\chi^2_{0.05,(4)} = 11.070$)

결혼상태	결 혼	사 별	이 혼	별 거	독 신
관측빈도	58	9	18	8	7

① 귀무가설 : 50대 남자의 결혼상태별 비용은 모두 동일하다, $\chi^2 = 94.1$, 기각 여부 : 기각

② 귀무가설 : 50대 남자의 결혼상태별 비용은 모두 동일하지 않다, $\chi^2 = 94.1$, 기각 여부 : 채택

③ 귀무가설 : 50대 남자의 결혼상태별 비용은 모두 동일하다, $\chi^2 = 4.71$, 기각 여부 : 기각

④ 귀무가설 : 50대 남자의 결혼상태별 비용은 모두 동일하지 않다, $\chi^2 = 4.71$, 기각 여부 : 채택

해설

위의 문제에 대한 가설은 다음과 같다. ①

귀무가설(H_0) : 50대 남자의 결혼상태별 비율은 모두 동일하다.

귀무가설(H_1) : 50대 남자의 결혼상태별 비율은 모두 동일하지 않다.

위의 가설을 검정하기 위한 검정 통계량의 값을 구하면 다음과 같다.

검정 통계량은

$$\chi^2 = \frac{(o_1-e_1)^2}{E_1} + \frac{(o_2-e_2)^2}{E_2} + \cdots + \frac{(o_k-o_k)^2}{E_k} \sim \chi^2(k-1)\text{이므로,}$$

$$= \frac{(58-20)^2}{20} + \frac{(9-20)^2}{20} + \frac{(18-20)^2}{20} + \frac{(8-20)^2}{20} + \frac{(7-20)^2}{20} = \frac{1882}{20} = 94.1$$

검정 통계량의 값이 94.1로 유의수준 5%에서의 기각치 $\chi^2_{0.05,(4)} = 9.488$보다 크므로 귀무가설을 기각한다.

CHAPTER

09

상관분석과 회귀분석

구성

STATISTICS

지금까지 하나의 변수의 관측값에 대해서 다루어 왔다. 통계학의 많은 중요한 응용들은 서로 관련된 하나 또는 더 많은 변수들을 연구한다. 예를 들어, 임산부의 흡연 여부와 그들의 아이들의 몸무게와 관련이 있는가? SAT 점수와 대학 합격은 관련이 있는가? 사용한 비료의 양과 수확한 농작물의 양은 관련이 있는가?

여기서 두 가지 문제를 알고자 한다. 첫째, 눈에 보이는 강한 관계를 어떻게 측정할 것인가? 둘째, 이렇게 찾은 관련성을 어떤 함수의 항으로 나타낼 것인가? 예를 들어, 한 부동산 중개업자가 은행 이율과 신규 아파트 판매 수 사이에 존재하는 관계뿐만 아니라 은행 이율이 주어졌을 때 팔린 아파트의 수를 예측할 수 있는 방법을 알고자 한다.

그래픽 표현에서 산점도는 두 변수들 사이의 있음직한 관계를 한눈에 알아볼 수 있게 해주고, 상관계수라 불리는 수치적인 측정은 선형의 관계 강도의 양적인 값으로 종종 쓰인다. 선형관계는 인과관계가 아니다.

9.1 산점도와 상관관계

두 양적 변수 x와 y 사이에서 어떤 관계가 발견되었다고 가정하고, $(x,\ y)$ 쌍을 그래프로 그린다. 관계의 강도, 산점도, 그리고 그 관계의 기본 모형에서 어떤 편차를 주목한다. 이 단원에서는 관계가 직선으로 나타나는 1차 방정식의 항으로 나타낼 수 있는지에 대해 알아볼 것이다. 예를 들어, 다음과 같은 산점도를 보자.

가장 적합한 직선이라는 무엇을 의미하는지 그리고 어떻게 그 직선을 찾을 수 있는지에 대해 알고자 한다. 변수들 사이의 관계가 강해서 이 직선을 찾아서 사용하는 것이 의미 있는지 알고자 한다.

하나의 변수에서 더 큰 값들이 두 번째 변수에서의 더 큰 값들과 연관되어 있을 때, 그 변수들은 양의 상관관계라고 한다. 하나의 변수에서 더 큰 값들이 또 다른 변수의 더 작은 값들과 연관되어 있을 때, 그 변수들은 음의 상관관계라고 한다.

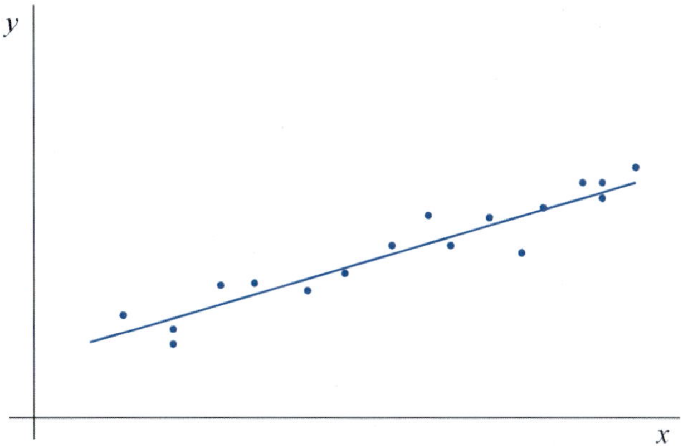

[그림 9.1] 산점도

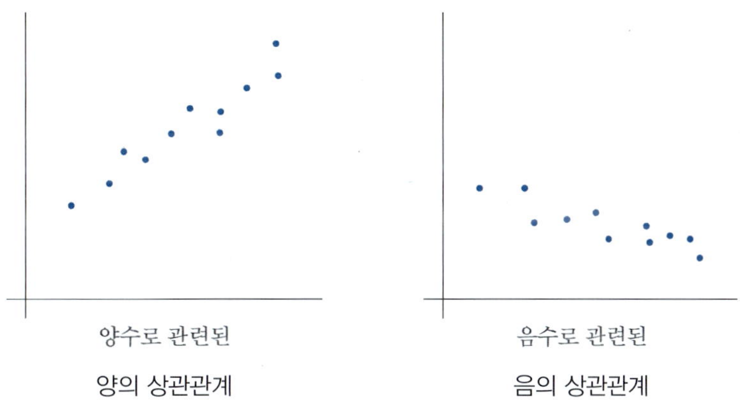

[그림 9.2] 상관관계의 음양

관계의 강도는 점들이 직선에 얼마나 가까이 분포되어 있는가에 따라 판단할 수 있다. 산점도가 1차 관계를 강하게 보일 때 직관적으로 관계를 알 수 있지만, 대부분의 경우 시각적으로 관계의 특정한 강도를 판단하기에는 어렵다. 이러한 이유 때문에 상관계수라는 수학적인 계산을 한다. 상관관계는 인과관계를 나타내지 않고, 상관관계의 측정은 1차적 관계의 강도만 나타낸다는 점을 유념해야 한다. r로 표기된 상관계수는 두 집합의 평균과 표준편차를 사용하는 공식이 있다.

$$r = \frac{1}{n-1}\Sigma\left(\frac{x_i - \overline{x}}{s_x}\right)\left(\frac{y_i - \overline{y}}{s_y}\right) = \frac{\sum(x_i - \overline{x})(y_i - \overline{y})}{\sqrt{\sum(x_i - \overline{x})^2}\sqrt{\sum(y_i - \overline{y})^2}} = \frac{s_{xy}}{\sqrt{s_{xx}}\sqrt{s_{yy}}}$$

$$s_{xy} = \sum x_i y_i - \frac{\sum x_i \sum y_i}{n}, \quad s_{xx} = \sum x_i^2 - \frac{\left(\sum x_i\right)^2}{n}, \quad s_{yy} = \sum y_i^2 - \frac{\left(\sum y_i\right)^2}{n}$$

공식에서 상관관계는 어떤 변수가 x이고 어떤 변수가 y인지 구별해주지 않는다는 점을 확인하자. 상관계수는 표준화된 위치(z-위치)을 바탕으로 하기 때문에 단위에 상관없다. 평균과 표준편차는 이상치에 크게 영향을 받을 수 있기 때문에, 상관계수는 이상치에 큰 영향을 받는다. r의 값은 항상 -1과 +1 사이에 속하고, -1은 완벽한 음수의 상관관계를 말하고, +1은 완전한 양의 상관계수를 말한다. 상관계수가 0이라고 해서 변수들 간의 관계가 없다는 것이 아니라는 것을 주의해야 한다. 아마 1차적 관계가 아닌 강한 관계가 있을 것이다.

모집단에서의 상관계수를 ρ라고 하고 이에 대한 검정을 생각하여 보자. 두 변수 (x, y)가 이변량 정규분포를 따른다고 가정할 때, 모상관계수가 0이라는 귀무가설 하에서 다음과 같은 통계량

$$r\frac{\sqrt{n-2}}{\sqrt{1-r^2}}$$

이 자유도가 $n-2$인 $t-$분포를 따르는 것으로 알려져 있다. 따라서 유의수준을 α로 할 때 상관계수의 가설검정 절차는 다음과 같다.

- 귀무가설 : $H_0 : \rho = 0$
- 검정 통계량 : $t = r\frac{\sqrt{n-2}}{\sqrt{1-r^2}}$

유의수준 α에서 기각역:

$$H_a: \rho > 0\text{일 때}, \ t \geq t_{\alpha,(n-2)}$$

$$H_a: \rho < 0\text{일 때}, \ t \leq -t_{\alpha,(n-2)}$$

$$H_a: \rho \neq 0\text{일 때}, \ |t| \geq t_{\alpha/2,(n-2)}$$

이다.

예제 9.1

어떤 지역에서 두 개의 오염물질의 농도 사이에 강한 상관관계가 있다고 알려져 있다고 하자. 즉, 오존의 농도 x(ppm)와 제 2탄소의 농도 $y(\mu g/m^2)$ 사이의 관계는 다음의 자료와 같다. 표본 상관계수와 상관관계의 유의성에 대해 가설검정하여라.

〈표 9.1〉 오존농도와 탄소농도 자료

x	0.066	0.088	0.120	0.050	0.162	0.186	0.057	0.100
y	4.6	11.6	9.5	6.3	13.8	15.4	2.5	11.8
x	0.112	0.055	0.154	0.074	0.111	0.140	0.071	0.110
y	8.0	7.0	20.6	16.6	9.2	17.9	2.8	13.00

풀이

요약한 값들과 표본 상관계수 r은 다음과 같다.

$$n=16,\ \sum x_i = 1.656,\ \sum y_i = 170.6,\ \sum x_i^2 = 0.196912,\ \sum x_i y_i = 20.0397,\ \sum y_i^2 = 2253.56$$

$$r = \frac{20.0397-(1.656)(170.6)/16}{\sqrt{0.196912-(1.656)^2/16}\sqrt{2253.56-(170.6)^2/16}} = \frac{2.3826}{(0.1597)(20.8456)} = 0.716$$

따라서 오존농도와 제 2의 탄소 사이에 모상관계수의 추정값은 $r=0.716$이다.

연관성 검정의 가설은

$H_0: \rho = 0,\ H_a: \rho \neq 0$

이며, $t-$통계량의 값은

$$t = \frac{\sqrt{n-2}\,r}{\sqrt{1-r^2}} = \frac{\sqrt{16-2}\,(.716)}{\sqrt{1-(.716)^2}} = 3.8376 > t_{0.025,(14)} = 2.14$$

이므로 유의수준 5%에서 H_0를 기각한다.

```
> #ex9.1
> x<-c(0.066,0.088,0.120,0.050,0.162,0.186,0.057,
+      0.100,0.112,0.055,0.154,0.074,0.111,0.140,
+      0.071,0.110) #데이터입력1
> y<-c(4.6,11.6,9.5,6.3,13.8,15.4,2.5,11.8,8.0,
+      7.0,20.6,16.6,9.2,17.9,2.8,13.0) #데이터입력2
> cor(x,y) #상관계수
[1] 0.7155355

> cor.test(x,y,alternative='two.sided', #상관성검정실시(x,y,검정방법(양측,단측)
+          conf.level=0.95) #유의수준

        Pearson's product-moment correlation

data:  x and y
t = 3.8325, df = 14, p-value = 0.00183
alternative hypothesis: true correlation is not equal to 0
95 percent confidence interval:
 0.3406608 0.8941061
sample estimates:
      cor
0.7155355
```

예제 9.2

어느 한 연구결과에 의하면 다음과 같이 8개의 다른 종류의 토양에 대한 땅콩의 산출량 y와 옥수수의 산출량 x에 관한 자료를 제시하고 있다.

〈표 9.2〉 옥수수의 산출량과 땅콩의 산출량 자료

x	2.4	3.4	4.6	3.7	2.2	3.3	4.0	2.1
y	1.33	2.12	1.80	1.65	2.00	1.76	2.11	1.63

여기서 두 변수 간 표본 상관계수 r과 상관관계의 유의성을 검정하여라.

풀이

$\sum x_i = 25.7,\ \sum y_i = 14.40,\ \sum x_i^2 = 88.31,\ \sum x_i y_i = 46.856,\ \sum y_i^2 = 26.4324$

$s_{xx} = 88.31 - \dfrac{(25.7)^2}{8} = 88.31 - 82.56 = 5.75$

$s_{yy} = 26.4324 - \dfrac{(14.40)^2}{8} = 0.5124$

$s_{xy} = 46.856 - \dfrac{(25.7)(14.40)}{8} = 0.5960$으로부터

$r = \dfrac{0.5960}{\sqrt{5.75}\ \sqrt{0.5124}} = 0.347$

이다.

연관성 검정의 가설은

$$H_0 : \rho = 0,\ H_a : \rho \neq 0$$

이며, $t-$통계량의 값은

$$t = \frac{\sqrt{n-2}\,r}{\sqrt{1-r^2}} = \frac{\sqrt{18-2}\,(.347)}{\sqrt{1-(.347)^2}} = .906 < t_{0.025,(6)} = 2.45$$

이므로 유의수준 5%에서 H_0를 기각하지 않는다.

9.2 최소 제곱 회귀선

회귀분석(regression analysis)은 조사대상의 관측개체로부터 두 개 이상의 특성을 변수들로 정의하고 관측하여 이들의 함수관계를 추론하는 통계자료 분석방법이다. 이 함수관계를 추론함으로써 한 변수의 새로운 값이 주어질 때 다른 변수들의 값을 예측할 수 있다.

두 개 이상의 변수들은 상호 인과관계가 존재할 수 있으며, 이때 이들 변수들은 영향을 주는 변수와 영향을 받는 변수로 구분된다. 전자를 독립변수(independent variable), 회귀변수 또는 설명변수(explanatory variable)라고 하고, 후자를 종속변수(dependent variable) 혹은 반응변수(response variable)라고 한다. 단순(simple)이라는 의미는 반응변수에 영향을 주는 설명변수가 하나인 경우를 말하고, 이들의 관계가 직선 함수관계가 있을 경우의 회귀분석을 단순선형회귀분석(simple linear regression analysis)이라고 한다.

관측개체에서 얻어진 두 변수의 함수관계를 연구하기 위해서는 우선 산점도(scatter diagram)를 그려보는 일이다. 이는 두 변수 사이의 대략적인 함수관계를 파악할 수 있다. 대략적인 함수관계는 선형관계뿐만 아니라 곡선관계 등 다양한 형태로 나타날

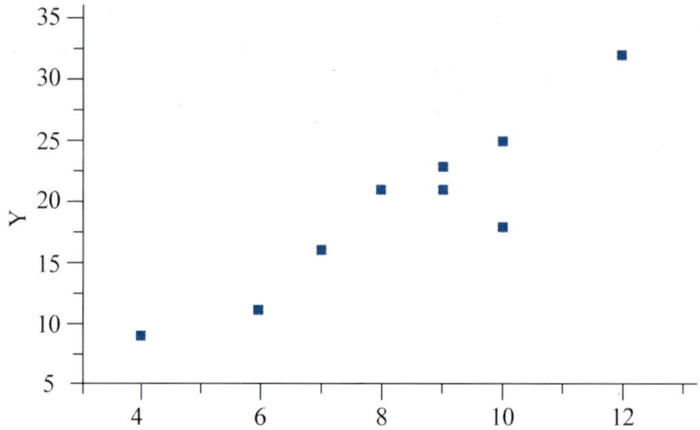

[그림 9.3] 직선관계 산점도

수 있다. 산점도 <그림 9.3>과 <그림 9.4>는 두 변수의 선형관계와 곡선관계를 잘 보여주고 있다. 곡선관계 등은 곡선을 적합시키는 다항회귀 또는 비선형회귀로 분석할 수 있다. 비선형회귀의 경우 적당한 변수 변환을 통하여 선형관계로 나타나게 할 수 있다.

단순선형회귀모형(simple linear regression model)은 설명변수가 하나인 경우이다. 예를 들어, 어떤 제품의 강도가 공정온도에 어떻게 변화하는가를 예측하거나,

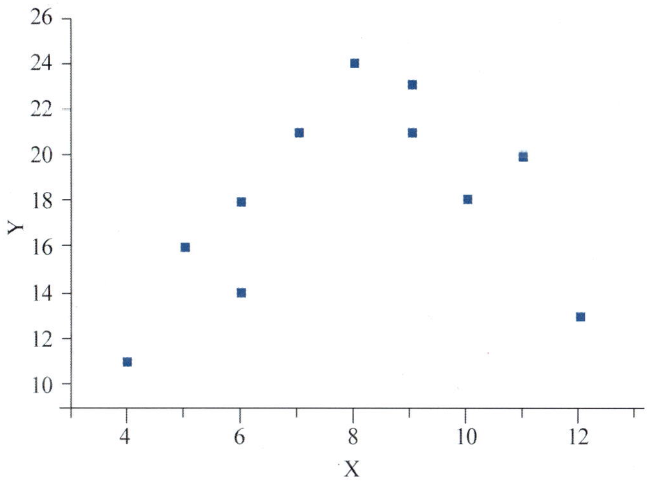

[그림 9.4] 곡선관계 산점도

대입 수능성적이 모의시험성적에 따라 어떻게 변화하는가를 예측할 때 유용한 통계모형이 된다. 또한 이들 변수의 관계가 산전도 상에서 대략 선형관계를 나타낼 경우이며 이는 다음과 표현할 수 있다.

$$Y_i = \beta_0 + \beta_1 x_i + \epsilon_i \qquad i = 1 \cdots n$$

여기서 β_0와 β_0는 회귀모수(regression parameter)이다. 또한 x는 오차 없이 측정할 수 있는 수학변수이고 Y는 측정오차를 수반하는 확률변수이라고 가정한다. 그리고 Y의 선형 함수관계에 의해 설명되지 않는 Y의 변이성을 나타내는 ϵ는 오차항이라

고 하며, 이는 확률변수이다. 통계학에서 영문 대문자는 주로 확률변수를 나타낸다.

단순선형회귀모형에서는 오차항의 평균은 영이고 분산은 σ^2로 일정하며 정규분포를 따른다고 가정한다. 즉

$$\epsilon_i \sim N(0, \sigma^2)$$

따라서 확률변수인 오차항의 기대치가 영이라는 의미는 Y의 평균 혹은 기대치가

$$E(Y) = \beta_0 + \beta_1 x$$

이다. 이는 Y의 기대치와 x는 선형 함수관계를 갖는다는 의미이다. 일반적으로 반응변수의 기대치와 설명변수의 관계를 설명변수가 하나인 경우이므로 단순선형회귀방정식(simple linear regression equation)이다. 단순선형회귀에서 회귀방정식의 그래프는 절편 β_0와 기울기 β_1을 갖는 직선이며, $E(Y)$는 x가 주어졌을 때 Y의 기대치 혹은 평균을 말한다. 또한 Y의 분산은 σ^2이다. 즉,

$$Y \sim N(\beta_0 + \beta_1 x,\ \sigma^2)$$

이다. 단순선형회귀모형에서 회귀계수 β_0, β_1는 알지 못하므로 표본의 관측값 $(x_{i,} y_i)$로부터 추정해야 한다. 이들 각각의 추정량을 $\hat{\beta_0} = b_0$와 $\hat{\beta_1} = b_1$이라고 하면 단순선형회귀모형은 다음과 같이 추정된다.

$$\hat{y} = b_0 + b_1 x$$

이를 추정 회귀식(estimated regression line)이라고 한다. 다음 절에서는 추정량 b_0와 b_1을 얻기 위한 최소 제곱법을 소개한다. <그림 9.5>는 단순선형회귀에 대한 추정과정을 잘 보여주고 있다.

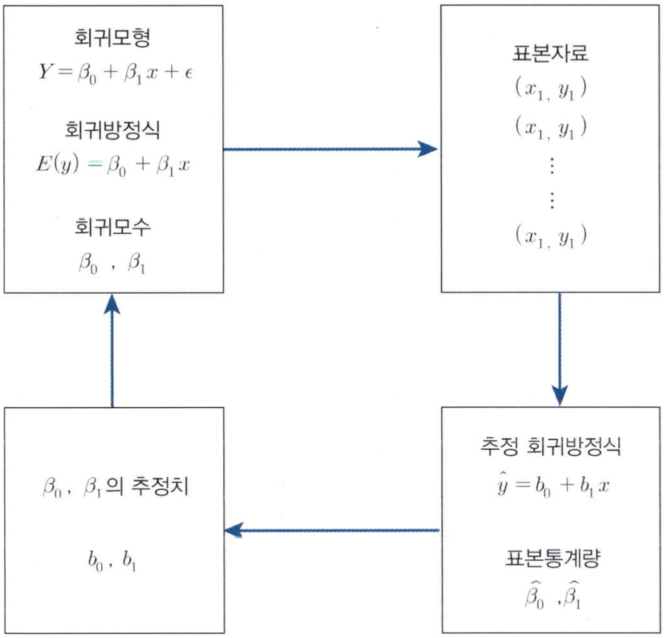

〈그림 9.5〉 단순선형회귀의 추정과정

최소 제곱법(least squares method)은 회귀방정식의 모수인 절편과 기울기를 추론하여 추정회귀식을 구하기 위한 하나의 방법이다. 이는 표본자료 즉 n개의 관측값 (x_i, y_i)를 사용하여 변수의 관측값 y_i과 추정값 $\hat{y_i}$ 사이의 제곱합, 즉 총편차 제곱합

$$S = \sum (y_i - \hat{y_i})^2$$

을 최소로 하는 b_0와 b_1을 구할 수 있게 해 준다.

$$\min_{b_0, b_1} \sum (y_i - b_0 - b_1 x_i)^2$$

이때 b_0와 b_1을 최소제곱추정량(least squares estimator)이라고 한다. 그리고 b_0와 b_1을 구하기 위해 위 식을 b_0와 b_1에 대하여 편미분하여 영으로 놓으면

$$\frac{\partial S}{\partial b_0} = \sum (y_i - b_0 - b_1 x_i) = 0$$

$$\frac{\partial S}{\partial b_1} = \sum x_i (y_i - b_0 - b_1 x_i) = 0$$

위의 식을 정리하면 다음과 같은 정규방정식(normal equations)을 구할 수 있다.

$$n b_0 + b_1 \sum x_i = \sum y_i$$
$$b_0 \sum x_i + b_1 \sum x_i^2 = \sum x_i y_i$$

위 두 식을 연립하여 최소제곱추정량 b_0와 b_1을 구하면 다음과 같다.

$$b_1 = \frac{\sum (x_i - \bar{x})(y_i - \bar{y})}{\sum (x_i - \bar{x})^2} = \frac{\sum x_i y_i - \sum x_i \sum y_i / n}{\sum x_i^2 - \left(\sum x_i\right)^2} = \frac{\sum x_i y_i - n\bar{x}\bar{y}}{\sum x_i^2 - n(\bar{x})^2} = r\frac{s_y}{s_x}$$

$$b_0 = \bar{y} - b_1 \bar{x}$$

가장 잘 맞는 이 선은 선을 통해 측정된 값과 예측된 값의 차이의 제곱의 합계를 최소화하는 선이고 최소 제곱 회귀선 또는 간단하게 회귀선이라 불린다. 이는 계산기에서 두 집합의 자료를 입력하고 통계학 프로그램을 사용하여 바로 구할 수 있다.

예제 9.3

강우량의 정도에 따른 대기오염의 제거의 정도를 알아보기 위하여 다음과 같은 표를 얻었다. 다음 물음에 답하여라.

〈표 9.3〉 강우량과 대기오염 자료

강우량(x)	4.3	4.5	5.9	5.6	6.1	5.2	3.8	2.1	7.5
대기오염 제거 정도(y)	126	121	116	118	114	118	132	141	108

(1) 상관계수 r을 계산하여라.

(2) 강우량으로부터 대기오염의 제거 정도를 예측하기 위한 회귀직선의 방정식을 구하여라.

(3) 강우량이 $x = 5.8$일 때, 대기오염 제거 정도를 추정하여라.

풀이

(1) $n=9,\ \sum x_i=45,\ \sum y_i=1094,\ \sum x_i y_i=5348.2$

$\sum x_i^2=244.26,\ \sum y_i^2=133786,\ \bar{x}=5,\ \bar{y}=1094/9$

$$r=\frac{\frac{1}{n-1}\sum(x_i-\bar{x})(y_i-\bar{y})}{s_x s_y}=\frac{\sum x_i y_i-n\bar{x}\bar{y}}{\sqrt{\left(\sum x_i^2-n\bar{x}^2\right)\left(\sum y_i^2-n\bar{y}^2\right)}}\fallingdotseq-0.9787.$$

(2) $b_1=\frac{s_{xy}}{s_{xx}}=\frac{\sum x_i y_i-n\bar{x}\bar{y}}{\sum x_i^2-n\bar{x}^2}\fallingdotseq-6.3240,\ b_0=\bar{y}-b_1\bar{x}\fallingdotseq 153.1755,\ \hat{y}=153.1755-6.3240x$

(3) $x=5.8$일 때, $\hat{y}=153.1755-6.3240\cdot 5.8=116.496$

```
> #9.3
> x<-c(4.3,4.5,5.9,5.6,6.1,5.2,3.8,2.1,7.5) #데이디입력1
> y<-c(126,121,116,118,114,118,132,141,108) #데이터입력2
> #1
> cor(x,y) #상관계수
[1] -0.9786584

> #2
> b1=(sum(x*y)-length(x)*mean(x)*mean(y))/(sum(x^2)-length(x)*mean(x)^2) #b1추정값
> b1
[1] -6.323988
> b0=mean(y)-b1*mean(x) #b0추정값
> b0
[1] 153.1755

> #3
> x=5.8 #새로운데이터
> b1*x+b0 #예측값
[1] 116.4964
```

예제 9.4

다음은 여섯 개의 세정제 제품의 광고비와 전체 판매량을 나타낸 것이다.

〈표 9.4〉 광고비와 판매량 자료

고비($ 1,000)(x):	2.3	5.7	4.8	7.3	5.9	6.2
전체 판매량($ 1,000)(y):	77	105	96	118	102	95

만약 $5,000이 광고비로 쓰였을 때, 전체 판매량은 얼마인지 예상해보고, 회귀선의 기울기를 구하여라.

풀이

계산기를 사용하면, 회귀선의 방정식은

$\hat{y} = 59.684 + 7.295x$

즉,

판매량 = 59.684 + 7.295 광고비

회귀선은 만약 $5,000이 광고비로 쓰인다면, 그 결과인 전체 판매량은 7.295(5) + 59.684 = 96,159 달러인 것을 예측한다.

9.3 결정계수

단순회귀모형은 설명변수가 반응변수를 선형적으로 어떻게 설명할 수 있는가를 표현하는 모형이다. 관찰된 y_i는 다음과 같이 정리할 수 있다.

$$y_i - \overline{y} = y_i - \hat{y}_i + \hat{y}_i - \overline{y}$$

양변을 제곱하여 모든 관찰값에 대하여 더해주면 다음의 등식이 성립한다.

$$SST = \sum_{i=1}^{n}(\hat{y}_i - \overline{y})^2 + \sum_{i=1}^{n}(y_i - \hat{y}_i)^2 = SSR + SSE = \sum y_i^2 - \left(\sum y_i\right)^2/n$$

y의 총제곱합(SST: total sum of squares)은 회귀제곱합(SSR: regression sum of squares, sum of squares due to regression)과 오차제곱합(SSE: sum of squares due to error)으로 분할된다.

결정계수 R^2은 다음과 같다.

$$R^2 = \frac{SSR}{SST} = 1 - \frac{SSE}{SST} = \frac{\sum_{i=1}^{n}(\hat{y}_i - \overline{y})^2}{\sum_{i=1}^{n}(y_i - \overline{y})^2}$$

결정계수 R^2의 성질은 다음과 같다.

1. $0 \le R^2 \le 1$

2. R^2이 1에 가까울수록 추정된 회귀식이 총변동량의 많은 부분을 설명한다.

3. R^2이 0에 가까울수록 추정된 회귀식이 총변동량을 적절하게 설명하지 못한다.

결정계수 R^2이 회귀모형의 적절성을 나타내는 중요한 기준이나 유일한 절대 기준이 아닐 수 있다는 점을 명심해야 한다. 또 다른 회귀모형의 적절성에 대한 판단 기준을 다음 절에서 논의할 것이다.

예제 9.5

예제 9.3에서 강우량 자료의 결정계수 R^2값을 구하여라.

풀이

$b_0 = 153.1755$, $b_1 = -6.3240$, $\sum y_i = 1094$, $\sum x_i = 45$

$\sum x_i y_i = 5348.2$, $\sum y_i^2 = 133786$, $\sum x_i^2 = 244.26$

$$s_{yy} = \sum(y_i - \overline{y})^2 = \sum y_i^2 - n(\overline{y})^2 = 133786 - (1904)^2/9 = 804.222$$
$$s_{xx} = \sum(x_i - \overline{x})^2 = \sum x_i^2 - n(\overline{x})^2 = 244.26 - 452/9 = 19.26$$

에서 다음과 같이 SST와 SSE를 얻을 수 있다

$$SST = \sum y_i^2 - \left(\sum y_i\right)^2/n = 133786 - \frac{(1094)^2}{9} = 804.222$$
$$SSE = \sum_{i=1}^{n}(y_i - \hat{y}_i)^2 = 33.9573$$

따라서 결정계수는

$$R^2 = 1 - \frac{33.9573}{804.222} = 0.957776$$

이다. 즉, 다공성의 관측된 변동 95.8%는 강우량과 대기오염 제거 정도 사이의 점근적 선형관계에 기인한다고 볼 수 있다.

```
> #ex9.5
> x<-c(4.3,4.5,5.9,5.6,6.1,5.2,3.8,2.1,7.5) #데이터입력1
> y<-c(126,121,116,118,114,118,132,141,108) #데이터입력2
> b1=(sum(x*y)-length(x)*mean(x)*mean(y))/(sum(x^2)-length(x)*mean(x)^2) #b1추정값
> b0=mean(y)-b1*mean(x) #b0추정값
> b1
[1] -6.323988
> b0
[1] 153.1755
> yhat=b1*x+b0 #x데이터에 대한 y의 추정값
> yhat
[1] 125.9823 124.7175 115.8640 117.7612 114.5992 120.2908 129.1443 139.8951 105.7456
> ssto=sum(y^2)-sum(y)^2/length(y) #SSTO
> ssto
[1] 804.2222
> sse=sum((y-yhat)^2) #SSE
> sse
[1] 33.96054
> R_square=1-sse/ssto #R-square
> R_square
[1] 0.9577722
```

예제 9.6

예제 9.4에서 광고비와 판매량 자료의 결정계수 R^2값을 구하여라.

풀이

$\bar{y}=98.83$이므로

$$SST=\sum(y_i-\bar{y})^2=(77-98.83)^2+(105-98.83)^2+\cdots+(95-98.83)^2=914.833$$

$$SSR=\sum(\hat{y_i}-\bar{y})^2=(76.46-98.83)^2+(101.26-98.83)^2+\cdots+(104.91-98.83)^2=774.432$$

따라서 결정계수는

$$R^2=\frac{SSR}{SST}=.847$$

9.4 잔차 플롯

측정된 값과 예측된 값 사이의 차이를 잔차라고 한다. 회귀선을 산점도에 그렸을 때, 점의 잔차는 회귀선으로부터 그 점까지의 세로 격차이다.

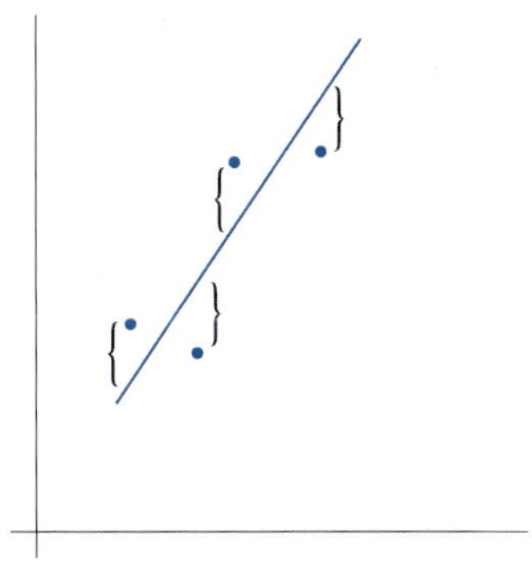

[그림 9.6] 잔차산점도

회귀선은 잔차의 제곱의 합계를 최소화하는 선이다.

〈표 9.5〉 회귀선의 잔차

x	1	2	3	4	5	6	7	8	9	10
$y-\hat{y}$	2.61	0.38	−0.54	−1.37	−1.5	−1.32	−0.85	−0.08	0.89	1.77

위 결과로 나온 잔차 플롯은 강한 모형을 나타낸다.

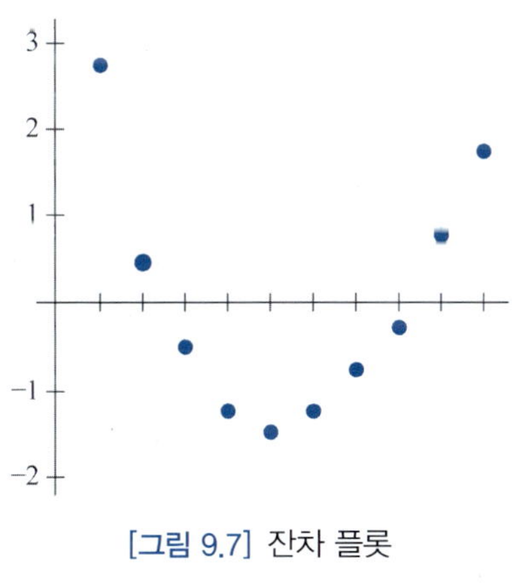

[그림 9.7] 잔차 플롯

이 모형은 비선형 모형이 직선 모형보다 더 잘 맞을 것이라고 암시한다. 본래 자료의 산점도는 무엇이 일어나는지 명확하게 보여준다.

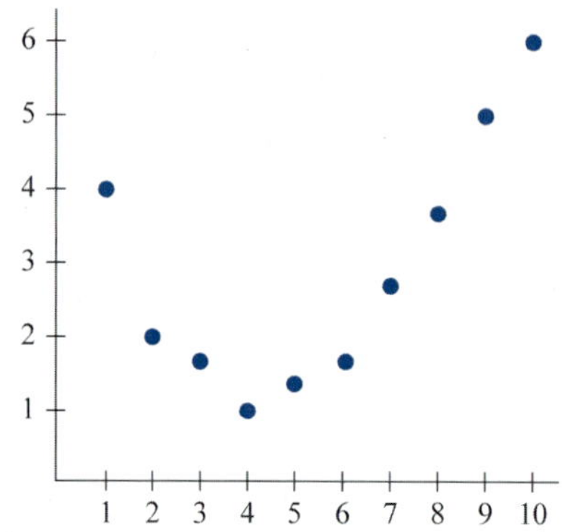

[그림 9.8] 산점도

예제 9.7

갈론 당 마일에 새로운 자동차 모델의 속도는 최소 제곱 회귀선에 맞아 떨어진다. 오차들 회귀선의 컴퓨터의 산출 그래프는 다음과 같다.

회귀분석: MPG 대 속도

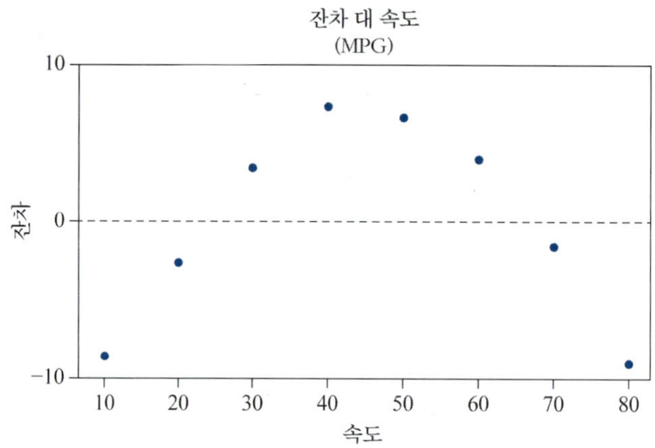

[그림 9.9] 잔차 플롯

〈표 9.6〉 회귀선의 방정식은 MPG = 38.9 - 0.218 속도

	계수	계수의 SE	T	p
변수	38.929	5.651	6.89	0.000
속도	-0.2179	0.1119	-1.95	0.099

S = 7.252　　R-sq = 38.7%　　R-sq(adj) = 28.5%

〈표 9.7〉 분산분석

소스	자유도	평방합	평균 평방합	F	p
회귀선	1	199.34	199.34	3.79	0.099
잔차	6	315.54	52.59		
합계	7	514.88			

(1) 위 내용에 있는 회귀선의 기울기를 구하여라.

(2) 30mph의 속도에서, 예상되는 MPG의 평균은 얼마인가?

(3) 30mph의 속도에서, 실제 MPG는 얼마인가?

(4) 선이 가장 적절한 모델인가? 설명하라.

(5) "S = 7.252"는 무엇을 뜻하는가?

풀이

(1) 회귀선의 기울기는 -0.2179이다. 이는 평균적으로 속도가 한 시간에 1마일씩 증가할 때 MPG는 0.2179가 떨어진다는 것을 말한다.

(2) 30mph의 속도에서, 예상 MPG 평균은 -0.2179(30) + 39.929 또는 거의 32.4MPG이다.

(3) 30mph의 오차는 거의 +3.5이고, 나머지 = 실제 값 - 예상 값이기 때문에, 우리는 실제 MPG를 32.4 + 3.5 또는 거의 36MPG로 계산한다.

(4) 오차가 강한 곡선의 패턴을 보이는 것은 선이 아닌 모델이 더 적당할 것을 암시한다.

(5) 잔차의 표준편차는 오차들의 "대표 값"이고 점들이 어떻게 회귀선 주위에 분포하는지에 대한 척도를 나타낸다.

야구 리그에서 경기하는 어린 선수들의 수는, 최소 제곱 회귀선에 맞아 떨어진다. 그 회귀선의 컴퓨터 산출을 그래프로 나타내면 다음과 같다:

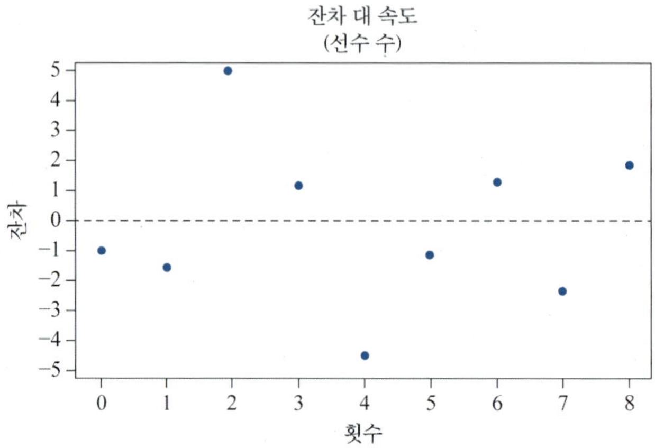

[그림 9.10] 잔차 플롯

〈표 9.8〉 회귀선의 방정식은 선수들의 수 = 123.8 - 23.63년도

	계수	계수의 SE	T	p
변수	123.800	1.798	68.84	0.000
속도	23.6333	0.3778	33.44	0.000

S = 2.926 R-Sq = 99.4% R-Sq(adj) = 99.3%

〈표 9.9〉 분산분석

소스	자유도	평방합	평균 평방합	F	p
회귀선	1	9576.1	9576.1	1118.45	0.000
잔차	7	59.9	8.6		
합계	8	9636.0			

(1) 이 자료에 선이 적합한 모델인가? 설명하라.

(2) 회귀선의 방정식은 무엇인가?

(3) 이 문제의 내용에서 회귀선의 기울기를 구하여라.

(4) 문제의 내용에 해당하는 회귀선의 y-교차점을 구하여라

(5) 1997년에 예측된 선수들의 수는 얼마인가?

(6) 1997년에 실제 선수들의 수는 얼마였는가?

(7) 만약 있다면, 어느 년도에 그 전년도에 비해 선수들의 수가 감소했는가?

풀이

(1) 그렇다. 결정계수 = 99.4%는 크다. 그리고 잔차 플롯은 패턴을 보이지 않는다. 따라서 선의 모델이 적합하다.

(2) 선수들의 수 = 123.8 + 12.6(년도)

(3) 회귀선의 기울기는 12.6이다. 이는 1995-2003년 동안 한 해에 이타카(Ithaca)의 작은 야구 리그에서 경기한 어린이들의 수는 12 또는 12명씩 증가한다는 것을 암시한다.

(4) y-교차점 123.8은 1995년을 의미한다. 따라서 이타카의 작은 리그의 선수들의 수는 124 정도로 예상된다.

(5) 1997년에는 x = 2이고, 따라서 예상되는 선수들의 수는 12.6(2) + 123.8 = 149이다.

(6) 잔차 플롯에서의 1997년도(x = 2)의 오차는 +5이다. 따라서 실제 값 − 예상 값 = 5이고, 따라서 1997년도 실제 선수들의 수는 5 + 149 = 154가 되어야 한다.

(7) 만약 하나의 오차가 그 다음 오차보다 12.6가 더 크다면 수는 감소할 것이다. 이는 절대로 일어나지 않을 것이고, 따라서 선수들의 수는 절대로 감소하지 않는다.

9.5 비선형 회귀모형

종종 두 변수들 사이의 관계를 설명하는 데 직선이 가장 좋은 모델이 아닐 수도 있다. 이 같은 문제는 산점도가 눈에 보이는 곡선을 가지고 있을 때 명확하게 나타난다 이는 오차들이 무작위의 분포가 아닌 명확한 모형을 가지고 있는 경우이다. 이러한 경우, 하나 또는 두 개의 변수들을 변형시킨 후 선형의 관계를 확인함으로써 종종 선이 아닌 모델이 나타날 수 있다. 유용한 변형은 종종 새로운 변수들을 만드는 계산기의 log 또는 ln을 통해 나타난다.

예제 9.9

다음 년 수와 그에 해당하는 인구 수를 보자.

〈표 9.10〉 년도별 인구 수 자료

년, x:	1950	1960	1970	1980	1990
인구(단위: 1000), y:	50	67	91	122	165

산포도와 잔차 플롯은 비선형 관계가 더욱 강한 모형인지 확인하고 구하여라(R프로그램에서 $\log x = \ln x$이다).

풀이

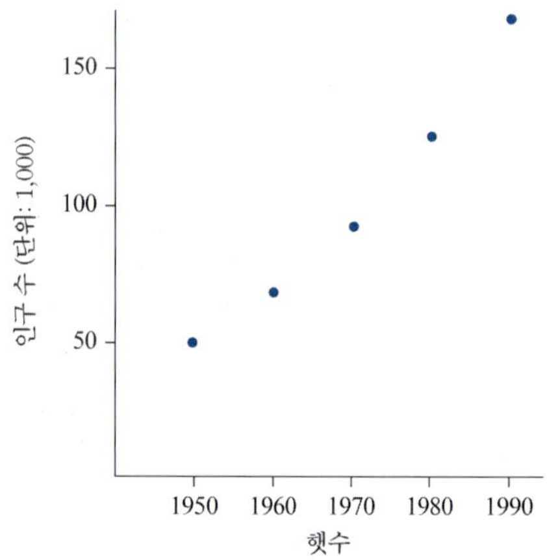

[그림 9.11] 산점도

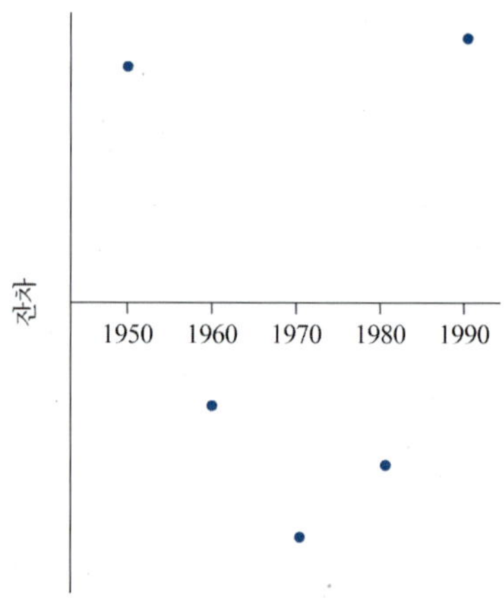

[그림 9.12] 잔차 플롯

$\ln y$를 새로운 변수라고 하면 다음을 얻는다.

〈표 9.11〉 년도와 ln(인구)의 자료

x:	1950	1960	1970	1980	1990
$\ln y$:	3.912	4.205	4.511	4.804	5.106

산포도와 잔차 플롯은 이제 더 강한 선의 관계를 암시한다.

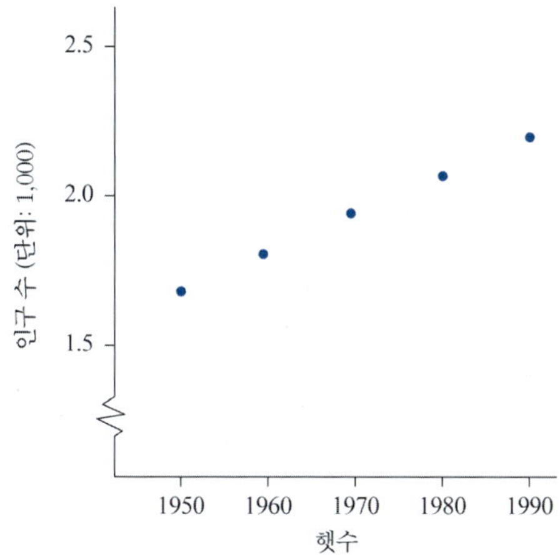

[그림 9.13] 산점도

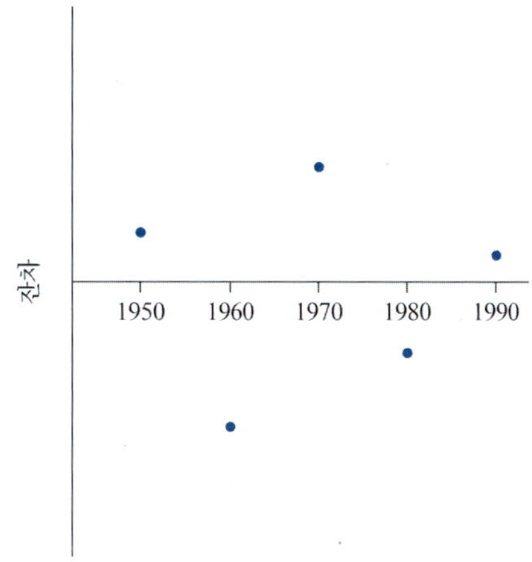

[그림 9.14] 잔차 플롯

회귀선 분석은 $\ln y = 0.03x - 54.34$를 나타낸다. $\ln(Pop) = -54.34 + 0.03(Year)$을 가진다. 예를 들어, 2000년도에 예상되는 인구 수는 $\ln(Pop) = 0.03(2000) - 54.34 = 5.66$일 것이고 따라서 $Pop = e^{5.66} \approx 287.15$천 또는 287,150일 것이다. '1차' 방정식은 $\ln y = 0.03x - 54.34$는 $y = e^{0.03x - 54.34}$ 로 다시 표현될 수 있다.

```
> #ex 9.9
> x<-c(1950,1960,1970,1980,1990) #데이터입력1
> y<-c(50,67,91,122,165) #데이터입력2
> par(mfrow=c(1,2)) #그래프 행렬 설정(1행 2열의 배열로 그래프 나열)
> plot(x,y) ; plot(x,log(y)) #그래프1(일반), 그래프2(y로그치환)
```

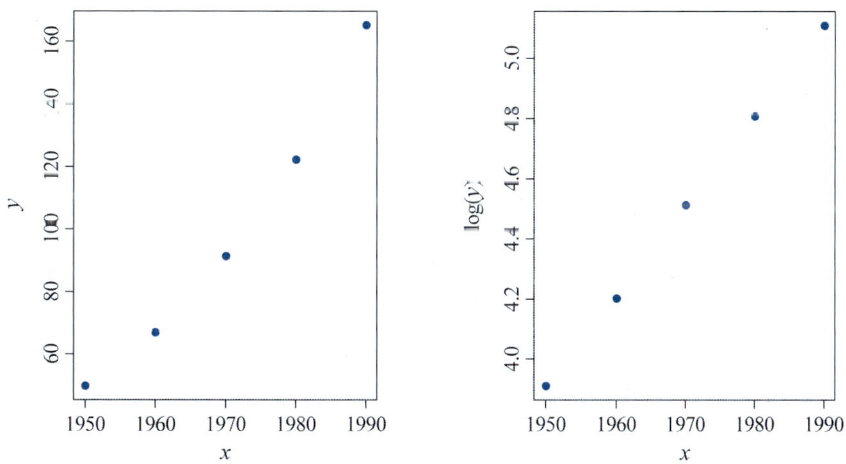

```
> reg1<-lm(y~x) #회귀분석실시1
> summary(reg1) #회귀분석1 결과

Call:
lm(formula = y ~ x)

Residuals:
   1    2    3    4    5
 8.0 -3.5 -8.0 -5.5  9.0

Coefficients:
               Estimate Std. Error t value Pr(>|t|)
(Intercept)  -5515.5000   570.4082  -9.669  0.00235 **
x                2.8500     0.2895   9.843  0.00223 **
---
Signif. codes:   0 '***' 0.001 '**' 0.01 '*' 0.05 '.' 0.1 ' ' 1

Residual standard error: 9.156 on 3 degrees of freedom
Multiple R-squared:   0.97,     Adjusted R-squared:   0.96
F-statistic: 96.89 on 1 and 3 DF,  p-value: 0.002229

> reg1$coefficients #회귀분석1의 추정된 모수
(Intercept)           X
   -5515.50        2.85
```

```
> reg2<-lm(log(y)~x)#회귀분석실시2
> reg2
> summary(reg2) #회귀분석2의 결과

Call:
lm(formula = log(y) ~ x)

Residuals:
        1         2         3         4         5
 0.001949 -0.004098 0.003351 -0.002205 0.001002

Coefficients:
              Estimate Std. Error t value Pr(>|t|)
(Intercept) -5.434e+01  2.208e-01  -246.1 1.48e-07 ***
x            2.987e-02  1.121e-04   266.5 1.17e-07 ***
---
Signif. codes: 0 '***' 0.001 '**' 0.01 '*' 0.05 '.' 0.1 ' ' 1

Residual standard error: 0.003545 on 3 degrees of freedom
Multiple R-squared:      1,     Adjusted R-squared:  0.9999
F-statistic: 7.102e+04 on 1 and 3 DF,  p-value: 1.165e-07

> reg2$coefficients #회귀분석2의 추정된 모수
 (Intercept)           x
-54.33980691   0.02987173

> plot(x,y-reg1$fitted.values,ylim=c(-9,9)) #(x,y의 잔차에 대한 잔차도)
> plot(x,y-exp(reg2$fitted.values),ylim=c(-9,9)) #(x,y(exp변환)의 잔차에 대한 잔차도)
```

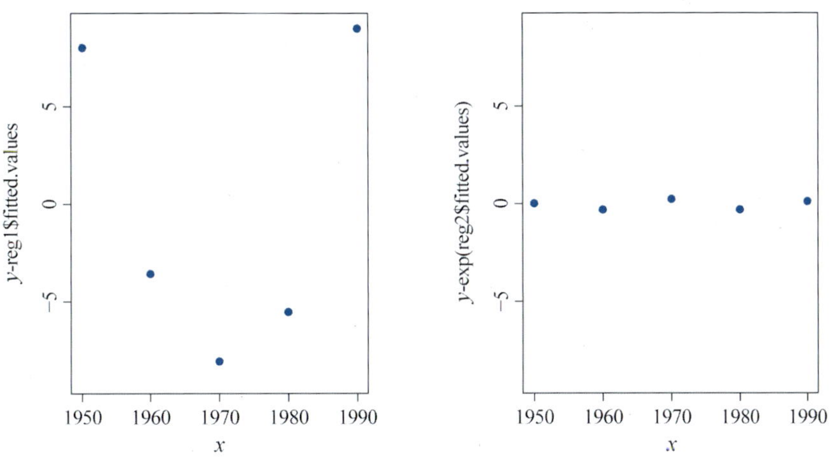

예제 9.10

다음 자료에 가능한 모델은 무엇이 있는가?

〈표 9.12〉 x, y의 자료

x	1	2	3	4	5
y	20	60	120	190	280

풀이

x와 y에 맞는 선은 r=0.99에 $\hat{y}=65x-61$을 나타낸다.

x와 $\log y$에 맞는 선은 r = .98에 log y = $0.279x+1.139$을 나타낸다. 지수의 관계에서 결과가 나타난다.

$\hat{y}=10^{0.279x+1.139}=13.77(10^{0.279x})=13.77(1.901^{x})$

$\log x$와 $\log y$에 맞는 선은 r = .99에 $\log y = 1.639 \log x + 1.295$를 나타낸다. 제곱 관계에서 결과가 나타난다.

$\hat{y}=10^{1.639\log x+1.295}=19.72(x^{1.639})$

세 모델 모두 높은 상관관계를 나타내고 적합한 형태이다. 잔차 플롯 검토를 통해 더 자세한 분석을 할 수 있다.

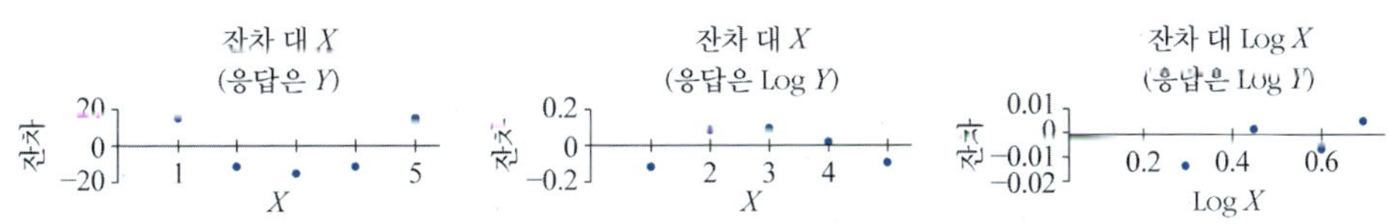

[그림 9.15] 잔차 플롯

처음 두 잔차 플롯은 명확한 곡선 패턴이 있다. 세 번째 잔차 플롯은 더 무작위 패턴과 작은 오차를 나타낸다. 위의 세 모델 중 제곱 모델인 $\hat{y}=19.72(x^{1.639})$이 가장 좋게 나타난다.

9.6 최소 제곱법 회귀선 기울기의 신뢰구간

9.2에서 최소 제곱 회귀선을 설명했다.

$$\hat{y} = \bar{y} + b_1(x - \bar{x})$$

b_1이 선의 기울기이다. 이 기울기는 계산기의 통계 소프트웨어를 이용하여 쉽게 찾을 수 있다. β_1의 신뢰구간추정은 $df = n-2$인 t-값들을 이용해 찾을 수 있고, 적절한 표준편차는

$$s_{b_1} = \frac{\sqrt{\dfrac{\Sigma(y_i - \hat{y_i})^2}{n-2}}}{\sqrt{\Sigma(x_i - \bar{x})^2}}$$

분자에 있는 합이 제곱법 잔차의 합이며 분모에 있는 합이 제곱법 평균치의 표준편차들의 합이다. s_{b_1}의 값은 계산기의 통계 소프트웨어가 b_1의 값을 찾는 동시에 같이 찾아진다. 계산기들은 $s_e = \sqrt{\dfrac{\Sigma(y_i - \hat{y_i})^2}{n-2}}$ 을 계산한다. 그리고 분모는 $\sqrt{\Sigma(x_i - \bar{x})^2} = s_x\sqrt{n-1}$ 로 계산될 수 있다.

여기 가정은 다음과 같다.

1. 표본은 무작위로 뽑혀야 한다.
2. 산점도는 대략 일직선이어야 한다.
3. 잔차 플롯의 분명한 패턴이 있어서는 안 된다.
4. 잔차들의 분포는 대략 정규분포이어야 한다.

신뢰구간의 유도된 공식에 따르면 다음과 같이 확률 계산을 할 수 있다.

$$P\left(-t_{\alpha/2,\ (n-2)} < \frac{b_1 - \beta_1}{s_{b_1}} < t_{\alpha/2,\ (n-2)}\right) = 1 - \alpha$$

β_1의 괄호 안에 부등식과 추정량들의 자리에 추정한 값을 대체하여 신뢰구간 공식을 유도할 수 있다. 회귀직선 기울기 β_1에 대한 $100(1-\alpha)\%$ 신뢰구간은 다음과 같다.

$$b_1 \pm t_{\alpha/2,(n-2)} \cdot s_{b_1}$$

이 구간은 이전의 많은 신뢰구간들의 형태와 비슷하다. 모수를 추정한 값이 중심이 되고 원하는 신뢰한계(임계값 t를 통해)와 추정량 b_1의 변동의 양에 따라 구간의 폭이 변한다.

예제 9.11

점토 벽돌을 이용한 건축의 변화는 구조적, 음향적 디자인뿐만 아니라 보온과 통풍 그리고 에어컨 시스템의 디자인에 중요한 역할을 한다. 다음 표는 y = 모르타르의 마른 밀도와 x = 모르타르 공기 성분의 자료이다. b_1의 신뢰구간을 구하여라.

〈표 9.13〉 모르타르의 마른 밀도와 모르타르 공기 성분의 자료

x	5.7	6.8	9.6	10.0	10.7	12.6	14.4	15.0
y	119.0	121.3	118.2	124.0	112.3	114.1	112.2	115.1

x	15.3	16.2	17.8	18.7	19.7	20.6	25.0
y	111.3	107.2	108.9	107.8	111.0	106.2	105.0

풀이

산점도는 확실하게 단순선형회귀모형의 적당한 예를 제시한다. 즉, 공기성분이 증가함에 따라 밀도가 감소하는 경향의 것으로, 공기의 성분과 밀도 사이의 음의 관계를 보여준다.

요약 통계량은 다음과 같다.

$\sum x_i = 218.1,\ \sum y_i = 1693.6,\ \sum x_i^2 = 3577.01,\ \sum x_i y_i = 24{,}252.54,\ \sum y_i^2 = 191{,}672.90$

따라서,

$s_{xy} = -372.404,\ s_{xx} = 405.836,\ b_1 = -0.917622,\ b_0 = 126.248889$

$SST = 454.1693,\ SSE = 112.4432$

이고 결정계수는

$r^2 = 1 - 112.4432/454.1693 = 0.752$

이다.

따라서 밀도에서 관측된 변동의 75%는 밀도와 공기성분 사이에 단순선형회귀모형의 적합한 관계에 있다고 할 수 있다.

$s_e^2 = 112.4432/13 = 8.6495$

그리고 $s_e = 2.941$로부터 오차의 자유도는 15-2=13이다.

추정된 b_1의 표준편차는

$$s_{b_1} = \frac{s_e}{\sqrt{s_{xx}}} = \frac{2.941}{\sqrt{405.836}} = 0.1460$$

이고, 95%의 신뢰수준의 임계값 t는 $t_{0.025,\ (13)} = 2.160$이므로 신뢰구간은 다음과 같이 구할 수 있다.

$-0.918 \pm (2.160)(0.1460) = -0.918 \pm 0.315 = (-1.223,\ -0.603)$

높은 신뢰도를 가지고 우리는 0.603과 1.223 사이와 밀도 감소의 평균은 공기성분의 1% 증가와 관련된 것을 추정할 수 있다. 이미 측정되어 있는 모집단의 직선의 기울기는 구간이 좁은 것을 가리키는데, 구간은 음의 값을 포함하는 것을 알 수 있다. 따라서 공기성분이 증가함으로써 밀도는 감소한다는 경향을 신뢰할 수 있다.

```
> #ex9.11
> x<-c(5.7,6.8,9.6,10.0,10.7,12.6,14.4,15.0,
+      15.3,16.2,17.8,18.7,19.7,20.6,25.0) #데이터입력1
> y<-c(119.0,121.3,118.2,124.0,112.3,114.1,112.2,
+      115.1,111.3,107.2,108.9,107.8,111.0,106.2,
+      105.0) #데이터입력2
> reg=lm(y~x) #회귀분석

> summary(reg)#회귀분석결과

Call:
lm(formula = y ~ x)

Residuals:
    Min      1Q  Median     3Q    Max
-4.1834 -1.2176 -0.8351 1.4913 6.9273
```

```
Coefficients:
            Estimate Std. Error t value Pr(>|t|)
(Intercept) 126.2489     2.2544  56.001  < 2e-16 ***
x            -0.9176     0.1460  -6.286 2.81e-05 ***
---
Signif. codes:  0 '***' 0.001 '**' 0.01 '*' 0.05 '.' 0.1 ' ' 1

Residual standard error: 2.941 on 13 degrees of freedom
Multiple R-squared:  0.7524,    Adjusted R-squared: 0.7334
F-statistic: 39.51 on 1 and 13 DF,  p-value: 2.808e-05

> b0=reg$coefficient s[1] #b0추정값
> b1=reg$coefficient s[2] #b1추정값
```

```
> b0
(Intercept)
   126.2489
> b1
         x
-0.9176219

> ano=anova(reg) #anova테이블 작성
> ano
Analysis or Variance Table

Response: y
          Df Sum Sq Mean Sq F value    Re(>F)
x          1 341.73  341.73  39.508 2.808e-05 ***
Residuals 13 112.44    8.65
---
Signif. codes:  0 '***' 0.001 '**' 0.01 '*' 0.05 '.' 0.1 ' ' 1
> ssto=sum(ano$ 'Sum Sq') #ssto의값
> sse=ano$'Sum Sq' [2] #sse의 값

> ssto=sum(ano$'Sum Sq') #ssto의값
> sse=ano$'Sum Sq'[2] #sse의 값
> var e=sse/(length(x)-2) #s^2_e의 값
> s_xx=sum((x-mean(x))^2) #xx의 제곱합
> sd_b1=sqrt(var_e)/sqrt(s_xx) #b1의SE
> qt1=qt(0.975,length(x)-2) #임계값(t분포,자유도n-2)
> c(b1-qt1*sd_b1,b1+qt1*sd_b1)#신뢰구간
         x          x
-1.2330117 -0.6022321
```

예제 9.12

10명의 고등학생들의 무작위 표본은 주당 텔레비전 보는 시간과 성적으로서 이와 같은 결과를 나타냈다.

〈표 9.14〉 TV 시간과 성적 자료

TV 시간	12	21	8	20	16	16	24	0	11	18
성적	3.1	2.3	3.5	2.5	3.0	2.6	2.1	3.8	2.9	2.6

최소 제곱법 선을 구하고 실제 기울기의 95% 신뢰구간을 구하여라.

풀이

통계 소프트웨어를 이용하면

$\hat{y} = 3.892 - 0.07202x$을 준다.

$s_e = 0.1531$와 $s_x = 7.074$을 얻는다.

그러므로

$$s_{b_1} = \frac{0.1531}{7.074\sqrt{10-1}} = 0.0072$$

자유도는 $df = 10 - 2 = 8$이고, 임계값 t-값들은 ± 2.306이다. 실제 기울기의 95% 신뢰구간추정은

$b_1 \pm t s_{b_1} = -0.07202 \pm 2.306(0.0072) = -0.07202 \pm 0.0166$이다.

주당 텔레비전을 보는 추가 시간마다 0.055와 0.089 사이의 성적 하락과 관련되어 있다고 95% 확신한다.

9.7 최소 제곱법 선의 기울기를 위한 가설검정

실제 기울기의 신뢰구간을 찾는 것에 더하여, 기울기의 값을 위한 가설검정을 할 수도 있다. 귀무가설 $H_0 : \beta_1 = 0$을 사용한다. 두 변수들 사이에 일직선 관계가 없다는 것이다. 최소 제곱법 선의 기울기의 추론에 대한 가정은 다음을 포함한다.

1. 표본은 무작위로 선택되어야 한다.

2. 산점도는 대략 일직선이어야 한다.

3. 잔차 플롯의 분명한 모형이 있어선 안 된다.

4. 잔차들의 분포는 대략 정규분포이어야 한다.

회귀직선에 대한 가설검정 절차는 다음과 같다

$$\text{귀무가설} : H_0 : \beta_1 = 0$$

$$\text{검정 통계량 값} : t = \frac{b_1 - 0}{s_{b_1}}$$

대립가설	유의수준 α 검정에 대한 기각역
1. $H_a : \beta_1 > 0$	$t \geq t_{\alpha,(n-2)}$
2. $H_a : \beta_1 < 0$	$t \leq -t_{\alpha,(n-2)}$
3. $H_a : \beta_1 \neq 0$	$\lvert t \rvert \geq t_{\frac{\alpha}{2},(n-2)}$

H_0가 참일 때 검정 통계량은 자유도 $n-2$인 t분포를 따른다.

예제 9.13

알루미늄 금속 또는 주조된 합금의 순도는 수소와 용해물의 내용에 의해 결정된다. 다음은 다양한 인장력이 x=산화물/혼합물의 비율(%)과 관련이 있다는 것을 나타내는 자료이다. 여기서 y = 시험막대의 인장력을 나타낸다. 우리는 두 변수 간 산점도가 선형관계임을 보여주고, 따라서 최고 제곱법으로 추정식을 얻을 수 있다고 하자. 유의수준 $\alpha = 0.01$에서 검정을 하여라.

〈표 9.15〉 인장력 자료

x	0.10	0.16	0.31	0.37	0.37	0.48	0.50	0.50	0.60	0.70
y	0.96	1.10	0.80	0.84	0.77	0.87	0.60	0.87	0.60	0.61

x	0.75	0.80	0.90	1.00	1.07	1.08	1.11	1.30	1.37	1.54
y	0.70	0.41	0.40	0.41	0.45	0.59	0.25	0.25	0.08	0.10

풀이

기울기 모수 β_1은 산화물/혼합물의 비율(%)에서 1% 증가에 결합하여 인장력의 변화를 나타낸다. $H_0 : \beta_1 = 0$은 $H_a : \beta_1 < 0$을 위하여 기각될 것이다. $t \le -t_{0.01,(18)} = -2.553$이다. 따라서 $b_1 = -0.64884$, $s_{b_1} = 0.05840$이고,

$$t = \frac{-0.64884}{0.05840} = -11.11$$

이다. $-11.11 \le -2.553$이므로, H_0은 명확하게 기각된다. p-값$= P(T < -11.11) = 0.0001$이므로 H_0는 $\alpha = 0.01$에서 기각된다.

```
> #ex9.13
> x<-c(0.10,0.16,0.31,0.37,0.37,0.46,0.50,0.50,
+      0.60,0.70,0.75,0.80,0.90,1.00,1.07,1.08,
+      1.11,1.30,1.37,1.54) #데이터입력1
> y<-c(0.96,1.10,0.80,0.84,0.77,0.87,0.60,0.87,
+      0.60,0.61,0.70,0.41,0.40,0.41,0.45,0.59,
+      0.25,0.25,0.08,0.10) #데이터입력2
> reg<-lm(y~x) #회귀분석
> summary(reg)[4] #회귀분석결과
$coefficients
              Estimate Std. Error   t value    Pr(>|t|)
(Intercept)  1.0693035 0.04966276  21.53130 2.685395e-14
x           -0.6488372 0.05840354 -11.10955 1.727886e-09
```

예제 9.14

다음 테이블은 무작위로 뽑힌 프로 테니스 선수가 새로 개발된 테니스 라켓을 쓰기 전과 후의 서브 속도를 mph로 나타낸다.

〈표 9.16〉 신·구 라켓 속도 자료

오래된 라켓	125	133	108	128	115	135	125	117	130	121
새로운 라켓	133	134	112	139	123	142	140	129	139	126

프로들이 그들의 오래된 라켓과 새로운 라켓을 사용해 서브한 속도를 비교할 때 양의 기울기를 가진 일직선 관계에 있다는 증거가 있는가?

풀이

회귀선의 기울기를 위한 가설검정은 다음과 같다.

$H_0 : \beta_1 = 0 \qquad H_a : \beta_1 > 0$

계산기의 통계 프로그램을 이용하면 다음과 같다.

새로운 속도 $= 8.76 + 0.99$ (오래된 속도)

$t = 5.853$ 그리고 $p = .00019$

p-값이 작으므로 귀무가설을 기각하므로, 프로들이 그들의 오래된 라켓과 새로운 라켓을 사용해 서브한 속도사이에 양의 기울기를 가진 일직선 관계가 있다는 매우 강한 증거가 있다.

9.8 다중회귀모형

반응변수 y_i, $(i = 1, \cdots, n)$에 대해서 k개의 설명변수 $x_{1i}, \ldots, x_{ki}$가 있다고 하자.

다중회귀의 모형식은 다음과 같다.

$$\text{다중회귀모형} : y_i = \alpha + \beta_1 x_{1i} + \cdots + \beta_k x_{ki} + \epsilon_i$$

여기서 오차항 ϵ_i는 평균이 0이고 분산이 σ^2인 정규분포를 따르며 서로 독립인 것을 가정한다. 모형에서는 각 설명변수들과 반응변수 간의 선형관계를 가정하고 있다.

중회귀모형은 다음과 같이 벡터 방정식으로 나타내면 편리하다.

$$y = X\beta + \epsilon$$

다만,

X는 i번째 행이 $(1, x_{1i}, \ldots, x_{ki})$인 행렬

β는 $(\beta_0, \beta_1, \ldots, \beta_k)'$로 된 $(k+1)$열벡터

ϵ은 $(\epsilon_1, \ldots \epsilon_n)'$으로 된 n열벡터

y는 $(y_1, \ldots, y_n)'$으로 된 n열벡터

이와 같은 행렬을 사용하면 β의 최소제곱추정량 및 적합된 모형은 다음과 같다.

최소제곱추정량과 적합된 모형:

$$\beta = (X'X)^{-1}X'y \ (X' : X\text{의 전치행렬})$$

$$\hat{y} = X\hat{\beta}$$

이제 각각의 회귀계수 $\beta_j(j=1,...,k)$에 대해서 가설 $H_0 : \beta_j = 0$를 검정하는 방법을 알아보자. 이의 검정은 귀무가설 하에서 다음과 같은 검정 통계량

$$t = \frac{b_j}{SE(b_j)}$$

이 자유도가 $n-k-1$인 $t-$분포를 따른다는 사실을 이용한다. 여기서 $SE(b_j)$는 b_j의 표준오차 추정치를 의미하는데, 구하는 식은 생략하겠다.

유의수준을 α라고 했을 때 귀무가설과 대립가설의 형태에 따른 기각역은 다음과 같이 정리된다. 여기서 $t_{\alpha,(n-k-1)}$은 자유도 $n-k-1$인 t-분포에서 상위 α의 확률을 주는 값을 의미한다.

1. $H_0 : \beta_j = 0 \ vs. \ H_a : \beta_j > 0$ 일 때, $t > t_{\alpha,(n-k-1)}$이면 귀무가설 기각
2. $H_0 : \beta_j = 0 \ vs. \ H_a : \beta_j < 0$ 일 때, $t < -t_{\alpha,(n-k-1)}$이면 귀무가설 기각
3. $H_0 : \beta_j = 0 \ vs. \ H_a : \beta_j \neq 0$ 일 때, $|t| > t_{\alpha/2,(n-k-1)}$이면 귀무가설 기각

총제곱합의 분해는 단순회귀의 경우와 같으며 다만 자유도만 변한다. 중회귀모형의 유의성을 검정하기 위하여는 가설

$$H_0 : \beta_j = 0, \ H_a : \beta_j \neq 0$$

을 검정하며, 이를 위한 분산분석표는 아래와 같다.

〈표 9.17〉 분산분석표

요인	제곱합	자유도	평균제곱	F값	$p-$값
회귀	SSR	k	MSR	$f=$MSR/MSE	$P(F \geq f)$
잔차	SSE	$n-k-1$	MSE		
합계	SST	$n-1$			

중회귀모형에서 결정계수는 단순회귀와 같이 정의된다. 즉, 결정계수는

$$R^2 = \frac{SSR}{SST}$$

로 정의된다. 설명변수가 추가되면 R^2값은 언제나 증가한다. 그러나 때로는 추가된 설명변수가 유의성이 없거나 설명력이 미약한 경우가 있다. 이와 같은 경우에는 결정계수보다는 다음과 같이 정의된 수정결정계수(adjusted R^2)를 살펴보아야 한다.

$$\text{수정된 } R^2 = 1 - \frac{n-1}{n-k-1}\frac{SSE}{SST}$$

새로 추가되는 변수가 설명력이 없을 때는 이 수정결정계수의 값이 오히려 감소하기 때문에 새로운 설명변수의 추가 여부를 판단하는 데 도움이 된다.

예제 9.15

어떤 플라스틱 제품의 강도(kg/cm^2)가 그 제품을 생산하는 사출 과정 중의 온도(℃)와 시간(sec)에 따라서 어떻게 변화하는가를 알아보기 위하여 실험을 한 결과 아래와 같은 자료를 얻는다. 사출온도와 사출시간을 각각 설명변수 x_1, x_2로 하고 강도를 반응변수 Y로 하는 중선형회귀모형을 적용할 때, 모회귀계수와 모회귀함수를 최소 제곱법에 의하여 추정하여라.

〈표 9.18〉 중회귀자료

온도(x_1)	195	179	205	204	201	184	210	209
시간(x_2)	57	61	60	62	61	54	58	61
강도(y)	81.4	122.2	101.7	145.2	135.9	64.8	92.1	113.8

풀이

강도를 y, 온도를 x_1, 시간을 x_2로 놓고 R를 이용하여 중회귀를 시행한 결과가 다음과 같은 결과를 얻었다. 출력 결과와 모양은 일부 편집한 형태이다.

```
> #ex9.15
> x1<-c(195,179,205,204,201,184,210,209) #데이터입력1
> x2<-c(57,61,60,62,61,54,58,61) #데이터입력2
> y<-c(81.4,122.2,101.7,145.2,135.9,64.8,92.1,113.8) #데이터입력3
> reg=lm(y~x1+x2) #다중회귀분석

> summary(reg) #회귀분석결과

Call:
lm(formula = y ~ x1 + x2)

Residuals:
       1        2         3        4        5       6        7        8
-4.41018 -6.66819 -11.26091  12.34641  12.17458  5.90680 -0.03319 -8.05532

Coefficients:
             Estimate Std. Error t value Pr (>|t|)
(Intercept) -428.8851    98.9870  -4.333  0.00748 **
x1            -0.2338     0.3832  -0.610  0.56854
x2             9.8295     1.6232   6.056  0.00177 **
---
Signif. codes: 0 '***' 0.001 '**' 0.01 '*' 0.05 '.' 0.1 ' ' 1

Residual standard error: 10.87 on 5 degrees of freedom
Multiple R-squared:  0.8876,    Adjusted R-squared:  0.8426
F-statistic: 19.74 on 2 and 5 DF, p-value:  0.004239
```

출력 결과에 의하면 R^2=0.942(수정된 R^2=0.888)로서, 전체 변동의 88.8%를 회귀모형으로 설명하고 있음을 알 수 있다. 모형에 대한 분산분석의 결과 유의확률이 0.004으로 매우 유의성이 있음을 나타낸다. 추정된 회귀직선은 다음과 같다.

$$\hat{y} = -428.885 - 0.234x_1 + 9.829x_2$$

회귀계수 $x_{1,}$ x_2의 유의확률이 각각 0.569, 0.002으로 x_1은 유의하지 않으며 x_2는 매우 유의하다.

연습문제

주관식

1. 임의로 추출한 컴퓨터 공학과 학생 6명의 통계학과 프로그램언어 점수이다. 상관계수를 구하여라.

통계학 점수	70 92 80 74 65 83
프로그램언어	74 84 63 87 78 90

2. 다음 자료를 이용하여 상관계수를 구하고 그 의미를 설명하여라.

x	4 5 9 14 18 22 24
y	46 22 11 16 7 3 17

3. 다음 데이터는 어떤 공정에서 여러 수준의 온도의 변화에 따라 당분으로 변환된 양을 측정한 결과이다.

x	y
1.0	8.1
1.1	7
1.2	8.5
1.3	9.8
1.4	9.5
1.5	8.9
1.6	8.6
1.7	10.2
1.8	9.3
1.9	0.2
2.0	10.5

(1) 회귀직선을 추정하여라.

(2) 온도가 1.75일 때 당분으로 변환된 양을 추정하여라.

4. 대학교 1학년생들의 고등학교 3학년일 때 수학 성적과 대학교 첫 1년간 통계학 성적을 수집했더니 $r = 0.632$인 상관관계를 갖는 다음 등식 통계학 성적 $= 1.35 + 0.00161$(수학 성적)인 회귀식이 되었다.

   수학 점수를 볼 때, 몇 %의 변화가 수학 성적을 설명할 수 있나?

5. 다음과 같은 자료를 이용하여 물음에 답하여라.

x	1 2 3 4 5
y	3 3 2 6 5

(1) 선형회귀모형을 구하여라.

(2) s_e^2을 구하여라.

(3) $H_0 : \beta_1 = 0, H_a : \beta_1 \neq 0$을 $\alpha = 0.05$로 검정하여라.

(4) 유의수준 5%인 β_1의 신뢰구간을 구하여라.

6. 자료가 다음과 같이 주어졌다.

x	0.5 1.5 3.2 4.2 5.1 6.5
y	1.3 3.4 6.7 8.0 10.0 13.2

(1) 회귀직선을 구하여라.

(2) $s_x^2,\ s_y^2,\ s_e^2$을 구하여라.

(3) β_1의 99% 신뢰구간을 구하여라.

(4) $H_0 : \beta_1 = 0, H_a : \beta_1 > 0$을 $\alpha = 0.05$로 검정하여라.

7. 다음은 어떤 공정에서 여러 수준의 온도에 따라 당분으로 변화된 양을 측정한 결과이다.

x	1.0	1.1	1.2	1.3	1.4	1.5	1.6	1.7	1.8	1.9	2.0
y	8.1	7.8	8.5	9.8	9.5	8.9	8.6	10.2	9.3	9.2	10.5

(1) 회귀직선을 추정하라.

(2) 온도가 1.75일 때 당분으로 변화된 양을 추정하라.

(3) s_e^2을 구하라.

(4) β_1의 95% 신뢰구간을 구하라.

(5) $H_0 : \beta_1 = 0$, $H_a : \beta_1 \neq 0$을 $\alpha = 0.05$로 검정하여라.

8. 다음은 여러 수준의 온도에 따라 물 100g 속에 융해된 혼합물의 양을 측정한 자료이다.

온도 x	혼합물의 양 y
0	8
15	12
30	25
45	31
60	44
75	48
6	8
10	14
21	24
33	28
39	42
51	44

(1) 회귀직선을 구하라.

(2) 온도가 50℃일 때 100g 속에 융해된 혼합물의 양을 추정하라.

(3) s_e^2을 구하라.

(4) β_1의 99% 신뢰구간을 구하라.

9. 다음 자료는 1972~1992년 동안의 국제 멀리뛰기 대회 기록의 경향을 보여준다. 이 자료는 1900년부터 최소 제곱근 회귀직선을 따른다.

```
R squared = 92.1%
Variable    Coefficient    SE of Coeff    t-ratio    Prob
Constant       256.575        11.59         22.1     0.0001
Year           0.95893        0.141         6.81     0.0024
```

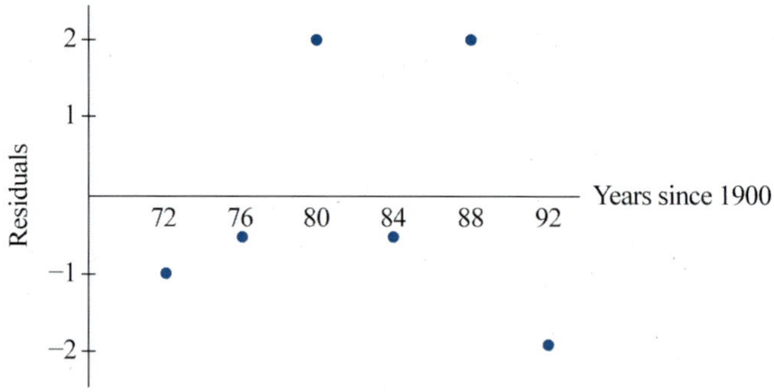

(1) 선이 적합한 모형으로 나타나는가? 설명하여라.

(2) 최소 제곱근 직선의 기울기는 얼마인가?

(3) 상관계수는?

(4) 1980년의 예상 우승한 거리는 얼마인가?

(5) 1980년의 정확한 우승한 거리는 얼마인가?

10. 랜덤으로 추출한 35명의 세계 체스 선수의 통계는 다음과 같다.

$$\bar{x} = 6.2,\ s_x = 1.3$$
$$\bar{y} = \$208{,}000,\ s_y = \$42{,}000$$
$$r = 0.15$$

회귀직선의 식을 구하여라.

11. 12명의 환자에게 신약의 알레르기 징후를 실험했다.

약(mg)	2	3	4	4	5	6	6	7	8	8	9	10
시간	3	7	6	8	10	8	13	16	15	21	23	24

(1) 최소 제곱 회귀직선 식을 구하여라.

(2) 90% 구간추정치를 구하라.

(3) $H_0 : \beta_1 = 0$, $H_a : \beta_1 > 0$을 $\alpha = 0.05$로 검정하여라.

12. 다음 자료를 보고 물음에 답하여라. 반응변수는 가격(price)이다.

```
Dependent variable is   Price

R squard = 89.8%   R squared (adjusted) = 89.2%
s = 9.508  with   20 - 2 * 18  degrees of freedom

Source          SS       df      MS    F-raton
Regression  14271.2     1    14271.2     158
Residual     1627.31    18    90.4063

Variable      Coeff     s.e. of coeff  t-ratio  prob
Constant    0.890087    16.16           0.055   0.956
Assessed    1.0292     0.08192   12.6   0.000
```

(1) 최소 제곱근 회귀직선의 식을 구하여라.

(2) 99%의 β_1 구간추정치를 구하여라.

(3) 회귀직선의 기울기에 대한 유의성 검정을 하여라.

13. 다음 자료를 보고 물음에 답하여라.

잠(시간)	4	2	9	8	14	2	11	14	7	4	1	9	9	10	5
수학 점수	423	520	550	309	690	401	470	582	284	440	452	568	339	355	472

(1) 회귀직선의 식을 구하여라

(2) 95%의 β_1의 구간추정치를 구하여라.

(3) $H_0 : \beta_1 = 0$, $H_a : \beta_1 > 0$을 $\alpha = 0.05$로 검정하여라. 회귀직선의 기울기에 대한 유의성 검정을 하여라.

14. 예술가 J.K.의 25년 동안의 작품 수가 다음 산점도에 나타나 있다.

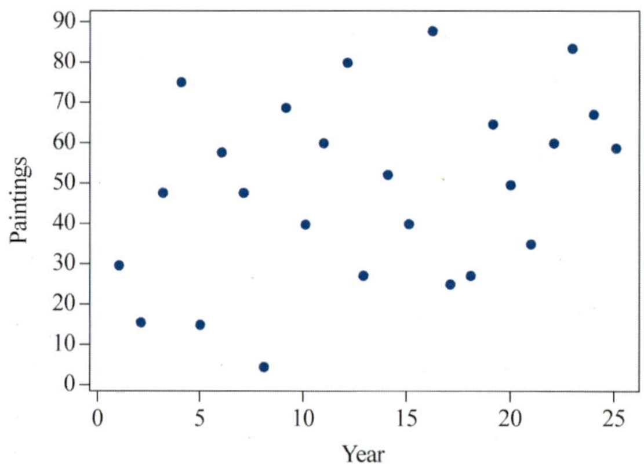

다음은 작품 수의 회귀분석과 잔차의 히스토그램이다.

```
Regression Analysis: Paintings Versus Year

Response variable: Paintings

Predictor       coef    SE Coef     T       P
Constant      35.420     8.951   3.96   0.001
Year          1.0385    0.6021   1.72   0.098

S = 21.71     R-Sq = 11.5%

Analysis of Variance
```

```
Source          DF       SS     NS     F     F
Regression       1   1401.9  14019  2.97 0.098
Residual Error  23  10839.9  471.3
Total           24  12241.8
```

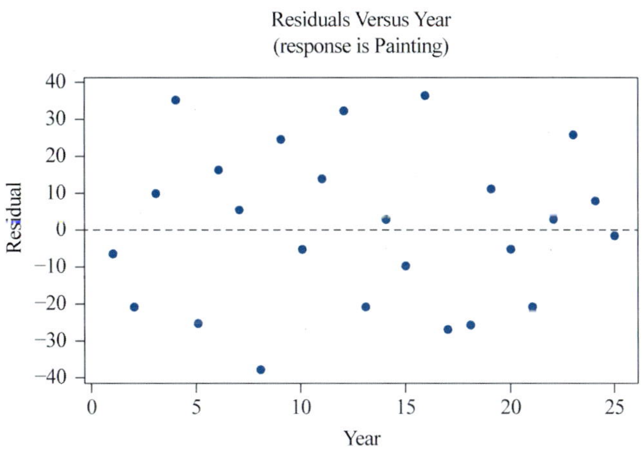

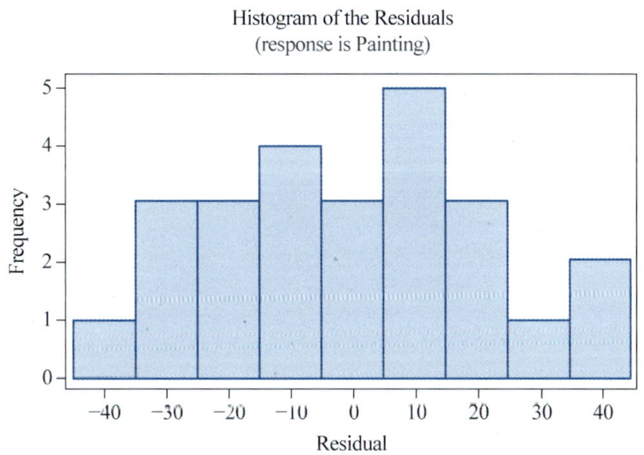

(1) 회귀직선 식을 구하여라.

(2) 회귀직선의 기울기를 구하여라.

(3) 결정계수를 해석하라.

(4) 상관계수를 구하여라.

(5) 회귀직선의 기울기에 대한 유의성 검정을 하라.

15. 다음은 미국의 연도별 인구 수(millions)이다.

1900	76.1	1950	151.9
1905	83.8	1955	165.1
1910	92.4	1960	180.0
1915	100.5	1965	193.5
1920	106.5	1970	204.0
1925	115.8	1975	215.5
1930	123.1	1980	227.2
1935	127.3	1985	237.9
1940	132.5	1990	249.4
1945	133.4		

(1) 회귀직선 식과 상관계수를 구하여라.

(2) 비선형 모델을 찾기 위해 log(인구수) 대 년도를 그려라. 회귀직선과 상관계수를 구하여라.

(3) 각각의 모델을 이용해 2100년의 인구 수를 예측하고, 인구 수가 300(millions)에 이르는 시기를 예측하라.

(4) (3)에서 도출한 답에 대한 정확성을 논평하라.

16. 다음은 태양으로부터의 평균거리(millions mile)와 공전의 시간(일)이다.

행성	평균거리	공전시간(일)
수성	36	88
금성	67	275
지구	93	365
화성	141	687
목성	484	4,332
토성	888	10,826
천왕성	1,764	30,676
해왕성	2,790	59,911
명왕성	3,654	90,824

(1) x를 평균거리, y를 공전시간으로 놓고 $\log x$ 대 $\log y$의 회귀직선과 상관계수를 구하여라.

(2) 평균거리가 5,000(millions mile)인 새로운 행성이 발견됐다고 가정하자. 회귀직선을 이용해 공전시간을 추정하라.

(3) 공전시간이 45,000(일)인 새로운 행성이 발견됐다고 가정하자. 회귀직선을 이용해 평균거리를 예측하라.

17. 이 자료는 암모니아를 산화하여 질산을 만드는 화학공정에서 세 설명변수의 값과 대응되는 손실분량을 21일간 측정한 자료이다. 자료에서 변수들의 내용은 다음과 같다.

x_1 : 작업속도
x_2 : 냉각수 온도
y : 암모니아의 손실분량(%)

번호	x_1	x_2	y
1	80	27	42
2	80	27	37
3	75	25	37
4	62	24	28
5	62	22	18
6	62	23	18
7	62	24	19
8	62	24	20
9	58	23	15
10	58	18	14
11	58	18	14
12	58	17	13
13	58	18	11
14	58	19	12
15	50	18	8
16	50	18	7
17	50	19	8
18	50	19	8
19	50	20	9
20	56	20	15
21	70	20	15

(1) 선형회귀식을 추정하여라.

(2) 결정계수는 얼마인가?

(3) 각각 회귀계수의 신뢰구간과 의미를 설명하여라.

18. 어느 도시에서는 개인주택의 겨울 난방비를 예측하려고 한다. 난방비에 영향을 줄 것으로 예상되는 세 가지 변수를 다음과 같이 선정하였다.

x_1 : 1월 평균 온도(° C)
x_2 : 단열재의 두께(Cm)
x_3 : 주택의 나이(년)

난방비(y)를 세 변수의 선형모형으로 적합시키기 위해 20가구를 랜덤으로 선택하여 조사한 결과 아래 자료를 얻었다. R를 이용하여 다음 물음에 답하여라.

(1) 선형회귀식을 추정하여라.

(2) (1)에서 추정된 회귀식에서 회귀계수의 의미를 설명하여라.

(3) 1월 평균 기온이 $-1.1°\ C$, 단열재의 두께가 5cm, 10년된 주택일 때 난방비를 예측하여라.

y	x_1	x_2	x_3
250	1.67	3	6
360	−1.67	4	10
165	2.22	7	3
43	15.56	6	9
92	18.33	5	6
200	−1.11	5	5
355	−12.22	6	7
290	−13.89	10	10
230	−6.11	9	11
120	12.78	2	5
73	12.22	12	4
205	8.89	5	1
400	−6.67	5	15
320	3.89	4	7
72	15.56	8	6
272	−6.67	5	8
94	14.44	7	3
190	4.44	8	11
235	−2.78	9	8
139	−.1.11	7	5

객관식

1. 회귀분석에 관한 설명으로 틀린 것은?

   ① 회귀분석은 자료를 통하여 독립변수와 종속변수 간의 함수관계를 통계적으로 규명하는 분석방법이다.

   ② 회귀분석은 종속변수의 값 변화에 영향을 미치는 중요한 독립변수들이 무엇인지 알 수 있다.

   ③ 단순회귀선형모형의 오차(ϵ_i)에 대한 가정에서 $\epsilon_i \sim N(0, \sigma^2)$이며, 오차는 서로 독립이다.

   ④ 최소 제곱법은 회귀모형의 절편과 기울기를 구하는 방법으로 전차의 합을 최소화시킨다.

   해설 ④

2. 단순회귀모형 $y_i = \beta_0 + \beta_1 x_i + \epsilon_i,\ (i = 1, 2, \cdots, n)$을 적합하여 다음을 얻었다. $\sum_{i=1}^{n}(y_i - \hat{y_i})^2 = 200$, $\sum_{i=1}^{n}(\hat{y_i} - \bar{y})^2 = 300$, 이때 결정계수 r^2을 구하면? (단, $\hat{y_i}$는 i번째 추정값을 나타낸다.)

   ① 0.4　　② 0.5

   ③ 0.6　　④ 0.7

   해설 ③

3. 다중선형회귀분석에 대한 설명으로 틀린 것은?

   ① 결정계수는 회귀직선에 의해 종속변수가 설명되어지는 정도를 나타낸다.

   ② 추정된 회귀식에서 절편은 독립변수들이 모두 0일 때 종속변수의 값을 나타낸다.

   ③ 회귀계수는 해당 독립변수가 1단위 증가하고 다른 독립변수는 변하지 않을 때, 종속변수의 증가량을 뜻한다.

   ④ 각 회귀계수의 유의성을 판단할 때는 정규분포를 이용한다.

   해설 ④

4. 두 변수 x와 y에 대해서 9개의 관찰값으로부터 계산한 통계량들이 다음과 같을 때, 단순회귀모형의 가정하에 추정한 회귀직선은?

$$\bar{x}=5.9,\quad \bar{y}=15.1$$
$$s_{xx}=\sum_{i=1}^{9}(x_i-\bar{x})^2=40.9,$$
$$s_{yy}=\sum_{i=1}^{9}(y_i-\bar{y})^2=370.9,$$
$$s_{xy}=\sum_{i=1}^{9}(x_i-\bar{x})(y_i-\bar{y})=112.1$$

① $\hat{y}=-1.07-2.74x$ ② $\hat{y}=-1.07+2.74x$

③ $\hat{y}=1.07-2.74x$ ④ $\hat{y}=1.07+2.74x$

해설 ②

5. 독립변수가 2개인 중회귀모형 $y_i=\beta_0+\beta_1x_{1i}+\beta_2x_{2i}+\epsilon_i,\quad i=1,\cdots,n$의 유의성 검정에 대한 설명으로 틀린 것은?

① $H_0:\beta_1=\beta_2=0$

② H_a : 회귀계수 β_1, β_2 중 적어도 하나는 0이 아니다.

③ $\dfrac{MSE}{MSR}>F(k, n-k-1, \alpha)$이면 H_0를 기각한다.

④ 유의확률이 유의수준보다 작으면 H_0를 기각한다.

해설 ③

6. 회귀분석을 실시한 결과 다음의 분산분석표를 얻었다. 결정계수는 얼마인가?

요인	제곱합	자유도	평균제곱	F값
회귀	3,060	3	1,020	51.0
잔차	1,940	97	20	
전체	5,000	100		

① 60.0% ② 60.7%

③ 61.2% ④ 62.1%

해설 ③

7. k개의 독립변수 $x_i (i=1, 2, \cdots, k)$와 종속변수 y에 대한 중회귀모형 $y=\beta_0+\beta_1 x_1+\cdots+\beta_k x_k+\epsilon$을 고려하여, n개의 자료에 대해 중회귀분석을 실시하고자 한다. 총 편차 $y_i-\overline{y}$를 분해하여 얻을 수 있는 세 개의 제곱합 $\sum_{i=1}^{n}(y_i-\overline{y})^2$, $\sum_{i=1}^{n}(y_i-y_i)^2$, 그리고 $\sum_{i=1}^{n}(\hat{y_i}-\overline{y})^2$의 자유도를 각각 구하면?

① $n, n-k, k$ ② $n-1, n-k-1, k-1$

③ $n, n-k-1, k-1$ ④ $n-1, n-k-1, k$

해설 ④

8. 단순회귀분석에서 회귀직선의 기울기와 독립변수와 종속변수의 상관계수와의 관계에 대한 설명으로 옳은 것은?

① 회귀직선의 기울기가 양수이면 상관계수도 양수이다.

② 회귀직선의 기울기가 양수이면 상관계수는 음수이다.

③ 회귀직선의 기울기가 음수이면 상관계수는 양수이다.

④ 회귀직선의 기울기가 음수이면 상관계수도 음수이다.

해설 ①

9. 단순 선형회귀모형 $y=\beta_0+\beta_1 x+e$을 적용하여 주어진 자료들로부터 회귀직선을 추정하고 다음과 같은 분산분석표를 얻었다. 이때 추정에 사용된 자료수와 결정계수는?

요인	제곱합	자유도	평균제곱	F	유의확률
회귀	18.18	1	18.18	629.76	0.0001
잔차	0.289	10	0.0289		
계	18.469	11			

① $11, \frac{18.18}{0.298}$ ② $11, \frac{18.18}{18.469}$

③ $12, \frac{18.18}{0.298}$ ④ $12, \frac{18.18}{18.469}$

해설 ④

10. 아파트의 평수 및 가족수가 난방비에 미치는 영향을 알아보기 위해 중회귀분석을 실시하여 다음의 결과를 얻었다. 분석 결과에 대한 설명으로 틀린 것은? (단, y는 아파트 난방비(천 원)이다.)

모형	비표준화 계수		t	$p-$값
	B	표준오차		
상수	39.69	32.74	1.21	0.265
평수(X_1)	3.37	0.94	3.59	0.009
가족수(X_2)	0.53	0.25	1.72	0.090

① 추정된 회귀식은 $\hat{y} = 39.69 + 3.37x_1 + 0.53x_2$이다.

② 유의수준 5%에서 종속변수 난방비에 유의한 영향을 주는 독립변수는 평수이다.

③ 가족수가 주어질 때, 난방비는 아파트가 1평 커질 때 평균 3.37(천 원) 증가한다.

④ 아파트 평수가 30평이고 가족이 5명인 가구의 난방비는 122.44(천 원)으로 예측된다.

해설

④

11. 단순회귀모형 $y_i = \beta_0 + \beta_1 x_i + \epsilon_i$을 적합하여 다음과 같은 분산분석표를 작성하였다. $H_0 : \beta_1 = 0$, $H_a : \beta_1 \neq 0$에 대한 가설검정을 수행하면? (단, 자유도가 $n_1 = 1$, $n_2 = 7$인 F분포에서 유의수준 $\alpha = 0.05$인 경우 $F(1, 7; 0.05) = 5.59$, 유의수준 $\alpha = 0.01$인 경우 $F(1, 7; 0.01) = 12.25$이다.)

구분	제곱합	자유도	평균제곱
회귀	35.5	1	35.5
잔차	24.5	7	3.5
계	60	8	

① 유의수준 $\alpha = 0.05$와 $\alpha = 0.01$ 모두에서 귀무가설을 기각한다.

② 유의수준 $\alpha = 0.05$와 $\alpha = 0.01$ 모두에서 귀무가설을 기각하지 못한다.

③ 유의수준 $\alpha = 0.05$에서 귀무가설을 기각하고, $\alpha = 0.01$에서 귀무가설을 기각하지 못한다.

④ 유의수준 $\alpha = 0.05$에서 귀무가설을 기각하지 못하고, $\alpha = 0.01$에서 귀무가설을 기각한다.

해설

③

12. 중회귀모형 $y_i = \beta_0 + \beta_1 x_{1i} + \beta_2 x_{2i} + \epsilon_i$에 대한 분산분석표가 다음과 같다. 위의 분산분석표를 이용하여 유의수준 0.05에서 모형에 대한 유의성검정을 할 때, 추론 결과로 가장 적합한 것은 무엇인가?

구분	제곱합	자유도	평균제곱	F값	유의확률
요인	66.12	2	33.06	33.69	0.000258
잔차	6.87	7	0.98		

① 두 설명변수 x_1과 x_2 모두 반응변수에 영향을 주지 않는다.

② 두 설명변수 x_1과 x_2 모두 반응변수에 영향을 준다.

③ 두 설명변수 x_1과 x_2 중 적어도 하나는 반응변수에 영향을 준다.

④ 두 설명변수 x_1과 x_2 중 하나만 반응변수에 영향을 준다.

해설

③

13. 단순회귀분석을 적용하여 자료를 분석하기 위해서 10쌍의 독립변수와 종속변수의 값들을 측정하여 정리한 결과 다음과 같은 값을 얻었다. 회귀모형 $y_i = \beta_0 + \beta_1 x_i + \epsilon$의 β의 최소제곱 추정량을 구하면?

$$\sum_{i=1}^{10} x_i = 39,\ \sum_{i=1}^{10} x_i^2 = 193,\ \sum_{i=1}^{10} y_i = 35.1,$$
$$\sum_{i=1}^{10} y_i^2 = 130.05,\ \sum_{i=1}^{10} x_i y_i = 152.7$$

① 0.287 ② 0.357

③ 0.387 ④ 0.487

해설

③

14. 10쌍의 부부의 키에 대하여 측정을 하였다. 신랑(x)과 신부(y)의 상관계수 r은 0.519로 나왔다. 두 변수 간의 회귀분석을 실시하여 다음과 같은 결과를 산출하였다. 다음 (　　)에 들어갈 가장 알맞은 값은?

예측변수	계 수	표준편차	값
상수항	129.29	19.2	6.74
신랑(X)	0.1904	0.111	(　　)

① 1.715　　② 1.765

③ 1.815　　④ 1.865

해설

t 검정 통계량 $= \dfrac{b_i - \beta_i}{var(b_i)} = \dfrac{b_i - \beta_i}{s_{b_1}} = \dfrac{0.1904 - 0}{0.111} = 1.715$ ①

15. 두 설명변수 x_1과 x_2를 사용한 회귀추정식이 $\hat{y} = 3.2 + 1.7x_1 + 2.5x_2$일 때, 가장 적절한 설명은?

① 회귀계수의 값 1.7의 의미는 설명변수 x_1의 값을 1단위 증가시킬 때 반응변수 y의 값은 1.7단위 증가할 것임을 나타낸다.

② 회귀계수의 값 2.5의 의미는 설명변수 x_1을 고정시킨 상태에서 x_2의 값을 1단위 증가시키면 반응변수 y의 값은 2.5단위 증가할 것임을 나타낸다.

③ 설명변수 x_1만을 이용하여 회귀모형을 적합하였을 때 회귀추정식의 기울기는 1.7일 것이다.

④ 설명변수 x_2만을 이용하여 회귀모형을 적합하였을 때 회귀추정식은 $\hat{y} = 3.2 + 2.5x_2$일 것이다.

해설

회귀계수값 2.5의 의미는 설명변수 x_1를 고정시킨 상태에서 x_2의 값을 1단위 증가시켰을 때 반응변수 y의 값이 2.5단위 증가할 것임을 나타낸다. ②

16. 세 개의 독립변수 x_1, x_2, x_3와 종속변수 y에 대한 15개의 데이터가 있다. 이때, 회귀제곱합이 $SSR = 157.9$, 잔차제곱합이 $SSE = 70.5$라 가정하고 이 다중회귀모형의 유의성을 검정하기 위한 $F-$통계량의 값과 $F-$분포의 자유도를 바르게 나타낸 것은?

① $F-$통계량의 값 : 2.23, $F-$분포의 자유도 : (3, 12)

② $F-$통계량의 값 : 2.23, $F-$분포의 자유도 : (3, 11)

③ $F-$통계량의 값 : 8.21, $F-$분포의 자유도 : (3, 11)

④ $F-$통계량의 값 : 8.98, $F-$분포의 자유도 : (3, 12)

해설

독립변수가 3개이므로 상수항까지 포함한다면 회귀에 대한 자유도는 3이 된다. ①

[다중회귀분석에 대한 분산분석표]

요 인	제곱합	자유도	평균제곱	F
회 귀	157.9	(3)	(52.63)	(8.2106)
오 차	70.5	(11)	(6.41)	
합 계	228.4	(14)		

17. 중회귀모형 $y_i = \beta_0 + \beta_1 x_{1i} + \beta_2 x_{2i} + \epsilon_i$에 대한 분산분석표의 일부가 다음과 같다. 이때 $H_0 : \beta_1 = \beta_2 = 0$ 대 H_a : not H_0를 검정하기 위한 검정 통계량의 값은?

요 인	제곱합	자유도
회 귀	150	2
잔 차	50	10

① 3 ② 5

③ 10 ④ 15

해설

[회귀분석에서의 분산분석표] ④

변 인	제곱합	자유도	평균제곱	F
회 귀	150	2	75	15
잔 차	50	10	5	
합 계	200	12		

18. 회귀모형의 가정하에 두 변수 x와 y 사이의 관계를 분석하고자 한다. y를 종속변수, x를 독립변수로 하여 회귀직선 $\hat{y_i} = \hat{\beta_0} + \hat{\beta_1} x_i$을 추정하고자 자료를 정리하여 다음의 결과를 얻었다.

$$s_{yy} = \sum_{i=1}^{n}(y_i - \bar{y})^2 = 10,000, \quad s_{xx} = \sum_{i=1}^{n}(x_i - \bar{x})^2 = 100$$

두 변수 x와 y 사이의 상관계수가 $r_{xy} = 0.7$이라면 $\hat{\beta_1}$은 얼마인가?

① 70 ② 0.07

③ 7 ④ 0.7

해설

$$r = b\frac{s_x}{s_y} = b\sqrt{\frac{\sum(x_i - \bar{x})^2}{\sum(y_i - \bar{y})^2}} = b\sqrt{\frac{100}{10000}} = b\sqrt{\frac{1}{100}} = \frac{b}{10} = 0.7$$ ③

$\therefore b = 0.7 \times 10 = 7$

19. 상관계수에 대한 설명으로 틀린 것은?

① 두 변수 사이의 선형관계의 정도를 측정한다.

② 상관계수가 음이면 대부분의 관찰값들이 평균점을 중심으로 2 및 4분면에 위치한다.

③ 상관계수 값은 측정단위의 영향을 받지 않는다.

④ 상관계수가 0에 가까우면 두 변수 사이에는 아무런 관계도 없다.

해설

상관계수가 0에 가까우면 두 변수 사이에 선형의 연관성이 없는 것이지 곡선의 연관성을 있을 수 있다. ④

20. 다음과 같은 10개의 관측치 (x_i, y_i)에 대하여 단순회귀모형 $y_i = \beta_0 + \beta_1 x_i = \epsilon_i$을 이용하여 분석하려 한다.

$(1,0)$, $(2,1)$, $(3,1)$, $(4,2)$, $(5,2)$, $(5,3)$, $(6,4)$, $(7,3)$, $(8,4)$, $(9,5)$

위의 자료에 대해 아래와 같을 때,

$$n = 10,\ \sum_{i=1}^{n} x_i = 50,\ \sum_{i=1}^{n} x_i^2 = 310,\ \sum_{i=1}^{n} y_i = 25,\ \sum_{i=1}^{n} y_i^2 = 85,\ \sum_{i=1}^{n} x_i y_i = 160$$

회귀계수의 추정치 $\widehat{\beta_1}$의 값은?

① $\frac{1}{12}$ ② $\frac{3}{12}$

③ $\frac{5}{12}$ ④ $\frac{7}{12}$

해설

회귀계수 $\widehat{\beta_0}$, $\widehat{\beta_1}$에 대한 계산식은 다음과 같다. ④

$$\widehat{\beta_1} = \frac{\sum(x_i - \overline{x})(y_i - \overline{y})}{\sum(x_i - \overline{x})^2} = \frac{\sum x_i y_i - n\overline{x}\overline{y}}{\sum x_i^2 - n\overline{x}^2} = \frac{160 - 10 \times 5 \times 2.5}{310 - 10 \times 5^2} = \frac{35}{60} = \frac{7}{12}$$

$$\widehat{\beta_0} = \overline{y} - b_1 \overline{x} = 2.5 - \left(\frac{7}{12} \times 5\right) = -\frac{5}{12}$$

$$\because \overline{x} = \frac{\sum_{i=1}^{n} x_i}{n} = \frac{50}{10} = 5,\ \overline{y} = \frac{\sum_{i=1}^{n} y_i}{n} = \frac{25}{10} = 2.5$$

21. 회귀분석에서 $y = \alpha x^\beta$를 $\acute{y} = \log y$, $\acute{x} = \log x$로 변수 변환한 후의 선형식은?

① $\acute{y} = \alpha + \beta\acute{x}$ ② $\acute{y} = \log\alpha + \beta\acute{x}$

③ $\acute{y} = \alpha + \beta\log\acute{x}$ ④ $\acute{y} = \log\alpha + \beta\log\acute{x}$

해설

$\log y = \log\alpha x^\beta = \log\alpha + \beta\log x$ ②

$\therefore \acute{y} = \log\alpha + \beta\acute{x}$

22. 중회귀모형 $y_i = \beta_0 + \beta_1 x_{1i} + \beta_2 x_{2i} + \epsilon_i$에 대한 분산분석표의 일부가 다음과 같다.

요 인	제곱합	자유도
회 귀	150	2
잔 차	50	10

이때 가설 $H_0 : \beta_1 = \beta_2 = 0$ 대 H_a : not H_0를 검정하기 위한 $F-$검정 통계량의 값은?

① 3
② 5
③ 10
④ 15

해설

변 인	제곱합	자유도	평균제곱	F
회 귀	150	2	75	15
잔 차	50	10	5	
합 계	200	12		

④

CHAPTER

10

분산분석

구성

STATISTICS

지금까지는 두 모평균을 비교하는 문제를 다루었으며 이와 같은 문제의 자료는 한 군의 표본으로부터 구해진 쌍체 자료(paired data)였거나 두 군의 독립된 표본으로부터 구해진 자료(unpaired data)였었다. 이를 확장하여 이 장에서는 3개 이상의 모평균을 비교하는 문제를 생각하며, 분석의 대상은 한 군의 표본에서 여러 번 측정된 자료이거나 또는 독립된 여러 표본으로부터의 자료이다.

예컨대, 여러 종류의 비료, 또는 제조과정, 교육 방법, 광고기법들을 비교하고자 할 것이다. 통상적으로 모집단에서 표본을 취한다. 표본에서 구한 표본평균들은 차이를 보이게 된다. 여기에서 연구 목적은 관찰된 표본평균의 차이가 우연한 것에 기인하는 것인지를 알아내는 것이다. 또는 이러한 차이가 너무 커서 우연한 것으로 돌릴 수가 없고, 표본이 동일하지 않은 모집단에서 추출되어졌음에 기인하는가 하는 것이다.

두 개 이상의 모평균에 관한 가설검정에 있어서, 한 번에 2개씩 t검정법을 사용하여 비교할 수도 있다. 그러나, 적당한 수의 모집단들을 비교하는 경우에는, 첫째 t검정의 수가 너무 많아지게 된다. 예컨대, 8개의 모집단들을 서로 비교하려면 $\binom{8}{2} = 28$번의 t검정을 해야만 한다. 적어도 두 평균을 검정하는 데 사용되는 t검정법이 확장된 검정기법이 필요하다.

분산분석(analysis of variance, ANOVA)은 요컨대 여러 개의 평균들을 비교하기 위한 검정 방법이다. 즉 평균들의 균등성에 관한 검정 절차에서 단지 분산을 분석하는 것이다. 분산분석법은 Ronald A. Fisher(1890~1962)가 처음으로 발표하였으며, 농업에 관한 연구에 많이 적용되었다. 분산분석법은 이와 같은 강력한 통계적 도구로서 발표된 이래 경제학, 심리학, 시장조사, 산업공학 등을 포함하는 각 학문적 연구 분야에 적용되어 왔음은 잘 알려진 사실이다. 본 장에서는 가장 간단한 분산분석 모형인 일원 배치법(one-way classification)과 이원 배치법(two-way classification)을 다룬다. 일원 배치법에서는 각 처리에서의 반복수가 같은 경우와 다른 경우로 나누어 생각하고, 이원 배치법에서는 각 처리에서 반복이 없는 경우와 있는 경우로 나누어 생각하기로 한다.

10.1 일원 배치법

일원 배치 분산분석법(one-way ANOVA)이란 실험결과에 영향을 미치는 인자가 1개이고 1개의 인자를 k개의 수준으로 분류하며 각 수준에서 $n_1, n_2, \ldots, n_k$개의 관측값을 얻어 <표 10.1>과 같은 일원 배치법(one-way classification)의 구조를 얻는다. 즉, <표 10.1>은 k개의 모집단에서 각각 $n_1, n_2, \ldots, n_k$개의 표본을 추출하여 얻은 표이며 표본의 총합은 $n = \sum n_i$이다.

k개의 모집단 또는 k개의 수준을 처리(treatment)라고 하며 <표 10.1>과 같이 분류한다. k개의 모집단의 평균이 $\mu_1, \mu_2, \ldots, \mu_k$이고 분산이 모두 σ^2인 정규분포를 한다고 가정한다.

〈표 10.1〉 일원 배치법의 자료구조(반복수가 다른 경우)

	처리1	처리2	$\cdots$	처리k	
	y_{11}	y_{21}	$\cdots$	y_{k1}	
	y_{12}	y_{22}	$\cdots$	y_{k2}	
	$\vdots$	$\vdots$	$\vdots$	$\vdots$	
	y_{1n_1}	y_{2n_2}	$\cdots$	y_{kn_k}	
평균	$\overline{y}_{1.}$	$\overline{y}_{2.}$	$\cdots$	$\overline{y}_{k.}$	총평균 $\overline{y}_{..}$

위의 표에서 각 처리마다 관측되는 자료의 개수가 다름에 유의해야 한다. 각 처리에 해당하는 관측치의 개수를 n_i라고 하면, 전체 관측값의 개수는 $n = \sum_{i=1}^{k} n_i$이 되고, 합과 평균의 기호는 다음과 같이 정의된다.

$$T_{i.} = \sum_{j=1}^{n_i} y_{ij}, \quad T_{..} = \sum_{i}^{k} \sum_{j=1}^{n_i} y_{ij},$$

$$\overline{y_i} = \frac{1}{n_i} \sum_{j=1}^{n_i} y_{ij}, \ i = 1, 2, \cdots, k$$

$$\bar{y}.. = \frac{1}{n}\sum_{i=1}^{k}\sum_{j=1}^{n_i} y_{ij}$$

i번째 수준에서 j번째 관측값 y_{ij}를 나타내는 확률변수를 Y_{ij}라고 하면, Y_{ij}는 다음과 같은 모형(model)으로 표시할 수 있다.

$$Y_{ij} = \mu + \alpha_i + \epsilon_{ij}\ (i = 1, 2, \cdots, k,\ j = 1, 2, \cdots, n_i)$$

여기서 μ는 전체의 모평균, α_i는 수준 A_i의 주 효과를 나타내고, ϵ_{ij}는 i번째 수준 j번째 관측값의 오차의 부분인 오차항으로서 $\epsilon_{ij} \sim N(0, \sigma^2)$인 분포를 한다. i번째 수준은 i번째 모집단과 같은 뜻이다. 수준 i의 모평균을 μ_i라고 하면

$$\mu_i = \mu + \alpha_i$$

$$\sum_{i=1}^{k}\alpha_i = \sum_{i=1}^{k}(\mu_i - \mu) = 0$$

i번째의 모집단에서 j번째 관찰차 y_{ij}의 오차항 ϵ_{ij}의 분포는 $\epsilon_{ij} \sim N(0,\sigma^2)$이므로 k개의 각 수준(각 모집단)의 분산은 σ^2으로 모두 같다. 위의 내용을 요약하면 다음과 같다.

일원 배치법의 모형(반복수가 다른 경우)

$$Y_{ij} = \mu + \alpha_i + \epsilon_{ij}\ (i = 1, 2, \cdots, k,\ j = 1, 2, \cdots, n_i)$$

다만, α_i는 처리 효과로서 $\sum \alpha_i = 0$이며, ϵ_{ij}는 서로 독립인 오차항으로서 $N(0,\sigma^2)$을 따른다.

k개의 모집단의 평균이 모두 동일한가? 또는 차이가 있는가로 가설을 세워 검정의 절차를 생각하여 보자. 즉 k개의 각 수준의 주 효과 사이에 차이가 없다는 가설은

$$H_0 : \alpha_1 = \alpha_2 = \cdots = \alpha_k = 0$$

이다. $\alpha_i = 0$은 i번째 수준의 주 효과는 없다를 뜻하며 이는 각 수준의 평균은 $\mu + \alpha_i = \mu_i$가 되어 서로 같다는 의미이다. 따라서 가설 H_0가 채택되면 각 수준의 효과는 차가 없다. 즉 k개의 평균은 차가 없다를 뜻한다. 이제 귀무가설과 대립가설을 다음과 같이 표시하자.

$$H_0 : \alpha_i = 0,\ H_a : \alpha_i \neq 0\ \ (i = 1, 2,\ \cdots, k)$$

$\alpha_i \neq 0$는 $\alpha_i(\alpha_1, \alpha_2,\ \cdots, \alpha_k)$ 중 적어도 하나는 0이 아니다의 뜻이다.

가설을 검정하기 위하여 몇 가지 변동(variation) 사이의 관계를 알아보자. 기호는 <표 10.1>의 일원 배치표에 표시한 바와 같다. 자료 전체의 변동을 총변동(total variation) 또는 총제곱합(total sum of squares)이라고 하며, 이것은 각 관찰치와 관찰치 전체의 평균과의 차의 제곱합 즉 편차의 제곱합을 말하며 SS_T로 표시한다.

$$SS_T = \sum_{i=1}^{k}\sum_{j=1}^{n_i}(y_{ij} - \bar{y}\,..\,)^2 = \sum_{i}^{k}\sum_{j}^{n_i} y_{ij}^2 - \frac{T_{..}^2}{n}$$

k개의 각 수준(각 모집단) 내의 변동의 합을 급내변동(variation within class) 또는 잔차변동(residual variation)이라 부르며, 이것은 관찰치 y_{ij}와 각 수준 A_i 내의 평균 $\bar{y}_i\,.$ 의 차의 제곱합들을 합한 것이며 SSE로 표시한다.

$$SSE = \sum_{i=1}^{k}\sum_{j=1}^{n_i}(y_{ij} - \bar{y}_i\,.\,)^2 = SS_T - SS_{tr}$$

각 수준(각 모집단)의 평균 $\bar{y}_i\,.$ 와 전체평균 $\bar{y}\,..$ 의 차의 제곱합 즉, 수준과 수준 사이의 변동을 급간변동(variation between treatments)이라 하며 SS_{tr}로 표시한다.

$$SS_{tr} = \sum_{i=1}^{k} n_i(\overline{y}_{i.} - \overline{y}_{..})^2 = \frac{\sum_{i}^{k} T_{i.}}{n_i} - \frac{T_{..}^2}{n}$$

앞에서 변동은 평방합이나 제곱합으로 나타내기도 한다. 그러므로 전변동, 급내변동, 오차변동, 처리 간 변동 등은 총제곱합, 처리제곱합, 잔차제곱합 등으로 표시하기도 한다.

처리 효과의 유의성을 검증하는 귀무가설과 대립가설은 각각 다음과 같다.

$$H_0 : \alpha_1 = \alpha_2 = \cdots = \alpha_k = 0,\ H_a : \alpha_i \text{들이 모두 0은 아니다.}$$

반복수가 다른 경우에 총제곱합의 분해는 다음과 같다.

$$\sum_{i=1}^{k}\sum_{j=1}^{n_i}(y_{ij} - \overline{y}_{..})^2 = \sum_{i=1}^{k} n_i(\overline{y}_{i.} - \overline{y}_{..})^2 + \sum_{i=1}^{k}\sum_{j=1}^{n_i}(y_{ij} - \overline{y}_{i.})^2$$

$$SS_T \quad = \quad SS_{tr} \quad + \quad SSE$$

윗 식에서 반복수가 같은 경우와 다른 것은 n_i가 처리마다 다르므로 $\sum$ 기호 밖으로 나올 수 없는 것이다. $n = \sum_{i=1}^{k} n_i$를 사용하면 각 제곱합의 자유도와 검정의 기각역도 같은 형식으로 나타낼 수 있으며, 분산분석표는 <표 10.2>와 같다.

〈표 10.2〉 일원 배치법의 분산분석표(반복수가 다른 경우)

요인	제곱합	자유도	평균제곱	F값	유의확률
처리	$SS_{tr} = \sum_{i=1}^{k} n_i(\overline{y}_{i.} - \overline{y}_{..})^2$	$k-1$	$MS_{tr} = \frac{SS_{tr}}{(k-1)}$	$f = \frac{MS_{tr}}{MSE}$	$P(F \geq f)$
잔차	$SSE = \sum_{i=1}^{k}\sum_{j=1}^{n_i}(y_{ij} - \overline{y}_{i.})^2$	$n-k$	$MSE = \frac{SSE}{(n-k)}$		
계	$SS_T = \sum_{i=1}^{k}\sum_{j=1}^{n_i}(y_{ij} - \overline{y}_{..})^2$	$n-1$		(다만, $n = \sum_{i=1}^{k} n_i$)	

분산분석표를 이용하여 유의수준 α에서 검정할 때 기각역은 다음과 같이 나타낼 수 있다.

$$f \geq F_{\alpha, (k-1, n-k)}$$

다만, SPSS 등의 소프트웨어를 사용하여 유의확률이 출력되면, 유의확률이 α보다 작을 때 귀무가설을 기각하고, 처리 효과에 유의한 차이가 있다고 결론을 내리면 된다.

예제 10.1

토양의 박테리아 분량을 측정하기 위하여 대상 지역을 4개 구로 나누고, 각 지역에서 15개소의 토양을 채취하여 수분을 가하여 묽게 한 다음 용기에 이식하고 균의 군집을 세어본 결과 아래 표를 얻었다. 각 지역에 있어서 균(박테리아)의 군집 수에는 유의적인 차이가 있는가?

〈표 10.3〉 지역별 균의 군집 수 분류표

지 역 별	I	II	III	IV	
	72	47	56	69	
균의	69	52	58	67	
군집 수	63	45	56	62	
	53	30			
	51				합계
수계	308	174	170	198	850
자료 수	5	4	3	3	15
평균	308/5	174/4	170/3	198/3	850/15

풀이

전변농 SS_T를 구하면

$$\begin{aligned} SS_T &= 72^2+69^2+63^2+53^2+51^2+47^2+52^2+45^2+30^2+56^2+58^2 \\ &\quad +56^2+69^2+67^2+62^2-\frac{850^2}{15} \\ &= 49{,}892-48{,}166.6 \fallingdotseq 1{,}725 \end{aligned}$$

처리제곱합 SS_{tr}를 구하면

$$SS_{tr} = \frac{308^2}{5} + \frac{174^2}{4} + \frac{170^2}{3} + \frac{198^2}{3} - \frac{850^2}{15} \fallingdotseq 49,243 - 48,167 = 1,076$$

따라서 급내변동 SSE는 $SSE = 1,725 - 1,076 = 649$

분산분석표는 다음과 같다.

```
> #ex10.1
> y<-c(72,69,63,53,51,47,52,45,30,56,58, #데이터입력
+      56,69,67,62)
> x<-c(rep('1',5),rep('2',4),rep('3',3),
+      rep('4',3)) #처리입력
> aov1=aov(y~x) #분산분석실시
> summary(aov1) #결과
            Df Sum Sq Mean Sq F value Pr(>F)
x            3 1076.5   358.8   6.083 0.0107 *
Residuals   11  648.9    59.0
---
Signif. codes:  0 '***' 0.001 '**' 0.01 '*' 0.05 '.' 0.1 ' ' 1
```

〈표 10.4〉 분산분석표

요인	평방합	자유도	불편 분산	분산비	5% 또는 1%점
처리	1,076	3	358.3	6.083	$F_{0.05,(3,11)} = 3.59$
잔차	649	11	59.0		$F_{0.01,(3,11)} = 6.22$
전체	1,725	14			

$6.083 > F_{0,05,(3,11)} = 3.59$이므로 각 지역에 있어서의 균의 군집 수가 동일하다는 가설 $H_0 : \mu_1 = \mu_2 = \mu_3 = \mu_4$는 매우 유의적이다(유의수준 5%).

예제 10.2

3종류의 온도계(A_1, A_2, A_3)로 어느 날의 온도를 4회 측정한 결과 아래의 표와 같았다. 각 온도계에 의한 온도에 차이가 있는가를 검정하여라. 단, 표의 수치는 각 측정값에서 67.0을 뺀 것이다.

〈표 10.5〉 온도계에 따른 4회 측정표

회 \ 수준	A_1	A_2	A_3
1	18	24	5
2	−18	20	−24
3	4	1	−8
4	8	10	−17
계	4	55	−44

풀이

전변동을 계산하기 위하여 y_{ij}^2의 표를 만든다.

〈표 10.6〉 y_{ij}^2의 표

회 \ 수준	A_1	A_2	A_3	계
1	324	576	25	
2	324	400	576	
3	16	1	64	
4	64	100	289	
계	728	1,077	954	2,759

앞 절의 방법으로 필요한 통계량의 값을 계산하면

$$SS_T = 2{,}759 - \frac{15^2}{12} = 2{,}740(df = 11)$$

$$SS_{tr} = \frac{4{,}977}{4} - \frac{15^2}{12} \fallingdotseq 1{,}225 \ (df = 2)$$

$$SSE = SS_T - SS_{tr} = 2{,}740 - 1{,}225 = 1{,}515 \ (df = 9)$$

가 된다. 이상으로 분산분석표를 만들면 다음과 같다.

〈표 10.7〉 분산분석표

요인	변동	자유도	불편 분산	분산비	5%점
처리	1,225	2	613	3.65	4.26
잔차	1,515	9	168		
전체	2,740	11			

따라서 3.65〈 $F_{0.05,(2,9)} = 4.26$이므로 유의수준 5%로서 수준 A_1, A_2, A_3의 온도계에 차가 있다고 할 수 없다.

10.2 이원 배치법

10.2.1 이원 배치표

관측값을 두 가지 관점에서 급(행)과 군(열)으로 이중 분류하고 i급 j군의 관측값 y_{ij}를 정리하여 급 상호 간 또는 군 상호 간의 관측값의 차이의 유의성을 검정하는 것을 이원 배치법이라 한다.

예를 들면 토마토를 재배하는 데 토마토의 종류가 A_1, A_2, A_3의 3종류이고, 이 3종류의 각각에 4종류의 비료 B_1, B_2, B_3, B_4를 살포하였을 때에 토마토의 생산량을 관찰하는 문제는 이원 배치인 것이다.

일반화하면, 인자 A의 수준이 $A_1, A_2, \cdots, A_k$의 인자 B의 수준이 $B_1, B_2, \cdots, B_l$이 있다고 하자. 그리고 인자 A의 수준 A_i와 인자 B의 수준 B_j에서 관측값을 y_{ij}라고 표시하고 이를 표로 만들면 다음 <표 10.8>인 이원 배치표가 된다.

〈표 10.8〉 이원 배치법의 자료구조

급(행) \ 군(열)	1	2	…	j	…	l	계	평균
1	y_{11}	y_{12}	…	y_{1j}	…	y_{1l}	$T_{1}.$	$\bar{y}_{1}.$
2	y_{12}	y_{22}	…	y_{2j}	…	y_{2l}	$T_{2}.$	$\bar{y}_{2}.$
⋮	…	…	…	…	…	…	…	…
i	y_{i1}	y_{i2}	…	y_{ij}	…	y_{il}	$T_{i}.$	$\bar{y}_{i}.$
⋮	…	…	…	…	…	…	…	…
k	y_{k1}	y_{k2}	…	y_{kj}	…	y_{kl}	$T_{k}.$	$\bar{y}_{k}.$
계	$T._{1}$	$T._{2}$	…	$T._{j}$	…	$T._{l}$	$T_{..} = \sum T_{i}. = \sum T._{j}$	
평균	$\bar{y}._{1}$	$\bar{y}._{2}$	…	$\bar{y}._{j}$	…	$\bar{y}._{l}$	$\bar{y}_{..} = \dfrac{T..}{kl}$	

위의 표에서 $n = kl$, $\bar{y}_{i}. = \dfrac{T_{i}.}{l}$, $\bar{y}._{j} = \dfrac{T._{j}}{k}$, $T.. = \sum_i \sum_j y_{ij}$, $\bar{y}.. = \dfrac{T..}{n}$ 이다.

<표 10.8>에서 A인자를 행인자라고 하고, B인자를 열인자라고 한다. 관측값 y_{ij}에 대응되는 확률변수를 Y_{ij}라고 하면, Y_{ij}는 다음과 같은 모형으로 표시된다.

$$Y_{ij} = \mu + \alpha_i + \beta_j + \epsilon_{ij}, \quad i = 1, \cdots, k, \quad j = 1, \cdots, l$$

여기서 μ는 자료 전체의 모평균이고 α_i는 수준 A_i의 주 효과, β_j는 수준 B_j의 주 효과이며, ϵ_{ij}는 실험의 오차인 오차항이며 $\epsilon_{ij} \sim N(0, \sigma^2)$이다. σ^2은 전체의 모분산이기도 하다. 인자별 각 수준의 주 효과의 합은 항상 0이다.

$$\sum^{k} \alpha_i = 0, \quad \sum^{l} \beta_j = 0$$

일원 배치의 분산분석에서는 인자가 A 한 개이지만 이원 배치의 분산분석에서는 인자가 A, B 두 개이므로 2개의 가설을 세워야 한다. 인자 A에 대한 가설 $H_{0\alpha}$, B에 대한 가설은 $H_{0\beta}$라고 한다.

$$H_{0\alpha} : \alpha_1 = \alpha_2 = \cdots = \alpha_k = 0,$$

$$H_{a\alpha} : \alpha_i \neq 0 \text{인 } i\text{가 적어도 하나 존재한다.}$$

$$H_{0\beta} : \beta_1 = \beta_2 = \cdots = \beta_l = 0,$$

$$H_{a\beta} : \beta_j \neq \text{가 인 } i\text{가 적어도 하나 존재한다.}$$

위 가설을 검정하기 위하여 변동(제곱합)들 사이의 관계를 알아야 한다. 이원 배치표에서 다음 몇 가지 변동(제곱합)을 정의한다.

$$\text{총변동(총제곱합)} : SS_T = \sum_{i=1}^{k}\sum_{j=1}^{n_i}(y_{ij} - \overline{y}\,..)^2$$

$$\text{자유도} : \nu_T = n - 1 = kl - 1$$

$$A\text{간 변동(행처리 제곱합)} : SS_A = l\sum_{i}^{k}(\overline{y}_{i}. - \overline{y}\,..)^2$$

$$\text{자유도} : \nu_A = k - 1$$

$$\text{B간 변동(열처리 제곱합)} : SS_B = k\sum_{j}^{l}(\overline{y}_{.j} - \overline{y}\,..)^2$$

$$\text{자유도} : \nu_B = l - 1$$

$$\text{오차변동(오차 제곱합)} : SSE = \sum_{i}^{k}\sum_{j}^{l}(y_{ij} - \overline{y}_{i}. - \overline{y}_{.j} + \overline{y}\,..)^2$$

$$\text{자유도} : \nu_E = \nu_T - \nu_A - \nu_B = (k-1)(l-1)$$

위 네 가지 변동 사이의 관계식이 다음과 같다. 전변동은 다음과 같이 분해할 수 있다.

$$SS_T = \sum_{i=1}^{k}\sum_{j=1}^{l}(y_{ij} - \overline{y}\,..)^2 = k\sum_{j=1}^{l}(\overline{y}_{.j} - \overline{y}\,..)^2 + l\sum_{i=1}^{k}(\overline{y}_{i}. - \overline{y}\,..)^2$$
$$+ \sum_{i=1}^{k}\sum_{j=1}^{l}(y_{ij} - \overline{y}_{i}. - \overline{y}_{.j} + \overline{y}\,..)^2$$

$$SS_T = \sum_{i=1}^{k}\sum_{j=1}^{l}(y_{ij} - \overline{y}\,..)^2 = \sum_{i=1}^{k}\sum_{j=1}^{l}y_{ij}^2 - \frac{T_{..}^2}{n}$$

$$SS_B = k\sum_{j=1}^{l}(\bar{y}_{\cdot j} - \bar{y}_{\cdot\cdot})^2 = \frac{1}{k}\sum_{j=1}^{l} T_{\cdot j}^2 - \frac{T_{\cdot\cdot}^2}{n}$$

$$SS_A = l\sum_{i=1}^{k}(\bar{y}_{i\cdot} - \bar{y}_{\cdot\cdot})^2 = \frac{1}{l}\sum_{i=1}^{k} T_{i\cdot}^2 - \frac{T_{\cdot\cdot}^2}{n}$$

$$SSE = \sum_{i}^{k}\sum_{j}^{l}(y_{ij} - \bar{y}_{i\cdot} - \bar{y}_{\cdot j} + \bar{y}_{\cdot\cdot})^2 = SS_T - SS_B - SS_A$$

위 식에서

$$MSA = \frac{SS_A}{k-1}, \qquad MSE = \frac{SSE}{(k-1)(l-1)}$$

는 σ^2의 불편추정량이며 이와 똑같이

$$MSB = \frac{SS_B}{l-1}$$

이다. σ^2의 불편추정량임을 쉽게 알 수 있다. 다만 일원 배치에서는 $\nu_E = n-k$이었으나 이원 배치에서는 $\nu_E = (k-1)(l-1)$이므로 MSE의 분모에 $n-k$ 대신 $(k-1)(l-1)$을 쓴다. 그리고

$$F_A = \frac{MSA}{MSE} \sim F_{(k-1,(k-1)(l-1))}$$

$$F_B = \frac{MSB}{MSE} \sim F_{(l-1,(k-1)(l-1))}$$

이며, 검정 통계량의 값 $F_A > F_{\alpha,(k-1,(k-1)(\ell-1))}$이면 가설 $H_{0\alpha}: \alpha_i = 0$을 기각하고, '인자 A의 수준 사이의 효과의 차는 유의적이다'라는 판정을 내린다. 또한, 검정 통계량의 값 $F_B > F_{\alpha,(\ell-1,(k-1)(\ell-1))}$이면 가설 $H_{0\beta}: \beta_j = 0$을 기각하고, '인자 B의 수준 사이의 효과의 차는 유의적이다'라는 판정을 내린다. 이상을 요약해서 분산분석표를 만들면 아래의 <표 10.9>와 같다.

〈표 10.9〉 이원 배치법의 분산분석표

요인	평방합	자유도	불변 분산	F 통계량
행간	$SS_A = \frac{1}{l}\sum_{i=1}^{k} T_{i\cdot}^2 - \frac{T_{\cdot\cdot}^2}{n}$	$k-1$	$MSA = \frac{SS_A}{(k-1)}$	$F_A = \frac{MSA}{MSE}$
열간	$SS_B = \frac{1}{k}\sum_{j=1}^{l} T_{\cdot j}^2 - \frac{T_{\cdot\cdot}^2}{n}$	$l-1$	$MSB = \frac{SS_B}{(l-1)}$	$F_B = \frac{MSB}{MSE}$
잔차 (오차)	$SSE = SS_T - SS_A - SS_B$	$(k-1)\cdot$ $(l-1)$	$MSE = \frac{SSE}{(k-1)(l-1)}$	
전체	$SS_T = \sum_i \sum_j y_{ij}^2 - \frac{T_{\cdot\cdot}^2}{n}$	$n-1$		

예제 10.3

A, B, C 3인의 공원이 Ⅰ, Ⅱ, Ⅲ, Ⅳ인 4대의 공작 기계에 의하여 하루에 제작한 부품의 수는 다음과 같았다(각 제품 개수에서 35를 뺐다). 이것을 앞 절의 방법에 의하여 평균값 사이의 차를 조사하면 유의차는 인정되지 않는다. 이것은 기계의 차에 의한 변동 때문에 개인차에 의한 변동이 나타나지 않았을지도 모른다. 기계의 차에 의한 영향을 배제하고 개인차를 검정하여라. 또 개인차를 배제한 기계에 의한 제품 수의 평균차(기계의 우열)를 검정하여라.

〈표 10.10〉 이원분류표

	A	B	C	$T_{i\cdot}$
Ⅰ	1	0	−1	0
Ⅱ	3	2	1	6
Ⅲ	2	3	0	5
Ⅳ	0	−2	−3	−5
$T_{\cdot j}$	6	3	−3	$T_{\cdot\cdot}=6$

풀이

$$SS_T = (1^2+3^2+2^2)+\{2^2+3^2+(-2)^2\}+\{(-1)^2+1^2+(-3)^2\}-\frac{6^2}{12}=39$$

$$SS_B = \frac{6^2}{4}+\frac{3^2}{4}+\frac{(-3)^2}{4}-\frac{6^2}{12}=10.5$$

$$SS_A = \frac{0^2}{3} + \frac{6^2}{3} + \frac{5^2}{3} + \frac{(-5)^2}{3} - \frac{6^2}{12} = 25.67$$

$$SSE = SS_T - SS_A - SS_B = 39 - 10.5 - 25.67 = 2.83$$

이것으로부터 다음 분산분석표를 얻는다.

〈표 10.11〉 분산분석표

요인	평방합	자유도	불편 분산	분산비	5%점
SS_B	10.5	3−1=2	5.25	11.2	5.14
SS_A	25.67	4−1=3	8.55	18.2	4.76
SSE	2.83	2×3=6	0.47		
SS_T	39	11			

따라서 개인에 의한 차도, 기계에 의한 차도 유의함을 알 수 있다.

예제 10.4

무연탄에서 코크스(cokes)를 제조하는 데 10% 첨가하는 역청탄 (A)을 5종류 $(A_1, A_2, A_3, A_3, A_4, A_5)$ 선택하고, 타르피치(tar pitch)의 첨가량 (B)을 4수준 $(B_1 : 4\%, B_2 : 6\%, B_3 : 8\%, B_4 : 10\%)$ 택하여 첨가한 후에 이것을 가열 성형하고, 코크스의 내압강도 (kg/com^2)를 측정한 결과를 다음과 같이 얻었다. 이 자료에 대하여 이원 배치법의 모형을 적용할 때, 역청탄의 종류와 타르피치의 첨가량이 코크스의 내압강도에 유의한 영향을 미치는가의 여부를 알아보기 위해 유의수준 5%로 검정하여라.

〈표 10.12〉 역청탄과 첨가량의 이원분류표

	A_1	A_2	A_3	A_4	A_5	평균
B_1	79	72	51	58	68	65.6
B_2	75	66	48	56	65	62
B_3	69	64	44	51	61	57.8
B_4	65	62	41	45	58	54.2
평균	72	66	46	52.5	63	총평균 59.9

풀이

인자 A(역청탄의 종류)와 인자 B(타르피치의 첨가량)의 유의성을 판단하기 위한 가설

$H_0 : \alpha_1 = \cdots = \alpha_5 = 0$, H_a : 적어도 한 α_i는 0이 아니다.

$H_0 : \beta_1 = \cdots = \beta_4 = 0$, H_a : 적어도 한 β_j는 0이 아니다.

을 검정하기 위한 제곱합을 계산하면

$$SS_A = 5\{(72-59.9)^2 + \cdots + (63-59.9)^2\} = 1764.8$$

$$SS_B = 4\{(65.6-59.9)^2 + \cdots + (54.2-59.9)^2\} = 369$$

$$SS_T = (79-59.9)^2 + \cdots + (58-59.9)^2 = 2153.8$$

$$SSE = SS_T - SS_A - SS_B = 20$$

이고, 각각의 자유도는 5-1=4. 4-1=3, 5×4-1=19, (5-1)(4-1)=12이다. 따라서, 이로부터 평균제곱과 F 검정 통계량의 관측값들을 구해보면

$$MSA = SS_A/4 = 441.2$$

$$MSB = SS_B/3 = 123$$

$$MSE = SSE/12 = 1.67$$

$$F_A = MSA/MSE = 264.19$$

$$F_B = MSB/MSE = 73.65$$

이며, 부록의 F 분포표에서 $F \sim F_{(4.12)}$와 $F \sim F_{(3.12)}$일 때

$P(F \geq 264.19) < 0.001$ 과 $P(F \geq 73.65) < 0.001$

임을 알 수 있으며, 실제로 R를 이용하면 유의확률은

$P = P(F \geq 264.19) = 0.0001$ 과 $P = P(F \geq 73.65) = 0.0001$

이다. 이로부터 역청탄의 종류에 따라서 코크스의 인장강도에 유의한 차이가 있다는 결론을 유의수준 5%에서 내릴 수 있으며, 타르피치의 첨가량에 따라서도 코크스의 인장강도가 유일하게 다름을 알 수 있다. 이러한 검정과정을 분산분석표로 나타내면 다음과 같다.

〈표 10.13〉 분산분석표

요인	제곱합	자유도	평균제곱	F값	유의확률
인자 A	1764.8	4	441.2	264.19	0.0001
인자 B	369	3	123	73.65	0.0001
잔차	20	12	1.67		
계	2153.8	19			

```
> #ex10.4
> y<-c(79,72,51,58,68,75,66,48,56,65,69,64,  #데이터입력
+      44,51,61,65,62,41,45,58)
> A<-rep(c('A1','A2','A3','A4','A5'),4) #처리입력1
> B<-c(rep('B1',5),rep('B2',5),rep('B3',5),rep('B4',5)) #처리입력2
> aov1=aov(y~A+B) #분산분석실시
> summary(aov1) #결과
            Df Sum Sq Mean Sq F value    Pr(>F)
A            4   1765   441.2   264.7 1.37e-11 ***
B            3    369   123.0    73.8 5.30e-08 ***
Residuals   12     20     1.7
---
Signif. codes:  0 '***' 0.001 '**' 0.01 '*' 0.05 '.' 0.1 ' ' 1
```

10.2.2 반복이 있는 이원분류표

먼저 처리 A의 수준이 a개 그리고 처리 B의 수준이 b개이며, 각 수준의 조합에서 반복 횟수가 r인 이원분류 분산분석을 고려해보자. 이때 이원분류 분산분석의 자료 구조는 <표 10.14>와 같이 요약할 수 있다.

〈표 10.14〉 이원분류 분산분석의 자료구조: 반복이 있는 경우

처리	B_1	$\cdots$	B_j	$\cdots$	B_l	합계	평균
A_1	y_{111} y_{112} $\vdots$ y_{11r} $T_{11\bullet}$ $\bar{y}_{11.}$	$\cdots$	y_{1j1} y_{1j2} $\vdots$ y_{1jr} $T_{1j\bullet}$ $\bar{y}_{1j.}$	$\cdots$	y_{1l1} y_{1l2} $\vdots$ y_{1lr} $T_{1l\bullet}$ $\bar{y}_{1l.}$	$T_{1\bullet\bullet}$	$\bar{y}_{1\bullet\bullet}$
$\vdots$	$\vdots$	$\cdots$	$\vdots$	$\cdots$	$\vdots$	$\vdots$	
A_i	y_{i11} y_{i12} $\vdots$ y_{i1r} $T_{i1\bullet}$ $\bar{y}_{i1.}$	$\cdots$	y_{ij1} y_{ij2} $\vdots$ y_{ijr} $T_{ij\bullet}$ $\bar{y}_{ij.}$	$\cdots$	y_{il1} y_{il2} $\vdots$ y_{ilr} $T_{il\bullet}$ $\bar{y}_{il.}$	$T_{i\bullet\bullet}$	$\bar{y}_{i\bullet\bullet}$
$\vdots$	$\vdots$	$\cdots$	$\vdots$	$\cdots$	$\vdots$	$\vdots$	
A_k	y_{k11} y_{k12} $\vdots$ y_{k1r} $T_{k1\bullet}$ $\bar{y}_{k1.}$	$\cdots$	y_{kj1} y_{kj2} $\vdots$ y_{kjr} $T_{kj\bullet}$ $\bar{y}_{kj.}$	$\cdots$	y_{kl1} y_{kl2} $\vdots$ y_{klr} $T_{kl\bullet}$ $\bar{y}_{kl.}$	$T_{k\bullet\bullet}$	$\bar{y}_{k\bullet\bullet}$
평균	$\bar{y}_{\bullet 1 \bullet}$	$\cdots$	$\bar{y}_{\bullet j \bullet}$	$\cdots$	$\bar{y}_{\bullet l \bullet}$	$T_{\cdots}$	$\bar{y}_{\cdots}$

이원분류 분산분석 모형: 반복이 있는 경우

$$y_{ijk} = \mu + \alpha_i + \beta_j + (\alpha\beta)_{ij} + \epsilon_{ijk}, \quad (i = 1, \cdots, k\ ;\ j = 1, \cdots, l\ ;\ k = 1, \cdots, r)$$

y_{ijk} : 처리 A_j와 B_j의 조합에 대해 k번째 반복에서 얻은 반응변수의 값

μ : 전체 모평균

α_i : 요인 A의 i번째 처리의 효과

β_j : 요인 B의 j번째 처리의 효과

$(\alpha\beta)_{ij}$: 처리 A_i와 B_j의 교호작용 효과

ϵ_{ijk} : 오차항으로 서로 독립인 확률변수 $(\epsilon_{ijk} \sim N(0, \sigma^2))$

반복이 있는 이원분류 분산분석에서는 요인 A와 B의 효과에 대한 가설 이외에, 상호작용(interaction, 교호작용)의 효과가 존재하는가 하는 다음과 같은 가설에 관심을 두게 되는데,

$$H_o : (\alpha\beta)_{ij} = 0, \ \ i = 1, \cdots, k \quad j = 1, \cdots, l$$

상호작용에 대해서는 다음 예에서 자세히 설명할 것이다.

반복이 있는 이원분류 분산분석에서도 앞에서와 유사하게 전체제곱합(SS_T)을 다음과 같이 분할할 수 있는데,

$$\begin{aligned}\sum_{i=1}^{k}\sum_{j=1}^{l}\sum_{k=1}^{r}(y_{ijk} - \overline{y}\,..)^2 &= lr\sum_{i=1}^{k}(\overline{y}_{i}\,.. - \overline{y}\,...)^2 + kr\sum_{j=1}^{l}(\overline{y}\,._{j}\,. - \overline{y}\,...)^2 \\ &+ r\sum_{i=1}^{k}\sum_{j=1}^{l}(y_{ij}\,. - \overline{y}_{i}\,.. - \overline{y}\,._{j}\,. + \overline{y}\,...)^2 \\ &+ \sum_{i=1}^{k}\sum_{j=1}^{l}\sum_{k=1}^{r}(y_{ijk} - \overline{y}_{ij}\,.)^2\end{aligned}$$

이 식에서 우변의 첫 번째 항을 처리 A의 제곱합(SS_A), 두 번째 항을 처리 B의 제곱합(SS_B), 세 번째 항을 상호작용의 제곱합($SS_{A\times B}$), 그리고 네 번째 항을 오차제곱합(SSE)이라고 한다. 각 변동의 계산은 다음과 같이 쓸 수 있다.

〈표 10.15〉 변동의 계산(반복이 있는 이원 배치법의 경우)

$SS_T = \sum_i\sum_j\sum_k y_{ijk}^2 - \frac{T^2...}{n}$	$\nu_T = n-1$
$SS_A = \frac{1}{rl}\sum_i T_i^2.. - \frac{T^2...}{n}$	$\nu_A = k-1$
$SS_B = \frac{1}{rk}\sum_i T^2._j. - \frac{T^2...}{n}$	$\nu_B = l-1$
$SS_{A\times B} = r\sum_{i=1}^{k}\sum_{j=1}^{l}(y_{ij}\,. - \overline{y}_{i}\,.. - \overline{y}\,._{j}\,. + \overline{y}\,...)^2$	
$SS_E = SS_T - SS_{A\times B} - SS_A - SS_B$,	$\nu_E = n-kl$

반복이 있는 이원분류 분산분석에 대한 분산분석표는 <표 10.16>과 같다.

〈표 10.16〉 분산분석표(반복이 있는 이원분류)

요인	자유도	제곱합	평균제곱합	F통계량
처리A	$k-1$	SS_A	$MSA=\frac{SS_A}{k-1}$	$F_A=\frac{MSA}{MSE}$
처리B	$l-1$	SS_B	$MSB=\frac{SS_B}{l-1}$	$F_B=\frac{MSB}{MSE}$
교호작용	$(k-1)(l-1)$	$SS_{A\times B}$	$MSAB=\frac{SS_{A\times B}}{(k-1)(l-1)}$	$F_{AB}=\frac{MSB}{MSE}$
오차	$kl(r-1)$	SSE	$MSE=\frac{SSE}{kl(r-1)}$	
전체	$klr-1$	SS_T		

반복이 있는 이원분류 분산분석에서의 검정법은 다음과 같다.

- 귀무가설 $H_{0\alpha}:\alpha_1=\alpha_2=\cdots=\alpha_k(=0)$
  검정 통계량 : $F_A=MSA/MSE$
  기각역 : $F_A>F_\alpha(k-1, klr-kl)$
- 귀무가설 $H_{0\beta}:\beta_1=\beta_2=\cdots=\beta_l(=0)$
  검정 통계량 : $F_B=MSA/MSE$
  기각역 : $F_B>F_\alpha(l-1, klr-kl)$
- 귀무가설 $H_{0\alpha\beta}:(\alpha\beta)_{ij}=0,\ i=1,\ \cdots,k\ \ j=1,\ \cdots,l$
  검정 통계량 : $F_{AB}=MSAB/MSE$
  기각역 : $F_{AB}>F_\alpha\ \ ((k-1)(l-1),(klr-kl))$

예제 10.5

세 종류의 호르몬 처리와 성별에 따라 혈액 칼슘값에 차이가 있는지를 알아보기 위해 남녀 각 15명씩을 선정하여 이들을 세 집단으로 나누어 세 가지 호르몬 처리를 한 후 혈액 칼슘을 측정한 결과는 다음과 같다.

〈표 10.17〉 반복이 있는 이원분류표

성별 \ 처리	처리1	처리2	처리3
남	16.87	19.07	32.45
	16.18	18.77	28.71
	17.12	17.63	34.65
	16.83	16.99	28.79
	17.19	18.04	24.46
여	15.86	17.20	30.54
	14.92	17.64	32.41
	15.63	17.89	28.97
	15.24	16.78	28.46
	14.80	16.72	29.65

(1) 남녀 간에 혈액 칼슘값에 차이가 있는가?

(2) 처리 1, 2, 3 간에 혈액 칼슘값에 차이가 있는가?

(3) 성별과 처리 간에 교호작용이 있는가?

풀이

먼저 각 처리소합벌 평균을 살펴보자. 남녀의 평균에서 남자가 21.58로 여자의 20.85보다 약간 높지만 큰 차이는 없어 보인다. 또한 처리 1과 2의 평균은 16.06과 17.67로 큰 차이가 나지 않지만 처리 3은 평균 29.91로 상당히 다른 값을 보인다. 남자의 처리 1, 2 패턴은 여자의 패턴들과 비교할 때 매우 유사해 보여 교호작용이 없을 것으로 생각된다. 이러한 것이 통계적으로 어떻게 검증되는지 이원 배치 분산분석을 실시하여 보자.

〈표 10.18〉 각 제곱합표

성별 \ 처리	처리1	처리2	처리3	전체
남	$\bar{y}_{11\cdot} = 16.84$	$\bar{y}_{12\cdot} = 18.1$	$\bar{y}_{13\cdot} = 29.81$	$\bar{y}_{1\cdot\cdot} = 21.58$
여	$\bar{y}_{21\cdot} = 15.29$	$\bar{y}_{22\cdot} = 17.25$	$\bar{y}_{23\cdot} = 30.01$	$\bar{y}_{2\cdot\cdot} = 20.85$
전체	$\bar{y}_{\cdot 1\cdot} = 16.06$	$\bar{y}_{\cdot 1\cdot} = 17.67$	$\bar{y}_{\cdot 3\cdot} = 29.91$	$\bar{y}_{\cdot\cdot\cdot} = 21.32$

제곱합을 계산해 보면

$$SS_T = \sum_{i=1}^{2}\sum_{j=1}^{3}\sum_{k=1}^{5}(y_{ijk} - \bar{y}\ldots)^2 = 1230.843,$$

$$SS_A = 5\times 3\times \sum_{i=1}^{2}(\bar{y}_{i}.. - \bar{y}\ldots)^2 = 4.063,$$

$$SS_B = 5\times 2\times \sum_{j=1}^{3}(\bar{y}_{.j.} - \bar{y}\ldots)^2 = 1146.642,$$

$$SS_{A\times B} = 5\sum_{i=1}^{2}\sum_{j=1}^{3}(\bar{y}_{ij.} - \bar{y}_{i}.. - \bar{y}_{.j.} + \bar{y}\ldots)^2 = 3.845$$

$$SSE = SS_T - SS_A - SS_B - SS_{A\times B} = 76.292$$

가 된다. 이를 토대로 한 이원 배치 분산분석표는 다음과 같다.

〈표 10.19〉 분산분석표

요인	자유도	자유도	평균제곱합	F통계량
성별	4.063	1	4.063	1.278
처리	1146.642	2	573.321	180.350
교호작용	3.845	2	1.923	0.605
오차	76.292	24	3.180	
계	1230.843	29		

자유도 (1,24)인 $F-$분포의 상위 5%의 확률에 해당하는 임계치 $F_{0.05,(1,24)} = 4.26$이고, 자유도 (2,24)인 $F-$분포의 상위 5% 임계치 $F_{0.05,(2,24)} = 3.40$이다. 먼저 교호작용 효과부터 검정하자. F-값이 0.605로 $F < F_{0.05,(2,24)}$가 되어 유의수준 5% 하에서 귀무가설은 기각되지 않으며, 따라서 성별과 처리 간의 유의한 교호작용효과는 없다. 이제 주 효과에 대한 검정 결과를 보면, 성별 간의 차이가 없다는 가설에 대한 F-값이 1.28로서 $F_{0.05,(1,24)} = 4.26$보다 작으므로 귀무가설은 기각할 수 없다. 즉, 남녀 간의 혈액 칼슘 수치는 유의한 차이가 없다. 반면 처리 간의 차이가 없다는 가설에 대한 F-값은 180.350으로 상위 5%에 해당되는 임계치보다 매우 크므로 처리 간에는 유의한 차이가 있다고 할 수 있다.

```
> #ex10.5
> y=c(16.87,19.07,32.45,16.18,18.77,28.71,17.12,17.63,
+     34.65,16.83,16.99,28.79,17.19,18.04,24.46,15.86,
+     17.20,30.54,14.92,17.64,32.41,15.63,17.89,28.97,
+     15.24,16.78,28.46,14.80,16.72,29.65) #데이터입력
> trt=c(rep(c('t1','t2','t3'),10)) #처리입력1
> sex=c(rep('man',15),rep('woman',15)) #처리입력2
```

```
> aov1=aov(y~trt+sex+trt*sex) #분산분석실시(교호작용포함)
> summary(aov1) #결과
            Df Sum Sq Mean Sq F value    Pr(>F)
trt          2 1146.6   573.3 180.355 3.47e .15 ***
sex          1    4.1     4.1   1.278     0.269
trt:sex      2    3.8     1.9   0.605     0.554
Residuals   24   76.3     3.2
---
Signif. codes: 0 '***' 0.001 '**' 0.01 '*' 0.05 '.' 0.1 ' ' 1
```

예제 10.6

공장에서 시멘트 분쇄공정에서 시멘트 강도에 영향을 주는 여러 가지 요인 중에서 우선적으로 석고의 종류 (A)와 석고 첨가량으로 사용되는 SO_3의 함량 (B)가 어떤 영향을 주는지 실험하였다. 석고 종류의 효과와 첨가량에 대한 효과의 차가 있는가? 또 석고의 종류와 첨가량 사이에 교호작용의 효과가 있는지를 유의수준 0.05에서 분석하여라.

〈표 10.20〉 반복이 있는 이원분류표

첨가량 \ 종류	A_1	A_2	A_3	합계	평균
B_1	305 302	322 325	320 322	1896	316.0
B_2	335 337	350 348	342 344	2056	342.7
B_3	366 364	326 324	338 336	2054	342.3
B_4	372 374	330 330	348 348	2102	350.3
B_5	376 373	327 330	350 350	2106	351.0
B_6	348 350	310 308	330 328	1974	329.0
합계 평균	4202 350.2	3930 327.5	4056 338.0	12188	338.6

풀이

1. 가설설정

2. 계산

위의 자료에서 반복측정치의 합을 계산하여 아래와 같은 다음 표를 얻는다.

〈표 10.21〉 합분류표

첨가량 \ 종류	A_1	A_2	A_3
B_1	607	647	642
B_2	672	698	686
B_3	730	650	674
B_4	746	660	696
B_5	749	657	700
B_6	698	618	658

$H_{0\alpha} = \alpha_1 = \alpha_2 = \alpha_3 = 0,$

$H_{a\alpha} : \alpha_i \neq 0$인 i가 적어도 하나 존재한다.

$H_{0\beta} : \beta_1 = \beta_2 = \beta_3 = \beta_4 = \beta_5 = \beta_6 = 0$

$H_{a\beta} : \beta_j \neq 0$인 j가 적어도 하나 존재한다.

$H_{0\alpha\beta} : (\alpha\beta)_{11} = (\alpha\beta)_{12} = \cdots = (\alpha\beta)_{34} = 0,$

$H_{a\alpha\beta} : (\alpha\beta)_{ij} \neq 0$인 (i, j)가 적어도 하나 존재한다.

$\alpha = 0.05,\ F_{0.05,(2,24)} = 3.40,\ F_{0.05,(3,24)} = 3.01,\ F_{0.05,(6,24)} = 2.51$

$$SS_T = 305^2 + 302^2 + \cdots + 328^2 - \frac{12188^2}{36} = 13502.9,\ \nu_T = 36 - 1 = 35,$$

$$SS_A = \frac{1}{12}(4202^2 + 3930^2 + 4056)^2 - \frac{12188^2}{36} = 3088.2,\ \nu_A = 3 - 1 = 2,$$

$$SS_B = \frac{1}{6}(1896^2 + 2056^2 + 2054^2 + 2102^2 + 2106^2 + 1974^2) - \frac{12188^2}{36} = 5548.9,\ \nu_B = 6 - 1 = 5,$$

$$SS_{A\times B} = 2\sum_{i=1}^{6}\sum_{j=1}^{3}(\bar{y}_{ij\cdot} - \bar{y}_{i\cdot\cdot} - \bar{y}_{\cdot j\cdot} + \bar{y}_{\cdot\cdot\cdot})^2 = 4825.8,\ \nu_{A\times B} = (3-1)(6-1) = 10,$$

$$SSE = SS_T - SS_A - SS_B - SS_{A\times B} = 40.0,\ \nu_E = 36 - 17 = 18.$$

〈표 10.22〉 분산분석표

요인	제곱합	자유도	평균제곱	검정 통계량의 값	임계값 $F_{0.05}$
종류(A)	3388.2	2	1544.1	695.5	$F_{0.05,(2,18)}=3.55$
첨가량(B)	5548.9	5	1109.8	499.9	$F_{0.05,(5,18)}=2.77$
교호작용($A\times B$)	4825.8	10	482.6	217.4	$F_{0.05,(10,18)}=2.41$
오차	40.0	18	2.22		
총합	13502.9	35			

3. 결과 판정

(1) $F_A=695.5>3.55$이므로 $H_{0\alpha}:a_i=0$을 기각한다. 따라서 석고의 종류 사이에 효과는 다르다.

(2) $F_B=499.9>2.77$이므로 $H_{0\beta}:\beta_j=0$을 기각한다. 첨가량 사이의 효과는 다르다.

(3) $F_{A\times B}=217.4>2.41$ 이므로 $H_{0\alpha\beta}:(\alpha\beta)_{ij}=0$을 기각한다. 석고의 종류와 첨가량의 교호작용의 효과가 있다.

연습문제

주관식

1. 다음의 분산분석표를 완성하여라.

요인	제곱합	자유도	평균제곱합	F
처리		2		
잔차			20	
계	500	11		

2. 어떤 직물의 가공 시 처리액의 농도가 직물의 인장강도에 영향을 미치는지의 여부를 조사하기 위해, 네 가지 농도 A_1:3.0%, A_2:3.5%, A_3:4.0%, A_4:4.5%에서 반복 각 5회, 총 20회를 랜덤으로 처리한 후 인장강도를 측정한 결과가 아래의 표와 같다. 이 자료에 대하여 일원 배치법의 모형을 적용할 때, 농도에 따른 인장강도에 차가 있는지를 알아보기 위한 분산분석표를 작성하고 적절한 가설을 유의수준 5%에서 검정하여라.

	A_1	A_2	A_3	A_4	
	47	51	50	22	
	58	62	38	23	
	51	31	47	28	
	61	46	27	42	
	46	49	23	25	
평균	52.6	47.8	37.0	28.0	총평균 41.35

3. 세 종류의 공정에서 생산된 철선의 인장강도에 차이가 있는지를 알아보기 위해 공정 1에서 4회, 공정 2에서 5회, 공정 3에서 6회, 총 15회를 랜덤으로 실험한 후 인장강도를 측정하여 아래의 표를 얻었다. 이 자료에 대하여 일원 배치법의 모형을 적용할 때, 공정에 따라 인장강도에 차가 있다고 할 수 있는지를 알아보기 위해 유의수준 5%에서 검정하여라.

	공정1	공정2	공정3	
	2	4	6	
	3	5	5	
	4	6	7	
	5	4	4	
		3	6	
			8	
평균	3.5	4.4	6.0	총평균 4.8

4. 다음의 자료는 컴퓨터 활용, 교양 영어, 미적분학, 확률과 통계에서 5명의 학생이 얻은 최종 성적을 나타낸 것이다.

학생 \ 과목	컴퓨터 활용	교양 영어	미적분학	확률과 통계
1	68	57	73	61
2	83	94	91	86
3	72	81	63	59
4	55	73	77	66
5	92	68	75	87

유의수준 0.05를 사용하여 다음의 가설을 검정하여라.

(1) 강좌들은 같은 난이도를 가지고 있다

(2) 학생들은 같은 능력을 가지고 있다.

연습문제

5. 아래의 자료는 어느 생산 공장에서 5명의 기능공(B_1, B_2, B_3, B_4, B_5)이 4대의 기계(A_1, A_2 A_3, A_4)를 하루씩 사용하여 생산한 제품의 양을 조사한 결과이다. 제품을 생산하는 데 기능공 사이에 효과가 다른지 기계들의 효과가 다른지를 분석하라.

	B_1	B_2	B_3	B_4	B_5
A_1	90	98	99	100	96
A_2	92	92	93	94	98
A_3	95	93	91	96	90
A_4	98	96	97	93	99

6. 생물학 실험에서 지정된 기간 동안 어떤 유형의 식물의 성장을 향상시키기 위하여 화학약품의 네 가지의 농도가 사용된다. 생존한 식물들에 대하여 다음과 같은 성장 자료가 cm 단위로 기록되었다. 네 가지 농도에 따라 식물들의 평균 성장에 유의수준 5%에서 차이가 있다고 할 수 있는가?

1	8.2	8.7	9.4	9.2		
2	7.7	8.4	8.6	8.1	8.0	
3	6.9	5.8	7.2	6.8	7.4	6.1
4	6.8	7.3	6.3	6.9	7.1	

7. 접차된 플라스틱의 조각들을 떼어놓은 데에 필요한 힘을 결정하기 위하여 연구가 이루어졌다. 네 가지의 수준의 습도를 사용하여 플라스틱의 세 가지 유형을 시험하였다. 결과가 kg 단위로 다음과 같이 주어졌다.

습도 / 플라스틱 유형	30%	50%	70%	90%
A	39.0	33.1	33.8	33.0
B	36.9	27.2	29.7	28.5
C	27.4	29.2	26.7	30.9

8. 세 종류의 기계(A_1, A_2, A_3)와 세 사람의 기능공(B_1, B_2, B_3)이 제품 품질에 미치는 영향을 조사하고자 하여 2회 반복이 있는 이원 배치법에 의해 생산성을 측정한 결과 아래의 표를 얻었다. 이 자료에 대하여 이원 배치법의 모형을 적용할 때, 각 인자와 교호작용의 효과에 대하여 유의수준 5%에서 검정하여라.

	B_1	B_2	B_3	**평균**
A_1	9, 14	14, 16	19, 22	15.67
A_2	13, 16	18, 26	14, 18	17.5
A_3	11, 12	11, 17	15, 16	13.67
평균	12.5	17	17.33	총평균 15.61

9. 네 종류의 기계와 세 사람의 기능공이 생산하는 제품의 생산량을 3회 반복하여 조사한 표이다. 다음을 유의수준 0.05로 검정하여라.

기능공 \ 기계	1	2	3	4
A	19 15 13	20 12 15	10 15 8	15 10 12
B	21 20 17	23 20 21	13 17 12	20 17 15
C	17 20 16	25 20 20	12 7 10	20 15 15

(1) 세 기능공의 능력은 같은가?

(2) 네 종류의 기계의 성능은 같은가?

(3) 네 종류의 기계와 세 기능공 사이에 교호작용이 있는가?

연습문제

객관식

1. 다음 표는 완전확률화계획법(Completely Randomized Design)으로 얻어진 자료의 분산분석표의 일부이다. 처리별 반복수를 동일하게 하였다면 반복수는 얼마인가?

변 인	제곱합	자유도	평균제곱	F
처 리	40	***	***	***
오 차	30	16	1.875	
전 체	70	19		

① 4 ② 5

③ 6 ④ 7

해설

완전확률화계획법(Completely Randomized Design)의 기본 모형 및 가정이 다음과 같다면, 일원배치분산분석을 의미한다.

$Y_{ij} = \mu + \alpha_i + \varepsilon_{ij}$

$i = 1,2, \cdots, k$

$j = 1,2, \cdots, n$

여기서 i는 처리수, j는 반복수

[일원배치 분산분석표]

요 인	제곱합	자유도	평균제곱	F
처 리	40	$t-1=3$	13.33	7.11
오 차	30	$t(n-1)=16$	1.875	
전 체	70	$nt-1=19$		

※ 전체 데이터 수가 20이고 처리수가 4이기 때문에 반복은 5회이다. ②

2. 다음은 세 집단(처리)의 평균에 차이가 있는지 알아보기 위해 분산분석을 한 결과이다. 빈칸 (a), (f)에 차례로 알맞은 값은?

요 인	제곱합	자유도	평균제곱	F
처 리	32.0	(a)	(b)	(c)
오 차	(d)	(e)	(f)	
전 체	52.0	22		

① 1, 2　　② 1, 20

③ 2, 1　　④ 2, 20

해설

[일원배치 분산분석표] ③

요 인	제곱합	자유도	평균제곱	F
처 리	32	(2)	(16)	(16)
오 차	(20)	(20)	(1)	
전 체	52	22		

3. 다음 일원배치 분산분석 모형에 대한 분산분석표가 아래와 같을 때,

$$Y_{ij} = \mu + \alpha_j + \varepsilon_{ij},\ \ i = 1, 2, \cdots, 4,\ j = 1, 2, \cdots, 5$$

$$(\text{단, } \sum_{i=1}^{4} \alpha_i = 0 \text{이고, } \varepsilon_{ij} \sim N(0, \sigma^2) \text{이며 서로 독립이다})$$

가설 $H_0 : \alpha_1 = \alpha_2 = \alpha_3 = \alpha_4 = 0$ vs H_1 : not H_0을 검정하기 위해 ㉡

요 인	제곱합	자유도	F
처 리	48.0	(㉠)	(㉡)
오 차	32.0	16	
전 체	80.0		

① 4　　② 8

③ 16　　④ 32

해설

요인의 수준이 4이고 반복이 5회이므로 처리에 대한 자유도는 $4-1=3$이 된다. ②

$$F = \frac{SSA/\varnothing_A}{SSE/\varnothing_B} = \frac{48/3}{32/16} = 8$$

연습문제

4. 임의로 추출된 16명을 대상으로 4가지 다른 상표의 두통약을 복용시켰을 때 나타나는 두통 해소의 평균시간에 차이가 있는지를 유의수준 5%에서 검정하기 위해 다음과 같이 분산분석표를 작성하였다. 이때, 16명을 랜덤하게 4개의 집단으로 나누어 각 상표의 두통약을 복용시켰을 때, 분산분석표에서 값은?

요 인	제곱합	자유도	평균제곱	F
집단간(처리)		3		
진단내(잔차)	60			
전 체	140	15		

① 0.19 ② 5.33

③ 12.00 ④ 26.67

해설

요 인	제곱합	자유도	평균제곱	F
집단간(처리)	(80)	3	(26.67)	(26.67/5)=5.334
진단내(잔차)	60	(12)	(5)	
전 체	140	15		

②

5. 모수인자 A와 변량인자 B를 가지는 반복이 없는 이원배치 분산분석에 대한 설명으로 틀린 것은?

① 오차항과 변량인자의 효과에 대해 정규분포의 가정이 필요하다.

② 변량인자 B보다는 모수인자 A의 효과에 대한 검출이 주목적이다.

③ 변량인자의 효과가 유의하지 않으면 이를 오차항에 풀링한다.

④ 변량인자를 무시한 일원배치에 비해 오차항의 자유도가 커진다.

해설

이원 배치법에서 하나의 인자는 모수인자, 다른 하나는 변량인자인 경우의 실험계획을 난괴법이라 한다.

[난괴법의 분산분석표]

요 인	제곱합	자유도(ϕ)	평균제곱	F	F_α
A	S_A	$\phi_A = l-1$	$V_A = \dfrac{S_A}{l-1}$	$F = \dfrac{V_A}{V_E}$	$F_{(\phi_A \phi_E\ ;\ \alpha)}$
B	S_B	$\phi_B = m-1$	$V_B = \dfrac{S_B}{m-1}$	$F = \dfrac{V_B}{V_E}$	$F_{(\phi_B \phi_E\ ;\ \alpha)}$

요 인	제곱합	자유도(ϕ)	평균제곱	F	F_α
E	S_E	$\phi_E=(l-1)(m-1)$	$V_E=\dfrac{S_E}{(l-1)(m-1)}$		
T	S_T	$\phi_T=lm-1$			

[일원 배치법의 분산분석표]

요 인	제곱합	자유도(ϕ)	평균제곱	F	F_α
A	S_A	$\phi_A=l-1$	$V_A=\dfrac{S_A}{l-1}$	$F=\dfrac{V_A}{V_E}$	$F_{(\phi_A\phi_E\,;\,\alpha)}$
E	S_E	$\phi_E-l(m-1)$	$V_E=\dfrac{S_E}{l(m-1)}$		
T	S_T	$\phi_T=lm-1$			

∴ 난괴법(RDB)의 오차항에 대한 자유도($\phi_E=(l-1)(m-1)$)는 변량인자를 무시한 일원 배치법의 오차항에 대한 자유도($\phi_E=l(m-1)$)보다 작다. ④

6. 다음은 요인 A의 수준이 l개이고 요인 B의 수준이 m개인 반복이 없는 이원 배치법의 분산분석표이다. 제곱합과 자유도에 대한 설명으로 옳은 것은?(단, Y_{ij}는 A수준이 i이고 B수준이 j에서의 관찰값이고, $\overline{Y}=\dfrac{1}{lm}\sum_{i=1}^{l}\sum_{j=1}^{m}Y_{ij}$ 임)

요 인	제곱합	자유도
요인 A	SSA	$\varnothing_A$
요인 B	SSB	$\varnothing_B$
잔 차	SSE	$\varnothing_E$
계	SST	$\varnothing_T$

① $SST=SSA+SSB$

② $\varnothing_T=\varnothing_A+\varnothing_B$

③ $\varnothing_T=(l-1)(m-1)$

④ $SST=\sum_{i=1}^{l}\sum_{j=1}^{m}\left(Y_{ij}-\overline{Y}\right)^2$

해설

① $SST=SSA+SSB+SSE$ ②

② $\varnothing_T=\varnothing_A+\varnothing_B+\varnothing_E$

③ $\varnothing_T=lm-1$

연습문제

7. 확률화 블록계획법(Randomized Block Design)으로 실험한 어떤 자료의 분산분석표의 일부가 다음과 같다. C와 D의 값을 합하면 얼마인가?

변 인	제곱합	자유도
처 리	40	4
블 록	A	3
오 차	40	C
전 체	B	D

① 15 ② 16

③ 31 ④ 32

해설

난괴법은 1인자는 모수인자(a_i)이고 1인자 변량인자(b_j)인 반복이 없는 이원 배치법으로 분산분석표는 다음과 같다.

요 인	제곱합(SS)	자유도(∅)	평균제곱(MS)	F	$p-value$
A(처리)	S_A	$l-1$	$V_A=\dfrac{S_A}{l-1}$	$F=\dfrac{V_A}{V_E}$	
B(블록)	S_B	$m-1$	$V_B=\dfrac{S_B}{m-1}$	$F=\dfrac{V_B}{V_E}$	
E	S_E	$(l-1)(m-1)$	$V_E=\dfrac{S_E}{(l-1)(m-1)}$		
T	S_T	$lm-1$			

즉, 오차의 자유도는 $(l-1)(m-1)=4\times3=12$, 전체 자유도는 $lm-1=20-1=19$이다. ③

8. 4개 브랜드(B)에 대한 10개 수퍼마켓(S)별 매출액의 차이를 분석하였다. 다음 분산분석표의 값으로 틀린 것은?(단, 전체자료에 대해 평균과 분산은 각각 245,900, 17.963이다.)

Source	자유도	제곱합	평균제곱합	F
브랜드(B)		5,000		
수퍼마켓(S)		17,451		
오 차				

① 오차의 자유도는 27이다. ② 오차의 제곱합은 485이다.

③ 브랜드에 대한 $F-$값은 92.8이다. ④ 수퍼마켓에 대한 $F-$값은 103.3이다.

해설

전체자료 수 $n=40$이고, 브랜드(B)는 4개이므로 자유도는 3, 수퍼마켓(S)는 10개이므로 자유도는 9이다. 따라서 오차의 자유도는 27이다. 전체자료의 분산 $Var(Y)$는 17.963이고, 오차의 자유도가 27이므로 오차의 제곱합은 $17.963 \times 27 = 485$이다. 브랜드의 평균제곱합이 $5000/3 = 1666.7$이므로 브랜드에 대한 $F-$값은 $1666.7/17.963 = 92.8$이다. 수퍼마켓의 평균제곱합이 $17451/9 = 1939$이므로 수퍼마켓에 대한 $F-$값은 $1939/17.963 = 107.9$이다. 즉, 반복이 없는 이원배치 분산분석표는 다음과 같다.

Source	자유도	제곱합	평균제곱합	F
브랜드(B)	3	5,000	1666.7	92.8
수퍼마켓(S)	9	17,451	1939	107.9
오 차	27	485	17.963	

④

9. 어느 제조회사에서 3개 제품(P)별로 각 3개 전문업체(S)에 3개 모델을 아우소싱하였다. 이에 따른 생산량의 차이가 있는지를 분석한 결과이다. 다음 설명 중 옳은 것은?(단, 유의수준 5% 하에서 교호작용의 기각역은 2.93)

Source	자유도	제곱합	평균제곱합
제품(P)	2	20.22	10.11
전문업체(S)	2	8.22	4.11
교호작용($P\times S$)	4	46.23	11.56
오 차		43.33	
합 계		118.00	

① 전체 자유도는 24이다.
② 교호작용에 대한 F통계량은 2.8이다.
③ 전문업체에 대한 F통계량은 1.7이다.
④ 통계적으로 교호작용이 있다고 볼 수 없다.

해설

[반복이 있는 이원배치 분산분석표]

Source	자유도	제곱합	평균제곱합	F
제품(P)	2	20.22	10.11	4.20
전문업체(S)	2	8.22	4.11	1.70
교호작용($P\times S$)	4	46.23	11.56	4.80
오 차	18	43.33	2.407	
합 계	26	118.00		

③

연습문제

10. 요인(A)의 3수준 간의 관찰값이 차이가 있는지를 검정하고자 하는 경우 이에 대한 설명으로 틀린 것은?

요인(A)의 수준별 관찰값			
	수준 1	수준 2	수준 3
	6	4	9
	5	7	9
	7	4	3
합	18	15	21
제곱합	110	81	171

① 분산분석표에서 자유도는 요인(A)에 기인한 자유도가 2이고 오차에 기인한 자유도가 6이다.

② 분산분석모형은 다음과 같다. $X_{ij} = \mu + \alpha_i + \varepsilon_{ij}$, 여기서 μ는 전체평균이고, α_i는 수준 i의 효과이고, ε_{ij}는 오차항이다.

③ 오차항의 분산의 추정값(MSE)는 5.33이다.

④ F통계량은 5.2이다.

해설

[일원배치 분산분석표]

요 인	제곱합	자유도	평균제곱	F
처 리	6	2	3	0.563
오 차	32	6	5.33	
합 계	38	8		

$$\because \sum_{j=1}^{3} y_{1j} = T_1 = 18,\ \sum_{j=1}^{3} y_{2j} = T_2 = 15,\ \sum_{j=1}^{3} y_{3j} = T_3 = 21,$$

$$\sum_{i=1}^{3}\sum_{j=1}^{3} y_{ij} = T = 54,\ \sum_{i=1}^{3}\sum_{j=1}^{3} y_{ij}^2 = 362,$$

$$\frac{\sum_{j=1}^{3} y_{1j}}{3} = \overline{y_1} = 6,\ \frac{\sum_{j=1}^{3} y_{2j}}{3} = \overline{y_2} = 5,\ \frac{\sum_{j=1}^{3} y_{3j}}{3} = \overline{y_3} = 7$$

$$SST = \sum_{i=1}^{3}\sum_{j=1}^{3}\left(y_{1j} - \overline{\overline{y}}\right)^2 = \sum_{i=1}^{3}\sum_{j=1}^{3} y_{1j}^2 - 9\overline{\overline{y}}^2 = 362 - 324 = 38$$

$$SSR = \sum_{i=1}^{3}\sum_{j=1}^{3}\left(\overline{y_i} - \overline{\overline{y}}\right)^2 = 3\sum_{i=1}^{3}\left(\overline{y_i} - \overline{\overline{y}}\right)^2$$
$$= 3\left[(6-6)^2 + (5-6)^2 + (7-6)^2\right]$$
$$= 3\left[(-1)^2 + (1)^2\right] = 6$$

$$SSE = SST - SSR = 38 - 6 = 32$$

④

CHAPTER

11

비모수적 통계학

구성

STATISTICS

이 전의 장에서 논의된 가설검정절차들은 확률표본들이 정규모집단으로부터 추출되었다고 가정하고 있다. 이 검정들의 대부분은 특히 표본의 크기가 클 때에는 정규성에서 약간 벗어나더라도 여전히 효력을 지닌다. 전통적으로 이러한 검정절차들을 모수적 방법(para-metric methods)이라고 한다. 이 장에서는 모집단의 분포에 대한 사전지식이 그 분포가 연속분포라고 가정할 때 사용할 수 있는 비모수적(nonparametric) 또는 분포무관(distribution-free) 방법이라고 불리는 검정절차들에 대해 살펴보기로 한다. 많은 과학기술실험에서 자료들은 연속적인 척도(continuum scale)에 의한 값보다는 자연스럽게 순위(rank)를 매길 수 있는 분포무관법인 순위분석을 학습한다.

11.1 부호검정

11.1.1 순위분석

8장에서 귀무가설 $\mu = \mu_0$를 검정하기 위해 설명된 절차들은 모집단이 대략 정규분포를 하거나 표본의 크기가 큰 경우에만 성립한다는 점이다. 그러나 표본의 크기가 $n < 30$이고 모집단이 결정적으로 정규분포에서 벗어난다면 비모수검정법에 의존해야만 한다. 부호검정(sign test)은 모집단의 중앙값(median)에 관한 가설을 검정하기 위해 사용된다. 많은 비모수검정절차에 있어서 검정의 위치모수(location parameter)로서 평균은 중앙값으로 대체된다. 표본중앙값은 1.4절에서 정의되었음을 상기하여라. 모집단의 중앙값은 $\tilde{\mu}$로 표기하고 표본중앙값과 비슷하게 정의된다. 확률변수 X가 주어졌을 때 $\tilde{\mu}$는

$$P(X > \tilde{\mu}) = P(X < \tilde{\mu}) = 0.5$$

로 정의된다. 물론 분포가 대칭이라면 모집단의 평균과 중앙값은 동일하다. 표본의 크기가 n일 때 귀무가설 $H_0 : \tilde{\mu} = \tilde{\mu}_0$에 대해 대립가설을 검정하기 위해서, $\tilde{\mu}_0$보다 큰 표본값들은 '+' 부호로 대치하고 보다 작은 표본값들은 '−' 부호로 대치한다. 만약

귀무가설이 사실이고 모집단의 분포가 대칭이라면, + 부호의 개수는 − 부호의 개수와 대략 같아야 할 것이다. 한쪽 부호가 더욱 빈번히 나타난다면 모집단의 중앙값 $\tilde{\mu}$가 $\tilde{\mu_0}$와 같다는 가설은 기각된다.

이론적으로 부호검정은 $\tilde{\mu_0}$가 관측값들 중 어느 값과도 같지 않은 경우에만 적용 가능하다. $\tilde{\mu_0}$와 동일한 표본값이 관측되면 이것들은 분석으로부터 제외되고, 이에 따라 표본의 크기는 줄어든다. 부호검정에 적절한 검정 통계량은 이항확률변수 X로서 확률표본 내의 + 부호의 수를 나타낸다. 만약 귀무가설 $\tilde{\mu}=\tilde{\mu_0}$가 사실이면, 하나의 표본값이 + 부호 또는 − 부호일 확률은 1/2이다. 그러므로, 귀무가설 $\tilde{\mu}=\tilde{\mu_0}$를 검정하는 것은 사실상 + 부호의 수가 모수 $P=\frac{1}{2}$인 이항분포를 따르는 확률변수의 값이라는 귀무가설을 검정하는 것과 같다. 그러면 단측 및 양측 검정에 대한 P값들은 이항분포를 이용하여 계산할 수 있다. 예를 들면, 가설

$$H_0 : \tilde{\mu}=\tilde{\mu_0}$$
$$H_a : \tilde{\mu}<\tilde{\mu_0}$$

에 대한 검정은 + 부호의 비율이 1/2보다 충분히 작을 때, 즉 확률변수의 값 x가 작을 때 H_0를 기각해야 할 것이다. 따라서, 계산된 P값

$$P=P\left(X \le x, p=\frac{1}{2}\right)$$

가 미리 정한 유의수준 α보다 작거나 같으면 H_0를 기각한다. 예를 들어, $n=15$이고 $x=3$이면 $(b(x:n,p)={}_nC_x\, p^x(1-p)^{n-x})$

$$P=P\left(X \le 3 \mid p=\frac{1}{2}\right)=\sum_{x=0}^{3} b\left(x:15,\frac{1}{2}\right)=0.0176$$

이므로 귀무가설 $\tilde{\mu}=\widetilde{\mu_0}$는 유의수준 0.05에서 확실히 기각되지만 0.01에서는 기각되지 않는다.

■ 가설

$$H_0 : \tilde{\mu}=\widetilde{\mu_0}$$
$$H_a : \tilde{\mu}>\widetilde{\mu_0}$$

에 대한 검정은 +부호의 비율이 1/2보다 충분히 클 때, 즉 x가 클 때 H_0를 기각한다. 따라서, 계산된 P값

$$P=P\left(X \geq x, p=\frac{1}{2}\right)$$

가 α보다 작으면 H_0를 기각한다. 마지막으로 가설

$$H_0 : \tilde{\mu}=\widetilde{\mu_0}$$
$$H_a : \tilde{\mu}\neq\widetilde{\mu_0}$$

에 대한 검정은 +부호의 비율이 1/2보다 유의하게 크거나 작으면 H_0를 기각한다. 물론 이것은 x가 충분히 작거나 충분히 큰 조건과 동일하다. 그러므로, 만약 $x<\frac{n}{2}$이고 계산된 P값

$$P=2P\left(X \leq x, p=\frac{1}{2}\right)$$

가 α보다 작거나 같으면, 또는 만약 $x>\frac{n}{2}$이고 계산된 P값

$$P=2P\left(X \geq x, p=\frac{1}{2}\right)$$

가 α보다 작거나 같으면 H_0를 기각한다.

11.1.2 대표본에 대한 정규분포근사

$n > 10$이고 $p = \frac{1}{2}$일 때에는 $np = nq > 5$이므로 이항확률은 정규분포로부터 근사적으로 구할 수 있다. 예를 들어, 가설

$$H_0 : \tilde{\mu} = \widetilde{\mu_0}$$
$$H_a : \tilde{\mu} < \widetilde{\mu_0}$$

에 대해 유의수준 0.05로 검정하기 위해 $n = 20$개의 확률표본을 뽑아 관찰한 결과 $x = 6$개의 +부호가 일어졌다고 가정하자. 정규분포로 근사시키기 위해

$$\tilde{\mu} = np = (20)(0.5) = 10$$
$$\sigma = \sqrt{npq} = \sqrt{(20)(0.5)(0.5)} = 2.236$$

임을 이용하면

$$z = \frac{6.5 - 10}{2.236} = -1.57$$

이다. 그러므로,

$$P = P(X \le 6) \approx P(z < -1.57) = 0.0582 > 0.05$$

로 계산되어 귀무가설을 기각할 수 없게 된다.

예제 11.1

다음 자료는 재충전이 가능한 울타리 치는 기계가 한 번 충전으로 작동하는 시간이다.

```
1.5,   2.2,   0.9,   1.3,   2.0,   1.6,   1.8,   1.5,   2.0,   1.2,   1.7
```

부호검정을 사용하여 이 기계의 작동시간의 중앙값이 1.8인지 유의수준 0.05로 검정하라.

풀이

1. $H_0 : \tilde{\mu} = 1.8$
2. $H_a : \tilde{\mu} \neq 1.8$
3. $\alpha = 0.05$
4. 검정 통계량 : $p = \frac{1}{2}$ 인 이항확률변수 X
5. 계산 : 1.8보다 큰 값들은 '+' 부호로, 작은 값들은 '−' 부호로 대치하고, 1.8과 같은 값 하나를 제외하면 다음 부호열

   $- + - - + - - + - -$

   를 얻고, $n = 10, x = 3, \frac{n}{2} = 5$이다. 그러므로, 표 A.1로부터 P값은

   $$P = 2P\left(X \leq 3 \mid p = \frac{1}{2}\right) = 2\sum_{x=0}^{3} b\left(x : 10, \frac{1}{2}\right) = 0.3438 > 0.05$$

6. 결론 : 귀무가설을 기각하지 않고, 작동시간의 중앙값은 1.8시간과 유의하게 다르지 않다고 판정한다.

부호검정은 대응된 관측값들에 대한 귀무가설 $\widetilde{\mu_1} - \widetilde{\mu_2} = d_0$의 검정에도 사용될 수 있다. 그 경우에는 차이 $d_i - d_0$가 양인지 음인지에 따라 각 차이 d_i를 + 또는 − 부호로 대체한다. 이 절에서는 모집단의 분포가 대칭이라고 가정한다. 그러나 모집단의 분포가 치우친(skewed) 경우에도 동일한 검정절차를 적용할 수 있으며, 이 경우 가설은 모집단의 평균보다는 중앙값에 관계된다.

예제 11.2

어느 택시회사에서 보통의 벨트 타이어(belted tire) 대신 레이디얼 타이어(radial tire)를 사용하면 연료가 적게 드는지 알아보려고 한다. 16대의 차에 레이디얼 타이어를 장착하여 미리 정한 시험코스를 주행하게 하였다. 운전자를 바꾸지 않고 동일한 자동차들에 보통의 벨트 타이어를 장착한 후 다시 시험코스를 주행하게 하였다. 리터(liter)당 km로 측정한 연비가 다음과 같이 기록되었다.

〈표 11.1〉 예제 11.2의 자료

자동차	레이디얼 타이어	벨트 타이어
1	4.2	4.1
2	4.7	4.9
3	6.6	6.2
4	7.0	6.9
5	6.7	6.8
6	4.5	4.4
7	5.7	5.7
8	6.0	5.8
9	7.4	6.9
10	4.9	4.9
11	6.1	6.0
12	5.2	4.9
13	5.7	5.3
14	6.9	6.5
15	6.8	7.1
16	4.9	4.8

레이디얼 타이어를 장착하면 보통의 벨트 타이어를 장착할 때보다 연료 소모량이 줄어든다고 유의수준 0.05로 결론 내릴 수 있는가?

풀이

레이디얼 타이어와 벨트 타이어의 연비의 중앙값을 각각 $\tilde{\mu}_1$ 과 $\tilde{\mu}_2$라고 하자.

1. $H_0 : \widetilde{\mu_1} - \widetilde{\mu_2} = 0$
2. $H_a : \widetilde{\mu_1} - \widetilde{\mu_2} > 0$
3. $\alpha = 0.05$
4. 검정 통계량 : $p = \frac{1}{2}$ 인 이항확률변수 X
5. 계산 : 양의 차이는 '+' 부호로, 그리고 음의 차이는 '−' 부호로 각각 대치하고, 차이가 0인 두 쌍의 자료를 제외하면, 다음의 부호열
   $+ - + + - + + + + + + + + - +$
   를 얻고, $n = 14, x = 11$ 이다. 정규분포로 근사시키면
   $$z = \frac{10.5 - 7}{\sqrt{(14)(0.5)(0.5)}} = 1.87$$
   이므로
   $$P = P(X \geq 11) \approx P(z > 1.87) = 0.0307$$
6. 결론 : 귀무가설을 유의수준 0.05에서 기각하고, 평균적으로 레이디얼 타이어를 쓰면 연료가 줄어든다고 판정한다.

여러 종류의 비모수절차와 이에 대응하는 모수절차를 비교해 볼 필요가 있다. 부호검정의 경우에 비교상대는 물론 t 검정이다. 정규모집단으로부터 표본을 추출한다면 t 검정을 사용해야 검정력이 더 높을 것이다.

11.1 연습문제

1. 다음 자료는 어느 환자가 진료를 받기 위해 의사를 12번 방문하여 대기시간을 분단위로 기록한 것이다.

17	15	20	20	32	28
12	26	25	25	35	24

유의수준 0.05로 부호검정을 사용하여 대기시간의 중앙값은 20분 이상이라는 의사의 주장을 검정하라.

2. 다음 자료는 18명의 수련 파일럿(pilot)이 최초의 단독비행을 하기 전에 어느 교관으로부터 이수한 비행훈련시간을 나타낸 것이다.(양측검정)

9	12	18	14	12	14	12	10	16
11	9	11	13	11	13	15	13	14

표 A.1의 이항확률을 이용하여 단독비행을 하기 전에 받아야 하는 비행훈련시간의 중앙값이 12시간이라는 교관의 주장에 대해 유의수준 0.02로 부호검정을 수행하라.(양측검정)

연습문제

3. 한 식품검사원이 회사에서 제조한 16개의 잼(jam)통에 대해 불순물의 비율을 조사한 결과 다음과 같았다.(양측검정)

```
2.4   2.3   3.1   2.2   2.3   1.2   1.0   2.4
1.7   1.1   4.2   1.9   1.7   3.6   1.6   2.3
```

이항분포를 정규분포로 근사시켜 잼에 함유된 불순물 비율의 중앙값이 2.5%라는 귀무가설에 대해 불순물 비율의 중앙값이 2.5%가 아니라는 대립가설을 유의수준 0.05로 부호검정을 사용하여 검정하라.

4. 어느 페인트 공급자는 새로운 첨가제가 페인트의 건조시간을 감소시킨다고 주장하고 있다. 이 주장을 검정하기 위해 12개의 목판에 페인트를 칠하되 6개는 보통의 첨가제가 함유된 페인트를, 나머지 6개에는 새로운 첨가제가 함유된 페인트를 칠하였다. 그 결과 건조시간이 다음과 같이 기록되었다.

목판	목판건조시간(시간)	
	새로운 첨가제	보통첨가제
1	6.4	6.6
2	5.8	5.8
3	7.4	7.8
4	5.5	5.7
5	6.3	6.0
6	7.8	8.4
7	8.6	8.8
8	8.2	8.4
9	7.0	7.3
10	4.9	5.8
11	5.9	5.8
12	6.5	6.5

유의수준 0.05로 부호검정을 사용하여 새로운 첨가제가 보통의 첨가제보다 건조시간을 줄이는지를 검정하라.

5. 대기 중의 황일산화물의 양을 측정하는 두 종류의 계측기를 대기오염실험을 통해 비교하려고 한다. 2주간에 걸쳐 다음의 일일측정값이 기록되었다.

일	황일산화물	
	계기 A	계기 B
1	0.96	0.87
2	0.82	0.74
3	0.75	0.63
4	0.61	0.55
5	0.89	0.76
6	0.64	0.70
7	0.81	0.69
8	0.68	0.57
9	0.65	0.53
10	0.84	0.88
11	0.59	0.51
12	0.94	0.79
13	0.91	0.84
14	0.77	0.63

이항분포를 정규분포로 근사시켜 계측기에 따라 측정결과가 다른지 부호검정을 수행하라. 유의수준을 0.05로 사용하라.(양측검정)

11.2 부호순위검정

11.2.1 윌콕슨 부호순위검정(Wilcoxon signed-rank test)

부호검정은 표본이 하나인 경우에는 관측값들 간의 차이에 대한 + 부호나 − 부호와 $\widetilde{\mu_0}$만을, 대응된 표본의 경우에는 관측값 쌍들 간의 차이에 대한 + 부호나 − 부호만을 활용하고 있으며, 그 차이들의 크기는 고려하지 않는다는 점이 윌콕슨 부호순위검정(Wilcoxon signed-rank test)과 다르다. 방향과 크기를 모두 활용한 검정이 1945년에 Frank Wilcoxon에 의해 제안되었으며, 현재는 이것을 흔히 윌콕슨 부호순위검정(Wilcoxon signed-rank test)이라고 부른다.

부호순위검정은 연속대칭분포에 적용된다. 이 조건하에서 귀무가설 $\tilde{\mu}=\widetilde{\mu_0}$를 검정할 수 있다. 각 표본값에서 $\widetilde{\mu_0}$를 빼고 차이가 0인 것은 제외시킨다. 나머지 차이들에 대해 부호에 관계 없이 순위를 매긴다. 순위 1은 가장 작은 절대차이(즉, 부호에 상관없이)에 부여하고, 순위 2는 그 다음으로 작은 차이에 부여하는 방식으로 모든 차이에 순위를 부여한다. 두 개 이상의 절대차이값이 동점이 되면, 이들을 구별하여 순위를 부여한 후 이 순위들의 평균순위를 각각에 부여한다. 예를 들어, 다섯 번째 차이와 여섯 번째 차이의 절대값이 같으면 각각에 평균순위 5.5를 부여한다. 만약 가설 $\tilde{\mu}=\widetilde{\mu_0}$가 사실이라면 양의 차이에 해당하는 순위의 합과 음의 차이에 해당하는 순위의 합은 거의 같아야 할 것이다. 이 합들을 각각 w_+와 w_-로 나타내자. w_+와 w_-중 작은 것은 w로 나타낸다.

표본추출을 반복하면 w_+와 w_-가 변하고, 따라서 w의 값은 변할 것이다. 따라서, w_+, w_-, w는 각각 확률변수 W_+, W_-, W의 값이라고 생각할 수 있다. 대립가설 $\tilde{\mu}<\widetilde{\mu_0}$에 대해 귀무가설 $\tilde{\mu}=\widetilde{\mu_0}$는 w_+가 작고 w_-가 큰 경우에만 기각된다. 비슷하게 대립가설 $\tilde{\mu}>\widetilde{\mu_0}$는 w_+가 크고 w_-가 작은 경우에만 기각된다. 양측검정의 경우에는 w_+나 w_-가 충분히 작으면, 따라서 w가 충분히 작으면 귀무가설을 기각한다. 그러므로 대립가설이 무엇이든 간에 적절한 통계량 W_+ 또는 W_-가 충분히 작으면, 즉 W의 값이 충분히 작으면 귀무가설을 기각하게 된다. 대응된 표본이 $\tilde{\mu}_1 = \tilde{\mu}_2$ 인 두 개의 연속형 대칭분포로부터의 표본이라는 귀무가설을 검정하기 위해서는, 부호에 관계 없이 대응된 관측값들의 차이에 순위를 부여한 후 표본이 하나인 경우와 동일하게 처리한다. 표본이 하나인 경우와 대응된 표본인 경우에 적용되는 여러 가지의 검정절차들이 표 11.2에 정리되어 있다.

표 11.2 부호순위검정

H_0	H_a	계산
$\tilde{\mu} - \tilde{\mu}_0$	$\tilde{\mu} < \tilde{\mu}_0$	w_+
	$\tilde{\mu} > \tilde{\mu}_0$	w_-
	$\tilde{\mu} \neq \tilde{\mu}_0$	w
$\tilde{\mu}_1 = \tilde{\mu}_2$	$\tilde{\mu}_1 < \tilde{\mu}_2$	w_+
	$\tilde{\mu}_1 > \tilde{\mu}_2$	w_-
	$\tilde{\mu}_1 \neq \tilde{\mu}_2$	w

부록 비모수통계표에는 $5 \leq n \leq 30$일 때, 단측검정의 경우 유의수준 0.01, 0.025, 0.05에 대한 W_+와 W_-의 대략적인 기각값이, 그리고 양측검정의 경우 유의수준 0.02, 0.05, 0.10에 대한 W의 기각값이 나와 있다. 만약 계산된 w_+, w_-, 또는 w값이 표에서 찾은 값보다 작거나 같으면 귀무가설을 기각한다. 예를 들어, $n = 12$이면 부록 비모수통계표로부터 유의수준 0.05에서 대립가설 $\tilde{\mu} < \tilde{\mu}_0$가 유의하기 위해서는 $w_+ < 17$이어야 한다.

예제 11.3

다음 자료는 재충전이 가능한 울타리 치는 기계가 한 번 충전으로 작동하는 시간이다.

```
1.5,  2.2,  0.9,  1.3,  2.0,  1.6,  1.8,  1.5,  2.0,  1.2,  1.7
```

부호순위검정을 수행하라.(양측검정)

풀이

1. $H_0 : \tilde{\mu} = 1.8$
2. $H_a : \tilde{\mu} \neq 1.8$
3. $\alpha = 0.05$
4. 기각역 : 1.8과 동점인 측정값 하나를 제외했으므로, 표 A.17로부터 기각역은 $w \leq 8$이다.
5. 계산 : 각 측정값으로부터 1.8을 뺀 후 부호에 상관없이 차이에 순위를 부여하면,

d_1	−0.3	0.4	−0.9	−0.5	0.2	−0.2	−0.3	0.2	−0.6	−0.1
순위	5.5	7	10	8	3	3	5.5	3	9	1

$w_+ = 13$이고 $w_- = 42$이므로 이 둘 중 작은 값은 $w = 13$이 된다.

6. 결론 : 귀무가설을 기각하지 않고, 평균작동시간은 1.8시간과 유의하게 다르지 않다고 판정한다.

부호순위검정은 귀무가설 $\tilde{\mu}_1 - \tilde{\mu}_2 = d_0$의 검정에도 사용될 수 있다. 이 경우 모집단의 분포는 대칭일 필요가 없다. 부호검정에서와 같이 각 차이에서 d_0를 빼고, 부호에 관계 없이 차이에 순위를 부여한 후 위와 동일한 절차를 적용하면 된다.

예제 11.4

대학교 4학년의 전공졸업시험에서 미리 예상문제를 풀어 볼 경우 최소한 50점 이상 점수를 높일 수 있다는 주장이 제기되었다. 이 주장을 검정하기 위해 20명의 4학년 학생들을 10쌍으로 나누되, 각 쌍은 지난 3년간의 평점이 거의 같은 학생들로 구성되도록 하였다. 시험 1주 전에 예상문제와 답안을 랜덤하게 각 쌍의 한 사람에게 제공하였다. 졸업시험성적은 다음과 같았다.

표 11.3

	쌍									
	1	2	3	4	5	6	7	8	9	10
예상문제제공	531	621	663	579	451	660	591	719	543	575
예상문제제공 안함	509	540	688	502	424	683	568	748	530	524

예상문제가 성적을 50점 높인다는 귀무가설과 증가량이 50점 이하라는 대립가설에 대해 유의수준 0.05로 검정하라.

풀이

예상문제를 제공받은 학생과 제공받지 않은 학생의 중앙값 점수를 각각 $\widetilde{\mu}_1$과 $\widetilde{\mu}_2$라고 하자.

1. $H_0 : \widetilde{\mu}_1 - \widetilde{\mu}_2 = 50$
2. $H_a : \widetilde{\mu}_1 - \widetilde{\mu}_2 < 50$
3. $\alpha = 0.05$
4. 기각역 : $n = 10$이므로 표 A.17로부터 기각역은 $w_+ \leq 11$이다.
5. 계산 :

	쌍									
	1	2	3	4	5	6	7	8	9	10
d_i	22	81	−25	77	27	−23	23	−29	13	51
$d_i - d_0$	−28	31	−75	27	−23	−73	−27	−79	−37	1
순위	5	6	9	3.5	2	8	3.5	10	7	1

이로부터, $w_+ = 6 + 3.5 + 1 = 10.5$이다.

6. 결론 : 귀무가설을 기각하고, 예상문제는 '평균적으로' 졸업성적을 50점만큼 증가시키지 않는다고 판정한다.

11.2.2 대표본에 대한 정규분포근사

$n \geq 15$이면 W_+ (또는 W_-)의 표본분포는 평균이

$$u_{W_+} = \frac{n(n+1)}{4}$$

이고, 분산이

$$\sigma^2_{W_+} = \frac{n(n+1)(2n+1)}{24}$$

인 정규분포로 근사된다.

$$z = \frac{W_+ - \mu_{W_+}}{\sigma_{W_+}}$$

를 이용하면 기각역을 구할 수 있다.

예제 11.5

다음은 20일에 걸쳐 두 군데의 약국에서 처방된 처방전의 수이다.

일	약국 A	약국 B
1	19	17
2	21	15
3	15	12
4	17	12
5	24	16
6	12	15
7	19	11
8	14	13
9	20	14
10	18	21
11	23	19
12	21	15
13	17	11
14	12	10
15	16	20
16	15	12
17	20	13
18	18	17
19	14	16
20	22	18

유의수준 0.01로 부호순위검정을 사용하여 두 약국의 처방전 수가 평균적으로 같다는 귀무가설에 대해 약국 A의 처방전 수가 약국 B보다 더 많다는 대립가설을 정규분포근사로 검정하라.

풀이

가설 : $H_0 : \widetilde{\mu}_A - \widetilde{\mu}_B = 0$

$H_a : \widetilde{\mu}_A - \widetilde{\mu}_B > 0$

$\alpha = 0.01$

기각역 : $z > 2.575$

날짜	1	2	3	4	5	6	7	8	9	10
d_i	2	6	3	5	8	−3	8	1	6	−3
순위	4	15.5	7.5	13	19.5	7.5	19.5	1.5	15.5	7.5
날짜	11	12	13	14	15	16	17	18	19	20
d_i	4	6	6	2	−4	3	7	1	−2	4
순위	11	15.5	15.5	4	11	7.5	18	1.5	4	11

계산 : $w = 180,\ n = 20,\ \mu_{w_{++}} = (20)(21)/4 = 105,\ \sigma_{w_+} = \sqrt{(20)(21)(41)/24} = 26.786$

그러므로 $z = (180 - 105)/26.786 = 2.80$

결론 : H_0을 기각한다. 즉, 약국 A의 처방전 수가 약국 B보다 더 많다.

11.2 연습문제

1. 다음 자료는 어느 환자가 진료를 받기 위해 의사를 12번 방문하여 대기시간을 분단위로 기록한 것이다.

17	15	20	20	32	28
12	26	25	25	35	24

유의수준 0.05로 부호순위검정을 사용하여 대기시간의 중앙값은 20분 이상이라는 의사의 주장을 검정하라.

2. 다음 자료는 18명의 수련 파일럿(pilot)이 최초의 단독비행을 하기 전에 어느 교관으로부터 이수한 비행훈련시간을 나타낸 것이다.

9	12	18	14	12	14	12	10	16
11	9	11	13	11	13	15	13	14

표 A.1의 이항확률을 이용하여 단독비행을 하기 전에 받아야 하는 비행훈련시간의 중앙값이 12시간이라는 교관의 주장에 대해 유의수준 0.02로 부호순위검정을 수행하라.

3. 5명에 대해 담배를 끊기 전과 담배를 끊은 후 5주가 경과한 때의 체중(단위: kg)이 다음과 같이 기록되었다.

	사람				
	1	2	3	4	5
전	66	80	69	52	75
후	71	82	68	56	73

대응된 관측값에 대해 부호순위검정을 사용하여 담배를 끊어도 체중에 영향을 주지 않는다는 귀무가설에 대해 체중이 증가한다는 대립가설을 유의수준 0.05로 검정하라.

4. 새로운 식이요법으로 2주 안에 체중을 평균 4.5kg 줄일 수 있다는 주장이 제기되었다. 이 식이요법을 한 10명의 여성에 대해 2주 전과 2주 후의 체중을 측정하여 다음의 자료를 얻었다.

여성	2주 전	2주 후
1	58.5	60.0
2	60.3	54.9
3	61.7	58.1
4	69.0	62.1
5	64.0	58.5
6	62.6	59.9
7	56.7	54.4
8	63.6	60.2
9	68.2	62.3
10	59.4	58.7

유의수준 0.05로 부호순위검정을 사용하여 식이요법에 의한 체중감소의 중앙값이 4.5kg이라는 귀무가설에 대해 4.5kg 이하라는 대립가설을 검정하라.

5. 다음 자료는 조깅(jogging)을 하는 16명에 대해 8km를 달리기 전과 후의 심장수축혈압을 측정한 것이다. 유의수준 0.05로 부호순위검정을 사용하여 8km의 조깅에 의한 혈압증가값의 중앙값이 8이라는 귀무가설에 대해 8보다 작다는 대립가설을 정규분포근사로 검정하라.

사람	전	후
1	158	164
2	149	150
3	160	163
4	155	160
5	164	172
6	138	147
7	163	167
8	159	169
9	165	173
10	145	147
11	150	156
12	161	164
13	132	133
14	155	161
15	146	154
16	159	170

연습문제

6. 대기 중의 황일산화물의 양을 측정하는 두 종류의 계측기를 대기오염실험을 통해 비교하려고 한다. 2주간에 걸쳐 다음의 일일측정값이 기록되었다.

일	황일산화물	
	계기 A	계기 B
1	0.96	0.87
2	0.82	0.74
3	0.75	0.63
4	0.61	0.55
5	0.89	0.76
6	0.64	0.70
7	0.81	0.69
8	0.68	0.57
9	0.65	0.53
10	0.84	0.88
11	0.59	0.51
12	0.94	0.79
13	0.91	0.84
14	0.77	0.63

이항분포를 정규분포로 근사시켜 계측기에 따라 측정결과가 다른지 부호순위검정을 수행하라. 유의수준을 0.05를 사용하라.

11.3 순위합검정

11.3.1 윌콕슨 순위합검정(Wilcoxon rank-sum test)

앞에서 지적하였듯이, 비모수적 절차는 정규성 가정이 성립하지 않을 때 정규분포에 근거한 검정 대신 적절히 사용할 수 있는 방법이다. 명백히 정규분포를 따르지 않는 두 연속분포의 평균의 동일성을 검정하는 데 관심이 있고 표본들이 독립적이라면 (즉, 대응된 관측값이 없을 때에는), 제 8장에서 설명된 2표본 t 검정 대신 윌콕슨 순위합검정(Wilcoxon rank-sum test) 또는 윌콕슨 2표본검정(Wilcoxon two-sample test)을 사용한다.

귀무가설 $H_0 : \widetilde{\mu}_1 = \widetilde{\mu}_2$에 대응한 몇 가지 적당한 대립가설의 검정에 대해 살펴보도록 하자. 먼저, 각 모집단으로부터 확률표본을 뽑는다. 이때 작은 표본수를 n_1, 큰 표본수를 n_2라고 하자. 표본크기가 같을 경우에는 n_1과 n_2를 랜덤하게 부여한다. $n_1 + n_2$개의 혼합표본(combined samples)을 작은 순서대로 나열한 후 각 관측값에 순위 1, 2, $\cdots, n_1 + n_2$ 를 부여한다. 동점(동일한 관측값)이 있는 경우에는 이들의 평균순위를 각각 부여한다. 예를 들어, 7번째 관측값과 8번째 관측값의 값이 서로 같으면 두 관측값에 각각 순위 7.5를 부여한다.

작은 표본수 n_1에 해당하는 순위의 합을 w_1이라고 하자. 비슷하게 w_2는 큰 표본수 n_2에 해당하는 순위의 합을 나타낸다. 이 둘의 합 $w_1 + w_2$는 두 표본의 관측값의 개수에만 의존할 뿐 실험결과와는 전혀 무관하다. 따라서, 만약 $n_1 = 3$이고 $n_2 = 4$이면 $w_1 + w_2 = 1 + 2 + \cdots + 7 = 28$로서 관측값의 실제값과는 무관하다. 일반적으로,

$$w_1 + w_2 = \frac{(n_1 + n_2)(n_1 + n_2 + 1)}{2}$$

이 되는데, 이것은 정수 1, 2, $\cdots$, $n_1 + n_2$를 모두 합한 것이다. w_1이 결정되면 w_2는 식

$$w_2 = \frac{(n_1 + n_2)(n_1 + n_2 + 1)}{2} - w_1$$

으로부터 쉽게 구할 수 있다.

크기가 n_1과 n_2인 표본을 반복해서 뽑으면 w_1값이 변하고, 따라서 w_2의 값도 그때마다 바뀔 것이다. 따라서, w_1과 w_2는 각각 확률변수 W_1과 W_2의 값이라고 생각할 수 있다. 대립가설 $\widetilde{\mu_1} < \widetilde{\mu_2}$ 에 대한 귀무가설 $\widetilde{\mu_1} = \widetilde{\mu_2}$ 은 w_1이 작고 w_2가 큰 경우에만 기각될 수 있을 것이다. 비슷한 방식으로 대립가설 $\widetilde{\mu_1} > \widetilde{\mu_2}$는 w_1이 크고 w_2가 작을 때에만 채택된다. 양측검정인 경우에는 w_1이 작고 w_2가 크거나, w_1이 크고 w_2가 작으면 귀무가설을 기각한다. 다시 말하면, 대립가설 $\widetilde{\mu_1} < \widetilde{u_2}$는 w_1이 충분히 작을 때 채택되고, 대립가설 $\widetilde{\mu_1} > \widetilde{\mu_2}$는 w_2가 충분히 작을 때 기각된다. 그리고 대립가설 $\widetilde{\mu_1} \neq \widetilde{\mu_2}$는 w_1과 w_2 중 작은 값이 충분히 작을 때 채택된다. 이 방법을 실제로 사용할 때에는 통계량 U_1과 U_2의 값

$$u_1 = w_1 - \frac{n_1(n_1+1)}{2}$$

$$u_2 = w_2 - \frac{n_2(n_2+1)}{2}$$

또는, U_1과 U_2 중 작은 것을 통계량 U로 놓았을 때의 값 u를 사용하여 검정한다. 귀무가설은 통계량 U_1, U_2, 또는 U의 값이 표 A.18에 주어진 기각값보다 작거나 같을 때 기각된다. 여러 가지 형태의 검정절차들이 표 11.4에 정리되어 있다.

표 11.4 순위합검정

H_0	H_a	계산
$\widetilde{\mu_1} = \widetilde{\mu_2}$	$\widetilde{\mu_1} < \widetilde{\mu_2}$	u_1
	$\widetilde{\mu_1} > \widetilde{\mu_2}$	u_2
	$\widetilde{\mu_1} \neq \widetilde{\mu_2}$	u

부록 비모수통계표에는 단측검정에 대해 유의수준 0.001, 0.002, 0.01, 0.02, 0.025, 0.05에서의 U_1과 U_2의 기각값이, 양측검정에 대해 유의수준 0.002, 0.02, 0.05, 0.10에서의 U의 기각값이 나와 있다. u_1, u_2 또는 u값이 표의 기각값보다 작거나 같으면 표에 명시된 유의수준하에서 귀무가설은 기각된다. 예를 들어, 귀무가설 $\tilde{\mu}_1 = \tilde{\mu}_2$에 대해 대립가설 $\tilde{\mu}_1 < \tilde{u}_2$를 유의수준 0.05에서 크기 $n_1 = 3$, $n_2 = 5$, 따라서 $w_1 = 8$인 표본에 대해 검정한다고 하자. 주어진 값으로부터

$$u_1 = 8 - \frac{(3)(4)}{2} = 2$$

이다. 이 단측검정은 통계량 U_1에 근거하여 검정된다. 부록 비모수통계표로부터 $u_1 \le 1$일 때 귀무가설을 기각한다. 그러나 $u_1 = 2$로서 기각역에 해당되지 않으므로 귀무가설은 기각될 수 없다.

예제 11.6

두 종류의 담배로부터 니코틴 함유량(단위: mg)이 다음과 같이 측정되었다.

담배 A	2.1	4.0	6.3	5.4	4.8	3.7	6.1	3.3		
담배 B	4.1	0.6	3.1	2.5	4.0	6.2	1.6	2.2	1.9	5.4

두 담배의 니코틴 함유량의 중앙값이 같다는 귀무가설에 대해 서로 다르다는 대립가설을 유의수준 0.05로 검정하라.(양측검정)

풀이

1. $H_0 : \tilde{\mu}_1 = \tilde{\mu}_2$
2. $H_a : \tilde{\mu}_1 \ne \tilde{\mu}_2$
3. $\alpha = 0.05$
4. 기각역 : $u \le 17$ (부록 비모수통계표)

5. 계산 : 관측값들을 작은 순서대로 나열한 후 1부터 18까지의 순위를 부여하면 다음과 같다.

원래의 자료	순위	원래의 자료	순위
0.6	1	4.0	10.5*
1.6	2	4.0	10.5
1.9	3	4.1	12
2.1	4*	4.8	13*
2.2	5	5.4	14.5*
2.5	6	5.4	14.5
3.1	7	6.1	16*
3.3	8*	6.2	17
3.7	9*	6.3	18*

*표시는 표본 A

따라서

$$w_1 = 4+8+9+10.5+13+14.5+16+18 = 93$$

이고

$$w_2 = \frac{(18)(19)}{2} - 93 = 78$$

이다. 그러므로,

$$u_1 = 93 - \frac{(8)(9)}{2} = 57,\ u_2 = 78 - \frac{(10)(11)}{2} = 23$$

으로부터 $u = 23$이다.

6. 결론 : 귀무가설을 기각하지 않고, 두 종류의 담배의 니코틴 함유량의 중앙값은 유의한 차이가 없다고 판정한다.

11.3.2 2표본에 대한 정규분포근사 (맨-위트니의 검정)

n_1과 n_2가 8보다 크면, U_1(또는 U_2)의 표본분포는 평균이

$$\mu_{U_1} = \frac{n_1 n_2}{2}$$

이고 분산이

$$\sigma^2_{U_1} = \frac{n_1 n_2 (n_1 + n_2 + 1)}{12}$$

인 정규분포로 근사된다. 결국 n_2가 부록 비모수통계표에 나와 있는 최댓값인 20보다 크고, n_1이 최소한 9이면 통계량

$$z = \frac{U_1 - \mu_{U_1}}{\sigma_{U_1}}$$

을 사용할 수 있으며, 기각역은 대립가설의 형태에 따라 정규분포의 한쪽 꼬리나 양쪽 꼬리 부분으로 정한다.

예제 11.7

다음 자료는 야구선수와 농구선수를 대상으로 이들이 비행기를 탈 때 휴대하는 개인짐의 무게(단위: kg)를 나타낸 것이다. 순위합검정을 사용하여 두 운동선수들의 짐 무게가 서로 같다는 귀무가설에 대해 서로 다르다는 대립가설을 유의수준 0.05로 검정하라.

짐의 무게(kg)				
야구선수			농구선수	
16.3	20.0	18.6	15.4	16.3
18.1	15.0	15.4	17.7	18.1
15.9	18.6	15.6	18.6	16.8
14.1	14.5	18.3	12.7	14.1
17.7	19.5	17.4	15.0	13.6
16.3	13.6	14.8	15.9	16.3
13.2	17.2	16.5		

풀이

가설 : $H_0 : \widetilde{\mu_1} = \widetilde{\mu_2}$

$H_a : \widetilde{\mu_1} \neq \widetilde{\mu_2}$

$\alpha = 0.05$

기각역 : $z < -1.96$ 또는 $z > 1.96$

계산 :

관측치	12.7	13.2	13.6	13.6	14.1	14.1	14.5	14.8	15.0	15.0	15.4
순위	1*	2	3.5*	3.5	5.5*	5.5	7	8	9.5*	9.5	11.5*
관측치	15.4	15.6	15.9	15.9	16.3	16.3	16.3	16.3	16.5	16.8	17.2
순위	11.5	13	14.5*	14.5	17.5*	17.5*	17.5	17.5	20	21*	22
관측치	17.4	17.7	17.7	18.1	18.1	18.3	18.6	18.6	18.6	19.1	20.0
순위	23	24.5	24.5*	26.5*	26.5	28	30	30*	30	32	33

$w_1 = 181.5,\ u_1 = 181.5 - (12)(13)/2 = 103.5$

$\mu_{U_1} = (21)(12)/2 = 126,\ \sigma_{U_1} = \sqrt{(21)(12)(34)/12} = 26.721$

$z = (103.5 - 126)/26.721 = -0.84$

결론 : H_0을 기각하지 않는다.

윌콕슨 순위합검정의 사용은 정규모집단이 아닌 경우에만 국한되지는 않는다. 이 검정법은 검정력이 줄어들긴 하겠지만 정규모집단에 대한 2표본 t 검정 대신 사용될 수 있다. 결정적으로 비정규모집단인 경우에는 윌콕슨 순위합검정이 항상 t 검정보다 우월하다.

11.3 연습문제

1. 어느 담배제조회사는 담배 B의 타르(tar) 함유량이 담배 A보다 적다고 주장하고 있다. 이 주장을 검정하기 위해 타르 함유량(단위: mg)을 측정한 결과가 다음과 같이 기록되었다.

담배 A	1	12	9	13	11	14
담배 B	8	10	7			

유의수준 0.05로 순위합검정을 사용하여 이 주장이 사실인지 검정하라.

2. 새로 개발된 혈청이 백혈병을 억제하는지 알아보기 위해 병이 상당히 진행된 상태에 있는 9명의 환자를 선택하였다. 이 중 5명에게 이 혈청치료를 하고 4명에게는 하지 않았다. 실험시작 후부터의 생존시간(단위: 년)을 기록한 결과는 다음과 같다.

혈청치료	2.1	5.3	1.4	4.6	0.9
혈청치료 안 함	1.9	0.5	2.8	3.1	

순위합검정을 사용하여 이 혈청이 효과적인지 유의수준 0.05로 검정하라.

3. 다음 자료는 두 종류의 계산기에 대해 1회의 충전을 작동하는 시간을 측정한 것이다.

계산기 A	5.5	5.6	6.3	4.6	5.3	5.0	6.2	5.8	5.1
계산기 B	3.8	4.8	4.3	4.2	4.0	4.9	4.5	5.2	4.5

순위합검정을 사용하여 계산기 A의 작동시간이 계산기 B보다 긴지 유의수준 0.01로 검정하라.

연습문제

4. 두 가지 공정에 의해 낚싯줄이 만들어진다. 줄의 평균내구력 사이에 차이가 있는지 알아보기 위해 각 공정에서 10개씩의 줄을 추출하여 내구력을 측정하였다. 결과는 다음과 같다.

공정 1	10.4 9.6	9.8 10.9	11.5 11.8	10.0 9.3	9.9 10.7
공정 2	8.7 9.5	11.2 11.0	9.8 9.8	10.1 10.5	10.8 9.9

순위합검정을 사용하여 공정에 따라 내구력에 차이가 있는지 유의수준 0.1로 검정하라.

5. 어느 수학강좌에서 동등한 능력을 가진 12명의 학생 중 5명을 랜덤하게 선택하여 교사로부터 과외수업을 받도록 하였다. 기말시험성적은 다음과 같았다.

	성적						
과외수업	87	69	78	91	80		
과외수업 안 함	75	88	64	82	93	79	67

순위합검정을 사용하여 과외수업이 성적에 영향을 주는지 유의수준 0.05로 검정하라.

11.4 Kruskal-Wallis 검정

제10장에서 분산분석법은 $k \geq 2$개의 모평균의 동일성을 검정하기 위한 탁월한 분석 기법으로 소개되었다. 그러나 F검정이 이론적인 내용을 가지기 위해서는 정규성 가정이 성립해야 한다는 점을 상기해야 한다. 이 절에서는 비모수적인 분산분석법에 대해 살펴보기로 한다.

Kruskal-Wallis 검정 또는 Kruskal-Wallis H 검정이라고 불리는 검정법은 순위합검정을 표본의 수가 $k > 2$인 경우로 일반화한 것이다. 이 검정법은 k개의 독립적인 표본들이 동일한 모집단으로부터 추출된 표본이라는 귀무가설을 검정하는 데 사용된다. 1952년에 W.H. Kruskal과 W.A. Wallis에 의해 소개된 이 방법은 일원배치 분산분석에서 표본들이 정규분포로부터 추출된 표본이라는 가정을 하지 않으면서 평균들의 동일성 검정을 할 수 있는 비모수적 검정법이다. i번째 표본의 관측값의 수를 $n_i(i = 1, 2, \cdots, k)$라고 하자. 먼저, k개의 표본들을 모두 혼합하여 $n = n_1 + n_2 + \cdots + n_k$개의 관측값들을 작은 것부터 크기순으로 나열한 후, 각 관측값에 순위 1, 2, $\cdots$, n을 부여한다. 동점(동일한 측정값)에 대해서는 평균순위를 부여한다. i번째 표본의 n_i개의 관측값들에 대한 순위합을 확률변수 R_i로 나타내자. 다음 통계량을 생각해 보자.

$$H = \frac{12}{n(n+1)} \sum_{i=1}^{k} \frac{R_i^2}{n_i} - 3(n+1)$$

이 통계량은 귀무가설이 사실이고 각 표본의 크기가 최소한 5이면 자유도가 $k-1$인 카이제곱분포로 상당히 근접하게 근사된다. 독립적인 표본들이 동일하지 않은 모집단들로부터 나왔을 때 H의 값 h가 커진다는 사실로부터 다음과 같은 의사결정기준을 만들 수 있다.

■ Kruskal-Wallis 검정

k개의 독립적인 표본들이 동일한 모집단으로부터 추출된 표본이라는 귀무가설 H_0를 검정하기 위해

$$h = \frac{12}{n(n+1)}\sum_{i=1}^{k}\frac{r_i^2}{n_i} - 3(n+1)$$

을 계산한다. 단, 여기에서 r_i는 R_i의 값이다. 자유도가 $k-1$인 카이제곱분포로부터 h가 기각역 $H > \chi_{\alpha}^2$에 해당되면 유의수준 α로 H_0를 기각한다. 그렇지 않으면 H_0를 기각하지 않는다.

예제 11.8

3종류의 미사일 중 어느 것이 우수한가를 알아보기 위해 연료의 분사율을 측정하였다. 수치변환한 자료가 표 13.5에 나와 있다. 유의수준 0.05로 Kruskal-Wallis 검정을 사용하여 세 가지 미사일의 분사율이 모두 동일하다는 가설을 검정하라.

풀이

표 11.5 추진연료 분사율

미사일 체계		
1	2	3
24.0	23.2	18.4
16.7	19.8	19.1
22.8	18.1	17.3
19.8	17.6	17.3
18.9	20.2	19.7
	17.8	18.9
		18.8
		19.3

1. $H_0 : \mu_1 = \mu_2 = \mu_3$
2. H_a : 세 개 평균이 모두 같지는 않다.
3. $\alpha = 0.05$

4. 기각역 : $h > \chi^2_{0.05,(2)} = 5.991$ 이다.
5. 계산 : 19개의 관측값에 대해 순위를 부여하고 각 미사일에 대해 순위합을 구한 결과가 표 11.6에 나와 있다.

표 11.6 추진연료 분사율에 대한 순위

미사일 체계		
1	2	3
19	18	7
1	14.5	11
17	6	2.5
14.5	4	2.5
9.5	16	13
$r_1 = 61.0$	5	9.5
	$r_2 = 63.5$	8
		12
		$r_3 = 65.5$

$n_1 = 5,\ n_2 = 6,\ n_3 = 8,$ 그리고 $r_1 = 61.0,\ r_2 = 63.5,\ r_3 = 65.5$를 대입하면 통계량 H의 값은

$$h = \frac{12}{(19)(20)}\left(\frac{61.0^2}{5} + \frac{63.5^2}{6} + \frac{65.5^2}{8}\right) - (3)(20) = 1.66$$

6. 결론 : $h = 1.66$은 기각역 $h > 5.991$에 포함되지 않으므로, 세 가지 미사일에 대해 연료의 분사율이 모두 동일하다는 가설을 기각할 만한 충분한 증거가 없다.

11.4 연습문제

1. 다음 자료는 세 가지 종류의 계산기에 대해 한 번의 충전으로 작동하는 시간을 기록한 것이다.

계산기		
A	B	C
4.9 6.1 4.3 4.6 5.2	5.5 5.4 6.2 5.8 5.5 5.2 4.8	6.4 6.8 5.6 6.5 6.3 6.6

Kruskal-Wallis 검정을 사용하여 세 가지 계산기의 평균작동시간이 동일하다는 가설을 유의수준 0.01로 검정하라.

2. Kruskal-Wallis 검정을 사용하여 유기화학용제에 따른 유의한 흡수율 차이가 있는지 유의수준 0.05로 검정하라.

(단위: mole비율)

방향족		클로랄 액체		에스테르		
1.06 0.79 0.82 0.89 1.05	0.95 0.65 1.15 1.12	1.58 1.45 0.57 1.16	1.12 0.91 0.83 0.43	0.29 0.06 0.44 0.55 0.61	0.43 0.51 0.10 0.53 0.34	0.06 0.09 0.17 0.17 0.60

3. 아래 표는 기계공, 목공, 전기공의 주당 임금을 조사한 것이다. 이들 임금의 Median은 같은지 검정하라(α=0.01). (임금 : $)

기계공		목공		전기공	
임금	순위	임금	순위	임금	순위
110	8.5	112	10	115	11
116	12.5	107	5	125	18
122	16	104	3	130	19
116	12.5	110	8.5	132	20
118	14	100	1	123	17
105	4	108	6.5	120	15
108	6.5	101	2		
$R_1 = 74.0$ $n_1 = 7$		$R_2 = 36.0$ $n_2 = 7$		$R_3 = 100.0$ $n_3 = 6$	

4. 오른쪽 표는 A, B, C 세 기계에서 생산되는 철선의 인장강도를 나타내는 데이터이다. 기계의 종류에 따라 평균인장강도가 다르다고 할 수 있는가? (유의수준 0.05)

인장강도(kg/cm^2)

A	B	C
56	48	53
60	61	57
50	49	44
64	52	46

5. A, B, C 세 종류의 수면제를 불면증 환자에게 임상실험한 후에, 세 수면제의 약효를 비교하여 오른쪽 표와 같은 순위를 얻었다. 수면제의 종류에 따라 약효에 심각한 차이가 있다고 할 수 있는가? (유의수준 0.05)

수면제의 약효 (순위 데이터)

A	B	C
2	1	5
4	3	7
	6	

11.5 Spearman 순위상관계수(rank correlation coefficient)

제 9장에서 두 개의 연속확률변수 X와 Y의 선형관계를 측정하기 위해 표본상관계수 r을 사용한 바 있다. 만약 관측값 x에 크기순으로 순위 1, 2, ⋯, n을 부여하고, 같은 방법으로 관측값 y에 순위를 부여한 후 실제 측정값 대신 이 순위들을 제 9장의 상관계수공식에 대입하면, 전통적인 상관계수에 대응하는 비모수적 상관계수를 얻게 된다. 이러한 방식으로 계산된 상관계수를 Spearman 순위상관계수(rank correlation coefficient)라고 하며 r_s로 나타낸다. 측정값들 간에 동점이 없는 경우 r_s의 공식은 n개의 (x, y)쌍에 부여된 순위의 차인 d_i만을 포함하는 다음과 같은 매우 간단한 공식이 된다.

■ 순위상관계수

두 개의 확률변수 X와 Y의 관계에 대한 비모수적 측도는 다음의 순위상관계수

$$r_s = 1 - \frac{6}{n(n^2-1)} \sum_{i=1}^{n} d_i^2$$

으로 주어지며, 여기에서 d_i는 x_i와 y_i에 부여된 순위의 차이고, n은 자료쌍의 수이다.

실제로는 x나 y 관측값들 간에 동점이 있는 경우에도 위의 공식이 사용될 수 있다. 동점에 대해서는 부호순위검정에서와 같이 평균순위가 부여된다. r_s의 값은 대개의 경우 원래 값을 계산된 r의 값과 비슷하고, 그 해석도 거의 동일하게 한다. 이전과 같이 r_s값의 범위는 -1에서 +1이다. +1이나 -1값은 X와 Y가 서로 완전한 관계임을 나타내는데, +부호는 이 둘의 순위가 동일할 때, 그리고 -부호는 이 둘의 순위가 정반대일 때 나타난다. r_s의 값이 0에 가까울 때에는 두 확률변수가 서로 상관이 없다(uncorrelated)고 할 수 있다.

예제 11.9

표 11.7의 수치들은 미국 연방무역이원회에서 발표된 것으로 10종의 담배에서 추출된 타르와 니코틴의 양(단위: mg)이다. 순위상관계수를 계산하여 담배에 함유된 타르와 니코틴 간의 상관 정도를 측정하라.

표 11.7 타르와 니코틴 함유량

담배종류	타르 함유량	니코틴 함유량
Viceroy	14	0.9
Marlboro	17	1.1
Chesterfield	28	1.6
Kool	17	1.3
Kent	16	1.0
Raleigh	13	0.8
Old Gold	24	1.5
Philip Morris	25	1.4
Oasis	18	1.2
Players	31	2.0

풀이

타르와 니코틴의 함유량을 각각 X와 Y라고 하자. 먼저 각 측정값 집합에 순위를 부여하되 가장 작은 수치에 순위 1을, 두 번째로 작은 수치에 순위 2를 부여하는 식으로 계속하여 가장 큰 수치에 순위 10을 부여한다. 표 11.8에는 측정값들의 개별순위와 10쌍의 측정값들에 대한 순위차가 정리되어 있다.

표 11.8 타르 및 니코틴 함유량에 대한 순위

담배종류	x_i	y_i	d_i
Viceroy	2	2	0
Marlboro	4.5	4	0.5
Chesterfield	9	9	0
Kool	4.5	6	−1.5
Kent	3	3	0
Raleigh	1	1	0
Old Gold	7	8	−1
Philip Morris	8	7	1
Oasis	6	5	1
Players	10	10	0

이 수치들을 r_s 의 공식에 대입하면

$$r_s = 1 - \frac{(6)(5.50)}{(10)(100-1)} = 0.967$$

로서, 담배의 타르와 니코틴 함유량 간에는 높은 양의 상관이 존재함을 나타낸다.

순위상관계수를 사용하여 가설 $\rho = 0$을 검정하기 위해서는 상관이 없다고 가정했을 때의 r_s의 표본분포를 살펴보아야 한다. $\alpha = 0.05, 0.025, 0.01, 0.005$에 대한 기각값들이 계산되어 부록 비모수통계표에 주어져 있다. 이 표는 자유도 대신 관측값 쌍의 수가 주어져 있는 왼쪽 열을 제외하면 t 분포에 대한 기각값표와 비슷하게 구성되어 있다. r_s의 분포는 $\rho = 0$일 때 0에 대해 대칭이므로 왼쪽부분의 α영역에 해당하는 r_s의 값은 오른쪽 부분의 α영역에 해당하는 r_s의 값에 '−'를 붙이면 얻을 수 있다. 양측검정의 경우에는 분포의 양쪽 꼬리부분을 균등히 나누어 크기 α의 기각역을 얻는다. 음의 대립가설인 경우에는 기각역이 분포의 왼쪽 꼬리부분에 위치하고, 양의 대립가설인 경우에는 오른쪽 꼬리부분에 위치한다.

예제 11.10

예제 11.7에서 담배의 타르와 니코틴 함유량 사이의 상관계수가 0이라는 귀무가설에 대해 상관계수가 0보다 크다는 대립가설을 검정하라. 유의수준 0.01을 사용하라.

풀이

1. $H_0 : \rho = 0$
2. $H_a : \rho > 0$
3. $\alpha = 0.01$
4. 기각역 : 부록 비모수통계표로부터 $r_s > 0.745$이다.
5. 계산 : 예제 11.7로부터 $r_s = 0.967$이다.
6. 결론 : 귀무가설을 기각하고 담배의 타르와 니코틴 함유량 간에는 유의한 상관이 있다고 판정한다.

상관이 없다고 가정하였을 때의 r_s의 분포는 n이 증가함에 따라 평균이 0이고 표준편차가 $\frac{1}{\sqrt{n-1}}$인 정규분포로 근사하게 된다는 사실을 보일 수 있다. 따라서, n이 큰 경우에는

$$z = \frac{r_s - 0}{\frac{1}{\sqrt{n-1}}} = r_s\sqrt{n-1}$$

계산한 후, 표준정규분포의 기각값과 비교하여 상관관계의 유의성을 검정할 수 있다.

11.5 연습문제

1. 다음 자료는 10명의 학생이 어느 미적분학강의에서 받은 중간고사와 기말고사 성적이다.

학생	중간고사	기말고사
L.S.A.	84	73
W.P.B.	98	63
R.W.K.	91	87
J.R.L.	72	66
J.K.L.	86	78
D.L.P.	93	78
B.L.P.	80	91
D.W.M.	0	0
M.N.M.	92	88
R.H.S.	87	77

(1) 순위상관계수를 계산하라.

(2) 귀무가설 $\rho = 0$에 대해 대립가설 $\rho > 0$을 검정하라. 단 $\alpha = 0.025$를 사용하라.

2. 다음 자료를 참고로 하여

(1) 순위상관계수를 계산하라.

(2) 귀무가설 $\rho = 0$에 대해 대립가설 $\rho \neq 0$을 유의수준 0.05로 검정하라.

개인	팔의 힘 x	들어 올리는 힘 y	개인	팔의 힘 x	들어 올리는 힘 y
1	17.3	71.7	14	29.6	78.3
2	19.3	48.3	15	29.9	60.0
3	19.5	88.3	16	29.9	71.7
4	19.7	75.0	17	30.3	85.0
5	22.9	91.7	18	31.3	85.0
6	23.1	100.0	19	36.0	88.3
7	26.4	73.3	20	39.5	100.0
8	26.8	65.0	21	40.4	100.0
9	27.6	75.0	22	44.3	100.0
10	28.1	88.3	23	44.6	91.7
11	28.2	68.3	24	50.4	100.0
12	28.7	96.7	25	55.9	71.7
13	29.0	76.7			

연습문제

3. 일일강우량과 미립자 제거량에 대하여 순위상관계수를 구하라. 다음 자료는 강수량과 이에 따른 공기 중 오염물질이 제거된 양을 측정한 것이다.

일일강수량 x(0.01cm)	오염물질 제거량 $y(\mu g/m^3)$
4.3	126
4.5	121
5.9	116
5.6	118
6.1	114
5.2	118
3.8	132
2.1	141
7.5	108

4. 유아의 체중과 가슴둘레자료를 참고하여
(1) 순위상관계수를 구하라.
(2) 유의수준 0.025로 귀무가설에 대해 대립가설을 검정하라.

체중(kg)	가슴둘레(cm)	체중(kg)	가슴둘레(cm)
2.75	29.5	4.32	27.7
2.15	26.3	2.31	28.3
4.41	32.2	4.30	30.3
5.52	36.5	3.71	28.7
3.21	27.2		

5. 소비자단체에서 9개 제조회사에서 만든 전자오븐에 대한 전반적인 평가를 하였다. 이 단체에서 부여한 순위와 권장소비자가격은 다음과 같다.

제조회사	소비자단체순위	권장소비자가격($)
A	6	480
B	9	395
C	2	575
D	8	550
E	4	510
F	1	545
G	7	400
H	4	465
I	3	420

전자오븐의 품질과 가격 사이에 유의한 관계가 있는가? 유의수준 0.05로 검정하라.

6. 어느 대학의 모교방문의 날 퍼레이드에서 두 명의 심판이 8대의 무대차에 대해 다음과 같이 순위를 주었다.

	무대차							
	1	2	3	4	5	6	7	8
심판 A	5	8	4	3	6	2	7	1
심판 B	7	5	4	2	8	1	6	3

(1) 순위상관계수를 구하라.

(2) 귀무가설 $\rho = 0$에 대해 대립가설 $\rho > 0$을 검정하라. 유의수준 0.05를 사용하라.

7. 학술지 Psychology Today에 발표된 어느 연구에서는 미국 내의 활동 및 기술 직종 30가지에서의 사망위험에 대해 여성유권자연합의 관계자들과 위험평가전문가들이 각각 순위를 부여하였다. 순위는 다음과 같다.

활동 또는 기술 직종	유권자 연합	전문가	활동 또는 기술 직종	유권자 연합	전문가
원자력	1	20	자전거	16	15
자동차	2	1	여객기 탑승	17	16
권총	3	4	전기	18	9
흡연	4	2	수영	19	10
모터사이클	5	6	피임약	20	11
알코올음료	6	3	스키	21	30
개인비행	7	12	X선	22	7
경찰직무	8	17	미식축구	23	27
살충제	9	8	기차	24	19
외과수술	10	5	음식방부제	25	14
소방작업	11	18	음식색소	26	21
대규모건설	12	13	전동잔디깍기	27	28
사냥	13	23	항생물질	28	24
스프레이캔	14	26	가전용품	29	22
등산	15	29	예방접종	30	25

(1) 순위상관계수를 구하라.

(2) 여성유권자연합의 순위와 전문가의 순위 사이의 상관계수가 0이라는 귀무가설에 대해 상관계수가 0이 아니라는 대립가설을 검정하라. 유의수준 0.05를 사용하라.

연습문제

객관식

1. 연속확률분포를 가지는 모집단으로부터의 랜덤 샘플 $X_1, X_2, \cdots, X_n$에 대하여 중앙값 θ에 대한 가설 $H_0 : \theta = \theta_0$ vs $H_a : \theta \neq \theta_0$을 검정하기 위한 통계량 S를 θ_0보다 큰 자료의 수라 할 때, 귀무가설(H_0)이 참일 때 S의 확률분포는?

① $N(0, 1)$ ② $N\left(\frac{n}{2}, \frac{n}{2}\right)$

③ $B\left(n, \frac{1}{2}\right)$ ④ $B\left(n, \frac{1}{4}\right)$

해설

θ를 중앙값이라 가정하고 귀무가설 $H_0 : \theta = \theta_0$를 검정하는 문제를 고려하면 지시함수 ψ_i를 다음과 같이 정의할 수 있다.

$$\psi_i = \begin{cases} 1, & X_i - \theta_0 > 0 \\ 0, & X_i - \theta_0 < 0 \end{cases}$$

귀무가설이 사실일 때 ψ_i는 성공률이 $\frac{1}{2}$인 베르누이 확률변수가 되며 $S = \sum_{i=1}^{n} \psi_i$는 귀무가설 하에서 $B\left(n, \frac{1}{2}\right)$을 따른다. ③

2. 어떤 회사의 분기별 매출액이 다음과 같다. (단위: 억 원)

25	16	44	62	36	58	38

이 회사의 분기별 매출액이 35억 원보다 많다고 할 수 있는지를 비모수 방법으로 부호검정을 하고자 한다. 이때 검정 통계량의 값과 사용되는 검정 통계량의 분포는?

① $S=4$, 검정 통계량의 분포=정규분포 ② $S=5$, 검정 통계량의 분포=정규분포

③ $S=4$, 검정 통계량의 분포=이항분포 ④ $S=5$, 검정 통계량의 분포=이항분포

해설

위의 부호검정의 가설은 다음과 같다.

귀무가설(H_0) : +와 -의 발생확률이 동일하다.

대립가설(H_0) : 분기별 매출액이 35억 원보다 크다($X > Y$).

분기별 매출액(X)	25	16	44	62	36	58	38
기준 매출액(Y)	35	35	35	35	35	35	35
$X-Y$의 부호	−	−	+	+	+	+	+

부호(+)가 5회 발생하였으므로 검정 통계량의 값은 5가 되고 검정 통계량의 분포는 이항분포 $B\left(7, \frac{1}{2}\right)$을 따른다. ④

3. $X_1, \cdots, X_n$을 중앙값이 m인 분포에서의 확률분포라고 할 때 $H_0 : m = m_0$를 검정하는 비모수검정법으로서 부호순위 검정법이 흔히 쓰인다. 다음 데이터에서 $m_0 = 63$이라고 할 때, 부호순위 검정 통계량의 값은?

42, 61, 58 93, 77, 55, 69, 41, 60, 38

① 17 ② 18

③ 19 ④ 20

해설

D: 각각의 관측값(O) − 63 ④

R_i : $|D_i|$의 순위, 만약 순위가 같다면 같은 순위에 있는 것의 평균을 순위로 할당한다.

W^+ : 플러스 부호를 가진 순위의 합계

O	42	61	58	93	77	55	69	41	60	38
D	−21	−2	−5	30	14	−8	6	−22	−3	−25
R_i	7	1	3	10	6	5	4	8	2	9
W^+	$10+6+4=20$									

4. 한 정유회사의 휘발유는 소형차인 경우 1L당 15km를 갈 수 있다고 공표되어 있으나. 소비자 단체에서는 이 주장이 옳지 않음을 입증하려고 한다. 다음은 5대의 소형차를 랜덤으로 추출하여 측정한 1L당 주행거리이다.

12.5, 10.8, 16.1, 15.5, 13.5

귀무가설 1L당 15km 조건하에서 윌콕슨 부호순위 검정 통계량은?

① 2 ② 3

③ 4 ④ 5

해설

D: 각각의 관측값(O)−15 ②

R_i : $|D_i|$의 순위, 만약 순위가 같다면 같은 순위에 있는 것의 평균을 순위로 할당한다.

W^+ : 플러스 부호를 가진 순위의 합계

O	12.5	10.8	16.1	15.5	13.5
D	−2.5	−4.2	1.1	0.5	−1.5
R_i	4	5	2	1	3
W^+	$2+1=3$				

연습문제

5. 어느 회사에서 직원에 대한 영어교육 효과를 알아보기 위하여 10명을 대상으로 교육 전의 토익점수의 차이를 구한 값이 다음과 같다.

25, 42, 5, −7, 12, −30, 52, 70, −22, 37

교육효과가 있는지에 대한 검정법으로 다음 윌콕슨의 부호순위 검정을 사용할 때 윌콕슨의 부호순위 검정 통계량 W^+의 값은?

$$W^+ = \sum_{i=1}^{n} S_i R_i$$

(단, S_i는 i번째 자료의 값이 양이면 1, 음이면 0의 값을 가지며 R_i는 자료의 절대값의 순위를 나타낸다.)

① 12 ② 21

③ 33 ④ 43

해설

D: 교육 후 토익점수 – 교육 전 토익점수 ②

R_i : $|D_i|$의 순위, 만약 순위가 같다면 같은 순위에 있는 것의 평균을 순위로 할당한다.

W^+ : 플러스 부호를 가진 순위의 합계

D	25	42	5	−7	12	−30	52	70	−22	37
R_i	5	8	1	2	3	6	9	10	4	7
W^+	$5+8+1+3+9+10+7=43$									

6. A, B 두 종류의 청량음료를 8명의 전문가에게 교대로 맛을 보게 한 다음, 시음 결과를 점수로 나타내도록 했다. 주어진 표에는 맛의 점수와 그 차이를 나타낸 것이다. 두 청량음료의 맛에 심각한 차이가 있는지 윌콕슨 부호순위 검정(Wilcoxon Signed Rank Test)을 실시하고자 한다. 다음 중 윌콕슨 분호순위 통계량의 관측값(W^+)을 올바르게 구한 것은?

A	57	62	63	69	63	74	56	69
B	59	57	66	68	67	72	53	63
$A-B$	−2	5	−3	1	−4	2	3	6

① 17 ② 23

③ 65.5 ④ 71.5

해설

D : 교육 후 토익점수 - 교육 전 토익점수 ②

R_i : $|A_i - B_i|$의 순위, 만약 순위가 같다면 같은 순위에 있는 것의 평균을 순위로 할당한다.

W^+ : 플러스 부호를 가진 순위의 합계

A	57	62	63	69	63	74	56	69
B	59	57	66	68	67	72	53	63
$A-B$	−2	5	−3	1	−4	2	3	6
R_i	2.5	7	4.5	1	6	2.5	4.5	8
W^+	$7+1+2.5+4.5+8=23$							

7. 다음은 5명의 직원을 대상으로 점심식사 전과 후의 자극에 대한 반응시간을 조사하였다. 점심식사 후 반응시간이 점심식사 전 반응시간보다 길다고 할 수 있는지를 윌콕슨 부호순위 검정을 이용할 때 검정 통계량의 값은?

점심식사 전(X)	10	11	8	13	8
점심식사 후(Y)	20	23	22	10	13

① 1　　② 2

③ 3　　④ 4

해설

D : $X-Y$ ①

R_i : $|X-Y|$의 순위, 만약 순위가 같다면 같은 순위에 있는 것의 평균을 순위로 할당한다.

W^+ : 플러스 부호를 가진 순위의 합계

X	10	11	8	13	8
Y	20	23	22	10	13
$X-Y$	−10	−12	−14	3	−5
R_i	3	4	5	1	2
W^+	1				

연습문제

8. 두 집단 A, B의 평균이 같은지, 다른지를 검정하는 데 집단 A에서 추출한 개체의 관찰값은 1, 5, 7이고, 집단 B에서 추출한 개체의 관찰값은 2, 3이라고 한다. Wilcoxon의 순위합검정을 수행한다고 할 때, 집단 표본의 순위합은?

① 1 ② 5

③ 9 ④ 10

해설

[윌콕슨 순위합 통계량 표] ④

A, B 자료	1	5	7	2	3
순위	1	4	5	2	3
W	$1+4+5=10$				

9. 체중이 비슷한 7명의 여성들에게 A와 B 두 가지 다이어트 방법을 무작위로 한 달간 적용한 후 체중감소량을 측정한 결과이다(단위: kg). 방법 B가 방법 A보다 더 효과적이었는지에 대한 방법 B의 윌콕슨 순위합 검정 통계량으로 옳은 것은?

방법 A	6	1	4	2
방법 B	3	2	7	

① 11 ② 11.5

③ 13.5 ④ 14

해설

[윌콕슨 순위합 검정 통계량 표] ③

방법 A(순위)	6(6)	1(1)	4(5)	2(2.5)	
방법 B(순위)	3(4)	2(2.5)	7(7)		
윌콕슨 검정 통계량	$4+2.5+7=13.5$				

10. 처음으로 위암에 걸린 환자에 대해 다음 두 가지 치료방법에 따라 생존연수가 달라지는지 알아보기 위해 의학 연구자가 조사한 결과가 다음과 같다.

치료법 X 하에서 생존연수	3.5	4.5	5.6	
치료법 Y 하에서 생존연수	4.3	6.0	11.3	12.0

치료법에 따라 생존연수의 차이가 있는지를 윌콕슨 순위합 검정법을 이용할 때 검정 통계량의 값은 얼마인가?

① 5 ② 6

③ 7 ④ 8

해설

[윌콕슨 순위합 검정 통계량 표] ④

치료법 X 하에서 생존연수(순위)	3.5 (1)	4.5 (3)	5.6 (4)	
치료법 Y 하에서 생존연수(순위)	4.3 (2)	6.0 (5)	11.3 (6)	12.0 (7)
윌콕슨 검정 통계량	$1+3+4=8$			

11. A씨와 B씨에게 선호하는 국내 여행지 순위를 다음 표와 같이 받았다. 스피어만의 상관계수는?

구 분	서 울	경 기	강 원	충 청	전 라	경 상	제 주
A씨	1	3	6	5	7	4	2
B씨	2	6	3	7	5	4	1

① 0.45 ② 0.50

③ 0.55 ④ 0.60

해설

[각 순위에 대한 편차제곱합 표]

구 분	서 울	경 기	강 원	충 청	전 라	경 상	제 주
A씨	1	3	6	5	7	4	2
B씨	2	6	3	7	5	4	1
d_i	−1	−3	3	−2	2	0	1
d_i^2	1	9	9	4	4	0	1

∴ 스피어만의 순위상관계수 : $r_s = 1 - \frac{6\sum d_i^2}{n^3 - n} = 1 - \frac{6 \times 28}{343 - 7} = 0.5$ ②

연습문제

12. 다음 주어진 표는 5명의 학생의 성적순위 X와 체력순위 Y를 나타낸 것이다. X, Y 사이와 스피어만의 순위상관계수는 얼마인가?

학 생	학생1	학생2	학생3	학생4	학생5
학업순위(X)	1	2	3	4	5
체력순위(Y)	3	1	4	2	5

① 0.25　　② −0.25

③ 0.5　　④ −0.5

해설

[각 순위에 대한 편차제곱합 표]

학 생	학생1	학생2	학생3	학생4	학생5
학업순위(X)	1	2	3	4	5
체력순위(Y)	3	1	4	2	5
d_i	−2	1	−1	2	0
d_i^2	4	1	1	4	0

스피어만의 순위상관계수 : $r_s = 1 - \frac{6\sum d_i^{\,2}}{n^3 - n} = 1 - \frac{6 \times 10}{125 - 5} = 0.5$　③

13. 다음은 에어컨을 제조하는 다섯 회사에 대하여 품질과 가격을 조사한 순위(Rank) 자료이다. 품질과 가격의 스피어만 상관계수를 구하면?

에어컨	A	B	C	D	E
품 질	1	2	3	4	5
가 격	1	2	5	4	3

① 0.4　　② 0.5

③ 0.6　　④ 0.7

해설

[각 순위에 대한 편차제곱합 표]

에어컨	A	B	C	D	E
품 질	1	2	3	4	5
가 격	1	2	5	4	3
d_i	0	0	−2	0	2
d_i^2	0	0	4	0	4

스피어만의 순위상관계수 : $r_s = 1 - \frac{6\sum d_i^{\,2}}{n^3 - n} = 1 - \frac{6 \times 8}{125 - 5} = 0.6$　③

연습문제 해답

STATISTICS

CHAPTER 01

1. 표본, 모집단

2. (1) 모집단 : D대학 내 군대 다녀온 모든 복학생과 다녀오지 않은 모든 2학년 남학생의 체중
   표본 : D대학 내 군대 다녀온 모든 복학생 중 50명과 다녀오지 않은 모든 학년 남학생 중 50명의 체중
   (2) 모집단 : 유가증권시장과 코스닥시장 내 모든 증권의 수익률
   표본 : 유가증권시장과 코스닥시장 내 50개 증권의 수익률
   (3) 모집단 : D대학 개교 후 남녀 학생 합격률
   표본 : 과거 십 년간 D대학 남녀 학생 합격률
   (4) 모집단 : 모든 은행과 제2금융권의 주택담보 대출 규모
   표본 : 모든 은행과 50개의 제2금융권의 주택담보 대출 규모

3. (1) 모집단 : 지하철에서의 스마트폰 이용자 전체, 표본 : 무작위로 뽑힌 100명
   (2) 모집단 : 전국 200개 품목의 소비자 물가, 표본 : 200개 품목 3,000군데의 소비자 물가
   (3) 모집단 : 동해, 서해, 남해의 민박가격, 표본 : 표본으로 뽑힌 민박 가격
   (4) 모집단 : 학생들의 세 종류 피자맛 선호도, 표본 : 학생 20명의 세 가지 피자의 선호도

4. (1) 양적 (2) 질적
   (3) 양적 (4) 양적
   (5) 질적

5. (1) 양적 (2) 질적
   (3) 양적 (4) 양적
   (5) 질적

6. (1) 질적 (2) 양적
   (3) 양적 (4) 양적
   (5) 양적

CHAPTER 02

1.

혈액형	도수	상대도수
O	16	0.40
A	18	0.45
B	4	0.10
AB	2	0.05
합계	40	1.00

```
> #practicel
> data<-c('O','O','A','B','A','O','A','A','A','O',
+         'B','O','B','O','O','A','O','O','A','A',
+         'A','A','AB','A','B','A','A','O','O','A',
+         'O','O','A','A','A','O','A','O','O','AB')
>
> freq<-table(data)      #빈도
> prop<-prop.table(freq) #상대도수
> accum<-cumsum(prop)    #누적상대도수
> cbind(freq,prop,accum) #데이터병합
   freq prop accum
A    18 0.45  0.45
AB    2 0.05  0.50
B     4 0.10  0.60
O    16 0.40  1.00
>
> barplot(freq,main='Barplot') #barplot
> pie(freq,main='Pie chart')   #원그래프
```

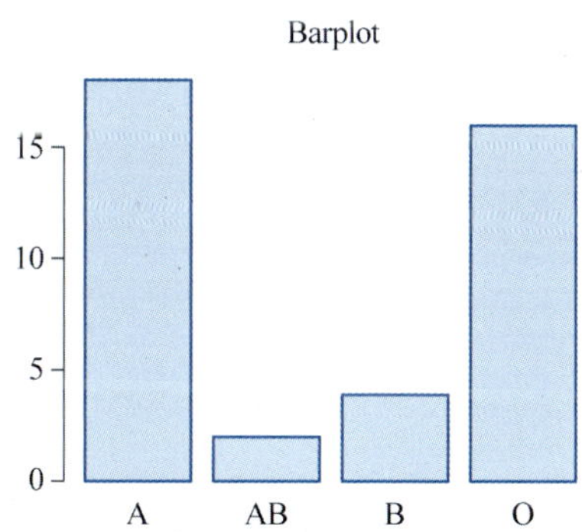

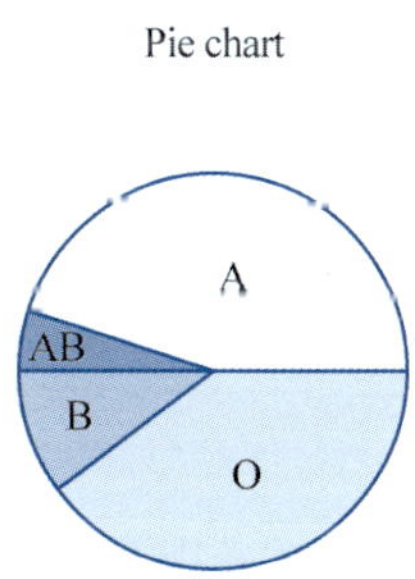

2. (1)

계급값	도수
1.0~2.0	7
2.0~3.0	3
3.0~4.0	4
4.0~5.0	4
5.0~6.0	3
6.0~7.0	5
7.0~8.0	5
8.0~9.0	6
9.0~10.0	5
도수의 총합	42

(2)

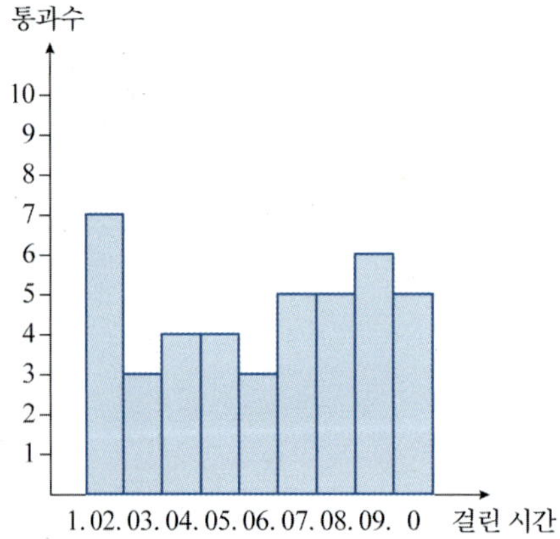

(3) $3+5+5+6+5=24$,

$\frac{24}{42}\times 100 = 57.14\cdots \fallingdotseq 57$

$\therefore 57\%$

3.
```
> #practice3
> data<-c(15,3,18,10,5,12,8,5,8,10,7,2,
+         1,5,3,5,15,10,15,9,8,18,1,2,11)
>
> dotchart(data,main='Dotchart') #점도표
```

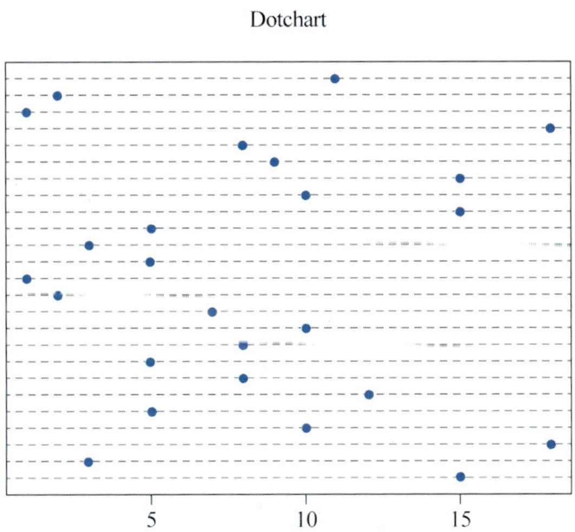

4. 생략

5. (1)

계급	도수
0.45 ~ 0.90	2
0.90 ~ 1.35	6
1.35 ~ 1.80	11
1.80 ~ 2.25	5
2.25 ~ 2.70	6

(2)

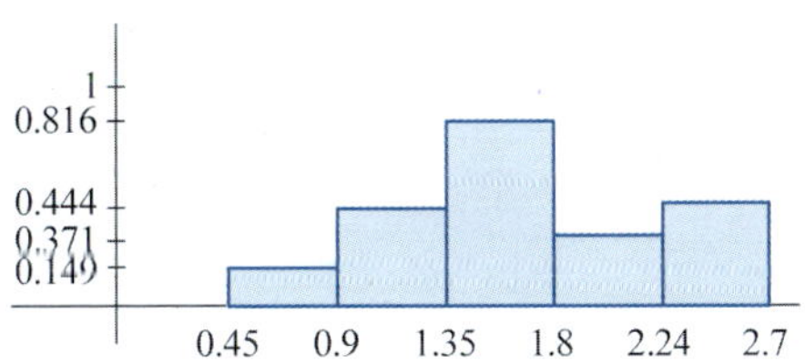

```
> #practice5
> data<-c(1.28,1.36,1.24,2.47,1.94,2.52,2.67,1.29,1.56,
+         2.66,2.17,1.57,2.10,2.54,1.63,2.11,2.57,1.72,
+         0.76,1.02,1.78,0.50,1.49,1.57,1.04,1.92,1.55,
+         1.78,1.70,1.20)
>
> data_cut<-cut(data,breaks=seq(0.45,2.7,0.45)) #데이터분할
> freq<-table(data_cut) #빈도
> prop<-prop.table(freq)#상대도수
> accum<-cumsum(prop)   #누적상대도수
> cbind(freq,prop,accum,accum_per=accum*100) #데이터병합
           freq       prop      accum  accum_per
(0.45,0.9]    2 0.06666667 0.06666667   6.666667
(0.9,1.35]    6 0.20000000 0.26666667  26.666667
(1.35,1.8]   11 0.36666667 0.63333333  63.333333
(1.8,2.25]    5 0.16666667 0.80000000  80.000000
(2.25,2.7]    6 0.20000000 1.00000000 100.000000
>
> hist(data,breaks=seq(0.45,2.7,0.45),right=FALSE)#히스토그램
```

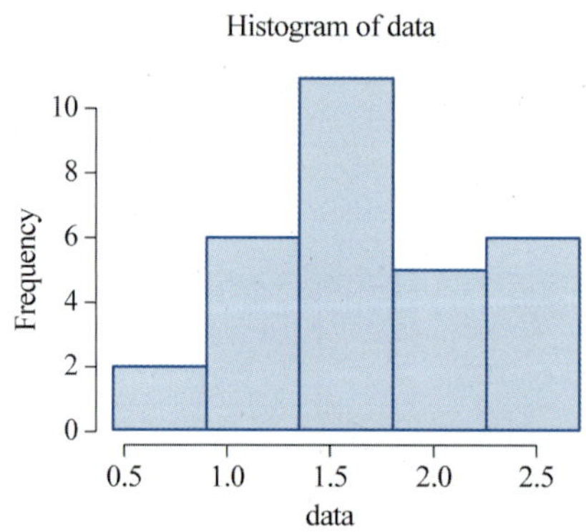

6.

0	6
1	223445567777889
2	000000222445567799
3	022444566
4	1167
5	12

```
> #practice6
> data<-c(20,18,25,26,17,14,20,14,18,15,22,15,17,25,22,
+         12,52,27,24,41,34,20,17,20,19,20,16,20,15,34,
+         22,29,29,34,27,13,6,24,47,32,12,17,36,35,41,
+         36,32,46,30,51)
> stem(data,scale=0.9) #줄기잎그림

  The decimal point is 1 digit(s) to the right of the |

  0 | 6
  1 | 2234455567777889
  2 | 0000002222445567799
  3 | 022444566
  4 | 1167
  5 | 12
```

7. 생략

8. 이때 점도표는 다음과 같고 100과 110 사이의 점에 대해 거의 대칭임을 알 수 있다.

```
> #practice8
> data<-c(95,120,117,99,110,107,125,98,85,127,105,114,
+         103,112,92,101,122,120)
> dotchart(data) #점도표
```

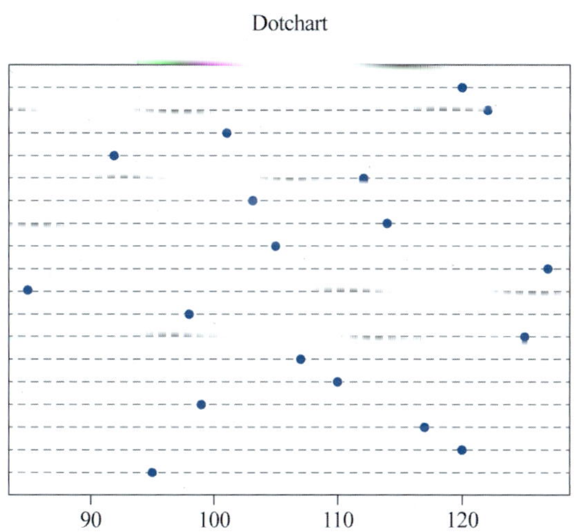

9. (1) 대통령 취임 나이에 대한 도수분포표

계급	도수	상대도수	누적도수	상대 누적도수
40 ~ 44	2	2/43=0.047, 4.7%	2	2/43=0.047, 4.7%
45 ~ 49	6	6/43=0.140, 14%	8	8/43=0.186, 18.6%
50 ~ 54	13	13/43=0.302, 30.2%	21	21/43=0.488, 48.8%
55 ~ 59	12	12/43=0.279, 27.9%	33	33/43=0.767, 76.7%
60 ~ 64	7	7/43=0.163, 16.3%	40	40/43=0.930, 93.0%
65 ~ 69	3	3/43=0.070, 7.0%	43	43/43=1.000, 100%
합	43			

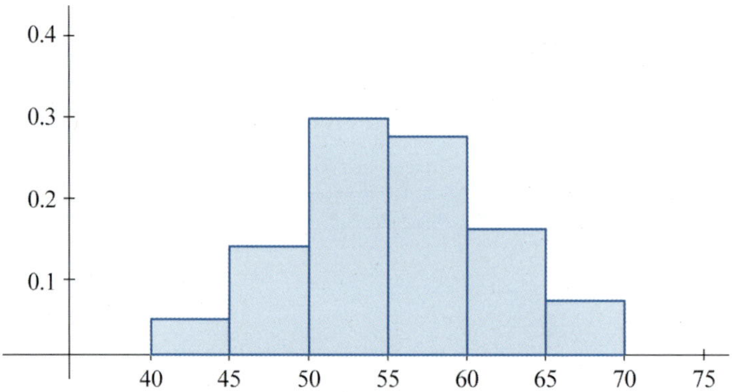

대통령 취임 나이에 대한 히스토그램

(2) 분포형태는 55세를 중심으로 대칭형태이다. 또 범위는 27세이다.

(3) 가장 젊은 대통령은 루즈벨트로 42세이고, 가장 나이가 많은 대통령은 레이건으로 69세이다.

10. 평균 : 26.75

중앙값 : 25

11. (1)

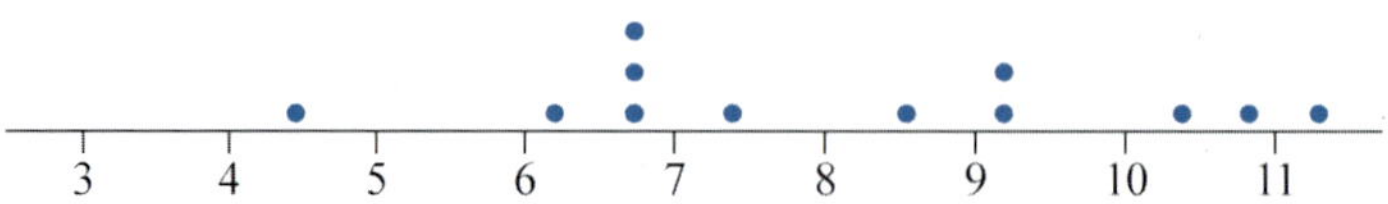

(2) 평균 : 8.178, 중앙값 : 7.925

(3) $Q_1 = 6.71$, $Q_3 = 9.75$

12. (2) 분산 = 18.67, 표준편차 = 4.32

13. (1) $Q_2 = 153$

(2) $Q_1 = 135.5$, $Q_3 = 166.5$

14. (1) 68.4

(2) 68.34

(3) 2.42

```
> #practice14
> data<-c(66.9,66.2,71.0,68.6,65.4,68.4,71.9)
> #1
> median(data)
[1] 68.4
> #2
> mean(data)
[1] 68.34286
> #3
> sd(data)
[1] 2.419268
```

15. (1)

줄기	잎	도수
0	22233457	8
1	023558	6
2	035	3
3	03	2
4	057	3
5	0569	4
6	0005	4

(2)

계급구간	중간점	도수	상대도수
0.0 ~ 0.9	0.45	8	0.267
1.0 ~ 1.9	1.45	6	0.200
2.0 ~ 2.9	2.45	3	0.100
3.0 ~ 3.9	3.45	2	0.067
4.0 ~ 4.9	4.45	3	0.100
5.0 ~ 5.9	5.45	4	0.133
6.0 ~ 6.9	6.45	4	0.133

(3) 표본평균 = 2.7967, 표본범위 = 6.3, 표본표준편차 = 2.2273

16. (1) 총도수 $N = 30$

계급값	도수
1.5~2.0	3
2.0~2.5	5
2.5~3.0	10
3.0~3.5	6
3.5~4.0	3
4.0~4.5	3
도수의 총합	30

(2)

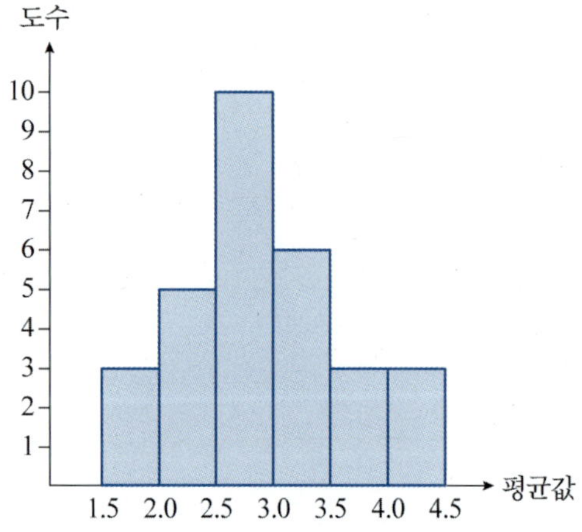

(3) 평균 = 2.866667 ≒ 2.87, 중위수 = 2.7

(4) $Q_1 = 2.4$, $Q_3 = 3.4$

(5)

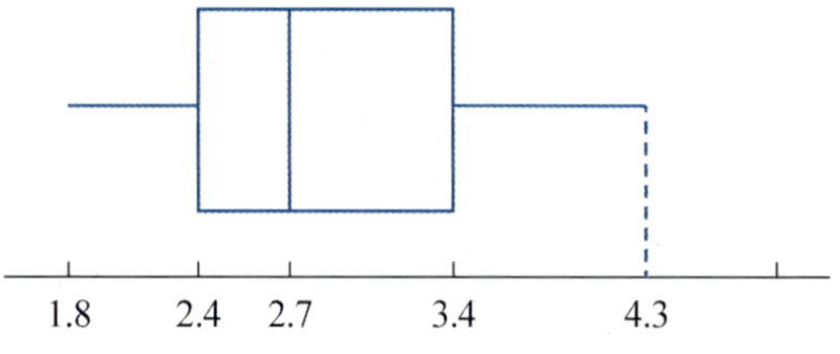


```
> #practice16
> data<-c(2.6,1.8,2.6,3.7,1.9,4.2,3.8,2.1,2.7,
+         3.0,4.0,2.4,2.3,4.3,3.1,2.6,2.6,2.5,
+         2.7,2.7,2.9,3.4,1.9,2.3,3.3,2.2,3.5,
+         3.0,2.5,3.4)
```

```
> #1
> data_cut<-cut(data,breaks=seq(1.5,4.5,0.5)) #데이터분할
> freq<-table(data_cut) #빈도
> prop<-prop.table(freq)#상대도수
> accum<-cumsum(prop)   #누적상대도수
> cbind(freq,prop,accum,accum_per=accum*100) #데이터병합
          freq       prop     accum accum_per
(1.5,2]      3 0.10000000 0.1000000  10.00000
(2,2.5]      7 0.23333333 0.3333333  33.33333
(2.5,3]     10 0.33333333 0.6666667  66.66667
(3,3.5]      5 0.16666667 0.8333333  83.33333
(3.5,4]      3 0.10000000 0.9333333  93.33333
(4,4.5]      2 0.06666667 1.0000000 100.00000
> #2
> barplot(freq) #barplot
```

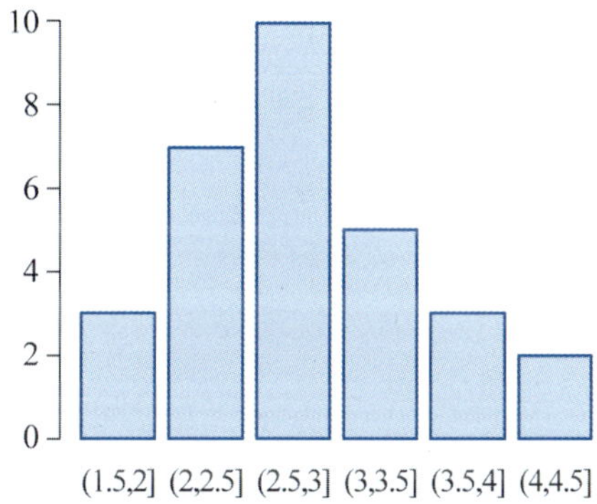


```
> #3
> mean(data) #평균
[1] 2.866667
> median(data) #중위수
[1] 2.7
> #4
> quantile(data,0.75) #75%분위수
  75%
3.375
> quantile(data,0.25) #25%분위수
  25%
2.425
> #5
> boxplot(data,main="Boxplot")
```

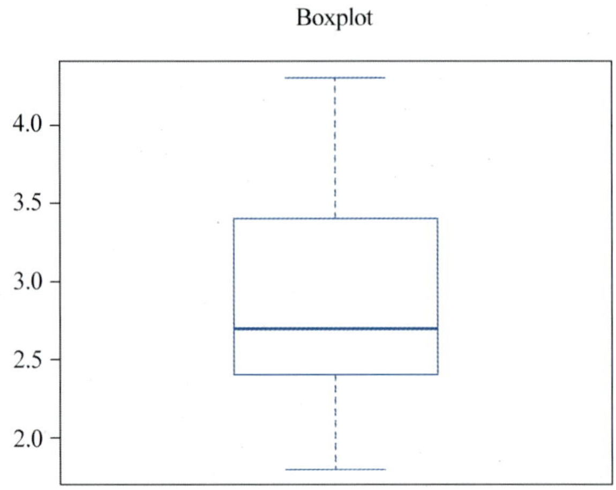

17. (1)

		#
9	24478	5
8	244899	6
7	23467	5
6	34557	5
5	039	3
4	0135	4
3	1135	4
2	178	3
1	1123667	7

+------------+-------------+

(2) 평균 = 5.52391, 중위수 = 6.1, 최빈값 = 1.1

(3) 범위 = 8.7, 표준편차 = 2.863037

18.
```
> #practice18
> num<-1:20
> sex<-c(1,1,2,1,2,2,2,1,1,1,1,1,1,1,1,1,1,1,2,1)
> grade<-c(4,1,2,1,1,1,3,1,1,1,1,1,1,1,2,1,1,2,1,3)
> career<-c(1,2,4,3,1,1,4,2,2,3,2,2,1,3,4,1,3,2,1,1)
> test<-c(52,95,95,88.5,80,90,68,88,87,76,92.5,44,68,
+         88,91,84.5,68,83,74,68)
> expect<-c(2,1,1,1,1,1,3,1,1,2,1,4,2,1,1,1,3,1,2,3)
> money<-c(35,33,28,30,40,50,45,40,38,20,35,46,36,55,
+          65,50,45,52,40,18)

> data<-data.farme(num,sex,grade,career,test,expect,money)
> data
   num sex grade career test expect money
1    1   1     4      1 52.0      2    35
2    2   1     1      2 95.0      1    33
3    3   2     2      4 95.0      1    28
4    4   1     1      3 88.5      1    30
5    5   2     1      1 80.0      1    40
6    6   2     1      1 90.0      1    50
7    7   2     3      4 68.0      3    45
8    8   1     1      2 88.0      1    40
9    9   1     1      2 87.0      1    38
10  10   1     1      3 76.0      2    20
11  11   1     1      2 92.5      1    35
12  12   1     1      2 44.0      4    46
13  13   1     1      1 68.0      2    36
14  14   1     1      3 88.0      1    55
15  15   1     2      4 91.0      1    65
16  16   1     1      1 84.5      1    50
17  17   1     1      3 68.0      3    45
18  18   1     2      2 83.0      1    52
19  19   2     1      1 74.0      2    40
20  20   1     3      1 68.0      3    18

> #1
> freq<-table(data$career) #빈도
> prop<-prop.table(freq)#상대도수
> accum<-cumsum(prop)    #누적상대도수
> cbind(freq,prop,accum,accum_per=accum*100) #데이터병합
  freq prop accum accum_per
1    7 0.35  0.35        35
2    6 0.30  0.65        65
3    4 0.20  0.85        85
4    3 0.15  1.00       100
> barplot(freq) #barplot
> pie(freq,main='Career Pie') #PieChart
```

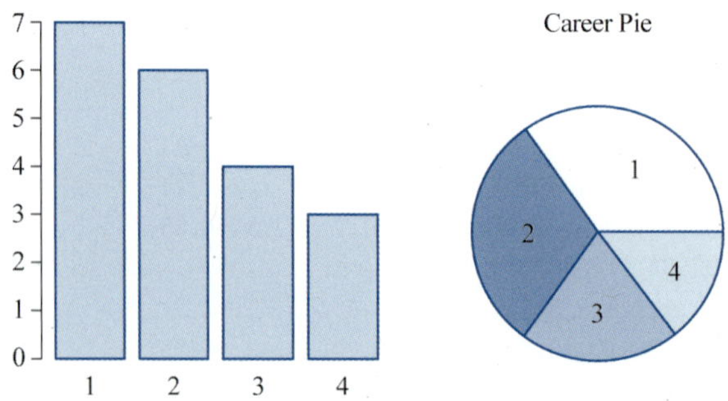


```
> #2
> stem(data$test,scale=1.1) #줄기잎그림

  The decimal point is 1 digit(s) to the right of the |

  4 | 4
  5 | 2
  6 | 8888
  7 | 46
  8 | 0357889
  9 | 01355

> #3
> mean(data$money) #평균
[1] 40.05
> var(data$money) #분산
[1] 132.9974
> sd(data$money) #표준편차
[1] 11.53245
> quantile(data$money) #사분위수
  0%  25%  50%  75% 100%
18.0 34.5 40.0 47.0 65.0

> #남성
> mean(data[data$sex==1,]$money) #평균
[1] 39.86667
> var(data[data$sex==1,]$money) #분산
[1] 161.2667
> sd(data[data$sex==1,]$money) #표준편차
[1] 12.69908
> quantile(data[data$sex==1,]$money) #사분위수
  0%  25%  50%  75% 100%
  18   34   38   48   65
```

```
> #여성
> mean(data[data$sex==2,]$money) #평균
[1] 40.6
> var(data[data$sex==2,]$money) #분산
[1] 66.8
> sd(data[data$sex==2,]$money) #표준편차
[1] 8.173127
> quantile(data[data$sex==2,]$money) #사분위수
  0%  25%  50%  75% 100%
  28   40   40   45   50

> #4
> append<-data$test*0.4 #0.4(기여도)곱
> data<-data.frame(data,middle_contribution=append) #중간고사기여도추가
> data
   num sex grade career test expect money middle_contribution
1    1   1     4      1 52.0      2    35                20.8
2    2   1     1      2 95.0      1    33                38.0
3    3   2     2      4 95.0      1    28                38.0
4    4   1     1      3 88.5      1    30                35.4
5    5   2     1      1 80.0      1    40                32.0
6    6   2     1      1 90.0      1    50                36.0
7    7   2     3      4 68.0      3    45                27.2
8    8   1     1      2 88.0      1    40                35.2
9    9   1     1      2 87.0      1    38                34.8
10  10   1     1      3 76.0      2    20                30.4
11  11   1     1      2 92.5      1    35                37.0
12  12   1     1      2 44.0      4    46                17.6
13  13   1     1      1 68.0      2    36                27.2
14  14   1     1      3 88.0      1    55                35.2
15  15   1     2      4 91.0      1    65                36.4
16  16   1     1      1 84.5      1    50                33.8
17  17   1     1      3 68.0      3    45                27.2
18  18   1     2      2 83.0      1    52                33.2
19  19   2     1      1 74.0      2    40                29.6
20  20   1     3      1 68.0      3    18                27.2
```

CHAPTER 03

1. $\dfrac{7!}{2!3!}=420$

2. ${}_4P_4=4!=24$

3. $\dfrac{5}{7+5}=\dfrac{5}{12}$

4. $\dfrac{10}{21}$

5. ${}_5P_3=60$

6. ${}_5\Pi_4=5^4=625$

7. $4!\times 2=48$

8. $(3-1)!\times 2\times 2\times 2=16$(가지)

9. ${}_7C_3=35$

10. 상수항은

$${}_6C_r(3x^2)^{6-r}\left(-\frac{1}{x}\right)^r=(-1)^r\,{}_6C_r\,3^{6-r}\,x^{12-3r}$$

이다. $12-3r=0$이므로 $r=4$ 따라서 상수항은 135

11. ${}_6C_r(x^2)^{6-r}\left(-\dfrac{2}{x}\right)^r=(-2)^r\,{}_6C_r\,x^{12-3r}$이므로

$12-3r=3,\ \ r=3$. 계산하면

$-2^3\,{}_6C_3=-\dfrac{6!}{3!3!}=-160$

12. (1) $_nC_0+{}_nC_1+{}_nC_2+{}_nC_3+\cdots+{}_nC_n=2^n$ 이므로

$_nC_1+{}_nC_2+{}_nC_3+\cdots+{}_nC_n=2^n-1$

따라서 문제의 주어진 식은 $2^n-1=31$

$2^n=32,\ n=5$

(2) $_nC_0+{}_nC_1+{}_nC_2+{}_nC_3+\cdots+{}_nC_n=2^n$ 이므로 $2000<2^n-1<3000$

$2^{10}=1024,\ 2^{11}=2048,\ 2^{12}=2096$

이므로 $n=11$

13. $\dfrac{9!}{3!4!2!}=1260$

14. 이것은 A승차권 3매, B승차권 2매, C승차권 5매를 일렬로 세우는 방법과 같으므로

$\dfrac{10!}{3!2!5!}=2520$ [가지]

15. $P=\dfrac{10!}{4!3!3!}(0.5)^4(0.3)^3(0.2)^3$

16. $P=\dfrac{9!}{3!3!1!2!}(0.4)^3(0.2)^3(0.3)^1(0.1)^2$

17. (1) $P(A')=1-0.2=0.8$

(2) $P(A'\cap B')=1-P(A\cup B)=1-0.2-0.35=0.45$

(3) $P(A\cup B)=0.2+0.35=0.55$

18. $P(B|A)=\dfrac{P(A\cap B)}{P(A)}=\dfrac{0.6}{0.9}=\dfrac{2}{3}$

19. 뽑은 공이 붉은 공일 사상을 A, 그 공이 제 1상자로부터 나왔을 사상을 A_1, 그 공이 제 2상자로부터 나왔을 사상을 A_2, 그 공이 제 3상자로부터 나왔을 사상을 A_3라 하면 베이스(Bayes)의 공식에 의하여

$$P(A_2|A)=\frac{P(A_2)P(A|A_2)}{P(A_1)P(A|A_1)+\cdots+P(A_3)P(A|A_3)}=\frac{\frac{1}{3}\times\frac{1}{6}}{\frac{1}{3}\times\frac{3}{8}+\frac{1}{3}\times\frac{1}{6}+\frac{1}{3}\times\frac{4}{9}}=\frac{12}{71}$$

이다.

20. $P(A)=\frac{1}{2}$,　$P(B)=\frac{1}{6}$ 이므로,

$\therefore P(\overline{B})=1-P(B)=1-\frac{1}{6}=\frac{5}{6}$

$P(A\cap B)=\frac{1}{2}\times\frac{1}{6}=\frac{1}{12}$ 이므로,

$$(B|A)=\frac{P(A\cap B)}{P(A)}=\frac{\frac{1}{2}\times\frac{1}{6}}{\frac{1}{2}}=\frac{1}{6}$$

21. $1-\frac{6}{16}\times\frac{5}{15}=\frac{7}{8}$

22. $$P(\text{암질환}|\text{담배})=\frac{P(\text{암질환}\cap\text{담배})}{P(\text{담배})}=\frac{\frac{360}{1000}}{\frac{560}{1000}}=0.64$$

23. E : 취업자가 뽑힐 사건

A : 로터리 클럽 회원을 뽑는 사건

$P(E|A)=\frac{P(E\cap A)}{P(A)}$, $A=(E\cap A)\cup(E'\cap A)$, $P(A)=P(E\cap A)+P(E'\cap A)$

따라서 $P(E|A)=\frac{P(E\cap A)}{P(E\cap A)+P(E'\cap A)}$

$P(E\cap A)=\frac{36}{900}=\frac{1}{25}$, $P(E'\cap A)=\frac{12}{900}=\frac{1}{75}$

$$P(E|A)=\frac{\frac{1}{25}}{\frac{1}{25}+\frac{1}{75}}=\frac{3}{4}$$

24. C : 한 사람이 암에 걸렸을 사건

D : 한 사람이 암에 걸렸다고 진단할 사건

(1) $P(C)=0.05,\ P(D|C)=0.78,$

$P(C')=0.95,\ P(D|C')=0.06$

따라서

$P(D)=P(C\cap D)+P(C'\cap D)=(0.05)(0.78)+(0.95)(0.06)=0.096$

(2) $P(C|D)=\dfrac{P(C\cap D)}{P(D)}=\dfrac{0.05\times 0.78}{0.096}=0.40625$

25. 문제로부터 $P(P_1)=0.30$, $P(P_2)=0.20$,

$P(P_3)=0.50$이고, 우리가 구할 확률은

$P(P_j|D)$이다. 베이즈 정리로부터

$$P(P_1|D)=\frac{P(P_1)P(D|P_1)}{P(P_1)P(D|P_1)+\cdots+P(P_3)P(D|P_3)}$$
$$=\frac{(0.3)(0.01)}{(0.3)(0.01)+(0.2)(0.03)+(0.5)(0.02)}$$
$$=\frac{0.003}{0.019}=0.158$$

이다. 비슷한 방법으로

$P(P_2|D)=\dfrac{(0.2)(0.03)}{0.019}=0.316\ P(P_3|D)=\dfrac{(0.5)(0.02)}{0.019}=0.526$을 얻을 수 있다. 제품이 불량이었을 때 분석법 3일 조건부 확률이 세 가지 중 가장 크므로, 분석법 3을 사용했을 가능성이 가장 크다.

26. (1) $1=\sum_{x=0}^{3}c(x^2+4)=30c$, 따라서 $c=\dfrac{1}{30}$

(2) $1=\sum_{x=0}^{2}c\binom{2}{x}\binom{3}{3-x}=c\left[\binom{2}{0}\binom{3}{3}+\binom{2}{1}\binom{3}{2}+\binom{2}{2}\binom{3}{1}\right]=10c$

따라서 $c=\dfrac{1}{10}$

27. (1) $P(0<X<1)=\int_0^1 \frac{2(x+2)}{5}dx=\frac{(x+2)^2}{5}\Big|_0^1=1$

(2) $P\left(\frac{1}{4}<X<\frac{1}{2}\right)=\int_{\frac{1}{4}}^{\frac{1}{2}} \frac{2(x+2)}{5}dx=\frac{(x+2)^2}{5}\Big|_{\frac{1}{4}}^{\frac{1}{2}}=\frac{19}{80}$

28. (1) $P(X<4)=\int_2^4 \frac{2(1+x)}{27}dx=\frac{(1+x)^2}{27}\Big|_2^4=\frac{16}{27}$

(2) $P(3\le X<4)=\int_3^4 \frac{2(1+x)}{27}dx=\frac{(1+x)^2}{27}\Big|_3^4=\frac{1}{3}$

29. (1) $F(x)=\int_0^x \frac{1}{2000}\exp\left(-\frac{t}{2000}\right)dt=-\exp\left(-\frac{t}{2000}\right)\Big|_0^x=1-\exp\left(-\frac{x}{2000}\right)$

따라서, $F(x)=\begin{cases}0, & x<0\\ 1-\exp\left(-\frac{x}{2000}\right), & x\ge 0\end{cases}$

(2) $P(X>1000)=1-F(1000)=1-\left(1-\exp\left(-\frac{1000}{2000}\right)\right)=0.6065$

(3) $P(X<2000)=F(2000)=1-\exp\left(-\frac{2000}{2000}\right)=0.6321$

30. (1) $F(y)=\frac{1}{4}\int_0^y e^{-\frac{t}{4}}dt=1-e^{\frac{y}{4}}$,

따라서 $P(Y>6)=e^{-\frac{6}{4}}=0.2231$

(2) $P(Y\le 1)=1-e^{-\frac{1}{4}}=0.2212$

31. $E(X)=\int_0^1 \frac{2x(x+2)}{5}dx=\frac{8}{15}$

32. $E(X)=\int_0^1 x^2 dx+\int_1^2 x(2-x)dx=1$. 따라서 연간 평균사용시간은 $(1)(100)=100$시간

33. $E(X)=\frac{11}{2}$, $E(X^2)=\frac{93}{2}$, 따라서

$E[(2X+1)^2]=4E(X^2)+4E(X)+1=209$

34. $E(X^2)-2E(X)=9,\quad E(X^2)-4E(X)=2$

따라서 $E(X)=\dfrac{7}{2}$, $E(X^2)=16$

따라서 $\mu=\dfrac{7}{2},\quad \sigma^2=16-\left(\dfrac{7}{2}\right)^2=\dfrac{15}{4}$

35. (1) $E(Y)=\displaystyle\int_0^\infty ye^{-\frac{y}{4}}dy=4$

(2) $E(Y^2)=\displaystyle\int_0^\infty y^2e^{-\frac{y}{4}}dy=32$

$V(Y)=32-4^2=16$

36. $E(X)=\displaystyle\int_0^1 x\cdot 2xdx=\left[\frac{2}{3}x^3\right]_0^1=\frac{2}{3},\quad V(X)=\int_0^1 x^2\cdot 2x\,dx-\left(\frac{2}{3}\right)^2=\frac{1}{18}$

$E(2X+5)=2E(X)+5=\dfrac{19}{3}$

$V(2X+5)=4V(X)=\dfrac{2}{9}$

37. $E(X)=\displaystyle\sum_{x=1}^{4}xf(x)=2.4,\quad V(X)=E(X^2)-E(X)^2=\sum_{x=1}^{4}x^2f(x)-(2.4)^2=0.84$

$E[g(X)]=E(3X+2)=3E(X)+2=9.2,\quad V[g(X)]=V(3X+2)=9V(X)=7.56$

38. $E(X)=\displaystyle\int_{-\infty}^{\infty}xf(x)dx=\int_0^1 x(6x-6x^2)dx$

$\displaystyle=\left[2x^3-\frac{3}{2}x^4\right]_0^1=\frac{1}{2}$

$V(X)=\displaystyle\int_{-\infty}^{\infty}x^2f(x)dx-[E(X)]^2=\int_0^1 x^2(6x-6x^2)dx-\left(\frac{1}{2}\right)^2$

$\displaystyle=\left[\frac{3}{2}x^4-\frac{6}{5}x^5\right]_0^1-\frac{1}{4}=\frac{1}{20}$

39. $P(0\le X\le 2)=\displaystyle\int_0^2 2e^{-2x}dx=\left[-\frac{1}{2}\times 2e^{-2x}\right]_0^2=1-2^{-4}$

$\therefore P(X>2)=1-P(0\le X\le 2)=1-(1-e^{-4})=e^{-4}$

CHAPTER 04

1. $n=15,\ p=0.25$

(1) $P(3 \le X \le 6) = P(X \le 6) - P(X \le 2) = 0.9434 - 0.2361 = 0.7073$

(2) $P(X < 4) = P(X \le 3) = 0.4613$

(3) $P(X > 5) = 1 - P(X \le 5) = 0.1484$

```
> #practice4.1
> p=0.25 ; n=15 #모수설정
> #1
> pbinom(6,n,p)-pbinom(2,n,p)
[1] 0.7072919

> #2
> pbinom(3,n,p)
[1] 0.4612869

> #3
> 1-pbinom(5,n,p) #pbinom(5,n,p,lower.tail=FALSE)
[1] 0.1483681
```

2. $n=8,\ p=0.60$

(1) $P(X=6) = \binom{8}{6}(0.6)^6(0.4)2 = 0.2090$

(2) $P(X=6) = P(X \le 6) - P(X \le 5) = 0.8936 - 0.6846 = 0.2090$

3. $n=20,\ p=0.90$

(1) $P(X=18) = P(X \le 18) - P(X \le 17) = 0.6083 - 0.3231 = 0.2852$

(2) $P(X \ge 15) = 1 - P(X \le 14) = 0.9887$

```
> #practtce4.3
> p=0.9 ; n=20 #모수설정
> #1
> dbinom(18,n,p)
[1] 0.2851798

> #2
> 1-pbinom(14,n,p) #pbinom(14,n,p,lower.tail=FALSE)
[1] 0.9887469
```

4. (1) $\dfrac{\binom{2}{1}\binom{13}{4}}{\binom{15}{5}}=0.4762$ (2) $\dfrac{\binom{2}{2}\binom{13}{3}}{\binom{15}{5}}=0.0952$

5. (1) $\dfrac{\binom{3}{0}\binom{17}{5}}{\binom{20}{5}}=0.3991$ (2) $\dfrac{\binom{3}{2}\binom{17}{3}}{\binom{20}{5}}=0.1316$

```
> #practice4.5
> #1
> dhyper(x=0,m=3,n=17,k=5) #m=실제위반수,n=비위반수,k=추출수,x=경우의수
[1] 0.3991228

> #2
> dhyper(x=2,m=3,n=17,k=5) #m=실제위반수,n=비위반수,k=추출수,x=경우의수
[1] 0.1315789
```

6. 평균이 2인 포아송분포

(1) $P(X \leq 4) = 1 - P(X \leq 3) = 0.1429$

(2) $P(X=0) = p(0;2) = 0.1353$

7. (1) $P(X \leq 3) = 0.2650$

(2) $P(X > 1) = 1 - P(X < 1) = 1 - 0.0404 = 0.9596$

```
> #practice4.7
> lambda=5 #모수설정
> #1
> ppois(3,lambda)
[1] 0.2650259

> #2
> 1-ppois(1,lambda) #ppois(1,lambda,lower.tail=FALSE)
[1] 0.9595723
```

8. (1) $\lambda = 14$

(2) $P(X > 10|\lambda = 14) = 1 - 0.1757 = 0.8283$

9. 기하분포를 사용하면

(1) $P(X=3)=(0.7)(0.3)^2=0.0630$

(2) $P(X<4)=\sum_{x=1}^{3}(0.7)(0.3)^{x-1}=0.9730$

```
> #practice4.9
> #1
> dgeom(x=2,prob=0.7) #실패(x)=2번
[1] 0.063

> #2
> pgeom(2,prob=0.7) #x=(0,1,2)의 합
[1] 0.973
```

10. (1) $P(X=5)=\frac{e^{-3}3^5}{5!}=0.1008$ (2) $P(X<3)=0.4232$

11. (1) 0.9236 (2) $1-0.1867=0.8133$

(3) 0.2424 (4) 0.0823

(5) 0.0250 (6) 0.6435

```
> #practice4.11
> #1
> pnorm(1.43)
[1] 0.9236415

> #2
> 1-ponrm(-0.89) #pnorm(-0.89,lower.tail=FALSE)
[1] 0.8132671

> #3
> pnorm(2.16)-pnorm(0.65)
[1] 0.2424598

> #4
> pnorm(-1.39)
[1] 0.08226444

> #5
> 1-pnorm(1.96) #pnorm(1.96,lower.tail=FALSE)
[1] 0.0249979

> #6
> pnorm(1.74)-pnorm(-0.48)
[1] 0.6434568
```

12. (1) 분포표에 따르면 $k=1.72$

(2) $P(Z>k)=0.2946$ 따라서

$P(Z<k)=0.7054$. 따라서 분포표에 따르면, $k=0.54$

(3) $P(Z<-0.93)=0.1762$

$0.1762+0.7235=0.8997$ 따라서

$k=1.28$

13. $P(Z<2.3)=P(Z<-1.4)=0.0808$

```
> #practice4.13
> mu=3; sd=0.5 #모수설정
> pnorm(2.3,mu,sd)
[1] 0.08075666
```

14. $P(778<X<834)=P(-0.55<Z<0.85)=0.8023-0.2912=0.5111$

15. $P(2.99<X<3.01)=P(-2.0<Z<2.0)=0.9545$이므로 $1-0.9545 \;\; =0.0456$

```
> #practice4.15
> mu=3 ; sd=0.005 #모수설정
> 1-(pnorm(3.01,mu,sd)-pnorm(2.99,mu,sd))
[1] 0.04550026
```

16. $P(Z\leq -1.88)=0.03$이므로

$z=-1.88$ $x=(2)(-1.88)+10=6.24$(년)

```
> #practice4.16
> mu=10 ; sd=2 #모수설정
> qnorm(0.03,mu,sd)
[1] 6.238413
```

17.
```
> #practicc4.17
> #1
> mu=10000 ; sd=100 #모수설성
> 1 pnorm(10175,mu,sd) #pnorm(10175,mu,sd,lower.tail=FALSE)
[1] 0.04005916

> #2
> p1<-1-pnorm(10225,mu,sd)#pnorm(10225,mu,sd,lower.tail=FALSE)
> p2<-pnorm(9775,mu,sd)
> p1+p2
[1] 0.02444895
```

(1) $z=(10{,}175-10{,}000)/100=1.75$

10,175kg을 초과할 확률은

$P(X>10{,}175)=P(Z>1.75)=0.0401$

(2) $z_1=(9{,}775-10{,}000)/100=-2.25$

$z_2=(10{,}225-10{,}000)/100=2.25$

불량률은

$P(X<9{,}775)+P(X>10{,}225)=P(Z< -2.25)+P(Z>+2.25)=0.0244$

18. (1) $P(X>7)=\dfrac{10-7}{10}=0.3$ (2) $P(2<X<7)=\dfrac{7-2}{10}=0.5$

19. (1) $n=100, p=0.01,\ \mu=100\times0.01=1$

$\sigma=\sqrt{100\times0.01\times0.99}=0.995$

$P(X\le 0)=P(X\le 0.5)=P\left(Z\le \dfrac{0.5-1}{0.995}\right)=P(Z\le -0.503)=0.3076$

(2) $n=100$

$p=0.05, \mu=(100)(0.05)=5$

$\sigma=\sqrt{(100)(0.05)(0.95)}=2.1794$

따라서 $z=(0.5-5)/2.18=-2.06$

$P(X\le 0)\approx P(X\le -2.06)=0.0195$

```
> #practice4.19
> #1
> p=0.01 ; n=100 #모수설정
> pbinom(0,n,p)
[1] 0.3660323
> mu=n*p ; sd=sqrt(n*p*(1-p)) #모수설정
> pnorm(0.5,mu,sd)
[1] 0.3076513

> #2
> p=0.05 ; n=100 #모수설정
> pbinom(6,n,p)
[1] 8.805920529
> mu=n*p ; sd=sqrt(n*p*(1-p)) #모수설정
> pnorm(0.5,mu,sd)
[1] 0.01947373
```

20. (1) $p=0.05,\ n=100,\ \mu=5$

$\sigma=\sqrt{(100)(0.05)(0.95)}=2.1794$

따라서 $z=(2.5-5)/2.1794=-1.147$

$P(X\geq 2)\approx P(Z\geq -1.147)=0.8749$

(2) $z=(10.5-5)/2.1794=2.524$

$P(X\geq 10)\approx P(Z>2.52)=0.0059$

21. $\mu=3,\ f(x)=\dfrac{1}{3}e^{-x/3},\qquad x>0$

(1) $P(X>5)=\displaystyle\int_5^\infty \frac{1}{3}e^{-x/3}dx=\frac{1}{3}\left[-3e^{-x/3}\right]\Big|_5^\infty=e^{-5/3}=0.1889$

(2) $P(X>10)=e^{-10/3}=0.0357$

```
> #practice4.21
> #1
> 1-pexp(5,rate=1/3) #pexp(5,rate=1/3,lower.tail=FALSE)
[1] 0.1888756

> #2
> 1-pexp(10,rate=1/3) #pexp(10,rate=1/3,lower.tail=FALSE)
[1] 0.03567399
```

22. $P(X\geq 8)=\displaystyle\int_0^\infty \frac{1}{8}e^{-\frac{1}{8}x}dx=0.3679$

23. X : 기계를 수리하는 데 걸린 시간

$X\sim \exp\left(\dfrac{1}{2}\right),\ f(x)=\dfrac{1}{2}e^{-\frac{1}{2}x}$

$\displaystyle\int_2^\infty \frac{1}{2}e^{-\frac{1}{2}x}dx=-e^{-\frac{1}{2}x}\Big|_2^\infty=e^{-1}=0.3679$

```
> #practice4.23
> 1-pexp(2,rate=1/2) #pexp(2,rate=1/2,lower.tail=FALSE)
[1] 0.3678794
```

24. X가 포아송 분포를 이룰 때 $f(x)=\dfrac{\lambda^x e^{-\lambda}}{x!}$

$$P(X=1)=1-P(X=0)=1-\frac{(0.3)^0 e^{-0.3}}{0!}=1-e^{-0.3}$$

25. $P(0<Z<2)=0.4772$

$$Z=\frac{x-\mu}{\sigma}=\frac{k-100}{15}=2,\ k=130$$

```
> #practice4.25
> mu=100 ; sd=15 #모수설정
> p1=pnorm(100,mu,sd)
> qnorm(0.4772+p1,mu,sd)
[1] 129.9862
```

26. $P\left(0 \le t \le \dfrac{X-70}{10}\right)=0.5-\dfrac{60}{300}=0.3$

$$\therefore \frac{X-70}{10} \fallingdotseq 0.84,\ X=70+0.84\times 10 \fallingdotseq 78$$

27. 각 확률들은 초기하분포로 구해진다.

$$P(X=1,\ Y=1)=f(1,1)=\frac{\binom{3}{1}\binom{2}{1}\binom{1}{0}}{\binom{6}{2}}=\frac{3\times 2}{15}=\frac{6}{15}$$

마찬가지로 각 확률을 구하여 다음 표를 얻는다.

X \ Y	0	1	2	계
0	0	$\frac{2}{15}$	$\frac{1}{15}$	$\frac{3}{15}$
1	$\frac{3}{15}$	$\frac{6}{15}$	0	$\frac{9}{15}$
2	$\frac{3}{15}$	0	0	$\frac{3}{15}$
계	$\frac{6}{15}$	$\frac{8}{15}$	$\frac{1}{15}$	1

$f_X(x)$를 구하기 위하여 y의 모든 값에 대하여 합하면 된다(표의 우단). 예를 들어

$$f_X(0) = f(0, 0) + f(0, 1) + f(0, 2)$$
$$= 0 + \frac{2}{15} + \frac{1}{15} = \frac{3}{15}$$

마찬가지로

$$f_X(1) = \frac{9}{15},\ f_X(2) = \frac{3}{15}$$

Y에 관한 주변분포도 마찬가지로 구해진다.

28.

x \ y	0	1	2	계
0	0	$\frac{1}{30}$	$\frac{2}{30}$	$\frac{3}{30}$
1	$\frac{1}{30}$	$\frac{2}{30}$	$\frac{3}{30}$	$\frac{6}{30}$
2	$\frac{2}{30}$	$\frac{3}{30}$	$\frac{4}{30}$	$\frac{9}{30}$
3	$\frac{3}{30}$	$\frac{4}{30}$	$\frac{5}{30}$	$\frac{12}{30}$
계	$\frac{6}{30}$	$\frac{10}{30}$	$\frac{14}{30}$	1

(1) $P(X \le 2,\ \ Y=1)$
$$= f(0,1) + f(1,1) + f(2,1)$$
$$= \frac{1}{30} + \frac{2}{30} + \frac{3}{30} = \frac{6}{30}$$

(2) $P(X > 2,\ Y \le 1) = f(3,0) + f(3,1)$
$$= \frac{3}{30} + \frac{4}{30} = \frac{7}{30}$$

(3) $P(X > Y) = f(1,0) + f(2,0) + f(2,1)$
$$+ f(3,0) + f(3,1) + f(3,2) = \frac{18}{30}$$

(4) $P(X + Y = 4) = f(2,2) + f(3,1)$
$$= \frac{8}{30}$$

(5) X의 주변분포

x	0	1	2	3	계
$f_X(x)$	$\frac{3}{30}$	$\frac{6}{30}$	$\frac{9}{30}$	$\frac{12}{30}$	1

(6) Y의 주변분포

y	0	1	2	계
$f_Y(y)$	$\frac{6}{30}$	$\frac{10}{30}$	$\frac{14}{30}$	1

29. (1) 확률변수 X의 주변분포

$$f_X(x)=\sum_{y=1}^{3} f(x,\ y)$$
$$=f(x,\ 1)+f(x,\ 2)+f(x,\ 3)$$

x	0	1	2	계
$f_Y(y)$	0.2	0.5	0.3	1

(2) 확률변수 Y의 주변분포

$$f_Y(y)=\sum_{x=1}^{3} f(x,\ y)$$
$$=f(1,\ y)+f(2,\ y)+f(3,\ y)$$

y	0	1	2	계
$f_Y(y)$	0.1	0.35	0.55	1

(3) $P(Y=3|X=2)=f(3|2)=\dfrac{f(2,\ 3)}{f_X(2)}=0.7$

30. (1) $E[g(X,\ Y)]=E(XY^2)$

$$=\sum_x\sum_y xy^2 f(x,\ y)$$
$$=14.4$$

(2) $\mu_X=E(X)=3.20,$

$\mu_Y=E(Y)=2.0$

31.

$$E(XY)=\sum_{x=0}^{2}\sum_{y=0}^{2} xy\,f(x,y)$$
$$=(0)(0)f(0,0)+(0)(1)f(0,1)+(0)(2)f(0,2)$$
$$=(1)(0)f(1,0)+(1)(1)f(1,1)+(1)(2)f(1,2)$$
$$=(2)(0)f(2,0)+(2)(1)f(2,1)+(2)(2)f(2,2)$$
$$=0.2+2\times0.06+0.14+4\times0.3=1.66$$

또한 $\mu_X=\sum_{x=0}^{2} xf_X(x)=0(0.16)+1(0.34)+2(0.5)=1.34$ 이고

$\mu_y = \sum_{y=0}^{2} y f_Y(y) = 0(0.24) + 1(0.38) + 2(0.38) = 1.14$ 이다.

따라서, $\sigma_{XY} = E(XY) - \mu_X \mu_Y = 1.66 - 1.34 \times 1.14 = 1.5176$

32. $\mu_x = E[X] = \sum_{y=0}^{2} \sum_{x=0}^{2} x f(x, y) = \frac{3}{4}$, $\mu_y = E[Y] = \sum_{y=0}^{2} \sum_{x=0}^{2} y f(x, y) = \frac{1}{2}$

$\sigma_x^2 = V(X) = E(X^2) - E(X)^2 = \frac{45}{112}$, $\sigma_y^2 = V(Y) = E(Y^2) - E(Y)^2 = \frac{9}{28}$,

$E(XY) = \sum_{x=0}^{2} \sum_{y=0}^{2} xy f(x, y) = \frac{3}{14}$

$$
\begin{aligned}
Cov(X, Y) &= E(XY) - E(X)E(Y) \\
&= \frac{3}{14} - \frac{3}{4} \times \frac{1}{2} = -\frac{18}{112} \\
&= -\frac{9}{56}
\end{aligned}
$$

$\rho_{XY} = Corr(X, Y) = \frac{Cov(X, Y)}{\sqrt{V(X)}\sqrt{V(Y)}}$

CHAPTER 05

1. $E(\overline{X})=\mu,\ V(\overline{X})=\frac{\sigma^2}{n}$

2. (1) $\mu_{\overline{X}}=2.5,\ \sigma^2_{\overline{X}}=\frac{\sigma^2}{n}=\frac{\sigma^2}{10}=0.125$

   (2) $P(2.75 \le \overline{X} \le 3.5)=P(0.71 \le Z \le 2.82)=0.2365$

3. $P\left(\frac{75-75}{\frac{10}{\sqrt{25}}} \le Z \le \frac{79-75}{\frac{10}{\sqrt{25}}}\right)=P(0 \le Z \le 2)=0.477$

```
> #practice5.3
> mu=75 ; sd=sqrt(100/25) #모수설정
> pnorm(79,mu,sd)-pnorm(75,mu,sd)
[1] 0.4772499
```

4. $P(\overline{X} \ge 810)=P\left(Z \ge \frac{810-800}{\frac{40}{\sqrt{64}}}\right)=P(Z \ge 2)\ =0.023$

5. $P\left(\overline{X} > \frac{1458}{36}\right)=P(\overline{X} > 40.5)=P(Z > 1.5)\ =0.0668$

```
> #practice5.5
> mu=40 ; sd=2/6 ;n=36 #모수설정
> 1-pnorm(1458/n,mu,sd)#pnorm(1458/n,mu,sd,lower.tail=FALSE)
[1] 0.0668072
```

6. $P(|\overline{X}-5| \ge 0.027)=P(|Z| \ge 2.7)\ =2(0.0035)=0.007$

7. $P(\overline{X} \ge 200)=P\left(Z \ge \frac{200-187.5}{54.5}\right)=P(Z \ge 1.622)=0.0526$

```
> #practice5.7
> mu=187.5 ; sd=54.5 ; n=50 ; xbar=200 #모수설정
> 1-pnorm(xbar,mu,sd/sqrt(n))#pnorm(xbar,mu,sd/sqrt(n),lower.tail=FALSE)
[1] 0.0524226
```

8. $P(75 \leq \overline{X} \leq 95) = P\left(\frac{75-85}{\frac{37}{\sqrt{30}}} \leq Z \leq \frac{95-85}{\frac{37}{\sqrt{30}}}\right) = P(-1.48 \leq Z \leq 1.48) = 0.8611$

9. $P(\overline{X_1} - \overline{X_2} < 8.2) = P\left(Z \leq \frac{8.2-(50-40)}{\sqrt{\frac{9}{5}+\frac{4}{4}}}\right) = P(Z < -1.08) = 0.1401$

```
> #practice5.9
> mu1=50; mu2=40 ; var1=9; var2=4 #모수설정1
> mu=mu1-mu2 ; sd=sqrt(var1/5+var2/4) #모수설정2
> pnorm(8.2,mu,sd)
[1] 0.1410294
```

10. $P(48 \leq \overline{X_1} - \overline{X_2} \leq 52) = P(-2.62 < Z \leq 2.62) = 0.9912$

11. $P(\overline{X_1} - \overline{X_2} \geq 0.5) = P\left(Z \geq \frac{0.5-0}{\sqrt{\frac{1}{18}+\frac{1}{18}}}\right) = P(Z \geq 1.5) = 0.067$

```
> #practice5.11
> mu=0 ; var1=1 ; var2=1 #모수설정1
> sd=sqrt(var1/18+var2/18) #모수설정2
> 1-pnorm(0.5,mu,sd) #pnorm(0.5,mu,sd,lower.tail=FALSE)
[1] 0.0668072
```

12. $P(\overline{X_1} - \overline{X_2} \geq 1) = P\left(Z \geq \frac{1-(12.5-12)}{\sqrt{\frac{2^2}{36}+\frac{1.8^2}{49}}}\right) = P(Z \geq 1.19) = 0.117$

13. $P(-3 \leq \overline{X_1} - X_2 \leq 3) = P(-0.478 \leq Z \leq 2.392) = 0.675$

```
> #practice5.13
> mu1=27 ; mu2=29 ;sd1=8.3 ; sd2=7.9 #모수설정1
> mu=mu1-mu2 #모수설정2
> sd=sqrt(sd1^2/30+sd2^2/30) #모수설정3
> pnorm(3,mu,sd)-pnorm(-3,mu,sd)
[1] 0.6752509
```

14. $P(\hat{p} \geq 0.55) = P\left(Z \geq \frac{0.55-0.455}{\sqrt{\frac{0.455 \times 0.545}{200}}}\right) = P(Z \geq 2.7) = 0.0035$

15. $P(0.55 \le \hat{p} \le 0.56) = P(-0.14 \le Z \le 0.14) = 0.114$

```
> #practice5.15
> p=0.455 ; sd=sqrt(p*(1-p)/200) #모수설정
> pnorm(0.56,p,sd)-pnorm(0.55,p,sd)
[1] 0.002056252
```

16. $P(\hat{p} \ge 0.4) = P\left(Z \ge \dfrac{0.4-0.35}{\sqrt{\dfrac{0.35 \times 0.65}{100}}}\right) = P(Z \ge 1.05) = 0.15$

17. $$P(0.55 \le \hat{p} \le 0.6) = P\left(\dfrac{0.55-0.58}{\sqrt{\dfrac{0.58 \times 0.42}{150}}} \le Z \le \dfrac{0.6-0.58}{\sqrt{\dfrac{0.58 \times 0.42}{150}}}\right)$$
$$= P(-0.744 \le Z \le 0.496) = 0.4616$$

```
> #practice5.17
> p=0.58 ; sd=sqrt(p*(1-p)/150) #모수설정
> pnorm(0.6,p,sd)-pnorm(0.55,p,sd)
[1] 0.4618498
```

18. $P\left(\hat{p} \ge \dfrac{155}{200}\right) = P\left(Z \ge \dfrac{\dfrac{155}{200}-0.7}{\sqrt{\dfrac{\dfrac{155}{200}\left(\dfrac{45}{200}\right)}{200}}}\right) = P(Z \ge 2.54) = 0.006$

19. $$P(\hat{p_1} - \hat{p_2} \le 0.20) = P\left(Z \le \dfrac{0.20 - \left(\dfrac{245}{470} - \dfrac{223}{619}\right)}{\sqrt{\dfrac{\dfrac{245}{470}\left(1-\dfrac{245}{470}\right)}{470} + \dfrac{\dfrac{223}{619}\left(1-\dfrac{223}{619}\right)}{619}}}\right)$$
$$= P(Z \le 1.297) = 0.9027$$

```
> #practice5.19
> p1=245/470 ; p2=223/619 #모수설정1
> mu=p1-p2 ;sd=sqrt(p1*(1-p1)/470+p2*(1-p2)/619) #모수설정2
> pnorm(0.2,mu,sd)
[1] 0.9026902
```

20. $P(\hat{p_1} - \hat{p_2} \ge 0.03) = P\left(Z \ge \dfrac{0.03-(0.08-0.06)}{\sqrt{\dfrac{0.08 \times 0.92}{100} + \dfrac{0.06 \times 0.94}{200}}}\right) = P(Z \ge 0.313) = 0.377$

21. $P(\hat{p_1}-\hat{p_2} \geq 0.15) = P(Z \geq 0.136) = 0.446$

```
> #practice5.21
> p1=0.83 ;p2=0.74 #모수설정1
> mu=p1-p2 ;sd=sqrt(p1*(1-p1)/60+p2*(1-p2)/50) #모수설정2
> 2*(1-pnorm(0.15,mu,sd))
[1] 0.4460473
```

22. (1) 0.05 (2) 0.98

(3) 0.8 (4) 0.99

23. (1) 1.943 (2) 2.131

(3) 2.896 (4) -2.718

```
> #practice5.23
> #1
> qt(0.95,6)
[1] 1.94318

> #2
> qt(0.975,15)
[1] 2.13145

> #3
> qt(0.99,8)#qt(0.01,8,lower.tail=FALSE)
[1] 2.896459

> #4
> qt(0.01,11)#qt(0.99,11,lower.tail=FALSE)
[1]  2.718079
```

24. (1) $P(-t_{0.005} < t < t_{0.01}) = 0.985$ (2) $P(t > -t_{0.025}) = 0.975$

25. (1) 15.51 (2) 33.41

(3) 21.92 (4) 13.09

```
> #practice5.25
> #1
> qchisq(0.95,8) #qchisq(0.05,8,lower.tail=FALSE)
[1] 15.50731

> #2
> qchisq(0.99,17)#qchisq(0.01,17,lower.tail=FALSE)
```

```
[1] 33.40866

> #3
> qchisq(0.975,11)#qchisq(0.025,11,lower.tail=FALSE)
[1] 21.92005

> #4
> qchisq(0.05,23)#qchisq(0.95,23,lower.tail=FALSE)
[1] 13.09051
```

26. (1) 0.05 (2) 0.413

(3) 0.875 (4) 0.513

27. (1) $\chi^2_{0.99} = 0.297$

(2) $\chi^2_{0.025} = 32.852$

(3) $\chi^2_{0.05} = 37.652$

그러므로 $\alpha = 0.05 - 0.045 = 0.005$,

$\chi^2_{0.005} = 46.928$

```
> #practice5.27
> #1
> qchisq(0.01,4) #qchisq(0.99,4,lower.tail=FALSE)
[1] 0.2971095

> #2
> qchisq(0.975,19)#qchisq(0.025,19,lower.tail=FALSE)
[1] 32.85233

> #3
> p=0.045+pchisq(37.652,25)
> qchisq(p,25)
[1] 46.92392
```

28. (1) $\bar{x} = 103.6$, $s^2 = 22.8$

$$\chi^2_0 = \frac{(n-1)s^2}{\sigma^2} = \frac{4 \times 22.8}{25} = 3.648$$

(2) $P(\chi^2 \geq 3.648) = 0.404$

29. (1) $P\left(\chi^2 < \frac{c\times 30}{5}\right)=0.90$

$6c=40.256$, $c=6.71$

(2) $P\left(\chi^2 \geq \frac{c\times 30}{5}\right)=0.95$

$6c=18.493$, $c=3.08$

```
> #practice5.29
> #1
> q=qchisq(0.9,30)#qchisq(0.1,30,lower.tail=FALSE) #6c의 값
> q/6 #c의값 구하기
[1] 6.709337

> #2
> q=qchisq(0.05,30)#qchisq(0.95,30,lower.tail=FALSE) #6c의 값
> q/6 #c의값 구하기
[1] 3.08211
```

30. (1) $P(|t|\leq c)=0.95$, $c=2.13$

(2) $P(|t|\geq c)=0.10$, $c=1.753$

31. (1) $P(S^2>9.1)=P\left(\frac{(n-1)S^2}{\sigma^2}>\frac{(24)(9.1)}{6}\right)=P(\chi^2>36.4)=0.05$

(2) $P(3.462<S^2<10.745)=P(13.848<\chi^2<42.980)=0.95-0.01=0.94$

```
> #practice5.31
> #1
> chi=9.1*24/6 #카이제곱 값
> p=1-pchisq(chi,24)#pchisq(chi,24,lower.tail =FALSE)

> #2
> chi1=3.462*24/6 ;chi2=10.745*24/6 #카이제곱 값
> pchisq(chi2,24)-pchisq(chi1,24)
[1] 0.9400097
```

32. $0.01<P(F>3.5)<0.025$이다.

33. (1) 1.88 (2) 0.0672

(3) 5.4094 (4) 0.1109

```
> #practice5.33
> #1
> qf(0.75,3,5) #qf(0.25,3,5,lower.tail=FALSE)
[1] 1.884268

> #2
> qf(0.025,3,5)#qf(0.975,3,5,lower.tail=FALSE)
[1] 0.06718253

> #3
> qf(0.95,3,5) #qf(0.05,3,5,lower.tail=FALSE)
[1] 5.409451

> #4
> qf(0.05,3,5) #qf (0.95,3,5,lower.tail=FALSE)
[1] 0.1109452
```

34. $a=0.279$, $b=4.15$

35. 0.0071

```
> #practice5.35
> 1-pf(4.89,8,12) #df1=8, df2=12
[1] 0.007192328
```

36. $a=3.50$, $b=2.62$

CHAPTER 06

1. 모수

2. $173.2 \pm t_{19,(0.025)} \dfrac{8.42}{\sqrt{19}} = 173.2 \pm 2.09 \dfrac{8.42}{\sqrt{20}}$

3. $1.022 \pm 1.96 \dfrac{0.021}{\sqrt{100}} = 1.022 \pm 0.005$

   $1.017 < \mu < 1.027(mm)$

```
> #practice6.3
> mu=1.022; sd=0.021; n=100    #모수입력
> error=qnorm(0.975)*sd/sqrt(n)#오차구하기
> c(mu-error,mu+error) #신뢰구간
[1] 1.017884 1.026116
```

4. 모집단 표준편차 σ는 미지이므로 표본의 표준편차 s로 대치한다. 즉 $\sigma \fallingdotseq s$이다.

   $\overline{X} - 1.96 \dfrac{\sigma}{\sqrt{n}} \le \mu \le \overline{X} + 1.96 \dfrac{\sigma}{\sqrt{n}}$ 에서

   $\overline{X} = 323.4$, $\sigma \fallingdotseq s = 6.5$, $n = 100$

   즉 $323.4 - 1.274 \le \mu \le 323.4 + 1.274$

   $\therefore \mu = 323.4 \pm 1.3(g)$

5. 95% 신뢰도로서

   $\overline{X} - 2 \dfrac{4.8}{\sqrt{n}} \le m \le \overline{X} + 2 \dfrac{4.8}{\sqrt{n}}$

   $|m - \overline{X}| \le 2 \dfrac{4.8}{\sqrt{n}} = 0.5$, $\dfrac{9.6}{\sqrt{n}} \le 0.5$

   $\sqrt{n} = 19.2$, $n = 369$

6. $1.96 \dfrac{40}{\sqrt{n}} \le 15$ 에서

   $n \ge [(1.96)(40)/15]^2 = 27.35$, $n = 28$

7. $\bar{x}=4.41$, $s^2=4.959$

$$\bar{x} \pm t_{0.05,(9)} \frac{s}{\sqrt{10}} = 4.41 \pm 1.29$$

$$3.12 < \mu < 5.70$$

```
> #practice6.7
> data<-c(4.6,3.6,4.0,6.1,8.8,5.3,1.2,5.6,3.3,1.6) #데이터입력
> xbar=mean(data); sd=sd(data); n=length(data) #모수추정
> error=qt(0.95,n-1)*sd/sqrt(n) #오차구하기
> c(xbar-error,xbar+error) #신뢰구간
[1] 3.119148 5.700852
```

8. $n=9$, $\bar{x}=1.0056$, $s=0.0245$, $t_{0.005,(8)}=3.355$

99% 신뢰구간은 $0.978 < \mu < 1.033$이다.

9. $(\overline{x_1}-\overline{x_2})-1.96\sigma < \mu_1-\mu_2 < (\overline{x_1}-\overline{x_2})+1.96\sigma$

$$\sigma = \sqrt{\frac{0.83^2}{100}+\frac{1.2^2}{144}} = 0.14$$

$$0.0856 < \mu_1-\mu_2 < 0.6344$$

10. (1) $$s_p^2 = \frac{9s_x^2+9s_y^2}{10+10-2} = \frac{9(240.5601+88.5481)}{18} = 164.5541$$

$$s_p = \sqrt{164.5541} = 12.83$$

(2) $t_{0.05,(18)}=1.734$이므로 90% 신뢰구간은 다음과 같다.

$$\left(-1.5-(1.734)(12.83)(0.4472),\ -1.5+(1.734)(12.83)(0.4472)\right) = (-11.45, 8.45)$$

```
> #practice6.10
> man<-c(52,60,55,46,33,75,58,45,57,88)  #데이터입력1
> woman<-c(62,58,65,56,53,45,56,65,77,47)#데이터입력2
> xbar1=mean(man) ; xbar2=mean(woman) #모수추정1
> var1=var(man) ; var2=var(woman)     #모수추정2
> n1=length(man); n2=length(woman)    #모수추정3
> #1
> sp=sqrt(((n1-1)*var1+(n2-1)*var2)/(n1+n2-2)) #합동표준오차추정
> sp
[1] 12.82641
```

```
> #2
> error=qt(0.95,n1+n2-2)*sp*sqrt(1/n1+1/n2) #오차구하기
> c(xbar1-xbar2-error,xbar1-xbar2+error) #신뢰구간
[1] -11.446836   8.446836
```

11. $n_A = n_B = 15,\ \overline{x_A} = 3.82,\ \overline{x_B} = 4.94,$

$s_A = 0.7794,\ s_B = 0.7538,\ s_p = 0.7667$

$t_{0.025,\ (28)} = 2.048$

$(4.94 - 3.82) \pm (2.048)(0.7667)\sqrt{1/15 + 1/15} = 1.12 \pm 0.57,\ 0.55 < \mu_B - \mu_A < 1.69$

12. $n = 8,\ \bar{d} = -1112.5,\ s_d = 1454.5,\ t_{0.005,\ (7)} = 3.499$

$$-1112.5 \pm (3.499)\frac{1454}{\sqrt{8}} = -1112.5 \pm 1799.57$$

$-2912.1 < \mu_D < 686.1$

13. 우리가 관심이 있는 자료는 반응시간의 증가량이다. 30명에 대한 반응시간 증가량은 $\{-0.06, 0.12, 0.03, -0.24, \cdots, -0.26\}$이다.

$\bar{d} = -0.038,\ s_d = 0.118$

그리고 $\alpha = 5\%,\ t_{0.025,(29)} = 2.045$이다.

95% 신뢰구간은

$$-0.038 - 2.045\left(\frac{0.118}{\sqrt{30}}\right) < \mu_d < -0.038 + 2.045\left(\frac{0.118}{\sqrt{30}}\right)$$

이 되고, 이를 계산하면

$-0.083 < \mu_d < 0.006$

이 된다.

```
> #practice6.13
> before<-c(1.42,1.87,1.34,0.98,1.51,1.43,1.52,1.61,1.37,
+           1.49,0.95,1.32,1.60,1.44,1.17,1.83,1.40,1.75,
+           1.56,1.56,2.03,1.38,1.42,1.69,1.50,1.12,1.38,
+           1.71,0.91,1.59) #데이터입력1
> after<-c(1.48,1.75,1.31,1.22,1.58,1.57,1.48,1.55,1.54,
+          1.37,1.07,1.35,1.77,1.44,1.27,1.75,1.51,1.67,
+          1.72,1.63,1.81,1.48,1.35,1.75,1.39,1.24,1.40
+          1.65,1.11,1.85) #데이터입력2
```

```
> d=before-after #쌍체검정위한 데이터차 구하기
> xbar=mean(d); sd=sd(d); n=length(d) #모수추정
> error=qt(0.975,n-1)*sd/sqrt(n) #오차구하기
> c(xbar-error,xbar+error) #신뢰구간
[1] -0.081561357  0.006228024
```

14. 3.00 ± 5.24

15. n이 클 때 비율은 정규분포에 따른다.

$$s_p = \sqrt{\frac{p(1-p)}{n}},\ 0.43 \pm 1.96\sqrt{\frac{0.43 \times 0.57}{1000}}$$

```
> #practice6.15
> p=0.43 ; n=1000 #모수추정1
> sd=sqrt(p*(1-p)/n) #모수추정2
> error=qnorm(0.975)*sd #오차구하기
> c(p-error,p+error) #신뢰구간
[1] 0.3993155 0.4606845
```

16. (1) $\hat{p} = \frac{590}{1000} = 0.59$

(2) $SE(\hat{p}) = \sqrt{\frac{0.59 \times 0.41}{1000}} = 0.016$

(3) $1.96SE(\hat{p}) = 1.96 \times 0.016 = 0.0314$

(4) $(0.59 - 0.0314,\ 0.59 + 0.0314) = (0.558,\ 0.6214)$

17.

$$1.96\sqrt{\frac{0.04 \times 0.96}{n}} = 0.005$$

$$n = \frac{1.96^2 \times 0.04 \times 0.96}{(0.005)^2} \fallingdotseq 5900$$

18. $1.96\frac{0.5}{\sqrt{n}} \le 0.01$에서 $n \ge \frac{(1.96)^2}{(4)(0.01)^2} = 9604$

$n = 9604$

19. $\widehat{p_A} - \widehat{p_B} = 0.072 - 0.035 = 0.037(3.7\%)$

$$(\widehat{p_A} - \widehat{p_B}) \pm 1.96\sqrt{\frac{0.072(0.928)}{1000} + \frac{0.035(0.965)}{800}} = 0.037 \pm 1.96 \times 0.01044 = 0.037 \pm 0.0205$$

$[-0.0165,\ 0.0575]$

```
> #practice6.19
> p1=928/1000; p2=772/800 #모수추정1
> n1=1000; n2=800 #모수추정2
> error=qnorm(0.975)*sqrt(p1*(1-p1)/n1+p2*(1-p2)/n2) #오차구하기
> abs(c(p1-p2-error,p1-p2+error)) #신뢰구간(-값을 절대값치환)
[1] 0.05746589 0.01653411
```

20. $$0.05 - 0.04 \pm 1.645\sqrt{\frac{0.05 \times 0.95}{1500} + \frac{0.04 \times 0.96}{2000}}$$

$-0.0017 < p_1 - p_2 < 0.0217$

21. $s^2 = 0.815,\ \chi^2_{0.975} = 0.484,\ \chi^2_{0.025} = 11.143$

$$\frac{(n-1)s^2}{\chi^2_{0.025}} < \sigma^2 < \frac{(n-1)s^2}{\chi^2_{0.975}}$$

$$\frac{4 \times 0.815}{11.143} < \sigma^2 < \frac{4 \times 0.815}{0.484}$$

$0.2926 < \sigma^2 < 6.74$

```
> #practice6.21
> data<-c(1.9,2.4,3.0,3.5,4.2) #데이터입력
> var=var(data) ; n=length(data)#모수추정
> qchi1=qchisq(0.975,n-1); qchi2=qchisq(0.025,n-1) #카이제곱분포 분위수
> c((n-1)*var/qchi1, (n-1)*var/qchi2) #신뢰구간
[1] 0.2925528 6.7297174
```

22. $\bar{x} = 14.61,\ s^2 = 0.7854,\ \chi^2_{0.975,(9)} = 2.70$

$\chi^2_{0.025,(9)} = 19.02$

$$\frac{9 \times 0.7854}{19.02} \le \sigma^2 \le \frac{9 \times 0.7854}{2.70}$$

$0.755 \le \sigma^2 \le 1.618$

23. 우선 측정값 10개의 표본분산을 구하면 다음과 같다.

$$s^2 = \frac{\sum(x_i - \bar{x})^2}{n-1} = \frac{n\sum_{i=1}^{n} x_i^2 - \left(\sum_{i=1}^{n} x_i^2\right)}{n(n-1)} = \frac{(10)(21,273.12) - (461.2)^2}{(10)(9)} = 0.286$$

$\alpha = 0.05$, 자유도$= 9$, $\chi^2_{0.025} = 19.023$

$\chi^2_{0.975} = 2.700$

$$\frac{(9)(0.286)}{19.023} < \sigma^2 < \frac{(9)(0.286)}{2.700}$$

$$0.135 < \sigma^2 < 0.953$$

```
> #practice6.23
> data<-c(46.4,46.1,45.8,47.0,46.1,45.9,45.8,46.9,45.2,46.0) #데이터입력
> var=var(data); n=length(data) #모수추정
> qchi1=qchisq(0.975,n-1); qchi2=qchisq(0.025,n-1) #카이제곱분포 분위수
> c((n-1)*var/qchi1,(n-1)*var/qchi2) #신뢰구간
[1] 0.1354167 0.9539365
```

CHAPTER 07

1. $H_0 : \mu = 70$, $H_a : \mu > 70$

   $\bar{x} = 71.8$, $\sigma^2 = 8.9$

   $z = \dfrac{71.8 - 70}{81.9/\sqrt{100}} = 2.02 > 1.645$이므로 H_0를 기각한다.

```
> #practice7.1
> xbar=71.8; sd=8.9; n=100; mu=70 #추정값,모수입력
> q=qnorm(0.95) #기각역(표준정규분포)
> q
[1] 1.644854
> Z=(xbar-mu)/(sd/sqrt(n)) #검정 통계량
> Z
[1] 2.022472
> q<Z #비교
[1] TRUE
```

2. $H_0 : \mu = 8$, $H_a : \mu < 8$

   $\bar{x} = 7.8kg$, $n = 50$, $\sigma = 0.5$

   $z = \dfrac{7.8 - 8}{\dfrac{0.5}{\sqrt{50}}} = -2.86 < -2.33$이므로 H_0를 기각한다.

3. $H_0 : \mu = 46$, $H_a : \mu < 46$

   $\bar{x} = 42$, $s = 11.9$, $n = 12$

   $t = \dfrac{42 - 46}{\dfrac{11.9}{\sqrt{12}}} = -1.16$

   $-1.16 > -t_{0.05,(11)} = -1.8$이므로 H_0를 기각할 수 없다.

```
> #practice7.3
> xbar=42; sd=11.9; n=12; mu=46 #추정값,모수입력
> q=qt(0.05,n-1) #기각역(t분포,자유도n-1)
> q
[1] -1.795885
```

```
> T=(xbar-mu)/(sd/sqrt(n)) #검정 통계량
> T
[1] -1.164404
> T<q #비교
[1] FALSE
```

4. $H_0 : \mu = 110,\ H_a : \mu < 110$

$\alpha = 0.05,\ \bar{x} = 108,\ s = 11.95229,\ n = 15$

$$t = \frac{108 - 110}{11.95229(\sqrt{15})} = -0.6481$$

$-0.6481 > -1.7161 = t_{0.05,\,(14)}$

H_0를 기각하지 않는다.

5. (1) 모집단이 정규분포를 따른다

(2) $H_0 : \mu = 1000,\ H_a : \mu \neq 1000$

$$t = \frac{1216 - 1000}{495/\sqrt{20}} = 1.9514$$

$1.9514 < t_{0.025,\,(19)} = 2.093$이므로 귀무가설을 기각하지 않는다. 즉, 유의수준 5% 하에서 수명기간 1,000시간의 주장을 뒷받침한다.

(3) $p-$값 $= P(T > 1.95) \times 2 = 0.066$

```
> #practice7.5
> xbar=1216 ; sd=495; n=20; mu=1000 #추정값,모수입력
> #2
> q=qt(0.975,n-1) #기각역(t분포,자유도n-1)
> q
[1] 2.093024
> T=(xbar-mu)/(sd/sqrt(n)) #검정통계량
> T
[1] 1.951478
> q<T #비교
[1] FALSE
> #3
> (1-pt(T,df=n-1))*2 #p값(양측검정)
[1] 0.0659011
```

6. (1) $s_p^2 = \dfrac{(n_1-1)s_1^2+(n_2-1)s_2^2}{n_1+n_2-2} = \dfrac{(12-1)\times 4.2^2+(16-1)\times 3.7^2}{12+16-2}$

$= 15.3612$

(2) $H_0 : \mu_1 = \mu_2,\ H_a : \mu_1 < \mu_2$

$$t = \frac{(\overline{x_1}-\overline{x_2})-(\mu_1-\mu_2)}{\sqrt{s_p^2\left(\frac{1}{n_1}+\frac{1}{n_2}\right)}} = -5.3450$$

기각 영역 : $t < -t_{0.05,(26)}$ 이므로 H_0를 기각한다.

(3) 95% 신뢰구간 :

$$\overline{x_1}-\overline{x_2} \pm t_{(26),0.025}\sqrt{s_p^2\left(\frac{1}{n_1}+\frac{1}{n_2}\right)} = -8 \pm 3.0773$$

7. $H_0 : \mu_1 = \mu_2,\ H_a : \mu_1 \neq \mu_2$

$\overline{x_1} = 1.503,\ \overline{x_2} = 1.476,\ s_1^2 = 0.005,\ s_2^2 = 0.006$

$$s_p^2 = \frac{(n_1-1)s_1^2+(n_2-1)s_2^2}{n_1+n_2-2} = \frac{(15-1)\times 0.005^2+(15-1)\times 0.006^2}{15+15-2} = 0.0055$$

$$t = \frac{(\overline{x_1}-\overline{x_2})-(\mu_1-\mu_2)}{\sqrt{s_p^2\left(\frac{1}{n_1}+\frac{1}{n_2}\right)}} = 0.997$$

$|t| < t_{0.025,(28)} = 2.05$ 이므로 H_0를 기각하지 않는다.

5%의 유의수준에서 유의적인 차이가 있다고 판단할 수 없다.

```
> #practice7.7
> xbar1=1.503; xbar2=1.476; var1=0.005; var2=0.006 #추정값, 모수입력1
> n1 =15; n2=15 #추성값, 모수입력2
> sp_square=((n1-1)*var1+(n2-1)*var2)/(n1+n2-2) #합동분산추정
> q=qt(0.975,n1+n2-2) #기각역(t분포,자유도n1+n2-2)
> q
[1] 2.048407
> T=(xbar1-xbar2)/sqrt(sp_square*(1/n1+1/n2)) #t통계량
> T
[1] 0.9970411
> T>q
[1] FALSE
```

8. $s_p^2 = \dfrac{(10-1)3.78+(10-1)2.66}{10+10-2} = 3.23$

$H_0 : \mu_A = \mu_B$, $H_a : \mu_A > \mu_B$

$n_A, n_B \le 30$, 정규모집단일 때 t통계량을 이용한다.

$$t = \frac{(\overline{x}_A - \overline{x}_B) - (\mu_A - \mu_B)}{\sqrt{s_p^2\left(\frac{1}{n_A} + \frac{1}{n_B}\right)}} = 1.245$$

$1.245 < t_{0.001,(18)} = +2.878$이므로 H_0를 기각할 수 없다. 유의수준 1% 하에서 두 암기법이 같다고 할 수 있다.

9. $\overline{d} = 1$, $s_d^2 = 29.47$, $n = 16$

$H_0 : \mu_d = 0$, $H_a : \mu_d > 0$

$$t = \frac{\overline{d} - \mu_d}{\sqrt{\frac{s_d^2}{n}}} = \frac{1}{\sqrt{\frac{29.47}{16}}} = 0.737$$

$0.737 < t_{0.01,(15)} = 2.60$이므로 H_0를 기각할 수 없다.

```
> #practice7.9
> before<-c(86,96,92,75,86,96,81,76,89,88,82,79,91,96,78,89) #데이터입력1
> after<-c(75,83,96,77,81,96,82,67,94,85,78,82,96,86,81,81)  #데이터입력2
> t.test(before,after,alternative='two.sided', #t검정실시(데이터1,데이터2,검정방법(양측,단측)
+         mu=6,paired=TRUE,conf.level=0.99) #H0(mu(d)=0),쌍체검정유무(TRUE),유의수준)

        Paired t-test

data:   before and after
t = 0.73688, df = 15, p-value = 0.4726
alternative hypothesis: true difference in means is not equal to 0
99 percent confidence interval:
 -2.998926  4.998926
sample estimates:
mean of the differences
                      1
```

10. $H_0 : \mu_d = 0$, $H_a : \mu_d > 0$, $\bar{d} = 1.1$

$$s_d = 9.34,\ t = \frac{1.1}{9.34/\sqrt{10}} = 0.037$$

$$0.037 < t_{0.05,(9)} = 1.83$$

따라서 H_0를 기각하지 않는다.

11. $H_0 : \mu_d = 0$, $H_a : \mu_d < 0$, $\bar{d} = -54.13$

$$s_d = 83.002,\ t = \frac{-54.13}{83.002/\sqrt{15}} = -2.53$$

$$-2.53 < -t_{0.05,(14)} = -1.76$$

따라서 H_0를 기각한다.

```
> #practice7.11
> data1<-c(158,92,65,98,33,89,148,58,143,117,74,66,109,57,85) #데이터입력1
> data2<-c(91,59,216,226,223,91,92,177,134,116,153,219,143,164,100) #데이터입력2
> t.test(data1,data2,alternative='less', #t검정실서(데이터1,데이터2,검정방법(양측,
단측)
+         mu=0 paired=TRUE,conf.level=0.95) #H0(mu(d)=0),쌍체검정유무(TRUE),유의수준)

          Paired t-test

data:    data1 and data2
t = -2.5218, df = 14, p-value = 0.01221
alternative hypothesis: true difference in means is less t han 0
95 percent confidence interval:
      -Inf -16.32427
sample estimates:
mean of the differences
               -54.13333
```

12. $H_0 : p = 0.3$ (즉, 특별한 이유가 없다) $H_a : p < 0.3$

$$z = \frac{\frac{50}{200} - 0.3}{\sqrt{\frac{0.3 \times 0.7}{200}}} = -1.54 > -1.96$$

H_0를 채택한다. 따라서 특별한 이유가 있다고 생각할 수 없다.

13. $H_0 : p = 0.5$, $H_a : p \neq 0.5$

$$z = \frac{0.4667 - 0.5}{\sqrt{0.5(1-0.5)/60}} = -0.5159$$

$-0.5159 > z_{0.025} = -1.96$이므로 귀무가설을 기각하지 않는다. 즉, 유의수준 5% 하에서 이 학과의 여학생 비율은 0.5라고 할 수 있다.

14. (1) $\hat{p} = 0.5267$

(2) $H_0 : p = 0.56$, $H_a : p < 0.56$

$$z = \frac{0.5267 - 0.56}{\sqrt{0.56(1-0.56)/300}} = -1.1619$$

$-1.1619 > z_{0.025} = -1.96$이므로 귀무가설을 기각하지 않는다. 즉, 유의수준 5% 하에서 지지율이 내려갔다고 볼 수 없다.

15. $H_0 : p = 0.6$, $H_a : p > 0.6$

$x = 70$, $n = 100$, $\hat{p} = 0.7$

$$z = \frac{0.7 - 0.6}{\sqrt{\frac{0.6 \times 0.4}{100}}} = 2.04$$

$2.04 > 1.645$이므로 H_0를 기각한다.

```
> #practice7.15
>  prop.test(x=70,n=100,p=0.6,  #prop검정실시(성공횟수,전체횟수,H0(p=0.6),검정방법(양측,단측)
+            alternative='greater',conf.level=0.95,correct=FALSE) #유의수준,연속성수정(FALSE)

        1.sample proportions test without continuity correction

data:  70 out of 100, null probability 0.6
X-squared = 4.1667, df = 1, p-value = 0.02061
alternative hypothesis: true p is greater than 0.6
95 percent confidence interval:
 0.6201679 1.0000000
sample estimates:
  p
0.7

> sqrt(4.1667) #t검정 통계량의 제곱 = 카이스퀘어검정 통계량
[1] 2.04125
```

16. $H_0 : p = 0.2$, $H_a : p < 0.2$

$$z = \frac{\frac{136}{1000} - 0.2}{\sqrt{\frac{0.2 \times 0.8}{1000}}} = -5.06$$

$p-$값$= P(Z \leq -5.06) \simeq 0$이므로 H_0를 기각한다.

17. $H_0 : p_1 = p_2$, $H_a : p_1 > p_2$

$$\hat{p} = \frac{63+59}{100+125} = 0.5422$$

$$z = \frac{\frac{63}{100} - \frac{59}{125}}{\sqrt{0.5422 \times 0.4578\left(\frac{1}{100} + \frac{1}{125}\right)}} = 2.36$$

$2.36 > 1.645$이므로 H_0를 기각한다.

```
> #practice7.17
> prop.test(x=c(63,59),n=c(100,125),#prop검정실시(성공횟수(1,2),전체횟수(1,2),검정방법(양측,단측)
+alternative='greater',conf.level=0.95,correct=FALSE)#유의수준,연속성수정(FALSE)

        2-sample test for equality of proportions without continuity correction

data:  c(63,59) out of c(100,125)
X-squared = 5.5874, df = 1, p-value = 0.009045
alternative hypothesis: greater
95 percent confidence interval:
 0.04983004 1.00000000
sample estimates:
prop 1 prop 2
 0.630  0.472

> sqrt(5.5874) #t검정 통계량의 제곱 = 카이스퀘어검정 통계량
[1] 2.363768
```

18. $H_0 : p_1 = p_2,\ H_a : p_1 > p_2$

$$\hat{p} = \frac{20+100}{200+150} = 0.086$$

$$z = \frac{\frac{20}{200} - \frac{10}{150}}{\sqrt{0.086 \times 0.914\left(\frac{1}{200} + \frac{1}{150}\right)}} = 1.10$$

$1.10 < 1.96$이므로 H_0를 기각할 수 없다.

즉, 도시지역에서 유방암이 더 발생한다는 충분한 근거가 없다.

19. $p_1 = 0.475,\ p_2 = 0.467$

$H_0 : p_1 = p_2,\ H_a : p_1 \neq p_2$

$$\bar{p} = \frac{475+467}{2000} = 0.471$$

$$z = \frac{p_1 - p_2}{\sqrt{\bar{p}(1-\bar{p})\left(\frac{1}{n_1} + \frac{1}{n_2}\right)}} = 0.3583742$$

$0.3584 < z_{0.025} = 1.96$이므로 H_0를 기각할 수 없다. 지지율이 같다고 볼 수 있다.

```
> #practice7.19
> prop.test(x=c(475,467),n=c(1000,1000),#prop검정실시(성공횟수(1,2),전체횟수(1,2),
검정방법(양측,단측)
+           alternative='two.sided',conf.level=0.95,correct=FALSE)#유의수준,연속성
수정(FALSE)

        2-sample test for equaltiy of proportions without continuity correction

data:  c(475,467) out of c(1000, 1000)
X-squared = 0.12843, df = 1 , p-value = 0.7201
alternative hypothesis: two.sided
95 percent confidence interval:
 -0.03575094  0.05175094
sample estimates:
prop 1 prop 2
 0.475  0.467

> sqrt(0.12843)#t검정 통계량의 제곱 = 카이스퀘어검정 통계량
[1] 0.3583713
```

20. $H_0 : p_1 = p_2$, $H_a : p_1 > p_2$

$$\hat{p_1} = \frac{120}{200} = 0.6,\ \hat{p_2} = \frac{240}{500} = 0.48$$

$$\hat{p} = \frac{120+240}{200+500} = 0.51$$

$$z = \frac{0.60-0.48}{\sqrt{0.51 \times 0.49\left(\frac{1}{200}+\frac{1}{200}\right)}} = 2.9$$

$2.9 > 1.645$이므로 H_0를 기각한다.

21. $H_0 : \sigma^2 = 0.03$, $H_a : \sigma^2 \neq 0.03$

$n = 10$, $s^2 = 0.0604$

$$\chi^2 = \frac{(n-1)s^2}{\sigma_0^2} = \frac{9 \times 0.0604}{0.03} = 18.13$$

$$\chi^2_{0.995,\ (9)} = 1.735 < 18.13 < 23.578 = \chi^2_{0.005,\ (9)}$$

이므로 H_0를 기각할 수 없다. 즉 모분산이 0.03이라고 할 수 있다.

```
> #practice7.21
> data<-c(10.2,9.7,10.1,10.3,10.1,9.8,9.9,10.4,10.3,9.8) #데이터입력
> var=var(data); n=length(data) #모수추정
> q1=qchisq(0.005,n-1); q2=qchisq(0.995,n-1) #카이스퀘어 분위수
> c(q1,q2) #기각역(카이스퀘어,자유도n-1)
[1] 1.734933  23.589351
> chi=(n-1)*var/0.03 #검정 통계량
> chi
[1] 18.13333
```

22. $H_0 : \sigma^2 = 1.15$, $H_a : \sigma^2 > 1.15$

$n = 25$, $s^2 = 2.03$이므로

$$\chi^2 = \frac{(n-1)s^2}{\sigma_0^2} = \frac{24 \times 2.03}{1.15} = 42.37$$

$42.37 > 36.415 = \chi^2_{0.05,\ (24)}$이므로 H_0를 기각할 수 있다. 즉, 기계가 관리하에 있지 않다고 할 수 있다.

23. $H_0 : \sigma^2 = 1$, $H_a : \sigma^2 < 1$

$n = 10$, $s^2 = 0.16$

$$\chi^2 = \frac{(n-1)s^2}{\sigma_0^2} = \frac{9 \times 0.16}{1} = 1.44$$

$1.44 < \chi^2_{0.95,\ (9)} = 3.33$이므로 H_0를 기각할 수 있다. 즉 병채우기 시스템의 분산은 $1g$ 이하라고 할 수 있다.

```
> #practice7.23
> n=10; var=0.16 #모수입력
> q=qchisq(0.05,n-1) #기각역(카이스퀘어,자유도n-1)
> q
[1] 3.325113
> chi=(n-1)*var/1 #검정 통계량
> chi
[1] 1.44
```

24. $H_0 : \sigma^2 = 0.36$, $H_a : \sigma^2 < 0.36$

$n = 15$, $s^2 = 0.3225$

$$\chi^2 = \frac{(n-1)s^2}{\sigma_0^2} = \frac{14 \times 0.3225}{0.36} = 12.54$$

$12.54 < 29.14 = \chi^2_{0.01,\ (14)}$이므로 H_0를 기각할 수 없다. 즉 뚜껑의 지름의 표준편차가 $0.6mm$ 보다 작다고 볼 수 없다.

CHAPTER 08

1. H_0 :열매들은 $5:2:2:1$로 혼합되지 않는다.

   H_a :열매들은 $5:2:2:1$로 혼합된다.

   $\alpha = 0.05$, 기각역 : $\chi^2 > 7.815$, 자유도$=3$.

관측값	269	112	74	45
기댓값	250	100	100	50

$$\chi^2 = \frac{(269-250)^2}{250} + \frac{(112-100)^2}{100} + \frac{(74-100)^2}{100} + \frac{(45-50)^2}{50} = 10.14$$

   $10.14 > 7.815$이므로 H_0를 기각한다. 즉, 열매들은 $5:2:2:1$로 혼합되지 않았다.

```
> #practice8.1
> x<-c(269,112,74,45) #데이터입력
> p1<-c(0.5,0.2,0.2,0.1) #H0입력
> chisq.test(x,p=p1,correct=FALSE) #chisq검정 실시(관측수,H0,연속성수정(FALSE))

        Chi-squared test for given probabilities

data:  x
X-squared = 10.144, df = 3, p-value = 0.01738
```

2. $H_0 : p_1 = p_2 = p_3 = p_4 = p_5 = \frac{1}{5}$

   $H_a : p_i \neq \frac{1}{5}$인 i가 존재한다.

$$\widehat{E_1} = \widehat{E_2} = \widehat{E_3} = \widehat{E_4} = \widehat{E_5} = 100 \times \frac{1}{5} = 20$$

$$\chi^2 = \frac{(14-20)^2}{20} + \cdots + \frac{(16-20)^2}{20} = 10$$

   $10 > \chi^2_{0.05,(4)} = 9.488$이므로 H_0를 기각할 수 있다. 즉 성적들의 분포는 균일하다고 할 수 없다.

3. H_0 :초파리의 비율이 $1:3:3:9$이다.

H_a :초파리의 비율이 $1:3:3:9$가 아니다.

$$\chi^2 = \frac{\left(226 - 4000 \times \frac{1}{16}\right)^2}{4000 \times \frac{1}{16}} + \cdots + \frac{\left(2277 - 4000 \times \frac{9}{16}\right)^2}{4000 \times \frac{9}{16}} = 3.27$$

$3.27 < \chi^2_{0.1,(3)} = 6.25$이므로 H_0를 기각할만한 충분한 증거가 없다.

```
> #practtce8.3
> x<-c(226,764,733,2277) #데이터입력
> p1<-c(1,3,3,9)/16 #H0입력
> chisq.test(x,p=p1,correct=FALSE) #chisq검정 실시(관측수,H0,연속성수정(FALSE))

        Chi-squared test for given probabilities

data:  x
X-squared = 3.2747, df = 3, p-value = 0.3512
```

4. H_0 :나이와 자동차 선호도는 무관하다.

H_a :나이와 자동차 선호도는 관련이 있다.

$\chi^2 = 103.7221 > \chi^2_{0.05,(8)} = 15.5073$이므로 나이에 따라 자동차의 선호도가 다르다고 할 수 있다.

5. H_0 :고혈압의 유무는 흡연 정도에 독립이다.

H_a :고혈압의 유무는 흡연 정도에 종속이다.

$\alpha = 0.05$, 기각역 : $\chi^2 > 5.991$, 자유도$=2$.

다음은 기대도수이다.

	비흡연자	보통 흡연자	골초
고혈압	33.4	30.0	23.6
정상	35.6	32.0	25.4

$$\chi^2 = \frac{(21-33.4)^2}{33.4} + \cdots + \frac{(19-25.4)^2}{25.4} = 14.60$$

H_0를 기각한다. 즉, 고혈압의 유무는 흡연 정도에 종속이다.

```
> #practice8.5
> row1<-c(21,36,30) #데이터입력1
> row1<-c(48,26,19) #데이터입력2
> data<-rbind(row1,row2) #데이터병합
> chisq.test(data,correct=FALSE) #chisq검정 실시(데이터,연속성수정(FALSE))

        Pearson's Chi-squared test

data:  data
X-squared = 14.464, df = 2, p-value = 0.0007232
```

6. H_0 :심장마비의 정도에 따른 항체 검사 결과는 독립이다.

H_a :심장마비의 정도에 따른 항체 검사 결과는 종속이다.

다음은 기대도수이다.

	심함	중간	가벼움
양성반응	70.3	123.8	165.9
음성반응	54.7	96.2	129.1

$$\chi^2 = \frac{(85-70.3)^2}{70.3} + 1 \cdots + \frac{(145-129.1)^2}{129.1} = 10.533$$

$10.533 > \chi^2_{0.05,(2)} = 5.99$

H_0를 기각한다. 즉, 심장마비의 정도에 따른 항체 검사 결과는 관계가 있다.

7. $$\chi^2 = \frac{(29-27.4)^2}{27.4} + \cdots + \frac{(9-11.5)^2}{11.5} = 3.1042$$

$3.018 < \chi^2_{0.10,(2)} = 4.61$이므로 유의수준 10% 하에서 콜레스테롤의 수치가 심장병을 예측한다는 충분한 증거가 없다.

```
> #practice8.7
> row1<-c(29,17,18) #데이터입력1
> row2<-c(19,20,9) #데이터입력2
> data<-rbind(row1,row2) #데이터병합
> chisq.test(data,correct=FALSE) #chisq검정 실시(데이터,연속성수정(FALSE))

        Pearson's Chi-squared test

data:  data
X-squared = 3.1042, df = 2, p-value = 0.2118
```

8. p_1, p_2, p_3를 낮, 저녁, 밤에 생산된 불량률이라 하면, 검정하고자 하는 가설은 다음과 같다.

H_0 :낮, 저녁 그리고 밤에 생산되는 제품의 불량률은 서로 같다.

H_a :낮, 저녁 그리고 밤에 생산되는 제품의 불량률은 서로 같지 않다.

기대도수

$$\widehat{E_{11}} = \frac{230 \times 1200}{3000} = 92 \quad \cdots \quad \widehat{E_{23}} = \frac{2770 \times 800}{3000} = 738.7$$

와 같이 계산하면 아래의 표로 나타낼 수 있다.

	기대도수		
	낮	저녁	밤
불량품	92.0	76.7	61.3
양품	1108	923.3	738.7

자유도 $= (2-1)(3-1) = 2$이고, 검정 통계량의 값은

$$\chi^2 = \frac{(80-92)^2}{92} + \cdots + \frac{(720-738.7)^2}{738.7} = 8.476$$

$> \chi^2_{0.05,(2)} = 7.38$이므로

H_0를 기각할 수 있다. 즉, 낮, 저녁 그리고 밤에 생산되는 제품의 불량률은 차이가 있다고 할 수 있다.

9. H_0 :두 공정 간에는 차이가 없다.

H_a :두 공정 간에는 차이가 있다.

기대도수 $\widehat{E_{11}} = \dfrac{700 \times 1482}{1653} = 627.59$

$$\widehat{E_{12}} = \frac{700 \times 171}{1653} = 72.41$$

$$\widehat{E_{21}} = \frac{953 \times 1482}{1653} = 854.41$$

$\widehat{E_{22}} = \dfrac{953 \times 171}{1653} = 98.59$와 같이 다음 표로 나타낼 수 있다.

	양품	불량품
선 공정	627.59	72.41
앉은 공정	854.41	98.59

$$\chi^2=\frac{(651-627.59)^2}{627.59}+\cdots+\frac{(122-98.59)^2}{98.59}=14.6463$$

$14.65>\chi^2_{0.01,(1)}=6.635$이므로 H_0를 기각할 수 있다. 즉, 전기부품의 납땜 공정에서 작업자가 서서 하는 공정과 앉아서 하는 공정에서 양품과 불량품 생산에 차이를 유발한다.

```
> #practice8.9
> row1<-c(651,49) #데이터입력1
> row2<-c(831,122)#데이터입력2
> data<-rbind(row1,row2) #데이터병합
> chisq.test(data,correct=FALSE) #chisq검정 실시(데이터,연속성수정(FALSE))

        Pearson's Chi-squared test

data:  dat a
X-squared = 14.646, df = 1 , p-value = 0.0001297
```

10. H_0 :지역에 따라 찬성률이 같다.

H_1 :지역에 따라 찬성률이 다르다.

기대도수 $\widehat{E_{11}}=\frac{471\times400}{1100}=171.273$ $\widehat{E_{12}}=\frac{629\times400}{1100}=228.7$

$\widehat{E_{21}}=\frac{471\times350}{1100}=149.9$ $\widehat{E_{22}}=\frac{629\times350}{1100}=200.1$

$\widehat{E_{31}}=\frac{471\times350}{1100}=149.9$ $\widehat{E_{22}}=\frac{629\times350}{1100}=200.1$

$$\chi^2=\frac{(198-171.23)^2}{188.4}+\cdots+\frac{(217-200.1)^2}{200.1}=11.75$$

$11.75>\chi^2_{0.05,(2)}=7.815$이므로 H_0를 기각할 수 있다. 즉, 지역에 따라 찬성률에 차이가 있다.

11. H_0 : 지역에 따라 지지도의 비율이 같다.

H_a : 적어도 두 지역에 따라 지지도의 비율이 다르다.

지역과 후보 간의 기대치 계산

	A	B	C	계
서울	77.5	72.5	50	200
부산	77.5	72.5	50	200
대구	77.5	72.5	50	200
광주	77.5	72.5	50	200
계	310	290	200	800

검정 통계량의 값은 다음과 같다.

$$\chi^2 = \frac{(73-77.5)^2}{77.5} + \frac{(71-72.5)^2}{72.5} + \cdots + \frac{(40-50)^2}{50} = 31.3$$

$31.3 > \chi^2_{0.01,(6)} = 16.81$

따라서 p-값$= P(\chi^2 > 31.3) = 0.00002$은 1%보다 작으며, 지역에 따라 지지도가 다르다고 결론을 내린다.

```
> #practice8.11
> row1<-c(73,71,56) #데이터입력1
> row2<-c(102,55,43)#데이터입력2
> row3<-c(73,66,61) #데이터입력3
> row4<-c(62,98,40) #데이터입력4
> data<-rbind(row1,row2,row3,row4) #데이터병합
> chisq.test(data,correct=FALSE) #chisq검정 실시(데이터,연속성수정(FALSE))

        Pearson's Chi-squared test

data:  data
X-squared = 31.295, df = 6, p-value = 2.227e-05
```

CHAPTER 09

1. $n=6,\ \sum x_i=464,\ \sum y_i=476,\ \sum x_i y_i=36926,\ \sum x_i^2=36354,\ \sum y_i^2=38254$

$\bar{x}\fallingdotseq 77.3333,\ \bar{y}\fallingdotseq 79.3333$

$$r=\frac{\frac{1}{n-1}\sum(x_i-\bar{x})(y_i-\bar{y})}{s_x s_y}=\frac{\sum x_i y_i-n\bar{x}\bar{y}}{\sqrt{\left(\sum x_i^2-n\bar{x}^2\right)\left(\sum y_i^2-n\bar{y}^2\right)}}\fallingdotseq 0.2397$$

```
> #practice9.1
> statistic<-c(70,92,80,74,65,83) #데이터입력1
> program<-c(74,84,63,87,78,90) #데이터입력2
> cor(statistic,program) #상관계수
[1] 0.2396639
```

2. $n=7,\ \sum x_i=96,\ \sum y_i=122,\ \sum x_i y_i=1217,\ \sum x_i^2=1702,\ \sum y_i^2=3324$

$\bar{x}\fallingdotseq 13.7143,\ \bar{y}\fallingdotseq 17.4286$

$$r=\frac{\frac{1}{n-1}\sum(x_i-\bar{x})(y_i-\bar{y})}{s_x s_y}=\frac{\sum x_i y_i-n\bar{x}\bar{y}}{\sqrt{\left(\sum x_i^2-n\bar{x}^2\right)\left(\sum y_i^2-n\bar{y}^2\right)}}\fallingdotseq -0.6174$$

$r=-0.6174$이므로 강한 음의 상관관계를 나타내고, $r^2\fallingdotseq 0.4508$이므로 전체의 45%는 선형 관계로 설명될 수 있다.

3. (1) $n=11,\ \sum x_i=16.5,\ \sum y_i=99.6,$

$\sum x_i y_i=151.71,\ \sum x_i^2=25.85,\ \bar{x}=1.5,$

$\bar{y}=99.6/11$

$$b_1=\frac{s_{xy}}{s_{xx}}=\frac{\sum x_i y_i-n\bar{x}\bar{y}}{\sum x_i^2-n\bar{x}^2}=2.1$$

$b_0=\bar{y}-b_1\bar{x}\fallingdotseq 5.9045,$

$\therefore \hat{y}=5.9045+2.1x$

(2) $x=17.5$일 때,

$\therefore \hat{y}=5.9045+2.1\times 1.75=9.5795$이다.

```
> #practice9.3
> #1
> x<-c(1.0,1.1,1.2,1.3,1.4,1.5,1.6,1.7,1.8,1.9,2.0) #데이터입력1
> y<-c(8.1,7.0,8.5,9.8,9.5,8.9,8.6,10.2,9.3,9.2,10.5)#데이터입력2
> n=length(x) #n의 값
> b1=(sum(x*y)-n*mean(x)*mean(y))/(sum(x^2)-n*mean(x)^2) #b1추정값
> b0=mean(y)-b1*mean(x) #b0추정값
> b1
[1] 2.1
> b0
[1] 5.904545
> reg<-lm(y~x) #회귀분석
> reg$coefficients#b1,b0추정값
(Intercept)           x
   5.904545    2.100000
> #2
> newx=1.75 #새로운데이터
> b1*newx+b0#예측값
[1] 9.579545
```

4. 39.9%

5. (1) $n=5,\ \sum x_i=15,\ \sum y_i=19, \sum x_i y_i=64,$

$\sum x_i^2=55,\ \bar{x}=3,\ \bar{y}=3.8$

$$b_1=\frac{s_{xy}}{s_{xx}}=\frac{\sum x_i y_i-n\bar{x}\bar{y}}{\sum x_i^2-n\bar{x}^2}=0.7$$

$b_0=\bar{y}-b_1\bar{x}=1.7,\ \therefore \hat{y}=1.7+0.7x$

(2) $$s_x^2=\frac{\sum x_i^2-n\bar{x}^2}{n-1}=2.5,$$

$$s_y^2=\frac{\sum y_i^2-n\bar{y}^2}{n-1}=2.7$$

$$s_e^2=\frac{SSE}{n-2}=1.9667$$

(3) 가설설정 : $H_0 : \beta_1 = 0$, $H_a : \beta_1 \neq 0$

유의수준 : $\alpha = 0.05$

검정 통계량 : $t = \dfrac{b_1 s_x \sqrt{n-1}}{s_e} \fallingdotseq 1.5785$

기각역 : $|t| \geq t_{0.025,(3)} = 3.182$

결과판정 : $|t| = 1.5785 < 3.182 = t_{0.025,(3)}$이므로, H_0를 기각할 수 없다. 즉, $\beta_1 = 0$이라고 할 수 있다.

(4) β_1의 신뢰구간은

$$b_1 - t_{\frac{\alpha}{2},(n-2)} \frac{s_e}{s_x \sqrt{n-1}} < \beta_1 < b_1 + t_{\frac{\alpha}{2},(n-2)} \frac{s_e}{s_x \sqrt{n-1}}$$

$$0.7 - 3.182 \frac{\sqrt{1.9667}}{\sqrt{2.5}\sqrt{4}} < \beta_1 < 0.7 + 3.182 \frac{\sqrt{1.9667}}{\sqrt{2.5}\sqrt{4}}$$

$0.7111 < \beta_1 < 2.1111$이 된다.

```
> #practice9.5
> #1
> x<-c(1,2,3,4,5) #데이터입력1
> y<-c(3,3,2,6,5) #데이터입력2
> n=length(x) #n의 값
> b1=(sum(x*y)-n*mean(x)*mean(y))/(sum(x^2)-n*mean(x)^2) #b1추정값
> b0=mean(y)-b1*mean(x) #b0추정값
> b1
[1] 0.7
> b0
[1] 1.7
> reg<-lm(y~x) #회귀분석
> reg
> reg$coefficients #b1,b0추정값
(Intercept)           x
        1.7         0.7
> #2
> ano=anova(reg) #anova테이블 작성
> ano
Analysis of Variance Table

Response: y
          Df Sum Sq Mean Sq F value Pr(>F)
x          1    4.9  4.9000  2.4915 0.2126
Residuals  3    5.9  1.9667
> ssto=sum(ano$'Sum Sq') #SSTO
```

```
> sse=ano$'Sum Sq'[2] #SSE
> var_e=sse/(length(x)-2) #S^2_e의 값
> var_e
[1] 1.966667
> #3
> ano=anova(reg) #anova테이블 작성
> ssto=sum(ano$'Sum Sq') #SSTO
> sse=ano$'Sum Sq'[2] #SSE
>
> var_e =sse/(length(x)-2) #S^2_e의 값
> s_xx=sum((x-mean(x))^2) #xx의 제곱합
> sd_b1=sqrt(var_e)/sqrt(s_xx) #b1의 SE
> b1/sd_b1 #b1에 대한 t검정 통계량
[1] 1.578457
>
> summary(reg)[4] #회귀계수에 대한 검정결과
$coefficients
             Estimate Std. Error  t value Pr(>|t|)
(Intercept)       1.7  1.4708274 1.155812 0.331450
x                 0.7  0.4434712 1.578457 0.212573
> #4
> s_xx=sum((x-mean(x))^2) #xx의 제곱합
> sd_b1=sqrt(var_e)/sqrt(s_xx) #b1의 표준오차
> qt=qt(0.97S,n-2) #임계치(t분포,자유도n-2)
> c(b1-qt*sd_b1,b1+qt*sd_b1)#신뢰구간
[1] -0.7113231  2.1113231
>
> confint(reg,'x',level=0.95) #다른방법
      2.5 %    97.5 %
x- 0.7113231 2.111323
```

6. (1)

x	0.5 1.5 3.2 4.2 5.1 6.5
y	1.3 3.4 6.7 8.0 10.0 13.2

$n=6,\ \sum x_i = 21,\ \sum y_i = 42.6,$

$\sum x_i y_i = 197.59,\ \sum x_i^2 = 98.64,\ \bar{x} = 3.5,$

$\sum y_i^2 = 396.38,\quad \bar{y} = 7.1$

$$b_1 = \frac{s_{xy}}{s_{xx}} = \frac{\sum x_i y_i - n\bar{x}\bar{y}}{\sum x_i^2 - n\bar{x}^2} \fallingdotseq 1.9288$$

$b_0 = \bar{y} - b_1\bar{x} \fallingdotseq 0.3492,\ \therefore \hat{y} = 0.3492 + 1.9288x$

(2) $$s_x^2 = \frac{\sum x_i^2 - n\bar{x}^2}{n-1} = 5.028,$$

$$s_y^2 = \frac{\sum y_i^2 - n\bar{y}^2}{n-1} = 18.784$$

$$s_e^2 = \frac{SSE}{n-2} \fallingdotseq 0.0982$$

(3) $$b_1 \pm t_{\frac{\alpha}{2},(n-2)} \frac{s_e}{s_x\sqrt{n-1}} = 1.9288 \pm 4.6 \frac{0.0981}{\sqrt{5.028}\sqrt{5}}$$
$$= (1.8388,\ 2.0188)$$

7. (1) $n = 11,\ \sum x_i = 16.5,\ \sum y_i = 100.4,$

$$\sum x_i y_i = 152.59,\ \sum x_i^2 = 25.85$$

$$b_1 = \frac{(11)(152.29) - (16.5)(100.4)}{(11)(25.85) - (16.5)^2} = 1.8901$$

$$b_0 = \frac{100.4 - (1.8091)(16.5)}{11} = 6.4136,\ \therefore \hat{y} = 6.4136 + 1.8901x$$

(2) $x = 1.75,$

$$\hat{y} = 6.4136 + (1.8091)(1.75) = 9.580$$

(3) $s_{xx} = 25.85 - 16.5^2/11 = 1.1$

$$s_{yy} = 923.58 - 100.4^2/11 = 7.2018$$

$$s_{xy} = 152.59 - (165)(100.4)/11 = 1.99$$

$$b_0 = 6.4136,\ b_1 = 1.8091$$

$$s_e = \frac{7.2018 - 1.8091^2 \times 1.1}{9} = 0.4$$

(4) $1.8091 \pm (2.262)(0.632)/\sqrt{1.1}$

$$0.446 < b_1 < 3.172$$

```
> #practice9.7
> #1
> x<-c(1.0,1.1,1.2,1.3,1.4,1.5,1.6,1.7,1.8,1.9,2.0) #데이터입력1
> y<-c(8.1,7.8,8.5,9.8,9.5,8.9,8.6,10.2,9.3,9.2,10.5)#데이터입력2
> n=length(x) #n의 값
> b1=(sum(x*y)-n*mean(x)*mean(y))/(sum(x^2)-n*mean(x)^2) #b1추정값
```

```
> b0=mean(y)-b1*mean(x) #b0추정값
> b1
[1] 1.809091
> b0
[1] 6.413636
> reg<-lm(y~x) #회귀분석
> reg$coefficients #회귀분석결과
(Intercept)           x
   6.413636    1.809091
> #2
> xnew=1.75 #새로운데이터
> b1*xnew+be #예측값
[1] 9.579545
> #3
> ano=anova(reg) #anova테이블 작성
> ano
Analysis of Variance Table

Response: y
          Df Sum Sq Mean Sq F value  Pr(>F)
x          1 3.6001  3.6001  8.9959 0.01497 *
Residuals  9 3.6017  0.4002
---
Signtf.codes: 0 '***' 0.001 '**' 0.01 '*' 0.05 '.' 0.1 ' ' 1
> ssto=sum(ano$'Sum Sq') #SSTO
> sse=ano$'Sum Sq'[2] #SSE
> s_xx=sum((x-mean(x))^2) #xx의 제곱합
> var_e=sse/(length(x)-2) #S_e의 값
> var_e
[1] 0.4001919
> #4
> s_xx=sum((x-mean(x))^2) #xx의 제곱합
> sd_b1=sqrt(var_e)/sqrt(s_xx) #b1의 표준오차
> qt=qt(0.975,n-2) #임계치(t분포,자유도n-2)
> c(b1-qt*sd_b1,b1+qt*sd_b1) #신뢰구간
[1] 0.4446316 3.1735562
> confint(reg,'x',level=0.95) #다른방법
      2.5 %  97.5 %
x 0.4446316 3.17355
```

8. (1) $n=12,\ \sum x_i=385,\ \sum y_i=328,\ \sum x_iy_i=14{,}063,\ \sum x_i^2=18{,}163$

$b_1=0.609$

$b_0=7.79,\ \therefore \hat{y}=5.8254+0.5676x$

(2) $x=50,$

$\hat{y}=7.79+(0.609)(50)=38.24$

(3) $s_e^2=4.821^2$

(4) $s_{b_1}=0.0633$

$b_1 \pm t_{\frac{\alpha}{2},(n-2)} s_{b_1}$ 에서

$0.4087 < b_1 < 0.8096$

9. (1) 잔차 플롯이 곡선이 아니므로 직선이 적합한 모형이다.

(2) $b_1=0.959$

(3) $r=0.96$

(4) $\hat{y}=0.95893\times 80+256.576=333.3$

(5) $333.3+2=335.3$

10. $b_1=r\dfrac{s_y}{s_x}=0.15\times\dfrac{42{,}000}{1.3}=4846.15$

$b_0=\bar{y}-b_1\bar{x}=208{,}000-4{,}846.15\times 6.2$

$=177{,}954$

이므로 $y=4{,}846.15x+177{,}954$

11. (1) $y=-3.225+2.676x$

(2) $s_e=2.335,\ \ s_x=2.486$

$s_{b_1}=\dfrac{2.335}{2.486\sqrt{12-1}}=0.2832$

$b_1\pm t_{0.05,(n-2)}s_{b_1}=2.676\pm 0.513$

```
> #practice9.11
> x<-c(2,3,4,4,5,6,6,7,8,8,9,10) #데이터입력1
> y<-c(3,7,6,8,10,8,13,16,15,21,23,24) #데이터입력2
> n=length(x) #n의 값
> #1
> b1=(sum(x*y)-n*mean(x)*mean(y))/(sum(x^2)-n*mean(x)^2) #b1추정
> b0=mean(y).b1*mean(x) #b0추정
> bl
[1] 2.676471
> b0
[1] -3.22549
> reg<-lm(y~x) #회귀분석
> reg$coefficients #회귀분석b1,b0추정값
(Intercept)           x
  -3.225490    2.676471
> #2
> ano=anova(reg) #anova테이블 작성
> ano
Analysis of Variance Table

Response: y
          Df Sum Sq Mean Sq F value    Pr(>F)
x          1 487.12  487.12  89.299 2.663e-06 ***
Residuals 10  54.55    5.45
---
Signif.codes:  0 '***' 0.001 '**' 0.01 '*' 0.05 '.' 0.1 ' ' 1
> ssto=sum(ano$'Sum Sq') #SSTO
> sse=ano$'Sum Sq'[2] #SSE
> var_e=sse/(length(x)-2) #S_e
> s_xx=sum((x-mean(x))^2) #xx의 제곱합
> sd_b1=sqrt(var_e)/sqrt(s_xx) #b1의 표준오차
> qt=qt(0.95,n-2) #임계치(t분포,자유도n-2)
> c(b1-qt*sd_b1,b1+qt*sd_b1)#b1신뢰구간
[1] 2.163128 3.189814
> #3
> summary(reg)[4] #회귀계수검정
$coefficients
             Estimate Std. Error   t value   Pr(>|t|)
(Intercept) -3.225490  1.8282408 -1.764259 1.081547e-01
x            2.676471  0.2832298  9.449818 2.663465e-06
```

12. (1) $y = 0.89 + 1.03x$

(2) $b_1 \pm t_{0.005,(18)} s_{b_1} = 1.03 \pm 2.87 \times 0.082 = (0.795,\ 1.265)$

(3) 가설검정 : $H_0 : \beta_1 = 0,\quad H_a : \beta_1 \neq 0$

유의수준 : $\alpha = 0.05$

검정 통계량 : $t = \dfrac{b_1 s_x \sqrt{n-1}}{s_{b_1}} = 12.6$

기각역 : $|t| \geq t_{0.025,(18)} = 2.10$

결과판정 : $|t| = 12.6 > 2.10 = t_{0.025,(18)}$이므로 H_0를 기각한다.

13. (1) $y = 385.39 + 9.85x$, $r^2 = 0.13$, $r = 0.37$

(2) $b_1 \pm t_{0.005,(13)} s_{b_1} = (-5.15,\ 24.86)$

(3) $t = 1.4185$, $1.4185 < t_{0.05,(13)} = 1.77$이므로 H_0를 채택한다. 즉 선형관계가 의미가 없다.

```
> #program9.13
> x<-c(4,2,9,8,14,2,11,14,7,4,1,9,9,10,5) #데이터입력1
> y<-c(423,520,550,309,690,401,470,582,    #데이터입력2
+      284,440,452,568,339,355,472)
> n=length(x) #n의 값
> #1
> b1=(sum(x*y)-n*mean(x)*mean(y))/(sum(x^2)-n*mean(x)^2) #b1의 추정값
> b0=mean(y)-b1*mean(x) #b0의 추정값
> b1
[1] 9.854555
> b0
[1] 385.3902
> reg<-lm(y~x) #회귀분식
> reg$coefficients #회귀분서 b1,b0의 추정값
(Intercept)           x
 385.390231    9.854555
> #2
> ano=anova(reg) #anova테이블 작성
> ano
Analysis of Variance Table

Response: y
          Df Sum Sq Mean Sq F value Pr(>F)
x          1  23592   23592  2.0121 0.1796
Residuals 13 152422   11725
```

```
> ssto=sum(ano$'Sum Sq') #SSTO
> sse=ano$'Sum Sq'[2] #SSE
> var_e=sse/(length(x)-2) #S_e
> s_xx=sum((x-mean(x))^2) #xx의 제곱합
> sd_b1=sqrt(var_e)/sqrt(s_xx) #b1의 표준오차
> qt=qt(0.975,n-2) #임계치(t분포,자유도n-2)
> c(b1-qt*sd_b1,b1+qt*sd_b1) #신뢰구간
[1] -5.153926 24.863037
> confint(reg,'x'.level=0.95)#신뢰구간 방법2
      2.5 %    97.5 %
x -5.153926  24.86304
> #3
> summary(reg)[4] #회귀계수 검정결과
$coefficients
              Estimate Std. Error   t value  Pr (>|t|)
(Intercept) 385.390231  57.707654  6.678321 1.520355e-05
x             9.854555   6.947185  1.418496 1.795724e-01
```

14. (1) $y = 35.42 + 1.0385x$

(2) 1.0385

(3) $R^2 = 11.5\%$ 반응값인 작품의 수의 변동의 11.5%가 모형적합에 의해 설명된다는 것을 의미한다.

(4) $r = \sqrt{0.115} = 0.339$

(5) 가설검정 : $H_0 : \beta_1 = 0$, $H_a : \beta_1 \neq 0$

유의수준 : $\alpha = 0.05$

검정 통계량 : $t = \dfrac{b_1 s_x \sqrt{n-1}}{s_{b_1}} = 1.72$

기각역 : $|t| \geq t_{0.025,(22)} = 2.07$

결과판정 : $|t| = 1.72 > 2.07 = t_{0.025,(22)}$이므로 H_0를 기각할 수 없다. 즉, $\beta_1 = 0$이라고 할 수 있다.

15. (1) $y = 1.926x - 3593$, $r = 0.989$

(2) $\log y = 0.005639t - 8.8089$

$r = 0.996$

(3) 비선형 모형에서

$\log y = 0.005639(2100) - 8.8089 = 3.0328$

$y = 1078(million)$

$\log 300 = 0.005639t - 8.8089$

에서 $t = 2001.4$

선형 모형에서 $1.926 \times 2100 - 3593 = 452(millions)$

$300 = 1.926x - 3593$ 에서, $x = 2021.29$ 년

(4) 비선형 모형이 더 큰 상관계수를 갖고 더 정확하다.

```
> #practice9.15
> x<-seq(1900,1990,5) #데이터입력1
> y< c(76.1,83.8,92.4,100.5,106.5,115.8,123.1,127.3,132.5,133.4,
+      151.9,165.1,180.0,193.5,204.0,215.5,227.2,237.9,249.4)#데이터입력2
> n=length(x) #n값 입력
> #1
> b1=(sum(x*y)-n*mean(x)*mean(y))/(sum(x^2)-n*mean(x)^2) #b1추정
> b0=mean(y)-b1*mean(x) #b0추정
> b1
[1] 1.926351
> b0
[1] -3593.284
> reg<-lm(y~x) #회귀분석
> reg$coefficients #회귀분석b1,b0추정값
 (Intercept)           x
-3593.284035    1.926351
> cor(x,y) #회귀계수
[1] 0.9889972
> #2
> par(mfrow=c(1,2)) #그래프 행렬설정(1행,2열로 그래프배열)
> plot(x,y); plot(x,log10(y)) #그래프1(기본), 그래프2(로그변환)
> reg2<-lm(log10(y)~x) #회귀분석2(로그변환)
> reg2$coefficients #추정된 회귀계수 b1,b0
 (Intercept)           x
-8.808917817  0.005639006
```

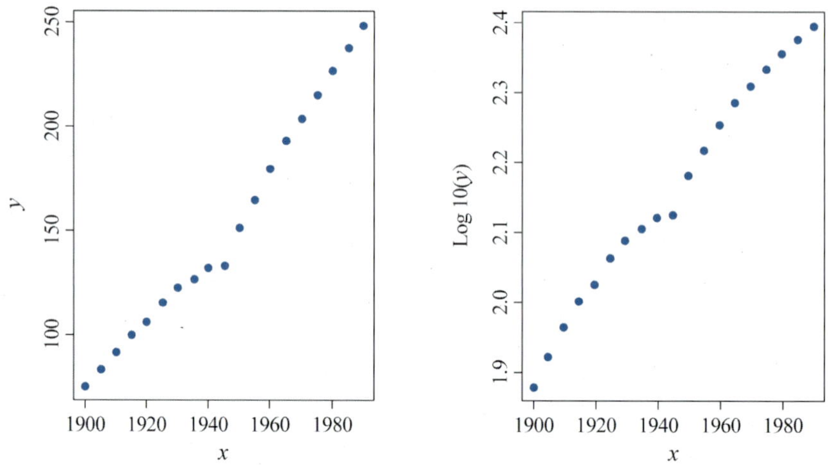


```
> #3
> predict.lm(reg,newdata=data.frame(x=2100)) #2100에 대한 기본회귀식의 추정
       1
452.0528
> 10^(predict.lm(reg2,newdata=data.frame(x=2100))) #2100에 대한 로그변환회귀식의
추정
       1
1078.932
```

16. (1) $\log y = -0.342 + 1.486 \log x$, $r = 0.9997$

(2) $\log y = -0.342 + 1.486 \log 5000 = 5.155$, $y = 142{,}780$일

(3) $\log 45{,}000 = -0.342 + 1.486 \log x$

$\log x = 3.362$, 따라서 $x = 2{,}300 (millionmiles)$

17. (1) 선형회귀식 추정

```
> x1<-c(80,80,75,62,62,62,62,62,58,58,58,58,58,58,50,50,50,50,50,56,70)
> x2<-c(27,27,25,24,22,23,24,24,23,18,18,17,18,19,18,18,19,19,20,20,20)
> y<-c(42,37,37,28,18,18,19,20,15,14,14,13,11,12,8,7,8,8,9,15,15)
> model<-lm(y~x1+x2) #회귀분석(종속변수: y, 독립변수: x1,x2)
> model$coefficients #추정된회귀계수
(Intercept)          x1             x2
-50.3588401  0.6711 544        1.2953514
```

(2) 결정계수

```
> summary(model)[8] #결정계수 or summary(model)$r.squared
$r.squared
[1] 0.9087609
```

(3) 회귀계수의 신뢰구간과 의미 설명

```
> confint(model,c("x1","x2")) #회귀계수의 신뢰구간
       2.5 %    97.5 %
x1 0.4049864 0.9373225
x2 0.5232931 2.0674096
```

18. (1) 선형회귀식 추정

```
> x1<-c(1.67,-1.67,2.2,15.56,18.33,-1.11,-12.22,-13.89,-6.11,12.78,
+       12.22,8.89,-6.67,3.89,15.56,-6.67,14.44,4.44,-2.78,-1.11)
> x2<-c(3,4,7,6,5,5,6,10,9,2,12,5,5,4,8,5,7,8,9,7)
> x2<-c(6,10,3,9,6,5,7,10,11,5,4,1,15,7,6,8,3,11,8,5)
>
y<-c(250,360,165,43,92,200,355,290,230,120,73,205,400,320,72,272,94,190,235,139)
> model<-lm(y~x1+x2+x3)#회귀분석(종속변수:y,독립변수:x1,x2,x3)
> model$coefficients   #추정된회귀계수
(Intercept)          x1            x2             x3
 280.576178  -8.249 377    -14.833081       6.098887
```

(2) (1)에서 추정된 회귀식에서 회귀계수의 의미 설명

```
> summary(model)          #회귀계수의미설명

call:
lm(formula = y ~ x1 + x2 + x3)

Residuals:
    Min      1Q  Median      3Q     Max
-77.396 -35.484  -1.083  26.650  88.154

Coefficients:
             Estimate Std. Error t value Pr(>|t|)
(Intercept)   280.576     44.144   6.356 9.53e-06 ***
x1             -8.249      1.390  -5.935 2.09e-05 ***
x2            -14.833      4.754  -3.120  0.00659 **
x3              6.099      4.012   1.520  0.14794
---
signif. codes: 0 '***' 0.001 '**' 0.01 '*' 0.05 '.' 0.1 ' ' 1

Residual standard error : 51.04 on 16 degrees of freedom
Multiple R-squared:   0.8042,    Adjusted R-squared:  0.7675
F-statistic: 21.91 on 3 and 16 DF,    p-value: 6.544e-06
```

(3) 기온 -1.1 단열재 두께 5cm 10년된 주택 난방비 예측

```
> answer<-predict(model.newdata=data.frame(x1=-1.1.x2=5,x3=10)) #추정값
> answer
      1
276.474
```

CHAPTER 10

1.

요인	제곱합	자유도	평균제곱합	F
처리	320	2	160	8
잔차	180	9	20	
계	500	11		

2. 이 예제는 일원 배치법의 모형에서 $k=4, n=5$인 경우, 즉,

$$y_{ij}=\mu+\alpha_i+\epsilon_{ij},\ i=1,2,3,4,\ j=1,2,\cdots,5$$

로서 오차항 ϵ_{ij}에 대한 가정이 전제된 것이다. 그리고 검정하고자 하는 가설은

$H_0:\alpha_1=\cdots=\alpha_4=0,\ H_a:$적어도 한 α_i는 0이 아니다.

이다. 주어진 자료에서

$$SS_T=(47-41.35)^2+\cdots+(25-41.35)^2=334.55$$

$$SS_{tr}=5[(52.6-41.35)^2+\cdots+(28.0-41.35)^2]=1826.55$$

$$SSE=(47-52.6)^2+\cdots+(25-28.0)^2=1508.00$$

을 얻을 수 있으며, 총 제곱합 SST의 자유도는 $4\times5-1=19$이며, 처리제곱합 SS_{tr}의 자유도는 4-1=3, 잔차제곱합 SSE의 자유도는 20-4=16이다.

이로부터 평균제곱과 F검정 통계량의 관측값을 구해보면

$$MS_{tr}=SS_{tr}/3=608.85$$

$$MSE=SSE/16=94.25$$

$$f=MS_{tr}/MSE=608.85/94.25=6.46$$

이며, 부록의 F 분포표에서 $F\sim F(3,16)$일 때

$$0.001<P(F\geq 6.46)<0.01$$

임을 알 수 있으며, 실제로 통계패키지를 이용하면 유의확률은

$$p=P(F\geq 6.46)=0.0045$$

이다. 이로부터 농도에 따라 직물의 인장강도에 유의한 차이가 있다는 결론을 유의수준 5%에서 내릴 수 있다.

3. 이 예제는 $k=3, n_1=4, n_2=5, n_3=6$인 일원 배치법의 모형으로 공정 간의 유의성을 판단하기 위한 가설

$H_0: \alpha_1=\alpha_2=\alpha_3=0,\ H_a$: 적어도 한 α_i는 0이 아니다.

을 검정하기 위한 제곱합을 계산하면

$$SS_T=(2-4.8)^2+\cdots+(8-4.8)^2=36.4$$

$$SS_{tr}=4(3.5-4.8)^2+\cdots+6(6.0-4.8)^2=16.2$$

$$SSE=(2-3.5)^2+\cdots+(8-6.0)^2=20.2$$

이고, 각각의 자유도는 4+5+6-1=14, 3-1=2, 15-3=12이다. 따라서 이로부터 평균제곱과 F검정 통계량의 관측값을 구해보면

$$MS_{tr}=SS_{tr}/2=8.1$$

$$MSE=SSE/12=1.68$$

$$f=MS_{tr}/MSE=8.1/1.68=4.82$$

이며, 부록의 F 분포표에서 $F\sim F(2,12)$일 때

$$0.025 < P(F\geq 4.82) < 0.05$$

임을 알 수 있으며, 실제로 통계패키지를 이용하면 유의확률은

$$p=P(F\geq 4.82)=0.0292$$

이다. 이로부터 공정에 따라 철선의 인장강도에 유의한 차이가 있다는 결론을 유의수준 5%에서 내릴 수 있으며, 이러한 검정과정을 분산분석표로 나타내면 아래의 표와 같다.

요인	제곱합	자유도	평균제곱	F값	유의확률
처리	16.2	2	8.1	4.82	0.0292
잔차	20.2	12	1.68		
계	36.4	14			

```
> #practice10.3
> y=c(2,3,4,5,4,5,6,4,3,6,5,7,4,6,8) #데이터입력
> process<-c(rep('p1',4),rep('p2',5),rep('p3',6)) #처리입력
> aov1=aov(y~process) #분산분석
> summary(aov1) #결과
            Df Sum Sq Mean Sq F value Pr(>F)
process      2   16.2   8.100   4.812 0.0292 *
Residuals   12   20.2   1.683
---
Signif. codes:  0 '***' 0.001 '**' 0.01 '*' 0.05 '.' 0.1 ' ' 1
```

4. 강좌의 효과를 α_i라 하고, 학생의 효과를 β_j라 하면,

1) 가설설정:

① $H_{0\alpha}:\alpha_1=\alpha_2=\alpha_3=\alpha_4=0,\ H_{a\alpha}:\alpha_i\neq 0$인 i가 존재한다.

② $H_{o\beta}:\beta_1=\beta_2=\beta_3=\beta_4=\beta_5=0,\ H_{a\beta}:\beta_j\neq 0$인 j가 존재한다.

2) 계산 :

$T_{1\cdot}$	$T_{2\cdot}$	$T_{3\cdot}$	$T_{4\cdot}$	$T_{\cdot\cdot}$
370	373	379	359	1481

$T_{\cdot 1}$	$T_{\cdot 2}$	$T_{\cdot 3}$	$T_{\cdot 4}$	$T_{\cdot 5}$	$T_{\cdot\cdot}$
259	354	275	271	322	1481

$$SS_T=\sum_{i=1}^{4}\sum_{j=1}^{5}x_{ij}^2-\frac{T_{\cdot\cdot}^2}{n}=(68^2+83^2+\cdots+87^2)-\frac{1481^2}{20}=2772.95$$

$$SS_A=\frac{1}{l}\sum_{i=1}^{4}T_{i\cdot}^2-\frac{T_{\cdot\cdot}^2}{n}=\frac{1}{5}(370^2+373^2+379^2+359^2)-\frac{1481^2}{20}=42.15$$

$$SS_B=\frac{1}{k}\sum_{j=1}^{5}T_{\cdot j}^2-\frac{T_{\cdot\cdot}^2}{n}=\frac{1}{4}(259^2+354^2+275^2+271^2+322^2)-\frac{1481^2}{20}=1618.70$$

$$SSE=SS_T-SS_A-SS_B=1112.10$$

$$\nu_T=n-1=19,\ \nu_A=k-1=3,\ \nu_B=l-1=4,\ \nu_E=(k-1)(l-1)=12$$

$$SS_T=\sum_{i=1}^{4}\sum_{j=1}^{5}x_{ij}^2-\frac{T_{\cdot\cdot}^2}{n}=(90^2+98^2+\cdots+99^2)-\frac{1900^2}{20}=188$$

$$SS_A=\frac{1}{l}\sum_{i=1}^{4}T_{i\cdot}^2-\frac{T_{\cdot\cdot}^2}{n}=\frac{1}{5}(483^2+469^2+465^2+483^2)-\frac{1900^2}{20}=52.8$$

$$SS_B=\frac{1}{k}\sum_{j=1}^{5}T_{\cdot j}^2-\frac{T_{\cdot\cdot}^2}{n}=\frac{1}{4}(375^2+379^2+380^2+383^2+383^2)-\frac{1900^2}{20}=11$$

$$SSE=SS_T-SS_A-SS_B=124.2$$

$$\nu_T=n-1=19,\ \nu_A=k-1=3,\ \nu_B=l-1=4,\ \nu_E=(k-1)(l-1)=12$$

요인	제곱합	자유도	평균제곱	검정 통계량	임계값
A	42.15	3	14.050	0.1516	$F_{0.05,\,(3,12)}=3.49$
B	1618.70	4	404.675	4.3667	$F_{0.05,\,(4,12)}=3.26$
오 차	1112.10	12	92.675		
총 합	2772.95	19			

3) 결과판정 :

① $F_A=0.1516<3.49=F_{0.05,\,(3,12)}$이므로, $H_{0\alpha}$를 기각할 수 없다. 즉, 강좌들의 난이도는 차이가 있다고 할 수 없다.

② $F_B=4.3667>3.26=F_{0.05,(4,12)}$이므로, $H_{0\beta}$를 기각할 수 있다. 즉, 학생들의 능력은 차이가 있다고 할 수 있다.

5. 기계의 효과를 α_i라 하고, 기능공의 효과를 β_j라 하면,

1) 가설설정 :

① $H_{0\alpha}:\alpha_1=\alpha_2=\alpha_3=\alpha_4=0,\ H_{a\alpha}:\alpha_i\neq 0$인 i가 존재한다.

② $H_{o\beta}:\beta_1=\beta_2=\beta_3=\beta_4=\beta_5=0,\ H_{a\beta}:\beta_j\neq 0$인 j가 존재한다.

2) 계산 :

$T_{1\cdot}$	$T_{2\cdot}$	$T_{3\cdot}$	$T_{4\cdot}$	$T_{\cdot\cdot}$
483	469	465	483	1900

$T_{\cdot 1}$	$T_{\cdot 2}$	$T_{\cdot 3}$	$T_{\cdot 4}$	$T_{\cdot 5}$	$T_{\cdot\cdot}$
375	379	380	383	383	1900

요인	제곱합	자유도	평균제곱	검정 통계량	임계값
A	52.8	3	17.60	1.7005	$F_{0.05,\,(3,12)}=3.49$
B	11.0	4	2.75	0.2657	$F_{0.05,\,(4,12)}=3.26$
오차	124.2	12	10.35		
총합	188.0	19			

3) 결과판정 :

① $F_A=0.1516<3.49=F_{0.05,\,(3,12)}$이므로, $H_{0\alpha}$를 기각할 수 없다. 즉, 제품을 생산하는 데 기계들의 효과는 차이가 있다고 할 수 없다.

② $F_B=4.3667>3.26=F_{0.05,\,(4,12)}$이므로, $H_{0\beta}$를 기각할 수 없다. 즉, 제품을 생산하는 데 기능공들의 효과는 차이가 있다고 할 수 없다.

```
> #practice10.5
> y<-c(90,98,99,100,96,92,92,93,94,98,95,  #데이터입력
+      93,91,96,90,98,96,97,93,99)
> A<-c(rep('A1',5),rep('A2',5),rep('A3',5),rep('A4',5)) #처리입력1
> B<-rep(c('B1','B2','B3','B4','B5'),4) #처리입력2
> aov1=aov(y~A+B) #분산분석
> summary(aov1) #결과
            Df Sum Sq Mean Sq F value Pr(>F)
A            3   52.8   17.60   1.700  0.220
B            4   11.0    2.75   0.266  0.894
Residuals   12  124.2   10.35
```

6. 1) 가설설정 : $H_0 : \alpha_1 = \alpha_2 = \alpha_3 = \alpha_4 = 0,\ H_a : \alpha_i \neq 0$인 i가 존재한다.

2) 계산 :

$T_1.$	$T_2.$	$T_3.$	$T_4.$	$T..$
35.5	40.8	40.2	34.4	150.9

$$SS_T = \sum_{i=1}^{4}\sum_{j=1}^{n_i} x_{ij}^2 - \frac{T_{..}^2}{n} = (8.2^2 + 8.7^2 + \cdots + 7.1^2) - \frac{150.9^2}{20} = 19.3495$$

$$SS_A = \sum_{i=1}^{4} \frac{T_{i.}^2}{n_i} - \frac{T_{..}^2}{n} = \left(\frac{35.5^2}{4} + \frac{40.8^2}{5} + \frac{40.2^2}{6} + \frac{34.4^2}{5}\right) - \frac{150.9^2}{20} = 15.462$$

$$SSE = SS_T - SS_A = 3.8857$$

$$\nu_T = n-1 = 19,\ \nu_A = k-1 = 3,\ \nu_E = \nu_T - \nu_A = 16$$

요인	제곱합	자유도	평균제곱	검정 통계량	임계값
처리	15.4620	3	5.1540	21.2099	$F_{0.05,\,(3,16)} = 5.29$
오차	3.8875	16	0.2430		
총합	19.3495	19			

3) 결과판정 : $F = 21.2099 > 5.29 = F_{0.01,\,(3,16)}$이므로, H_0를 기각할 수 있다. 즉 4가지 농도에 따라 식물들의 평균 성장에는 차이가 있다고 할 수 있다.

7. 플라스틱 유형의 효과를 α_i라 하고, 습도의 효과를 β_j라 하면,

1) 가설설정 :

① $H_{0\alpha}: \alpha_1 = \alpha_2 = \alpha_3 = 0,\ H_{a\alpha}: \alpha_i \neq 0$인 i가 존재한다.

② $H_{0\beta}: \beta_1 = \beta_2 = \beta_3 = \beta_4 = 0,\ H_{a\beta}: \beta_j \neq 0$인 j가 존재한다.

2) 계산 :

$T_{1\cdot}$	$T_{2\cdot}$	$T_{3\cdot}$	$T_{\cdot\cdot}$
138.9	122.3	114.2	375.4

$T_{\cdot 1}$	$T_{\cdot 2}$	$T_{\cdot 3}$	$T_{\cdot 4}$	$T_{\cdot\cdot}$
103.3	89.5	90.2	92.4	375.4

$$SS_T = \sum_{i=1}^{3}\sum_{j=1}^{4} x_{ij}^2 - \frac{T_{\cdot\cdot}^2}{n} = (39.0^2 + 33.1^2 + \cdots + 30.9^2) - \frac{375.4^2}{12} = 171.1767$$

$$SS_A = \frac{1}{l}\sum_{i=1}^{3} T_{i\cdot}^2 - \frac{T_{\cdot\cdot}^2}{n} = \frac{1}{4}(138.9^2 + 122.3^2 + 114.2^{2^2}) - \frac{375.4^2}{12} = 79.2717$$

$$SS_B = \frac{1}{k}\sum_{j=1}^{4} T_{\cdot j}^2 - \frac{T_{\cdot\cdot}^2}{n} = \frac{1}{3}(103.3^2 + 89.5^2 + 90.2^2 + 92.4^2) - \frac{375.4^2}{12} = 41.2167$$

$$SSE = SS_T - SS_A - SS_B = 50.6883$$

$\nu_T = n - 1 = 11,\ \nu_A = k - 1 = 2,\ \nu_B = l - 1 = 3,\ \nu_E = (k-1)(l-1) = 6$

요인	제곱합	자유도	평균제곱	검성 통계량	임계값
A	79.2717	2	39.6359	4.6917	$F_{0.05,(2,6)} = 5.14$
B	41.2167	3	13.7389	1.6263	$F_{0.05,(3,6)} = 4.76$
오차	5036883	6	8.4481		
종합	171.1767	11			

3) 결과판정 :

① $F_A = 4.6917 < 5.14 = F_{0.05,(2,6)}$이므로 $H_{0\alpha}$를 기각할 수 없다. 즉, 플라스틱 유형에 따라 필요한 힘은 차이가 있다고 할 수 없다.

② $F_B = 1.6263 < 4.76 = F_{0.05,(3,6)}$이므로 $H_{0\beta}$를 기각할 수 없다. 즉, 습도에 따라 필요한 힘은 차이가 있다고 할 수 없다.

```
> #practice10.7
> y<-c(39.0,33.1,33.8,33.0,36.9,27.2,29.7,28.5,27.4,29.2,26.7,30.9) #데이터입력
> plastic<-c(rep('A',4),rep('B',4),rep('C',4)) #처리입력
> humidity<-rep(c('30','50','70','90'),3) #처리입력
> aov1=aov(y~plastic+humidity) #분산분석
> summary(aov1) #결과
            Df Sum Sq Mean Sq F value Pr(>F)
plastic      2  79.27   39.64   4.692 0.0593
humidity     3  41.22   13.74   1.626 e.2799
Residuals    6  50.69    8.45
---
Signif. codes:  0 '***' 0.001 '**' 0.01 '*' 0.05 '.' 0.1 ' ' 1
```

8. 각 효과의 유의성을 판단하기 위한 가설

$H_{0\alpha}: \alpha_1 = \alpha_2 = \alpha_3 = 0$, $H_{a\alpha}$: 적어도 한 α_i는 0이 아니다.

$H_{0\beta}: \beta_1 = \beta_2 = \beta_3 = 0$, $H_{a\beta}$: 적어도 한 β_j는 0이 아니다.

$H_{0\alpha\beta}: (\alpha\beta)_{ij} = 0 (i = 1,2,3,\ j = 1,2,3)$, $H_{a\alpha\beta}$:적어도 한 $(\alpha\beta)_{ij}$는 0이 아니다.

을 검정하기 위한 제곱합을 계산하면

$$SS_A = 3 \times 2[(15.67 - 15.61)^2 + \cdots + (13.67 - 15.61)^2] = 44.11$$

$$SS_B = 3 \times 2[(12.5 - 15.61)^2 + \cdots + (17.33 - 15.61)^2] = 87.44$$

$$SS_{A \times B} = 2[(11.5 - 15.67 - 12.5 + 15.61)^2 + \cdots + (15.5 - \cdots + 15.61)^2] = 74.22$$

$$SS_T = (9 - 15.61)^2 + \cdots + (16 - 15.61)^2 = 288.28$$

$$SSE = SS_T - SS_A - SS_B - SS_{A \times B} = 82.51$$

이고, 각각의 자유도는 3-1=2, 3-1=2, (3-1)(3-1)=4, 3×3×2-1=17, 3×3×(2-1)=9 이다. 따라서, 이로부터 평균제곱과 F 검정 통계량의 관측값들을 구해보면

$$MSA = SS_A/2 = 22.055$$

$$MSB = SS_B/2 = 43.75$$

$$MS_{A \times B}/4 = 18.555$$

$$MSE = SSE/9 = 9.168$$

$$F_A = MSA/MSE = 2.41$$

$$F_B = MSB/MSE = 4.77$$

$$F_{AB} = MS_{A \times B}/MSE = 2.02$$

이며, 부록의 F 분포표에서 $F \sim F(2,9)$와 $F \sim F(4,9)$일 때

$$0.1 < P(F \geq 2.41), 0.025 < P(F \geq 4.77) < 0.05, 0.1 < P(F \geq 2.02)$$

임을 알 수 있으며, 실제로 통계패키지를 이용하면 유의확률은

$p = P(F \geq 2.41) = 0.1455$, $p = P(F \geq 4.77) = 0.0387$

$p = P(F \geq 2.02) = 01744$

이다. 이로부터 기능공에 따라서만 생산성에 유의한 차이가 있다는 결론을 유의수준 5%에서 내릴 수 있다. 이러한 검정과정을 분산분석표로 나타내면 다음과 같다.

요인	제곱합	자유도	평균제곱	F값	유의확률
인자A	44.11	2	22.055	2.41	0.1455
인자B	87.44	2	43.72	4.77	0.0387
교호작용	74.22	4	18.555	2.02	0.1744
오차	82.51	9	9.168		
총합계	288.28	17			

9. 기능공의 효과를 α_i, 기계의 효과를 β_j, 교호작용 효과를 $(\alpha\beta)_{ij}$라 하면

1) 가설설정 :

① $H_{0\alpha}: \alpha_1 = \alpha_2 = \alpha_3 = 0$, $H_{a\alpha}: \alpha_i \neq 0$인 i가 존재한다.

② $H_{o\beta}: \beta_1 = \beta_2 = \beta_3 = \beta_4 = 0$, $H_{a\beta}: \beta_j \neq 0$인 j가 존재한다.

③ $H_{o(\alpha\beta)}: (\alpha\beta)_{11} = (\alpha\beta)_{12} = \cdots = (\alpha\beta)_{34} = 0$, $H_{a(\alpha\beta)}: (\alpha\beta)_{ij} \neq 0$인 (i,j)가 존재한다.

2) 계산 :

$T_{1\cdot\cdot}$	$T_{2\cdot\cdot}$	$T_{3\cdot\cdot}$	$T_{\cdot\cdot\cdot}$
164	216	197	577

$T_{\cdot 1\cdot}$	$T_{\cdot 2\cdot}$	$T_{\cdot 3\cdot}$	$T_{\cdot 4\cdot}$	$T_{\cdot\cdot\cdot}$
158	176	104	139	577

$T_{\cdot\cdot 1}$	$T_{\cdot\cdot 2}$	…	$T_{\cdot\cdot 4}$	$T_{\cdot\cdot\cdot}$
47	47		50	577

$$SS_T = \sum_{i=1}^{3}\sum_{j=1}^{4}\sum_{\beta=1}^{3} x_{ij\beta}^2 - \frac{T_{\cdot\cdot\cdot}^2}{n} = (19^2 + 15^2 + \cdots + 15^2) - \frac{577^2}{36} = 662.9722$$

$$SS_A = \frac{1}{rl}\sum_{i=1}^{3} T_{i\cdot\cdot}^2 - \frac{T_{\cdot\cdot\cdot}^2}{n} = \frac{1}{12}(164^2 + 216^2 + 197^2) - \frac{577^2}{36} = 115.3889$$

$$SS_B = \frac{1}{rk}\sum_{j=1}^{4} T^2_{\cdot j \cdot} - \frac{T^2_{\cdots}}{n} = \frac{1}{9}(158^2+176^2+104^2+139^2) - \frac{577^2}{36} = 316.0833$$

$$SS_{AB} = \frac{1}{r}\sum_{i=1}^{3}\sum_{j=1}^{4} T^2_{ij\cdot} - \frac{T^2_{\cdots}}{n} = \frac{1}{3}(47^2+47^2+\cdots+50^2) - \frac{577^2}{36} = 478.3056$$

$$SSE = SS_T - SS_{AB} = 184.6666$$

$$\nu_T = n-1 = 35, \nu_A = k-1 = 2, \nu_B = l-1 = 3,$$

$$\nu_{A\times B} = (k-1)(l-1) = 6, \nu_E = n-kl = 24$$

요인	제곱합	자유도	평균제곱	검정 통계량	임계값
A	115.3889	2	57.6745	7.4956	$F_{0.05,(2,24)} = 3.40$
B	316.0833	3	105.3611	13.6932	$F_{0.05,(3,24)} = 3.01$
$A\times B$	46.8334	6	7.8056	1.0145	$F_{0.05,(6,24)} = 2.51$
오 차	184.6666	24	7.6944		
총 합	662.9722	35			

3) 결과판정 :

① $F_A = 7.4956 > 3.01 = F_{0.05,(2,24)}$이므로 $H_{0\alpha}$를 기각할 수 있다. 즉, 기능공들의 능력에는 차이가 있다고 할 수 있다.

② $F_B = 13.6932 > 3.01 = F_{0.05,(3,24)}$이므로 $H_{0\beta}$를 기각할 수 있다. 즉, 기계들의 성능에는 차이가 있다고 할 수 있다.

③ $F_{A\times B} = 1.0145 < 2.51 = F_{0.05,(6,24)}$이므로 $H_{0(\alpha\beta)}$를 기각할 수 없다. 즉, 기능공들과 기계들 간에 교호작용 효과는 있다고 할 수 없다.

```
> #practice10.9
> y<-c(19,15,13,20,12,15,10,15,8,15,10,12,21,20,
+      17,23,20,21,13,17,12,20,17,15,17,20,16,25,
+      20,20,12,7,10,20,15,15) #데이터입력
> tech<-c(rep('A',12),rep('B',12),rep('C',12)) #처리입력1
> machine<-rep(c(rep('1',3),rep('2',3),rep('3',3),rep('4',3)),3) #처리입력2
> aov1=aov(y~tech+machine+tech*machine) #분산분석(교호작용포함)
> summary(aov1) #결과
             Df Sum Sq Mean Sq F value   Pr(>F)
tech          2 115.39   57.69   7.498  0.00295 **
machine       3 316.08  105.36  13.693 2.07e-05 ***
tech:machine  6  46.83    7.81   1.014  0.43944
Residuals    24 184.67    7.69
---
Signif. codes:  0 '***' 0.001 '**' 0.01 '*' 0.05 '.' 0.1 ' ' 1
```

CHAPTER 11

11.1 연습문제

1. 1) 가설

$H_0 : \tilde{\mu} = 20$분

$H_a : \tilde{\mu} > 20$분

$\alpha = 0.05$

2) 검정 통계량

$p = \frac{1}{2}$인 이항확률변수 X

3) 계산

관측치에서 20을 빼고, 0은 제외하면 다음 부호열

$- + + - + + - + + +$

를 얻고, $n = 10,\ x = 7$이다. 그러므로 $P-$값은

$$P = P(X \geq 7 | p = 1/2) = \sum_{x=7}^{10} b(x;10,\ 1/2)$$

$$= 1 - \sum_{x=0}^{6} b(x;10,\ 1/2) = 1 - 0.8281 = 0.1719 > 0.05$$

4) 결론

H_0을 기각하지 않는다.

2. 1) 가설

$H_0 : \tilde{\mu} = 12$

$H_a : \tilde{\mu} \neq 12$

$\alpha = 0.02$

2) 검정 통계량

$p = \frac{1}{2}$인 이항확률변수 X

3) 계산

12보다 큰 값들은 '+'부호로, 작은 값들은 '−'부호로 대치하고, 12와 같은 값들 두 개를 제외하면 다음 부호열

$- + - - + + + + - - - - + + - +$

를 얻고, $n = 16,\ x = 10,\ n/2 = 8$이다. 그러므로 $P-$값은

$$P = 2P(X \geq 10 | p = 1/2) = 2\sum_{x=10}^{16} b(x;16,\ 1/2)$$
$$= 2(1 - \sum_{x=0}^{9} b(x;16,\ 1/2)) = 2(1 - 0.7728) = 0.4544 > 0.02$$

4) 결론
H_0을 기각하지 않는다.

3. 1) 가설
$H_0 : \tilde{\mu} = 2.5$
$H_a : \tilde{\mu} \neq 2.5$
$\alpha = 0.05$

2) 검정 통계량
$p = \frac{1}{2}$ 인 이항확률변수 X

3) 계산
25 위 아래를 '+','-'로 대체하면 다음 부호열
$- - - - - - - - + + - + - - - - -$
를 얻고 $n = 16,\ x = 3$ 그러므로

$\mu = np = (16)(0.5) = 8,\ \sigma = \sqrt{(16)(0.5)(0.5)} = 2$

$z = (3.5 - 8)/2 = -2.25$

그때 $P-$값은
$P = 2P(X \leq 3 | p = 1/2) \approx 2P(Z \leq -2.25) = (2)(0.0122) = 0.0244 < 0.05$

4) 결론
H_0을 기각한다.

4. 1) 가설
$H_0 : \tilde{\mu}_1 = \tilde{\mu}_2$
$H_a : \tilde{\mu}_1 < \tilde{\mu}_2$
$\alpha = 0.05$

2) 검정 통계량
$p = \frac{1}{2}$ 인 이항확률변수 X

3) 계산
양의 차이는 '+'부호로, 그리고 음의 차이는 '-'부호로 각각 대치하고, 차이가 0인 자료를 두 개 제외하면, $n = 10,\ x = 2$이다. 그러므로 $P-$값은

$$P = P(X \le 2 \mid p = 1/2) = \sum_{x=0}^{2} b(x; 10,\ 1/2) = 0.0547 > 0.05$$

4) 결론

H_0을 기각하지 않는다.

5. 가설 $H_0 : \widetilde{\mu}_A = \widetilde{\mu}_B$

$H_a : \widetilde{\mu}_A \neq \widetilde{\mu}_B$

$\alpha = 0.05$

검정 통계량 : $p = \dfrac{1}{2}$ 인 이항확률변수 X

계산 : $n = 14,\ x = 12,\ \mu = np = (14)(1/2) = 7,\ \sigma = \sqrt{(14)(1/2)(1/2)} = 1.8708$

그러므로, $z = (11.5 - 7)/1.8708 = 2.41$

$P = 2P(X \ge 12 \mid p = 1/2) = 2P(Z > 2.41) = (2)(0.0080) = 0.0160 < 0.05$

결론 : H_0을 기각한다.

연습문제 11.2

1. 1) 가설

$H_0 : \widetilde{\mu} = 20$

$H_a : \widetilde{\mu} > 20$

$\alpha = 0.05$

2) 기각역

$w_+ \le 11,\ n = 10$

3) 계산

d_i	−3	−5	12	8	−8	6	5	5	15	4
순위	1	4	9	7.5	7.5	6	4	4	10	2

$w_+ = 12.5$, 결론 : H_0을 기각하지 않는다.

2. 1) 가설

$H_0 : \tilde{\mu} = 12$

$H_a : \tilde{\mu} \neq 12$

$\alpha = 0.02$

2) 기각역

$w_+ \leq 20,\ n = 15$

3) 계산

d_i	−3	6	2	2	−2	4	−1	−3	−1	1	−1	1	3	1	2
순위	12	15	8.5	8.5	8.5	14	3.5	12	3.5	3.5	3.5	3.5	12	3.5	8.5

$w_- = 43,\ w_+ = 77$ 그래서 $w = 43$

4) 결론

H_0을 기각하지 않는다.

3. 1) 가설

$H_0 : \tilde{\mu}_1 - \tilde{\mu}_2 = 0$

$H_a : \tilde{\mu}_1 - \tilde{\mu}_2 < 0$

$\alpha = 0.05$

2) 기각역

$w_+ \leq 1,\ n = 5$

3) 계산

쌍	1	2	3	4	5
d_i	−5	−2	1	−4	2
순위	5	2.5	1	4	2.5

그러므로 $w_+ = 3.5$

4) 결론

H_0을 기각하지 않는다.

4. 1) 가설

$H_0 : \tilde{\mu}_1 - \tilde{\mu}_2 = 4.5$

$H_a : \tilde{\mu}_1 - \tilde{\mu}_2 < 4.5$

$\alpha = 0.05$

2) 기각역

$w_+ \le 11, n=10$

3) 계산

여자	1	2	3	4	5	6	7	8	9	10
d_i	−1.5	5.4	3.6	6.9	5.5	2.7	2.3	3.4	5.9	0.7
$d_i - d_0$	−6.0	0.9	−0.9	2.4	1.0	−1.8	−2.2	−1.1	1.4	−3.8
순위	10	1.5	1.5	8	3	6	7	4	5	9

그러므로 $w_+ = 17.5$

4) 결론

H_0을 기각하지 않는다.

5. 1) 가설

$H_0 : \widetilde{\mu}_1 - \widetilde{\mu}_2 = 8$

$H_a : \widetilde{\mu}_1 - \widetilde{\mu}_2 < 8$

$\alpha = 0.05$

2) 기각역

$z < -1.645$

3) 계산

차가 0은 제외하고,

d_i	6	9	3	5	8	9	4	10
$d_i - d_0$	−2	1	−5	−3	0	1	−4	2
순위	4.5	1.5	10.5	7.5		1.5	9	4.5
d_i	8	2	6	3	1	6	8	11
$d_i - d_0$	0	−6	−2	−5	−7	−2	0	3
순위	−	12	4.5	10.5	13	4.5	−	7.5

$w_+ = 15,\ n = 13,\ \mu_{W_+} = (13)(14)/4 = 45.5,\ \sigma_{W_+} = \sqrt{(13)(14)(27)/24} = 15.309$

그러므로, $z = (15 - 45.4)/14.309 = -2.13$

4) 결론

H_0 기각 ; 혈압 증가값은 8보다 작다.

6. 1) 가설

$H_0 : \widetilde{\mu_A} - \widetilde{\mu_B} = 0$

$H_a : \widetilde{\mu_A} - \widetilde{\mu_B} \neq 0$

$\alpha = 0.05$

2) 기각역

$w \leq 21,\ n = 14$

3) 계산

d_i	0.09	0.08	0.12	0.06	0.13	−0.06	0.12
순위	7	5.5	10	2.5	12	2.5	10
d_i	0.11	0.12	−0.04	0.08	0.15	0.07	0.14
순위	8	10	1	5.5	14	4	13

그러므로 $w_+ = 101.5,\ w_- = 3.5,\ w = 3.5$

4) 결론

H_0 기각; 계측기에 따라 측정결과가 다르다.

11.3 연습문제

1. 1) 가설

$H_0 : \widetilde{\mu_B} = \widetilde{\mu_A}$

$H_a : \widetilde{\mu_B} < \widetilde{\mu_A}$

$\alpha = 0.05$

2) 기각역

$n_1 = 3,\ n_2 = 6,\ u_1 \leq 2$

3) 계산

원래의 자료	1	7	8	9	10	11	12	13	14
순위	1	2*	3*	4	5*	6	7	8	9

$w_1 = 10,\ u_1 = 10 - (3)(4)/2 = 4$

4) 결론

H_0을 기각하지 않는다. 두 종류의 담배의 타르 함유량이 유의한 차이가 없다고 판정한다.

2. 1) 가설

$H_0 : \widetilde{\mu_1} = \widetilde{\mu_2}$

$H_a : \widetilde{\mu_1} < \widetilde{\mu_2}$

$\alpha = 0.05$

2) 기각역

$n_1 = 4,\ n_2 = 5,\ u_1 \le 2$

3) 계산

원래의 자료	0.5	0.9	1.4	1.9	2.1	2.8	3.1	4.6	5.3
순위	1*	2	3	4*	5	6*	7*	8	9

$w_1 = 18,\ u_1 - 18 \quad (4)(5)/2 = 8$

4) 결론

H_0을 기각하지 않는다.

3. 1) 가설

$H_0 : \widetilde{\mu_A} = \widetilde{\mu_B}$

$H_a : \widetilde{\mu_A} > \widetilde{\mu_B}$

$\alpha = 0.01$

2) 기각역

$n_1 = 9,\ n_2 = 9,\ u_2 \le 14$

3) 계산

원래의 자료	3.8	4.0	4.2	4.3	4.5	4.5	4.6	4.8	4.9
순위	1*	2*	3*	4*	5.5*	5.5*	7	8*	9*
원래의 자료	5.0	5.1	5.2	5.3	5.5	5.6	5.8	6.2	6.3
순위	10	11	12	13	14	15	16	17	18

$w_2 = 50,\ u_2 = 50 - (9)(10)/2 = 5$

4) 결론

H_0 기각 ; 계산기 A의 작동하는 시간이 더 길다.

4. 1) 가설

$H_0 : \tilde{\mu}_1 = \tilde{\mu}_2$

$H_a : \tilde{\mu}_1 \neq \tilde{\mu}_2$

$\alpha = 0.1$

2) 기각역

$n_1 = 10,\ n_2 = 10,\ u \leq 27$

3) 계산

$w_1 = 111.5,\ w_2 = 98.5$

원래의 자료	8.7	9.3	9.5	9.6	9.8	9.8	9.8	9.9	9.9	10.0
순위	1*	2	3*	4	6*	6*	6*	8.5*	8.5	10
원래의 자료	10.1	10.4	10.5	10.7	10.8	10.9	11.0	11.2	11.5	11.8
순위	11*	12	13*	14	15*	16	17*	18*	19	20

그러므로 $u_1 = 111.5 - (10)(11)/2 = 56.5,\ u_2 = 98.5 - (10)(11)/2 = 43.5$ 그래서 $u = 43.5$

4) 결론

H_0 기각하지 않는다.

5. 1) 가설

$H_0 : \tilde{\mu}_1 = \tilde{\mu}_2$

$H_a : \tilde{\mu}_1 \neq \tilde{\mu}_2$

$\alpha = 0.05$

2) 기각역

$n_1 = 5,\ n_2 = 7,\ u \leq 5$

3) 계산

원래의 자료	64	67	69	75	78	79	80	82	87	88	91	93
순위	1	2	3*	4	5*	6	7*	8	9*	10	11*	12

$w_1 = 35,\ w_2 = 43$

그러므로, $u_1 = 35 - (5)(6)/2 = 20,\ u_2 = 43 - (7)(8)/2 = 15,\ u = 15$

4) 결론

H_0을 기각하지 않는다.

11.4 연습문제

1. 1) 가설

H_0 : 세 가지 종류의 계산기 작동시간이 동일하다.

H_a : 세 개 작동시간이 모두 같지 않다.

$\alpha = 0.01$

2) 기각역

$h > \chi^2_{0.01,(2)} = 9.210$

3) 계산

계산기 순위		
A	B	C
4	8.5	15
12	7	18
1	13	10
2	11	16
6	8.5	14
	5	17
	3	
$r_1 = 25$	$r_2 = 56$	$r_3 = 90$

$$h = \frac{12}{(18)(19)}\left[\frac{25^2}{5} + \frac{56^2}{7} + \frac{90^2}{6}\right] - (3)(19) = 10.47$$

4) 결론

H_0 기각 즉, 세 가지 계산기의 작동시간이 동일하지 않다.

2. Kruskal-Wallis 검정(Chi-square approximation)

$$h = \frac{12}{(32)(33)}\left[\frac{210.5^2}{9} + \frac{189^2}{8} + \frac{128.5^2}{15}\right] - (3)(33) = 20.21$$

$\chi^2_{0.05,(2)} = 5.991$이고 $20.21 > 5.991$이므로 H_0을 기각 즉, 유기화학용제에 따른 유의한 흡수율 차이가 없다.

3. $N = 7 + 7 + 6 = 20$

$$H = \frac{12}{20(20+1)}\sum_{k=1}^{3}\frac{R_R^2}{n_k} - 3(20+1)$$

$$= \frac{12}{420}\left(\frac{24^2}{7} + \frac{36^2}{7} + \frac{100^2}{6}\right) - 63 = 12.26$$

$\chi^2_{0.01,(2)} = 9.21$, $H = 12.26 > \chi^2_{0.01,(2)}$ 이므로 H_0 기각한다.

4. 주어진 철선의 인장강도 데이터에 대하여, 혼합표본 순위를 구하면 다음 표 같다.

인장강도(순위)

	A	B	C
	56 (8) 60 (10) 57 (9) 64 (12)	48 (3) 61 (11) 49 (4) 53 (7)	52 (6) 50 (5) 44 (1) 46 (2)
평균	59.25	52.75	48.00
총 평균		53.33	
순위합	$R_{.1}=39$	$R_{.2}=25$	$R_{.3}=14$

H의 통계량의 값은

$$H=\frac{12}{12(12+1)}\left(\frac{39^2}{4}+\frac{25^2}{4}+\frac{14^2}{4}\right)-3(12+1)=6.038$$

$\chi^2_{0.05,(2)}=5.991$이고 $6.038>5.991$이므로 H_0을 기각한다.

즉, 세 기계에서 생산되는 철선의 인장강도가 모두 같지는 않다는 충분한 근거가 있다.

5. 순위 데이터에서 H통계량의 값을 다음과 같이 계산한다.

$$H=\frac{12}{7(7+1)}\left(\frac{6^2}{2}+\frac{10^2}{3}+\frac{12^2}{2}\right)-3(7+1)=2.429$$

$\chi^2_{0.05,(2)}=5.991$이고 $2.429<5.991$이므로 H_0을 기각하지 않는다.

H_0를 기각할 수 있는 근거는 전혀 없다.

즉, 세 수면제의 약효에 심각한 차이가 있다는 근거는 없다.

	A	B	C
	2 4	1 3 6	5 7
순위합	6	10	12

11.5 연습문제

1. 1)

학생	중간고사	기말고사	d_i
L.S.A.	4	4	0
W.P.B.	10	2	8
R.W.K.	7	8	−1
J.R.L.	2	3	−1
J.K.L.	5	6.5	−1.5
D.L.P.	9	6.5	2.5
B.L.P.	3	10	−7
D.W.M.	1	1	0
M.N.M.	8	9	−1
R.H.S.	6	5	−1

$$r_s = 1 - \frac{(6)(125.5)}{(10)(100-1)} = 0.24$$

2) 가설

$H_0 : \rho = 0$

$H_a : \rho > 0$

$\alpha = 0.025$

3) 기각역

$r_s > 0.648$

4) 결론

H_0을 기각하지 않는다.

2. 1) $r_s = 1 - \dfrac{(6)(1586.5)}{(25)(625-1)} = 0.39$

순위		d	순위		d
x	y		x	y	
1	6	−5	14	12	2
2	1	1	15	2	13
3	16	−13	16	6	10
4	9.5	−5.5	17	13.5	3.5
5	18.5	−13.5	18	13.5	4.5
6	23	−17	19	16	3
7	8	−1	20	23	−3
8	3	5	21	23	−2
9	9.5	−0.5	22	23	−1
10	16	−6	23	18.5	4.5
11	4	7	24	23	1
12	20	−8	25	6	19
13	11	2			

2) 가설

$H_0 : \rho = 0$

$H_a : \rho \neq 0$

$\alpha = 0.05$

3) 기각역

$r_s < -0.400$ 또는 $r_s > 0.400$

4) 결론

H_0을 기각하지 않는다.

3.

순위		d	순위		d	순위		d
x	y		x	y		x	y	
3	7	−4	4	6	−2	7	3	4
6	4.5	1.5	8	2	6	5	4.5	0.5
2	8	−6	1	9	−8	9	1	8

$$\sum d_i^2 = 238.5,\ r_s = 1 - \frac{(6)(238.5)}{(9)(80)} = -0.99$$

4.

1) $r_s = 1 - \frac{(6)(34)}{(9)(80)} = -0.99$

2) 가설

$H_0 : \rho = 0$

$H_a : \rho > 0$

$\alpha = 0.025$

3) 기각역

$r_s > 0.683$

4) 결론

H_0 기각, $\rho > 0$

체중	가슴둘레	d_i	체중	가슴둘레	d_i	체중	가슴둘레	d_i
3	6	−3	1	1	0	8	8	0
9	9	0	4	2	2	7	3	4
2	4	−2	6	7	−1	5	5	0

5. 1) 가설

$H_0 : \rho = 0$

$H_a : \rho \neq 0$

$\alpha = 0.05$

2) 기각역

$r_s < -0.683$ 또는 $r_s > 0.683$

3) 계산

제조회사	A	B	C	D	E	F	G	H	I
소비자단체순위	6	9	2	8	5	1	7	4	3
권장소비자가격순위	5	1	9	8	6	7	2	4	3
d_i	1	8	−7	0	−1	−6	5	0	0

$$r_s = 1 - \frac{(6)(176)}{(9)(80)} = -0.47$$

4) 결론

H_0은 기각하지 않는다.

6. 1) $\sum d_i^2 = 24,\quad r_s = 1 - \frac{(6)(24)}{(8)(63)} = 0.71$

2) 가설

$H_0 : \rho = 0$

$H_a : \rho \neq 0$

$\alpha = 0.05$

3) 기각역

$r_s > 0.643$

4) 계산

$r_s = 0.71$

5) 결론

H_0 기각, $\rho > 0$

7.
1) $\sum d_i^2 = 1828,\ \ r_s = 1 - \dfrac{(6)(1828)}{(30)(899)} = 0.59$

2) 가설

$H_0 : \rho = 0$

$H_a : \rho \neq 0$

$\alpha = 0.05$

3) 기각역

$r_s <\ -0.364$ 또는 $r_s > 0.364$

4) 계산

$r_s = 0.59$

5) 결론

H_0 기각, $\sigma \neq 0$

APPENDIX

구성

1. 카이제곱분포표-오른쪽 꼬리 확률
2. 표준정규분포표
3. t분포-오른쪽 꼬리 확률
4. Γ분포-오른쪽 꼬리 확률
5. 비모수통계표

STATISTICS

1. 카이제곱분포표-오른쪽 꼬리 확률

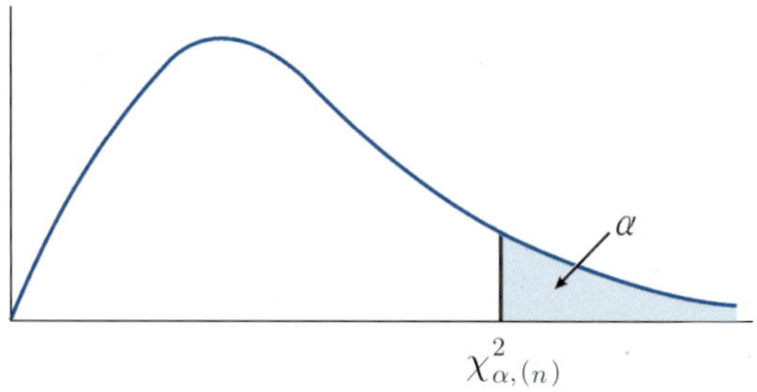

df \ α	0.9995	0.999	0.9975	0.995	0.990	0.975	0.950	0.900	0.750	0.500
1	0.00	0.00	0.00	0.00	0.00	0.00	0.00	0.02	0.10	0.45
2	0.00	0.00	0.01	0.01	0.02	0.05	0.10	0.21	0.58	1.39
3	0.02	0.02	0.04	0.07	0.11	0.22	0.35	0.58	1.21	2.37
4	0.06	0.09	0.14	0.21	0.30	0.48	0.71	1.06	1.92	3.36
5	0.16	0.21	0.31	0.41	0.55	0.83	1.15	1.61	2.67	4.35
6	0.30	0.38	0.53	0.68	0.87	1.24	1.64	2.20	3.45	5.35
7	0.48	0.60	0.79	0.99	1.24	1.69	2.17	2.83	4.25	6.35
8	0.71	0.86	1.10	1.34	1.65	2.18	2.73	3.49	5.07	7.34
9	0.97	1.15	1.45	1.73	2.09	2.70	3.33	4.17	5.90	8.34
10	1.26	1.48	1.83	2.16	2.56	3.25	3.94	4.87	6.74	9.34
11	1.59	1.83	2.23	2.60	3.05	3.82	4.57	5.58	7.58	10.34
12	1.93	2.21	2.66	3.07	3.57	4.40	5.23	6.30	8.44	11.34
13	2.31	2.62	3.11	3.57	4.11	5.01	5.89	7.04	9.30	12.34
14	2.70	3.04	3.58	4.07	4.66	5.63	6.57	7.79	10.17	13.34
15	3.11	3.48	4.07	4.60	5.23	6.26	7.26	8.55	11.04	14.34
16	3.54	3.94	4.57	5.14	5.81	6.91	7.96	9.31	11.91	15.34
17	3.98	4.42	5.09	5.70	6.41	7.56	8.67	10.09	12.79	16.34
18	4.44	4.90	5.62	6.26	7.01	8.23	9.39	10.86	13.68	17.34
19	4.91	5.41	6.17	6.84	7.63	8.91	10.12	11.65	14.56	18.34
20	5.40	5.92	6.72	7.43	8.26	9.59	10.85	12.44	15.45	19.34
21	5.90	6.45	7.29	8.03	8.90	10.28	11.59	13.24	16.34	20.34
22	6.40	6.98	7.86	8.64	9.54	10.98	12.34	14.04	17.24	21.34
23	6.92	7.53	8.45	9.26	10.20	11.69	13.09	14.85	18.14	22.34
24	7.45	8.08	9.04	9.89	10.86	12.40	13.85	15.66	19.04	23.34
25	7.99	8.65	9.65	10.52	11.52	13.12	14.61	16.47	19.94	24.34
26	8.54	9.22	10.26	11.16	12.20	13.84	15.38	17.29	20.84	25.34
27	9.09	9.80	10.87	11.81	12.88	14.57	16.15	18.11	21.75	26.34
28	9.66	10.39	11.50	12.46	13.56	15.31	16.93	18.94	22.66	27.34
29	10.23	10.99	12.13	13.12	14.26	16.05	17.71	19.77	23.57	28.34
30	10.80	11.59	12.76	13.79	14.95	16.79	18.49	20.60	24.48	29.34
40	16.91	17.92	19.42	20.71	22.16	24.43	26.51	29.05	33.66	39.34
50	23.46	24.67	26.46	27.99	29.71	32.36	34.76	37.69	42.94	49.33
60	30.34	31.74	33.79	35.53	37.48	40.48	43.19	46.46	52.29	59.33
80	44.79	46.52	49.04	51.17	53.54	57.15	60.39	64.28	71.14	79.33
100	59.90	61.92	64.86	67.33	70.06	74.22	77.93	82.36	90.13	99.33

df \ α	0.250	0.200	0.150	0.100	0.050	0.025	0.020	0.010	0.005	0.0025	0.001	0.0005
1	1.32	1.64	2.07	2.71	3.84	5.02	5.41	6.63	7.88	9.14	10.83	12.12
2	2.77	3.22	3.79	4.61	5.99	7.38	7.82	9.21	10.60	11.98	13.82	15.20
3	4.11	4.64	5.32	6.25	7.81	9.35	9.84	11.34	12.84	14.32	16.27	17.73
4	5.39	5.99	6.74	7.78	9.49	11.14	11.67	13.28	14.86	16.42	18.47	20.00
5	6.63	7.29	8.12	9.24	11.07	12.83	13.39	15.09	16.75	18.39	20.51	22.11
6	7.84	8.56	9.45	10.64	12.59	14.45	15.03	16.81	18.55	20.25	22.46	24.10
7	9.04	9.80	10.75	12.02	14.07	16.01	16.62	18.48	20.28	22.04	24.32	26.02
8	10.22	11.03	12.03	13.36	15.51	17.53	18.17	20.09	21.95	23.77	26.12	27.87
9	11.39	12.24	13.29	14.68	16.92	19.02	19.68	21.67	23.59	25.46	27.88	29.67
10	12.55	13.44	14.53	15.99	18.31	20.48	21.16	23.21	25.19	27.11	29.59	31.42
11	13.70	14.63	15.77	17.28	19.68	21.92	22.62	24.72	26.76	28.73	31.26	33.14
12	14.85	15.81	16.99	18.55	21.03	23.34	24.05	26.22	28.30	30.32	32.91	34.82
13	15.98	16.98	18.20	19.81	22.36	24.74	25.47	27.69	29.82	31.88	34.53	36.48
14	17.12	18.15	19.41	2.106	23.68	26.12	26.87	29.14	31.32	33.43	36.12	38.11
15	18.25	19.31	20.60	22.31	25.00	27.49	28.26	30.58	32.80	34.95	37.70	39.72
16	19.37	20.47	21.79	23.54	26.30	28.85	29.63	32.00	34.27	36.46	39.25	41.31
17	20.49	21.61	22.98	24.77	27.59	30.19	31.00	33.41	35.72	37.95	40.79	42.88
18	21.60	22.76	24.16	25.99	28.87	31.53	32.35	34.81	37.16	39.42	42.31	44.43
19	22.72	23.90	25.33	27.20	30.14	32.85	33.69	36.19	38.58	40.88	43.82	45.97
20	23.83	25.04	26.50	28.41	31.41	34.17	35.02	37.57	40.00	42.34	45.31	47.50
21	24.93	26.17	27.66	29.62	32.67	35.48	36.34	38.93	41.40	43.78	46.80	49.01
22	26.04	27.30	28.82	30.81	33.92	36.78	37.66	40.29	42.80	45.20	48.27	50.51
23	27.14	28.43	29.98	32.01	35.17	38.08	38.97	41.64	44.18	46.62	49.73	52.00
24	28.24	29.55	31.13	33.20	36.42	39.36	40.27	42.98	45.56	48.03	51.18	53.48
25	29.34	30.68	32.28	34.38	37.65	40.65	41.57	44.31	46.93	49.44	52.62	54.95
26	30.43	31.79	33.43	35.56	38.89	41.92	42.86	45.64	48.29	50.83	54.05	56.41
27	31.53	32.91	34.57	36.74	40.11	43.19	44.14	46.96	49.64	52.22	55.48	57.86
28	32.62	34.03	35.71	37.92	41.34	44.46	45.42	48.28	50.99	53.59	56.89	59.30
29	33.71	35.14	36.85	39.09	42.56	45.72	46.69	49.59	52.34	54.97	58.30	60.73
30	34.80	36.25	37.99	40.26	43.77	46.98	47.96	50.89	53.67	56.33	59.70	62.16
40	45.62	47.27	49.24	51.81	55.76	59.34	60.44	63.69	66.77	69.70	73.40	76.09
50	56.33	58.16	60.35	63.17	67.50	71.42	72.61	76.15	79.49	82.66	86.66	89.56
60	66.98	68.97	71.34	74.40	79.08	83.30	84.58	88.38	91.95	95.34	99.61	102.7
80	88.13	90.41	93.11	96.58	101.9	106.6	108.1	112.3	116.3	120.1	124.8	128.3
100	109.1	111.7	114.7	118.5	124.3	129.6	131.1	135.8	140.2	144.3	149.4	153.2

2. 표준정규분포표

$$P\{Z \leq z\} = \int_{-\infty}^{z} \frac{1}{\sqrt{2\pi}} e^{-\frac{x^2}{2}} dx$$

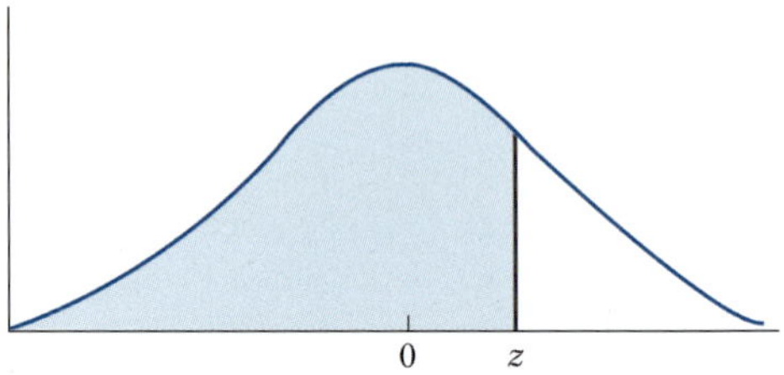

표의 숫자는 z보다 같거나 작을 확률을 나타낸다.

z	.00	.01	.02	.03	.04	.05	.06	.07	.08	.09
.0	.5000	.5040	.5080	.5120	.5160	.5119	.5239	.5279	.5319	.5359
.1	.5398	.5438	.5478	.5517	.5557	.5596	.5636	.5675	.5714	.5753
.2	.5793	.5832	.5871	.5910	.5948	.5987	.6026	.6064	.6103	.6141
.3	.6179	.6217	.6255	.6293	.6331	.6368	.6406	.6443	.6480	.6517
.4	.6554	.6591	.6628	.6664	.6700	.6736	.6772	.6808	.6844	.6879
.5	.6915	.6950	.6985	.7019	.7054	.7088	.7123	.7157	.7190	.7224
.6	.7257	.7291	.7324	.7357	.7389	.7422	.7454	.7486	.7517	.7549
.7	.7580	.7611	.7642	.7673	.7704	.7734	.7764	.7794	.7823	.7852
.8	.7881	.7910	.7939	.7967	.7995	.8023	.8051	.8078	.8106	.8133
.9	.8159	.8186	.8212	.8238	.8264	.8289	.8315	.8340	.8365	.8389
1.0	.8413	.8438	.8461	.8485	.8508	.8531	.8554	.8577	.8599	.8621
1.1	.8643	.8665	.8686	.8708	.8729	.8749	.8770	.8790	.8810	.8830
1.2	.8949	.8869	.8888	.8907	.8925	.8944	.8962	.8980	.8997	.9015
1.3	.9032	.9049	.9066	.9082	.9099	.9115	.9131	.9147	.9162	.9177
1.4	.9192	.9207	.9222	.9236	.9251	.9265	.9279	.9292	.9306	.9319
1.5	.9332	.9345	.9357	.9370	.9382	.9394	.9406	.9418	.9429	.9441
1.6	.9452	.9463	.9474	.9484	.9495	.9505	.9515	.9525	.9535	.9545
1.7	.9554	.9564	.9573	.9582	.9591	.9599	.9608	.9616	.9625	.9633
1.8	.9641	.9649	.9656	.9664	.9671	.9678	.9686	.9693	.9699	.9706
1.9	.9713	.9719	.9726	.9732	.9738	.9744	.9750	.9756	.9761	.9767
2.0	.9772	.9778	.9783	.9788	.9793	.9798	.9803	.9808	.9812	.9817
2.1	.9821	.9826	.9830	.9834	.9838	.9842	.9846	.9850	.9854	.9857
2.2	.9861	.9864	.9868	.9871	.9875	.9878	.9881	.9884	.9887	.9890
2.3	.9893	.9896	.9898	.9901	.9904	.9906	.9909	.9911	.9913	.9916
2.4	.9918	.9920	.9922	.9925	.9927	.9929	.9931	.9932	.9934	.9936
2.5	.9938	.9940	.9941	.9943	.9945	.9946	.9948	.9949	.9951	.9952
2.6	.9953	.9955	.9956	.9957	.9959	.9960	.9961	.9962	.9963	.9964
2.7	.9965	.9966	.9967	.9968	.9969	.9970	.9971	.9972	.9973	.9974
2.8	.9974	.9975	.9976	.9977	.9977	.9978	.9979	.9979	.9980	.9981
2.9	.9981	.9982	.9982	.9983	.9984	.9984	.9985	.9985	.9986	.9986
3.0	.9987	.9987	.9987	.9988	.9988	.9989	.9989	.9989	.9990	.9990
3.1	.9990	.9991	.9991	.9991	.9992	.9992	.9992	.9992	.9993	.9993
3.2	.9993	.9993	.9994	.9994	.9994	.9994	.9994	.9995	.9995	.9995
3.3	.9995	.9995	.9995	.9996	.9996	.9996	.9996	.9996	.9996	.9997
3.4	.9997	.9997	.9997	.9997	.9997	.9997	.9997	.9997	.9997	.9998
3.5	.9998	.9998	.9998	.9998	.9998	.9998	.9998	.9998	.9998	.9998

3. t 분포-오른쪽 꼬리 확률

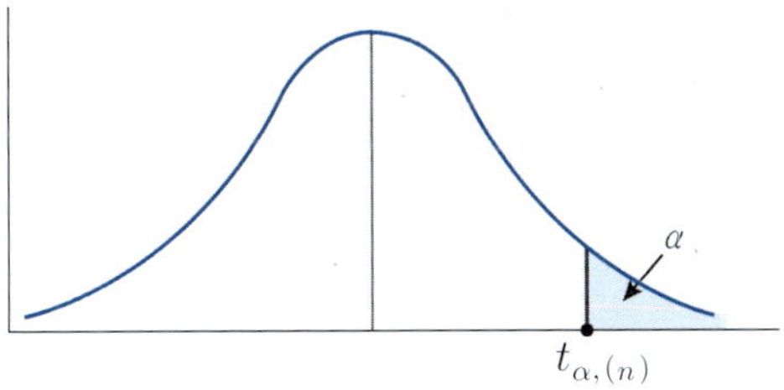

df \ α	0.25	0.20	0.15	0.10	0.05	0.025	0.02	0.01	0.005	0.0025	0.001	0.0005
1	1.000	1.376	1.963	3.078	6.314	12.71	15.89	31.82	63.66	127.3	318.3	636.6
2	0.816	1.061	1.386	1.886	2.920	4.303	4.849	6.965	9.925	14.09	22.33	31.60
3	0.765	0.978	1.250	1.638	2.353	3.182	3.482	4.541	5.841	7.453	10.21	12.92
4	0.741	0.941	1.190	1.533	2.132	2.776	2.999	3.747	4.604	5.598	7.173	8.610
5	0.727	0.920	1.156	1.476	2.015	2.571	2.757	3.365	4.032	4.773	5.893	6.869
6	0.718	0.906	1.134	1.440	1.943	2.447	2.612	3.143	3.707	4.317	5.208	5.959
7	0.711	0.896	1.119	1.415	1.895	2.365	2.517	2.998	3.499	4.029	4.785	5.408
8	0.706	0.889	1.108	1.397	1.860	2.306	2.449	2.896	3.355	3.833	4.501	5.041
9	0.703	0.883	1.100	1.383	1.833	2.262	2.398	2.821	3.250	3.690	4.297	4.781
10	0.700	0.879	1.093	1.372	1.812	2.228	2.359	2.764	3.169	3.581	4.144	4.587
11	0.697	0.876	1.088	1.363	1.796	2.201	2.328	2.718	3.106	3.497	4.025	4.437
12	0.695	0.873	1.083	1.356	1.782	2.179	2.303	2.681	3.055	3.428	3.930	4.318
13	0.694	0.870	1.079	1.350	1.771	2.160	2.282	2.650	3.012	3.372	3.852	4.221
14	0.692	0.868	1.076	1.345	1.761	2.145	2.264	2.624	2.977	3.326	3.787	4.140
15	0.691	0.866	1.074	1.341	1.753	2.131	2.249	2.602	2.947	3.286	3.733	4.073
16	0.690	0.865	1.071	1.337	1.746	2.120	2.235	2.583	2.921	3.252	3.686	4.015
17	0.689	0.863	1.069	1.333	1.740	2.110	2.224	2.567	2.898	3.222	3.646	3.965
18	0.688	0.862	1.067	1.330	1.734	2.101	2.214	2.552	2.878	3.197	3.611	3.922
19	0.688	0.861	1.066	1.328	1.729	2.093	2.205	2.539	2.861	3.174	3.579	3.883
20	0.687	0.860	1.064	1.325	1.725	2.086	2.197	2.528	2.845	3.153	3.552	3.850
21	0.686	0.859	1.063	1.323	1.721	2.080	2.189	2.518	2.831	3.135	3.527	3.819
22	0.686	0.858	1.061	1.321	1.717	2.074	2.183	2.508	2.819	3.119	3.505	3.792
23	0.685	0.858	1.060	1.319	1.714	2.069	2.177	2.500	2.807	3.104	3.485	3.768
24	0.685	0.857	1.059	1.318	1.711	2.064	2.172	2.492	2.797	3.091	3.467	3.745
25	0.684	0.856	1.058	1.316	1.708	2.060	2.167	2.485	2.787	3.078	3.450	3.725
26	0.684	0.856	1.058	1.315	1.706	2.056	2.162	2.479	2.779	3.067	3.435	3.707
27	0.684	0.855	1.057	1.314	1.703	2.052	2.158	2.473	2.771	3.057	3.421	3.690
28	0.683	0.855	1.056	1.313	1.701	2.048	2.154	2.467	2.763	3.047	3.408	3.674
29	0.683	0.854	1.055	1.311	1.699	2.045	2.150	2.462	2.756	3.038	3.396	3.659
30	0.683	0.854	1.055	1.310	1.697	2.042	2.147	2.457	2.750	3.030	3.385	3.646
40	0.681	0.851	1.050	1.303	1.684	2.021	2.123	2.423	2.704	2.971	3.307	3.551
50	0.679	0.849	1.047	1.299	1.676	2.009	2.109	2.403	2.678	2.937	3.261	3.496
60	0.679	0.848	1.045	1.296	1.671	2.000	2.099	2.390	2.660	2.915	3.232	3.460
80	0.678	0.846	1.043	1.292	1.664	1.990	2.088	2.374	2.639	2.887	3.195	3.416
100	0.677	0.845	1.042	1.290	1.660	1.984	2.081	2.364	2.626	2.871	3.174	3.390
1,000	0.675	0.842	1.037	1.282	1.646	1.962	2.056	2.330	2.581	2.813	3.098	3.300
∞	0.674	0.841	1.036	1.282	1.645	1.960	2.054	2.326	2.576	2.807	3.091	3.291

4. F 분포-오른쪽 꼬리 확률

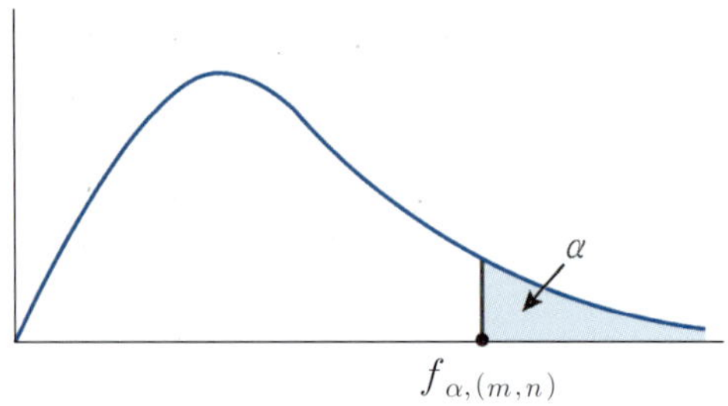

분모의 자유도	α	분자의 자유도									
		1	2	3	4	5	6	7	8	9	10
	0.100	39.86	49.50	53.59	55.83	57.24	58.20	58.91	59.44	59.86	60.19
	0.050	161.45	199.50	215.71	224.58	230.10	233.99	236.77	238.88	240.54	241.88
1	0.025	647.79	799.50	864.16	899.58	921.85	937.11	948.22	956.66	963.28	968.63
	0.010	4052.2	4999.5	5403.4	5624.6	5763.6	5859.0	5928.4	5981.1	6022.5	6055.8
	0.001	405284	500000	540379	562500	576405	585937	592873	598144	602284	605621
	0.100	8.53	9.00	9.16	9.24	9.29	9.33	9.35	9.37	9.38	9.39
	0.050	18.51	19.00	19.16	19.25	19.30	19.33	19.35	19.37	19.38	19.40
2	0.025	38.51	39.00	39.17	39.25	39.30	39.33	39.36	39.37	39.39	39.40
	0.010	98.50	99.00	99.17	99.25	99.30	99.33	99.36	99.37	99.39	99.40
	0.001	998.50	999.00	999.17	999.25	999.30	999.33	999.36	999.37	999.39	999.40
	0.100	5.54	5.46	5.39	5.34	5.31	5.28	5.27	5.25	5.24	5.23
	0.050	10.13	9.55	9.28	9.12	9.01	8.94	8.89	8.85	8.81	8.79
3	0.025	17.44	16.04	15.44	15.10	14.88	14.73	14.62	14.54	14.47	14.42
	0.010	34.12	30.82	29.46	28.71	28.24	27.91	27.67	27.49	27.35	27.23
	0.001	167.03	148.50	141.11	137.10	134.58	132.85	131.58	130.62	129.86	129.25
	0.100	4.54	4.32	4.19	4.11	4.05	4.01	3.98	3.95	3.94	3.92
	0.050	7.71	6.94	6.59	6.39	6.26	6.16	6.09	6.04	6.00	5.96
4	0.025	12.22	10.65	9.98	9.60	9.36	9.20	9.07	8.98	8.90	8.84
	0.010	21.20	18.00	16.69	15.98	15.52	15.21	14.98	14.80	14.66	14.55
	0.001	74.14	61.25	56.18	53.44	51.71	50.53	49.66	49.00	48.47	48.05
	0.100	4.06	3.78	3.62	3.52	3.45	3.40	3.37	3.34	3.32	3.30
	0.050	6.61	5.79	5.41	5.19	5.05	4.95	4.88	4.82	4.77	4.74
5	0.025	10.01	8.43	7.76	7.39	7.15	6.98	6.85	6.76	6.68	6.62
	0.010	16.26	13.27	12.06	11.39	10.97	10.67	10.46	10.29	10.16	10.05
	0.001	47.18	37.12	33.20	31.09	29.75	28.83	28.16	27.65	27.24	26.92
	0.100	3.78	3.46	3.29	3.18	3.11	3.05	3.01	2.98	2.96	2.94
	0.050	5.99	5.14	4.76	4.53	4.39	4.28	4.21	4.15	4.10	4.06
6	0.025	8.81	7.26	6.60	6.23	5.99	5.82	5.70	5.60	5.52	5.46
	0.010	13.75	10.92	9.78	9.15	8.75	8.47	8.26	8.10	7.98	7.87
	0.001	35.51	27.00	23.70	21.92	20.80	20.03	19.46	19.03	18.69	18.41

분모의 자유도	α	분자의 자유도 12	15	20	25	30	40	50	60	120	1,000
	0.100	60.71	61.22	61.74	62.05	62.26	62.53	62.69	62.79	63.06	63.30
	0.050	243.91	245.95	248.01	249.26	250.10	251.14	251.77	252.20	253.25	254.11
1	0.025	976.71	984.87	993.10	998.08	1001.4	1005.6	1008.1	1009.8	1014.0	1017.7
	0.010	6106.3	6157.3	6208.7	6239.8	6260.6	6286.8	6302.5	6313.0	6339.4	6362.7
	0.001	610668	615764	620908	624017	626099	628712	630285	631337	633972	636301
	0.100	9.41	9.42	9.44	9.45	9.46	9.47	9.47	9.47	9.48	9.49
	0.050	19.41	19.43	19.45	19.46	19.46	19.47	19.48	19.48	19.49	19.49
2	0.025	39.41	39.43	39.45	39.46	39.46	39.47	39.48	39.48	39.49	39.50
	0.010	99.42	99.43	99.45	99.46	99.47	99.47	99.48	99.48	99.49	99.50
	0.001	999.42	999.43	999.45	999.46	999.47	999.47	999.48	999.48	999.49	999.50
	0.100	5.22	5.20	5.18	5.17	5.17	5.16	5.15	5.15	5.14	5.13
	0.050	8.74	8.70	8.66	8.63	8.62	8.59	8.58	8.57	8.55	8.53
3	0.025	14.34	14.25	14.17	14.12	14.08	14.04	14.01	13.99	13.95	13.91
	0.010	27.05	26.87	26.69	26.58	26.50	26.41	26.35	26.32	26.22	26.14
	0.001	128.32	127.37	126.42	125.84	125.45	124.96	124.66	124.47	123.97	123.53
	0.100	3.90	3.87	3.84	3.83	3.82	3.80	3.80	3.79	3.78	3.76
	0.050	5.91	5.86	5.80	5.77	5.75	5.72	5.70	5.69	5.66	5.63
4	0.025	8.75	8.66	8.56	8.50	8.46	8.41	8.38	8.36	8.31	8.26
	0.010	14.37	14.20	14.02	13.91	13.84	13.75	13.69	13.65	13.56	13.47
	0.001	47.41	46.76	46.10	45.70	45.43	45.09	44.88	44.75	44.40	44.09
	0.100	3.27	3.24	3.21	3.19	3.17	3.16	3.15	3.14	3.12	3.11
	0.050	4.68	4.62	4.56	4.52	4.50	4.46	4.44	4.43	4.40	4.37
5	0.025	6.52	6.43	6.33	6.27	6.23	6.18	6.14	6.12	6.07	6.02
	0.010	9.89	9.72	9.55	9.45	9.38	9.29	9.24	9.20	9.11	9.03
	0.001	26.42	25.91	25.39	25.08	24.87	24.60	24.44	24.33	24.06	23.82
	0.100	2.90	2.87	2.84	2.81	2.80	2.78	2.77	2.76	2.74	2.72
	0.050	4.00	3.94	3.87	3.83	3.81	3.77	3.75	3.74	3.70	3.67
6	0.025	5.37	5.27	5.17	5.11	5.07	5.01	4.98	4.96	4.90	4.86
	0.010	7.72	7.56	7.40	7.30	7.23	7.14	7.09	7.06	6.97	6.89
	0.001	17.99	17.56	17.12	16.85	16.67	16.44	16.31	16.21	15.98	15.77

분모의 자유도	α	분자의 자유도 1	2	3	4	5	6	7	8	9	10
7	0.100	3.59	3.26	3.07	2.96	2.88	2.83	2.78	2.75	2.72	2.70
	0.050	5.59	4.74	4.35	4.12	3.97	3.87	3.79	3.73	3.68	3.64
	0.025	8.07	6.54	5.89	5.52	5.29	5.12	4.99	4.90	4.82	4.76
	0.010	12.25	9.55	8.45	7.85	7.46	7.19	6.99	6.84	6.72	6.62
	0.001	29.25	21.69	18.77	17.20	16.21	15.52	15.02	14.63	14.33	14.08
8	0.100	3.46	3.11	2.92	2.81	2.73	2.67	2.62	2.59	2.56	2.54
	0.050	5.32	4.46	4.07	3.84	3.69	3.58	3.50	3.44	3.39	3.35
	0.025	7.57	6.06	5.42	5.05	4.82	4.65	4.53	4.43	4.36	4.30
	0.010	11.26	8.65	7.59	7.01	6.63	6.37	6.18	6.03	5.91	5.81
	0.001	25.41	18.49	15.83	14.39	13.48	12.86	12.40	12.05	11.77	11.54
9	0.100	3.36	3.01	2.81	2.69	2.61	2.55	2.51	2.47	2.44	2.42
	0.050	5.12	4.26	3.86	3.63	3.48	3.37	3.29	3.23	3.18	3.14
	0.025	7.21	5.71	5.08	4.72	4.48	4.32	4.20	4.10	4.03	3.96
	0.010	10.56	8.02	6.99	6.42	6.06	5.80	5.61	5.47	5.35	5.26
	0.001	22.86	16.39	13.90	12.56	11.71	11.13	10.70	10.37	10.11	9.89
10	0.100	3.29	2.92	2.73	2.61	2.52	2.46	2.41	2.38	2.35	2.32
	0.050	4.96	4.10	3.71	3.48	3.33	3.22	3.14	3.07	3.02	2.98
	0.025	6.94	5.46	4.83	4.47	4.24	4.07	3.95	3.85	3.78	3.72
	0.010	10.04	7.56	6.55	5.99	5.64	5.39	5.20	5.06	4.94	4.85
	0.001	21.04	14.91	12.55	11.28	10.48	9.93	9.52	9.20	8.96	8.75
11	0.100	3.23	2.86	2.66	2.54	2.45	2.39	2.34	2.30	2.27	2.25
	0.050	4.84	3.98	3.59	3.36	3.20	3.09	3.01	2.95	2.90	2.85
	0.025	6.72	5.26	4.63	4.28	4.04	3.88	3.76	3.66	3.59	3.53
	0.010	9.65	7.21	6.22	5.67	5.32	5.07	4.89	4.74	4.63	4.54
	0.001	19.69	13.81	11.56	10.35	9.58	9.05	8.66	8.35	8.12	7.92
12	0.100	3.18	2.81	2.61	2.48	2.39	2.33	2.28	2.24	2.21	2.19
	0.050	4.75	3.89	3.49	3.26	3.11	3.00	2.91	2.85	2.80	2.75
	0.025	6.55	5.10	4.47	4.12	3.89	3.73	3.61	3.51	3.44	3.37
	0.010	9.33	6.93	5.95	5.41	5.06	4.82	4.64	4.50	4.39	4.30
	0.001	18.64	12.97	10.80	9.63	8.89	8.38	8.00	7.71	7.48	7.29
13	0.100	3.14	2.76	2.56	2.43	2.35	2.28	2.23	2.20	2.16	2.14
	0.050	4.67	3.81	3.41	3.18	3.03	2.92	2.83	2.77	2.71	2.67
	0.025	6.41	4.97	4.35	4.00	3.77	3.60	3.48	3.39	3.31	3.25
	0.010	9.07	6.70	5.74	5.21	4.86	4.62	4.44	4.30	4.19	4.10
	0.001	17.82	12.31	10.21	9.07	8.35	7.86	7.49	7.21	6.98	6.80

분모의 자유도	α	분자의 자유도 12	15	20	25	30	40	50	60	120	1,000
	0.100	2.67	2.63	2.59	2.57	2.56	2.54	2.52	2.51	2.49	2.47
	0.050	3.57	3.51	3.44	3.40	3.38	3.34	3.32	3.30	3.27	3.23
7	0.025	4.67	4.57	4.47	4.40	4.36	4.31	4.28	4.25	4.20	4.15
	0.010	6.47	6.31	6.16	6.06	5.99	5.91	5.86	5.82	5.74	5.66
	0.001	13.71	13.32	12.93	12.69	12.53	12.33	12.20	12.12	11.91	11.72
	0.100	2.50	2.46	2.42	2.40	2.38	2.36	2.35	2.34	2.32	2.30
	0.050	3.28	3.22	3.15	3.11	3.08	3.04	3.02	3.01	2.97	2.93
8	0.025	4.20	4.10	4.00	3.94	3.89	3.84	3.81	3.78	3.73	3.68
	0.010	5.67	5.52	5.36	5.26	5.20	5.12	5.07	5.03	4.95	4.87
	0.001	11.19	10.84	10.48	10.26	10.11	9.92	9.80	9.73	9.53	9.36
	0.100	2.38	2.34	2.30	2.27	2.25	2.23	2.22	2.21	2.18	2.16
	0.050	3.07	3.01	2.94	2.89	2.86	2.83	2.80	2.79	2.75	2.71
9	0.025	3.87	3.77	3.67	3.60	3.56	3.51	3.47	3.45	3.39	3.34
	0.010	5.11	4.96	4.81	4.71	4.65	4.57	4.52	4.48	4.40	4.32
	0.001	9.57	9.24	8.90	8.69	8.55	8.37	8.26	8.19	8.00	7.84
	0.100	2.28	2.24	2.20	2.17	2.16	2.13	2.12	2.11	2.08	2.06
	0.050	2.91	2.85	2.77	2.73	2.70	2.66	2.64	2.62	2.58	2.54
10	0.025	3.62	3.52	3.42	3.35	3.31	3.26	3.22	3.20	3.14	3.09
	0.010	4.71	4.56	4.41	4.31	4.25	4.17	4.12	4.08	4.00	3.92
	0.001	8.45	8.13	7.80	7.60	7.47	7.30	7.19	7.12	6.94	6.78
	0.100	2.21	2.17	2.12	2.10	2.08	2.05	2.04	2.03	2.00	1.98
	0.050	2.79	2.72	2.65	2.60	2.57	2.53	2.51	2.49	2.45	2.41
11	0.025	3.43	3.33	3.23	3.16	3.12	3.06	3.03	3.00	2.94	2.89
	0.010	4.40	4.25	4.10	4.01	3.94	3.86	3.81	3.78	3.69	3.61
	0.001	7.63	7.32	7.01	6.81	6.68	6.52	6.42	6.35	6.18	6.02
	0.100	2.15	2.10	2.06	2.03	2.01	1.99	1.97	1.96	1.93	1.91
	0.050	2.69	2.62	2.54	2.50	2.47	2.43	2.40	2.38	2.34	2.30
12	0.025	3.28	3.18	3.07	3.01	2.96	2.91	2.87	2.85	2.79	2.73
	0.010	4.16	4.01	3.86	3.76	3.70	3.62	3.57	3.54	3.45	3.37
	0.001	7.00	6.71	6.40	6.22	6.09	5.93	5.83	5.76	5.59	5.44
	0.100	2.10	2.05	2.01	1.98	1.96	1.93	1.92	1.90	1.88	1.85
	0.050	2.60	2.53	2.46	2.41	2.38	2.34	2.31	2.30	2.25	2.21
13	0.025	3.15	3.05	2.95	2.88	2.84	2.78	2.74	2.72	2.66	2.60
	0.010	3.96	3.82	3.66	3.57	3.51	3.43	3.38	3.34	3.25	3.18
	0.001	6.52	6.23	5.93	5.75	5.63	5.47	5.37	5.30	5.14	4.99

5. 비모수통계표

부호순위검정의 기각값

n	단측 $\alpha = 0.01$ 양측 $\alpha = 0.02$	단측 $\alpha = 0.025$ 양측 $\alpha = 0.05$	단측 $\alpha = 0.05$ 양측 $\alpha = 0.1$
5			1
6		1	2
7	0	2	4
8	2	4	6
9	3	6	8
10	5	8	11
11	7	11	14
12	10	14	17
13	13	17	21
14	16	21	26
15	20	25	30
16	24	30	36
17	28	35	41
18	33	40	47
19	38	46	54
20	43	52	60
21	49	59	68
22	56	66	75
23	62	73	83
24	69	81	92
25	77	90	101
26	85	98	110
27	93	107	120
28	102	117	130
29	111	127	141
30	120	137	152

* Reproduced from F. Wilcoxon and R.A. Wilcox, *Some Rapid Approximate Statistical Procedures*, *American Cyanamid Company*, Pearl River, N. Y., 1964, by permission of the American Cyanamid Company.

순위합검정의 기각값

단측검정($\alpha = 0.001$) 또는 양측검정($\alpha = 0.002$)

n_1	n_2														
	6	7	8	9	10	11	12	13	14	15	16	17	18	19	20
1															
2															
3												0	0	0	0
4					0	0	0	1	1	1	2	2	3	3	3
5		0	0	1	1	2	2	3	3	4	5	5	6	7	6
6	0	1	2	2	3	4	4	5	6	7	8	9	10	11	12
7		2	3	3	5	6	7	8	9	10	11	13	14	15	16
8			5	5	6	8	9	11	12	14	15	14	18	20	21
9				7	8	10	12	14	15	17	19	21	23	25	26
10					10	12	14	17	19	21	23	25	27	29	32
11						15	17	20	22	24	27	29	32	34	37
12							20	23	25	28	31	34	37	40	42
13								26	29	32	35	38	42	45	48
14									32	36	39	43	46	50	54
15										40	43	47	51	55	59
16											48	52	56	60	65
17												57	61	66	70
18													66	71	76
19														77	82
20															88

단측검정($\alpha = 0.001$) 또는 양측검정($\alpha = 0.002$)

n_1	n_2															
	5	6	7	8	9	10	11	12	13	14	15	16	17	18	19	20
1																
2									0	0	0	0	0	0	1	1
3			0	0	1	1	1	2	2	2	3	3	4	4	4	5
4	0	1	1	2	3	3	4	5	5	6	7	7	8	9	9	10
5	1	2	3	4	5	6	7	8	9	10	11	12	13	14	15	16
6		3	4	6	7	8	9	11	12	13	15	16	18	19	20	22
7			6	8	9	11	12	14	16	17	19	21	23	24	26	28
8				10	11	13	15	17	20	22	24	26	28	30	32	34
9					14	16	18	21	23	26	28	31	33	36	38	40
10						19	22	24	27	30	33	36	38	41	44	47
11							25	28	31	34	37	41	44	47	50	53
12								31	35	38	42	46	49	53	56	60
13									39	43	47	51	55	59	63	67
14										47	51	56	60	65	69	73
15											56	61	66	70	75	80
16												66	71	76	82	87
17													77	82	88	93
18														88	94	100
19															101	107
20																114

순위합검정의 기각값(계속)

단측검정($\alpha = 0.025$) 또는 양측검정($\alpha = 0.05$)

	n_2																
n_1	4	5	6	7	8	9	10	11	12	13	14	15	16	17	18	19	20
1																	
2					0	0	0	0	1	1	1	1	1	2	2	2	2
3		0	1	1	2	2	3	3	4	4	5	5	6	6	7	7	8
4	0	1	2	3	4	4	5	6	7	8	9	10	11	11	12	13	13
5		2	3	5	6	7	8	8	11	12	13	14	15	17	18	19	20
6			5	6	8	10	11	13	14	16	17	19	21	22	24	25	27
7				8	10	12	14	16	18	20	22	24	26	28	30	32	34
8					13	15	17	19	22	24	26	29	31	34	36	38	41
9						17	20	23	26	28	31	34	37	39	42	45	48
10							23	26	29	33	36	39	42	45	48	52	55
11								30	33	37	40	44	47	51	55	58	62
12									37	41	45	49	53	57	61	65	69
13										45	50	54	59	63	67	72	76
14											55	59	64	67	74	78	83
15												64	70	75	80	85	90
16													75	81	86	92	98
17														87	93	99	105
18															99	106	112
19																113	119
20																	127

단측검정($\alpha = 0.05$) 또는 양측검정($\alpha = 0.10$)

	n_2																	
n_1	3	4	5	6	7	8	9	10	11	12	13	14	15	16	17	18	19	20
1																	0	0
2			0	0	0	1	1	1	1	2	2	3	3	3	3	4	4	4
3	0	0	1	2	2	3	4	4	5	5	6	7	7	8	9	9	10	11
4		1	2	3	4	5	6	7	8	9	10	11	12	14	15	16	17	18
5			4	5	6	8	9	11	12	13	15	16	18	19	20	22	23	25
6				7	8	10	12	14	16	17	19	21	23	25	26	28	30	32
7					11	13	15	17	19	21	24	26	28	30	33	65	37	39
8						15	18	20	23	26	28	31	33	36	39	41	44	47
9							21	24	27	30	33	36	39	42	45	48	51	54
10								27	31	34	37	41	44	48	51	55	58	62
11									34	38	42	46	50	54	57	61	65	69
12										42	47	51	55	60	64	68	72	77
13											51	56	61	65	70	75	80	84
14												61	66	71	77	82	87	92
15													72	77	83	88	94	100
16														83	89	95	101	107
17															96	102	109	115
18																109	116	123
19																	123	130
20																		138

Spearman 순위상관계수에 대한 기각값

n	$\alpha=0.05$	$\alpha=0.25$	$\alpha=0.01$	$\alpha=0.005$
5	0.900			
6	0.829	0.886	0.943	
7	0.714	0.786	0.893	
8	0.643	0.738	0.833	0.881
9	0.600	0.683	0.783	0.833
10	0.564	0.648	0.745	0.794
11	0.523	0.623	0.736	0.818
12	0.497	0.591	0.703	0.780
13	0.475	0.566	0.673	0.745
14	0.457	0.545	0.646	0.716
15	0.441	0.525	0.623	0.689
16	0.425	0.507	0.601	0.666
17	0.412	0.490	0.582	0.645
18	0.399	0.476	0.564	0.625
19	0.388	0.462	0.549	0.608
20	0.377	0.450	0.534	0.591
21	0.368	0.438	0.521	0.576
22	0.359	0.428	0.508	0.562
23	0.351	0.418	0.496	0.549
24	0.343	0.409	0.485	0.537
25	0.336	0.400	0.475	0.526
26	0.329	0.392	0.465	0.515
27	0.323	0.385	0.456	0.505
28	0.317	0.377	0.448	0.496
29	0.311	0.370	0.440	0.487
30	0.305	0.364	0.432	0.478

* Reproduced from E. G. Olds, "Distribution of Sums of Squares of Rank Differences for SMall Samples," *Ann. Math. Stat.*, 9, 1938, by permission of the editor.

INDEX

STATISTICS

ㅎ